中国石油天然气集团有限公司统建培训资源
高技能人才综合能力提升系列培训丛书

集输工技师培训教材

中国石油天然气集团有限公司人力资源部 编

石 油 工 业 出 版 社

内 容 提 要

本书是中国石油天然气集团有限公司人力资源部统一组织编写的"中国石油天然气集团有限公司统建培训资源——高技能人才综合能力提升系列培训丛书"的一本，包括五大模块：油气集输专业知识、设备操作与维护、集输系统自动控制、工艺设备故障诊断与处理、安全知识，讲述集输工高技能人才需具备的理论知识、实际操作、综合技能等。

本书可用于集输工岗位培训和自学提高。

图书在版编目（CIP）数据

集输工技师培训教材/中国石油天然气集团有限公司人力资源部编 .—北京：石油工业出版社，2024.5

（高技能人才综合能力提升系列培训丛书）

ISBN 978-7-5183-6671-2

Ⅰ.①集… Ⅱ.①中… Ⅲ.①油气集输-技术培训-教材 Ⅳ.①TE866

中国国家版本馆 CIP 数据核字（2024）第 085303 号

出版发行：石油工业出版社
（北京市朝阳区安华里二区1号楼 100011）
网　址：www.petropub.com
编辑部：（010）64243803
图书营销中心：（010）64523633

经　销：全国新华书店
印　刷：北京晨旭印刷厂

2024年10月第1版　2024年10月第1次印刷
787×1092毫米　开本：1/16　印张：21.25
字数：503千字

定价：74.00元
（如发现印装质量问题，我社图书营销中心负责调换）
版权所有，翻印必究

《集输工技师培训教材》
编审组

主　　编：刘富杰

编写人员：孙文泓　杨　媛　谭莹春　张　翔　靳光新

　　　　　伍小三　李军强　吴新建　郭　斌　蒋　惠

　　　　　张　斌　孙　琬　徐立东　张　浩　李　健

审核人员：李庆国　徐立东　胡延军

前 言

为加快高技能人才知识更新，提升高技能人才职业素养、专业知识水平和解决生产实际问题的能力，进一步发挥高端带动作用，在技师、高级技师跨企业、跨区域开展脱产集中培训的基础上，中国石油天然气集团有限公司人力资源部依托承担集团公司技师培训项目的培训机构，组织专家力量，历时一年多时间，将教学讲义、专家讲座、现场经验及学员技术交流成果资料加以系统整理、归纳、提炼，开发出高技能人才综合能力提升系列培训丛书。

本套丛书在内容选择上，重视工艺原理、操作规程、核心技术、关键技能、故障处理、典型案例、系统集成技术、相关专业联系等方面的知识和技能，以及综合技能与创新能力的知识介绍，力求体现"特、深、专、实"的特点，追求理论知识体系的通俗易懂和工作实践经验的总结提炼。

作为此系列丛书的一本，新疆培训中心编写了《集输工技师培训教材》，设置了油气集输专业知识、设备操作与维护、集输系统自动控制、工艺设备的故障诊断与处理、安全知识五个模块的内容，旨在培养集输工设备运维和故障排查的能力，助力操作员工成长为技师、高级技师等高技能人才。

本书的编写分工如下：刘富杰编写了模块一第一章，孙文泓编写了模块一第二章的部分内容；杨媛编写了模块一第二章以及模块二第三章的部分内容；谭莹春编写了模块四第二章的部分内容；张翔编写了模块四第二章的部分内容；靳光新编写了模块二第三章以及模块四第二章的部分内容；伍小三编写了模块二第二章；李军强编写了模块二第一章的部分内容；吴新建编写了模块二第一章的部分内容；郭斌编写了模块三第一章以及模块四第四章；蒋惠编写了模块五第二章和第三章；张斌编写了模块四第一章；孙琬编写了模块四第三章。另外，为了使教材具有普遍的适用性，本书邀请了全国各大油田的专家参与编写及审核，大港油田李健编写了模块四第五章的部分内容；华北油田徐立东编写了模块五第一章；吐哈油田张浩编写了模块三第二章。全书由刘富杰统稿。大庆油田的李庆国、胡延军，华北油田的徐立东对编写大纲和全书内容进行了审核。在本书编写过程中，得到了各相关单位领导和专家的大力支持与配合，在此表示衷心感谢。

尽管编写过程做了很多努力，但由于知识水平和能力有限，仍难免存在欠妥甚至错误之处，希望专家、读者提出意见和建议，以帮助本书不断完善。

中国石油新疆培训中心

目 录

模块一 油气集输专业知识

第一章 油气集输工艺 ········· 3
第一节 油气集输工作任务与工艺流程 ········· 3
第二节 原油脱水工艺流程 ········· 10
第三节 集输工艺流程识读 ········· 15

第二章 工程流体力学和传热学知识 ········· 18
第一节 工程流体力学知识 ········· 18
第二节 传热学知识 ········· 24

模块二 设备操作与维护

第一章 机泵操作与维护 ········· 31
第一节 泵的类型与结构 ········· 31
第二节 离心泵运行参数及其调节 ········· 37
第三节 离心泵的维护与保养 ········· 49
第四节 机械密封的使用与维护 ········· 68
第五节 离心泵同心度的测量与验收 ········· 72
第六节 其他常用泵的维护与保养 ········· 75
第七节 电动机的维护与保养 ········· 88

第二章 分离设备操作与维护 ········· 97
第一节 气液分离设备的类型与结构 ········· 97
第二节 气液分离设备的操作与维护 ········· 101
第三节 沉降罐的操作与维护 ········· 107

第四节　电脱水器的操作与维护 ·· 117

第三章　加热设备及储运设备操作与维护 ·· 127
　　第一节　加热设备的类型与结构 ·· 127
　　第二节　加热设备的调节与维护 ·· 132
　　第三节　储罐的操作与维护 ·· 141

模块三　集输系统自动控制

第一章　自动控制系统操作与维护 ·· 157
　　第一节　自动控制系统概述 ·· 157
　　第二节　自动监测仪表的使用与维护 ·· 162
　　第三节　执行器及阀门定位器的使用与维护 ·· 184

第二章　联合站生产管理与节能技术 ·· 190
　　第一节　典型联合站 DCS 控制系统工艺流程 ······································ 190
　　第二节　节能技术与应用 ·· 195

模块四　工艺设备的故障诊断与处理

第一章　机泵的故障诊断与处理 ·· 203
　　第一节　离心泵机组的故障诊断与处理 ·· 203
　　第二节　其他常用泵的故障诊断与处理 ·· 215

第二章　分离设备的故障诊断与处理 ·· 230
　　第一节　两相分离器的故障诊断与处理 ·· 230
　　第二节　三相分离器的故障诊断与处理 ·· 235
　　第三节　沉降罐故障诊断与处理 ·· 242
　　第四节　电脱水器的故障诊断与处理 ·· 248

第三章　加热设备的故障诊断与处理 ·· 253
　　第一节　火筒炉的故障诊断与处理 ·· 253
　　第二节　真空相变炉的故障诊断与处理 ·· 254
　　第三节　燃烧器的故障诊断与处理 ·· 258

第四章　自动控制仪表故障诊断与处理 266
第一节　监测仪表故障诊断与处理 266
第二节　执行器故障诊断与处理 271

第五章　联合站动态分析 276
第一节　根据工况提出处理措施 278
第二节　绘制工况曲线及数据计算 283

模块五　安全知识

第一章　危害因素辨识与风险防控 289
第一节　站库危害因素辨识 289
第二节　站库风险防控要求 298

第二章　作业许可管理 307
第一节　站库作业许可规定 307
第二节　站库作业许可管理要求 311

第三章　救援设备的使用 325
第一节　正压式呼吸器的使用 325
第二节　除颤仪的使用 326

参考文献 329

模块一

油气集输专业知识

第一章 油气集输工艺

第一节 油气集输工作任务与工艺流程

油气集输是指油田矿场原油和天然气的收集、处理及运输。概括地说，油气集输是以油田油井为起点，矿场原油库或长距离输油、输气管道首站以及油田注水站为终点之间所有的矿场业务。它主要包括气液分离、原油脱水、原油稳定、天然气净化、轻烃回收、污水处理和油气水的矿场输送等环节。

一、油气集输工作任务

油气集输的主要工作任务是通过一定的工艺过程，把分散在油田各油井产出的油、气、水等混合物集中起来，经过必要的处理，使之成为符合国家或行业质量标准的原油、天然气、轻烃等产品和符合地层回注水质量标准的含油污水，并将原油和天然气分别输往长距离输油管道的首站（或矿场油库）和输气管道的首站，将污水送往油田注水站。

油气集输工作任务如图 1-1-1 所示。油井产出的多相混合物经单井管线（或经分区块计量后的混输管线）混输至集中处理站（油气集输联合站），在联合站内首先进行气液分离，然后对分离后得到的液相进一步进行油水分离，通常称为原油脱水；脱水后的原油

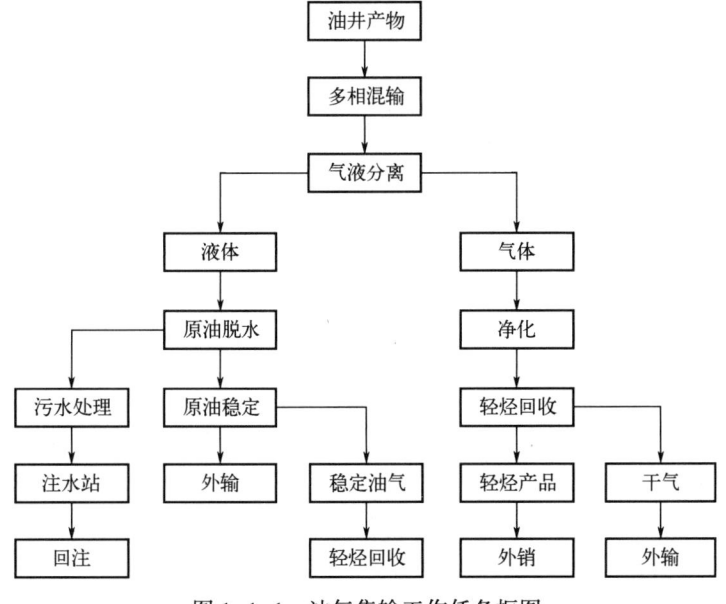

图 1-1-1　油气集输工作任务框图

在站内再进行稳定处理，稳定后的原油输至矿场油库暂时储存或直接输至长输管道的首站；在稳定过程中得到的石油气送至轻烃回收装置进一步处理；从油水混合物中脱出的含油污水及泥砂等，进入联合站内的污水处理站进行除油、除杂质、脱氧、防腐等一系列处理，使之达到油田地层回注的质量标准回注地层；对从气液分离过程中得到的天然气（通常称为油田伴生气或油田气），进行干燥、脱硫等净化处理后，再进行轻烃回收处理，将其分割为甲烷含量90%以上的干气和液化石油气、轻质油等轻烃产品，其中干气输至输气管道的首站，液化石油气和轻质油等轻烃产品可直接外销。

为了达到将油井来液分离成"干净的油""干净的气""干净的水"的目的，油气集输工艺设置了各种工艺环节。

（一）油气的收集

油气的收集就是使用管线（或罐车）将分散在油田各井口的油、气收集起来，经过计量输送到集油站（原油处理站或联合站）进行分离、脱水、原油稳定等净化处理。

在我国，从油井到计量站大都是采用气液混输的办法进行收集；从计量站到集油站有的采用混输，有些采用分输；经过分离净化后的油、气、水、轻油等合格产品都分别输送到用户。

在收集过程中，对于高黏度、高凝点原油要采取一定措施，使它能够在允许的压力差条件下，安全地输送到集油站，不至于凝固在管线内。

对于不适于管线收集的原油，可在井场或计量站设小型储罐，用车定时拉运。

（二）油、气、水的初步分离

在实际生产过程中，从油井出来的不单是原油，有时还有气、水、盐、泥浆等。为了便于输送、储存、计量和使用，必须对它们进行初步分离。

首先，油气的初步分离主要是在油气分离器中进行。根据油田具体情况一般可分为一级分离和二级分离。

其次，油水分离一般是在沉降罐中进行，也有的在油气分离的同时进行油、水初步分离。

再次，油和机械杂质、盐的分离一般是在油与水进行分离的同时进行分离的。当含盐、含砂量高时，有的要用热水冲洗和降黏后再沉降分离，连同水、机械杂质、盐一起脱除。

总之，各油田原油性质、具体情况不同，采用的集输流程不同，油、气、水、机械杂质的分离方法也不同。

（三）产品净化处理

经过初步分离的石油、天然气、水等一般仍不是合格的油田产品，还必须进一步净化，使之成为合格的产品，然后外输。油田油气集输工艺必须进行四种产品的净化工作。

（1）原油的净化：原油经过初步分离后，一般还要进一步进行脱水、除砂、脱盐、脱气（原油稳定）等一系列的工艺过程，使原油质量达到国家标准。

（2）天然气的净化：经过初步分离的天然气里实际还存在着许多小油珠、水蒸气、硫等，这些必须清除出去，才能保证天然气质量达到标准。天然气的进一步净化，一般都放在压气站或炼化系统进行。

（3）轻质油的净化：轻质油是一种宝贵的石油化工原料，如果不把它们从原油、天然气里提取出来，单独运输、储存，不但容易蒸发损耗掉，而且还容易发生事故。

（4）含油污水的净化：原油经过沉降、脱水后放出来的水，还有一定数量的原油、泥、砂等物质，必须经过净化才能回注。

（四）油、气、水的计量

油、气、水的计量就是将油井生产出来的油、气、水、轻质油等产品用标准计量仪表、器具进行计量。计量工作是一件非常重要的工作：一是可以指导油田的开发和生产；二是反映完成国家计划任务的指标；三是作为商品在国内外销售数额的依据。

目前油田上的计量分为三级：油田外输计量，作为商品交接为一级计量；处理厂（联合站）内部交接计量为二级计量；计量站（油井）计量为三级计量。计量级别不同，要求精度也不同。

（五）油、气、水、轻质油的转输和储存

原油从井中出来经过收集、转输、净化处理等过程后，便成为各种成品再运输出去，途中要经过多次转输和储存。这些产品的转输和储存，也是油气集输工艺要研究的问题。

以上五个方面是油气集输的主要工作任务，除此之外还有采暖、通风、油气加药、管线通球，油水泵的污油、污水回收，供排水，供电，仪表自动化等许多辅助工艺。

二、油气集输工艺要求

油气集输工艺流程是将生产的石油和天然气进行收集、计量、输送和初加工的工艺流程。

一个合理的集输流程，必须满足油田的具体情况，在设计的流程中要妥善解决以下工艺问题：能量的利用，集油集气方式，油气分离，油气计量，油气净化，原油稳定，密闭集输和储存，易凝原油和稠油的输送方式，加热与保温，以及管线的防腐等。集输工艺的具体要求包括：

（1）尽可能满足采油的生产要求，保证集输平衡，达到平衡生产。

（2）流程的适用性要强，既要满足开发初期的生产要求，又要适应开发中、后期生产变化对流程调整和改造的需要。

（3）油气集输工艺流程尽可能做到密闭，降低集输过程中的油、气损耗量。

（4）充分利用井口的剩余能量，减少流程中的动力和热力设备，节约电能和燃料。

（5）采用先进工艺和设备，保证油、气、水的净化符合要求，产出合格产品，搞好"三脱""三回收"（即原油脱水、天然气脱水、污水脱油，回收天然气、轻质油和污水），达到综合利用，防止环境污染。

（6）流程中各种设备实现自动化，便于集中进行自动控制和管理。

从目前国内的经验来看，油气集输流程应朝以下方向发展：

（1）经济性。在满足生产和工艺要求，最大量地得到符合质量标准的油气产品的前提

下，投资少、经营管理费用省、油气自耗量小。

（2）适应性。适应开发油田的原油性质和油井生产要求，适应油田开发过程中的调整和改造。

（3）密闭性。密闭与否是影响油气质量的重要因素，流程要尽可能地做到密闭，降低油气损耗。

三、油气集输流程种类

油气集输流程是完成油气集输任务的工艺过程，不同油田的开采方式和油气的性质不同，采用的流程也不同。常用的流程形式如下所述。

（一）按降黏方式划分

1. 加热集输流程

油井产物经井口加热炉加热后，进计量站分离计量，再经计量站加热炉加热后，混输至接转站或集中处理站。加热集输流程是目前我国油田应用较普遍的一种集输流程。

2. 伴热集输流程

伴热集输流程是一种用热介质对集输管线进行伴热的集输流程。常用的伴热介质有蒸汽和热水。蒸汽伴热集输流程是通过设在接转站内的蒸汽锅炉产生蒸汽，用一条蒸汽管线对井口与计量站间的混输管线进行伴热。热水伴热集输流程，是通过设在接转站内的加热炉对循环水进行加热，去油井的热水管线单独保温，对井口装置进行伴热；回水管线与油井的出油管线共同保温在一起，对油管线进行伴热。

伴热集输流程比较简单，适用于低压、低产、原油流动性差的油区集输，但需有蒸汽产生设备或循环水加热炉，一次性投资大，运行中热损失大，热效率较低。

3. 掺和集输流程

掺和集输流程是将具有降黏作用的介质掺入井口出油管线中，以达到降低油品黏度、实现安全输送的目的。常用的降黏介质有蒸汽、热稀油、热水和活性水等。

掺稀油集输流程是稀油经加压、加热后从井口掺入油井的出油管线中，使原油在集输过程中的黏度降低。该流程适用于地层渗透率低、产液量少、原油黏度高的油井，但设备较多，流程复杂，需要有适合于掺和的稀油。

掺活性水集输流程是通过一条专用管线将热活性水从井口掺入油井的出油管线中，使原油形成水包油型的乳状液，这样原来油与油、油与管壁间的摩擦变为水与水、水与管壁间的摩擦，以达到降低油品黏度的目的。该流程适用于高黏度原油的集输，但流程复杂，管线、设备易结垢，后端需要增加破乳、脱水等设施。

4. 井口不加热集输流程

井口不加热集输流程，是随着油田开采进入中、后期，油井产液中含水量的不断增加而采用的一种集输方法。由于油井产液中含水量的增高，一方面使采出液的温度有所提高，另一方面使采出液可能形成水包油型乳状液，从而使得输送阻力大为减小，为井口不加热、油井产物在井口温度和压力下直接混输至计量站创造了条件。

(二) 按布管形式划分

1. 单管集输流程

单管集输流程是指井口与计量站之间只有一条油井产物混输管线，如加热集输流程。

2. 双管集输流程

双管集输流程是指井口与计量站之间有两条管线，一条输送油井产物，另一条输送热介质，实现降黏输送，如掺活性水集输流程。

3. 三管集输流程

三管集输流程是指井口与计量站之间有三条管线，一条输送油井产物，另外两条实现热介质在计量站与井口之间的循环，如热水伴热集输流程。

(三) 按集输系统的密闭程度划分

1. 非密闭集输流程

非密闭集输流程又称开式集输流程，是指油井产物从井口到外输之间的所有工艺环节中，至少有一处与大气相通，如图 1-1-2 所示中的沉降罐、缓冲罐、净化油罐等。

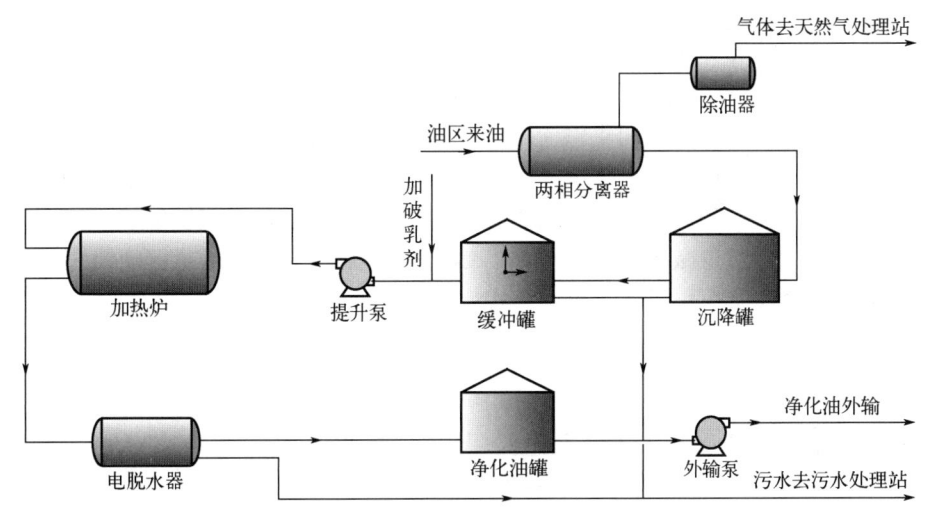

图 1-1-2 非密闭集输流程示意图

非密闭集输流程在通常情况下都有较大的储油容器，因此，它能在自动化水平不高的情况下，允许井站油量、压力有较大的波动或间歇，参数容易调节，即使外输暂停或油库故障情况下也能使油井生产维持一段时间。另外非密闭集输流程与大气相通，所以容器和泵一般不容易憋压，离心泵也不容易抽空，管理比较容易。

非密闭集输流程的缺点是：油气耗损大；自动化程度低；环境污染大。

2. 密闭集输流程

石油天然气等混合物从油井中出来，经过收集、中转、分离、脱水、原油稳定、暂时储存，一直到外输计量，各个过程都与大气隔绝的集输流程，称为密闭集输流程。油气密闭集输流程如图 1-1-3 所示。

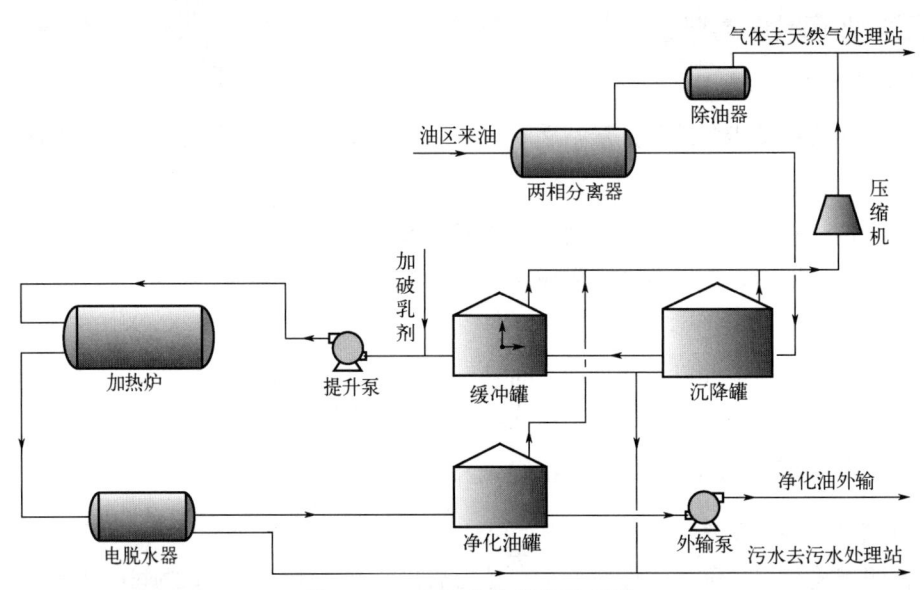

图 1-1-3　密闭集输流程示意图

密闭集输流程的特点：

(1) 减少了原油和天然气在集输过程中的油气损耗，提高了产品质量。一般非密闭流程原油总损耗在 2%~4%，而密闭以后的总损耗降到 0.5% 以下。

(2) 密闭集输流程比非密闭集输流程结构简单，可以减少原油和水的接触时间及泵输次数，因而减少了原油的乳化程度和老化程度，有利于提高脱水质量并降低脱水成本。

(3) 减少了加热炉和锅炉的热负荷，提高了整个油气集输系统的热效率。

(4) 减少了投资，也减少了钢材耗量。因为这种流程紧凑，比非密闭流程用机泵少、工艺流程简单，所以投资和钢材用量比开式流程都少。

(5) 自动化程度高。油气密闭集输工艺达到了油气集输、处理和输送全密闭，节能效果明显，操作简便，便于实现。

四、集输工艺中的场站及岗位设置

(一) 计量站（间）

计量站（间）内的阀组，将测试油井的产出液导入计量分离器，计量分离器将产出液分成气液两相，分别计量气、液两相的流量并测定液相中原油的含水率，即可求得该油井的油、气、水产量。计量后的气体或者进入油田的集气管网，或者和计量后液相重新混合，并与其他油井的产出液汇合后送往集中处理站（联合站）。

某些计量站（间）将不进行计量的油井产出液在阀组混合，倒入生产分离器进行气液流量计量，和测试油井的气液流量相加后即可求得该计量站（间）所辖油区的油、气、水产量。

油井离计量站（间）的距离不能太远，否则将使油井井口油压和井底压力提高，影响油井的生产能力。我国规定自喷井出油管线起点压力（即井口回压）小于井口油压的 $\frac{2}{5} \sim \frac{1}{2}$，机械采油油井回压小于 1.0~1.5MPa，以此控制计量站（间）和各油井的极限距离及计量站（间）的管辖面积。

（二）转油站

转油站接收来自井排、计量站的油进入油、气、水三相分离器，对油、气、水进行初步分离。分离后的油进行升压、计量后外输到联合站。分离出的天然气进入天然气除油器脱除天然气携带的液滴，然后一部分计量后外输到天然气处理厂，另一部分计量后用于本站的加热炉。分离出的水进入加热炉进行加热，然后分别通过掺水泵和热洗泵升压并计量后用于油井的掺水和热洗。

油田转油站是油田油气集输流程的重要组成部分，它所承担的任务、规模和在油田的位置根据油田总体规划以及整个采油区块生产能力、生产集输水平、集输经济指标及其他各系统情况综合确定。

转油站的主要工艺设备和设施有：来油阀组、掺水热洗阀组、油气水三相分离设备、加热缓冲设备、外输油泵机组、掺水泵机组、热洗泵机组和油气水计量装置、加药装置等。

（三）油田转油放水站

油田转油放水站除了具备转油站的功能之外，还通过立式污水沉降罐、外输污水泵等设备把油气水三相分离器沉降分离出的大量含油污水直接外输到污水处理站，减轻原油脱水站的工作负荷。

来自井排、计量站的油进入油、气、水三相分离器，对油、气、水进行分离。分离后的含水油进行升压、计量后外输到联合站的原油脱水站。分离出的天然气进入天然气脱除器脱除天然气携带的液滴，然后一部分计量后外输到联合站的天然气增压站，另一部分计量后用于本站的加热装置。分离出的含油污水先进入立式污水沉降罐，对油水进一步进行沉降分离。沉降到罐底的污水，一部分用外输污水泵外输到联合站的污水处理站，另一部分用掺水泵和热洗泵升压并计量后进入加热炉进行加热，然后用于油井的掺水和热洗。

（四）联合站（集中处理站）

联合站是油气集中处理联合作业站的简称，是油田原油集输和处理的中枢。联合站是转油站的一种，但由于其功能较多，在油田上普遍存在，站内包括原油处理、转油、原油脱水、原油稳定、污水处理、注水、配电、天然气处理系统和辅助生产设施等部分。

联合站设有脱水、输油、污水处理、注水、化验、变电、锅炉等生产装置，主要作用是通过对原油的处理，将各井所产原油进行脱水、稳定，生产出商品原油，达到三脱（原油脱水、脱盐、脱硫；天然气脱水、脱油；污水脱油）、三回收（回收污油、污水、轻烃），产出四种合格产品（天然气、净化油、净化污水、轻烃）以及进行商品原油的外输。

联合站是高温、高压、易燃、易爆场所，是油田一级要害场所。

联合站主要设有以下岗位：

（1）脱水岗，主要任务是将高含水原油，通过热化学脱水（即游离水预处理）、沉降脱水和电脱水处理，并将脱水后的净化油转输到输油岗，把含油污水转输到污水处理岗。

（2）输油岗，将脱水岗的净化油输送到储油罐，再经输油泵加压、流量计计量外输后到油库或长输管道。

（3）污水岗，把站内的污水收集起来进行处理，达到回注水质量标准后，送往注水站进行回注。

（4）注水岗，把本站经净化处理和外来水源质量合格的水，根据地质需要经注水泵加压输送到配水间，通过注水井注入油层。

（5）集气岗，主要任务是将转油站来气，经增压机加压、流量计计量后输送到输油站或气处理厂。

（6）变电岗，把高压电经变压器及其他设备降压，向联合站各用电设备配电。

（7）仪表岗，对本站各岗位使用的一次、二次仪表及流量计进行投产运行时的调试和正常生产时的维护保养、调试、标定。

（8）化验岗，一般设三个岗：

① 原油化验岗，负责本站进站原油含水、外输原油含水以及原油脱水过程中的质量监护化验和原油密度的测定。

② 污水化验岗，负责本站污水的质量监护化验。

③ 锅炉化验岗，负责锅炉用水水质的化验。

此外，还设有锅炉岗、维修岗等岗位。

（五）集输泵站

集输泵站的工作任务就是不断地向管道输入一定量的油品，并给油流供应一定的压力能，维持管内油品的流动。故泵站的工作特性就是泵站所输出的流量 Q 和扬程 H 间的变化关系。泵站的压力能主要是由离心泵机组提供的，由多台泵机组共同工作的泵站工作特性曲线，即为泵站的特性曲线。

多台泵机组串联工作时，泵站的特性曲线，由所有串联的各机组的特性曲线串联相加而得，即在同一流量下，将各机组的扬程值叠加；当泵站的泵机组既串联又并联工作时，也应先由各泵机组特性串联和并联相加得到泵站特性曲线。

泵站的工作特性，反映了泵站的扬程与排量之间的相互关系，即泵站的能量供应特性。泵站的排量就是输油管道的流量，泵站的出站扬程（等于进站扬程与泵站扬程之和减去站内摩阻）就是油品在管内流动过程中克服摩阻损失、位差和保持管道终点剩余压力所需要的能量。为了保证完成输油任务，泵站的排量必须大于或等于任务流量。

第二节 原油脱水工艺流程

一、原油脱水工艺

我国各油田的原油脱水是在转油站或联合站内进行，经过反复实验和生产实践，普遍采用了电—化学脱水工艺，有以下几种类型。

(一)低含水(原油含水在30%以下)原油脱水工艺

含水原油进入沉降罐,并加入一定的原油破乳剂,由原油脱水泵将原油打入加热炉,原油加热到脱水所需要的温度后,进入电脱水器进行电脱水。脱后的净化原油合格后,进入净化油罐,污水进入污水处理站。

该流程的工艺条件是:对原油黏度在 $25\mu m^2/s$(50℃)的含水原油温度控制在60~70℃,破乳剂用量在10~30mg/L,破乳剂配制溶液浓度(质量分数)在1%~3%。

(二)高含水(原油含水在50%左右)原油的两段脱水工艺

第一段采用管道热—化学沉降脱水,第二段采用电—化学脱水。

第一段是管道热—化学沉降脱水,即在输送含水原油管道中加入一定量的破乳剂,使含水原油在输送过程中破乳,然后进入沉降罐进行重力沉降,放出游离水及部分乳化水,使高含水原油变成含水量在30%以下的低含水原油。

第二段是电—化学脱水,将含水30%的原油加入适量的破乳剂,通过加热后(加热温度按设计温度)进入原油电脱水器,在电场和化学破乳的共同作用下,使乳化液乳化,将乳化严重的原油脱水,从而得到合格的原油。

(三)高含盐原油两段脱水工艺

我国某油田原油含盐量很高,原油中不仅含有饱和盐水,而且含有微粒固体盐。即使一段脱水达到最低含水量,原油含盐量仍达到800~1500mg/L,必须进行两段脱水、脱盐。

井排来油到总阀组,由加药泵加破乳剂,在管道混合后进入原油换热器(加热炉),升温后进一段加热脱水器沉降脱水;然后进入分离缓冲罐,将原油掺入10%热水,由脱水泵输到加热炉升温,再进二段脱水器进行二段脱盐;经电脱水器处理后的原油进原油稳定塔,塔底稳定原油经原油换热器后进罐储存或外输。一段加热脱水器、二段加热脱水器及分离缓冲沉降罐脱除的污水排至污水站。

该流程的工艺条件是:一段、二段脱水温度均在55~65℃,掺水量在10%左右,破乳剂药量为10~30mg/L。如实行低温脱水可采用低温破乳剂,一段、二段脱水温度均控制在40~45℃,其他条件不变。

(四)原油脱水加药工艺

原油脱水加药系统分为单井加药、计量站加药或脱水站加药。它的工艺装置包括药储罐、加药泵(计量泵)、加药管线。通过加药管线分配到原油管线和脱水工艺系统。

二、典型的原油脱水工艺流程

在实际生产中,因为绝大部分的油井产物都有乳化水的存在,所以通常根据需要,将化学破乳、重力沉降、电场力破乳等多种形式进行不同的组合,构成复合脱水的工艺流程。

(一)化学沉降脱水流程

1. 一次破乳—两级沉降脱水流程

如图1-1-4所示为一次破乳—两级沉降脱水流程的示意图。

图 1-1-4　一次破乳—两级沉降脱水流程示意图

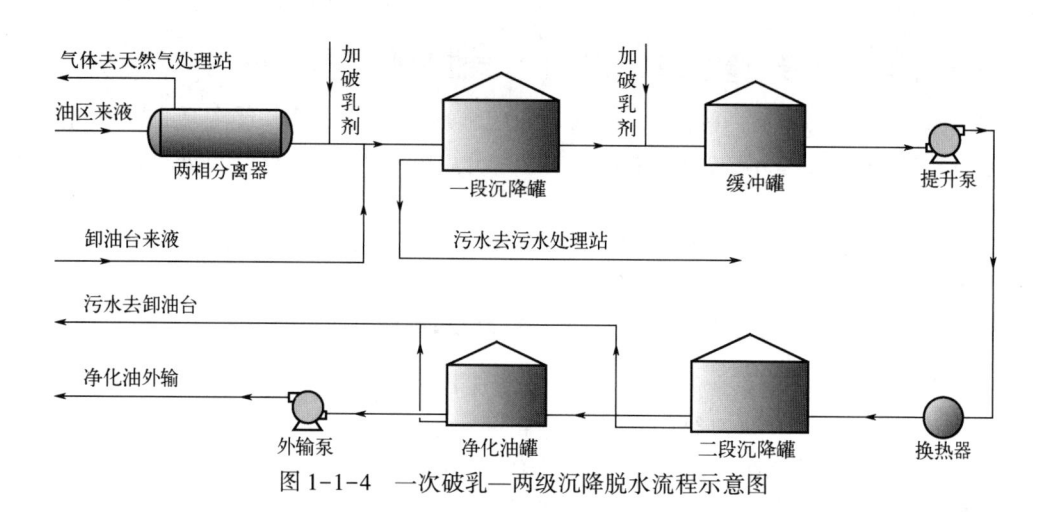

油区来液，首先进入两相分离器进行气液分离，分离出的伴生气经过除油器，脱出气体中的油滴后去天然气处理站；分离出的含水原油经过一段掺热器升温后，加入破乳剂进入一段沉降罐；沉降分离后的低含水原油又经过二段掺热器，再次提高原油温度，在二段沉降罐内进行热化学沉降脱水，脱水后的净化油外输；一段、二段沉降罐和净化油罐脱出的污水去油田污水处理站或卸油台。

2. 二次破乳—两级沉降脱水流程

如图 1-1-5 所示为二次破乳—两级沉降脱水流程示意图。

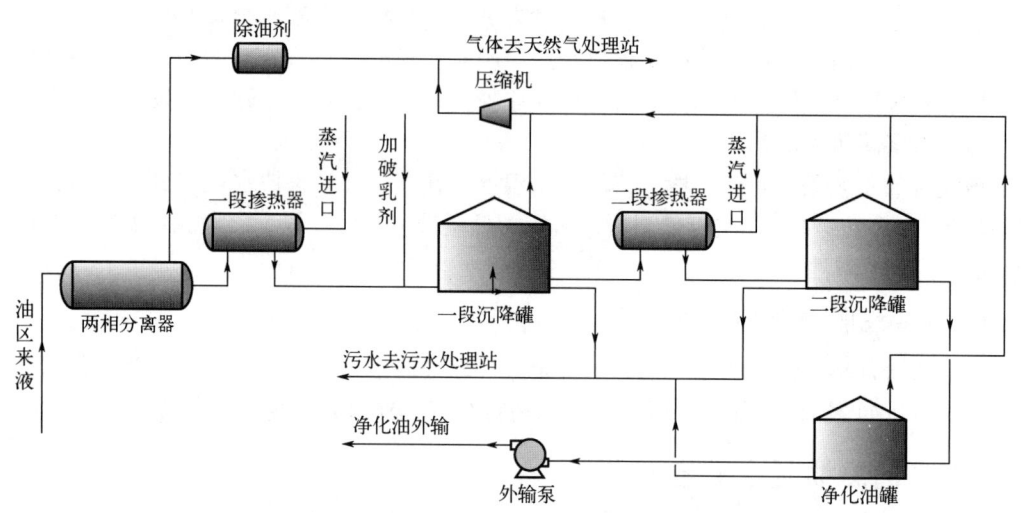

图 1-1-5　二次破乳—两级沉降脱水流程示意图

油区来液进入两相分离器进行气液分离后，分离出的伴生气去天然气处理站；分离出的含水原油与卸油台来液汇合经过一次加药，进入一段沉降罐进行一段沉降脱水。通过一段沉降脱水后的低含水原油又经过二次加药后进入缓冲罐。缓冲罐原油经提升泵增压后进入换热器，换热升温后进入二段沉降罐，二段沉降罐脱水后原油进入净化油罐中外输，脱除的污水与净化油罐底水进入卸油台回掺至一段沉降罐。一段沉降罐脱除的污水去油田污水处理站。

模块一　油气集输专业知识

值得注意的是，在化学破乳沉降脱水工艺流程中，破乳剂的加入时间对脱水效果和效率有较大的影响。加入过晚，由于我国目前使用的破乳剂大部分是水溶性的，随着沉降罐中油水的分离，分离出的水会溶解还没有发生作用的破乳剂，使破乳剂的利用率降低；加入过早，破乳后游离出来的水不能及时分出，随着在管道中流动、搅拌等作用，会重新乳化。这种二次乳化状态，往往比一次乳化状态更稳定，造成脱水的更大困难。因此，要根据乳状液的性质、流程特点等，确定合适的破乳剂加入点。

（二）电—热—化学沉降脱水流程

电—热—化学沉降脱水，是利用化学破乳、电场力破乳、重力沉降等多种方法的综合脱水工艺。根据乳状液含水、黏度等性质的不同，其工艺过程也有差异。

电—热—化学沉降脱水流程如图1-1-6所示。

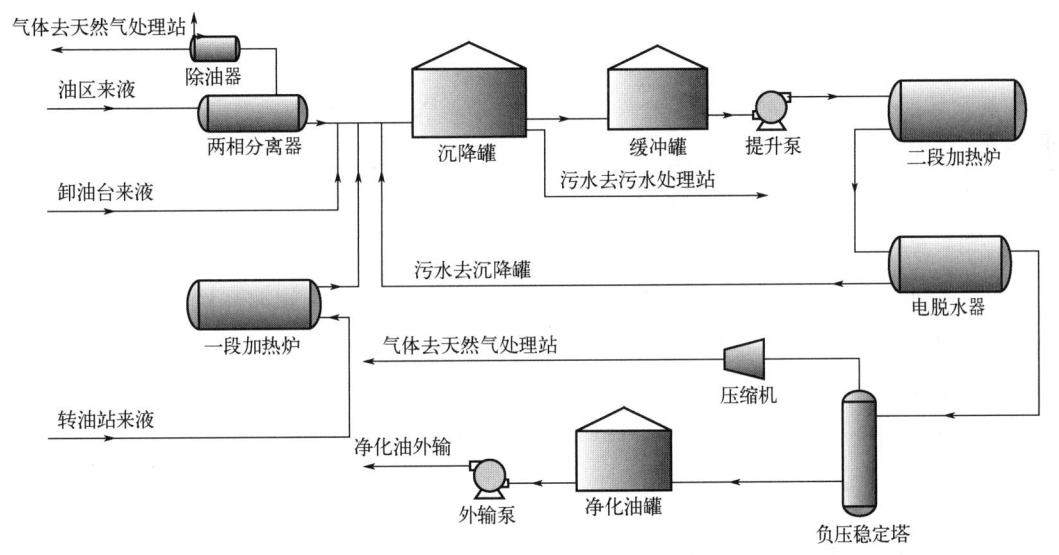

图1-1-6　电—热—化学沉降脱水流程示意图

在油井已加入破乳剂的油气水混合物进入两相分离器进行气液分离，分离出的天然气经过除油器，脱除气体中的原油雾滴后，去天然气处理站。分离出的含水原油与卸油台来液、转油站来液一起进入沉降罐进行一段化学沉降脱水，沉降分离后的低含水原油进入缓冲罐，由提升泵增压后进入二段加热炉，提高温度后进入电脱水器进行二段脱水，电脱水后的净化油经负压稳定塔稳定后，进入净化油罐中外输，稳定塔脱出的气体经压缩机增压后去天然气处理站。电脱水器脱除的热活性水回掺入沉降罐，强化重力沉降效果，沉降罐脱除的污水去油田污水处理站。

（三）稠油脱水流程

稠油脱水流程如图1-1-7所示，图中掺热器是稠油脱水工艺中原油的加热设备。

稠油来液在管汇计量间加入破乳剂后，进入一段沉降罐进行化学沉降脱水，脱水后的低含水原油在一段沉降罐出口管线上再次加入破乳剂，二次加药后进入缓冲罐，由稠油泵增压后进入掺热器中进行蒸汽掺热，提高原油脱水温度后进入二段沉降罐，二段脱水后的原油去净化油罐中外输；缓冲罐、二段沉降罐和净化油罐脱除的含油污水排放到回掺罐，

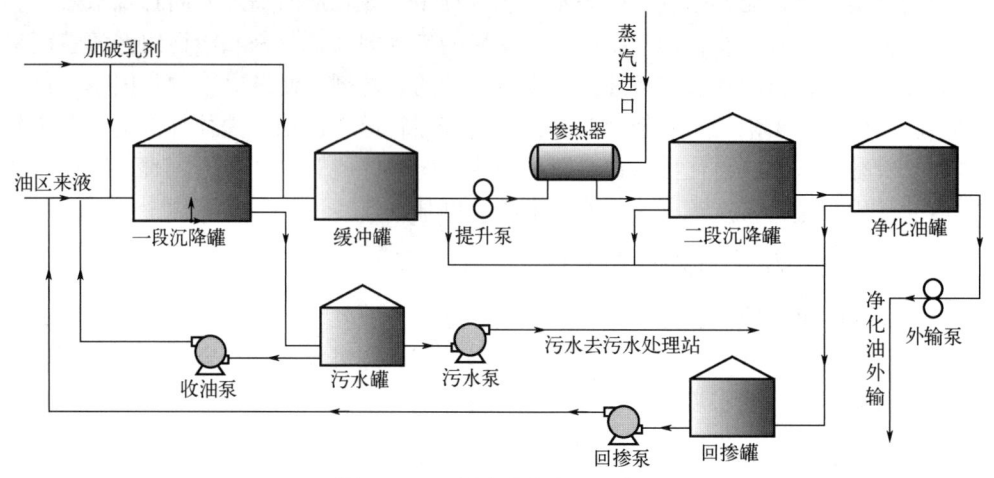

图 1-1-7 稠油脱水流程示意图

经过离心泵回掺入一段沉降罐，重新进入脱水系统；在一段沉降罐脱除的含油污水进入污水罐，在污水罐内收集的原油经过收油泵打入一段沉降罐，污水经污水泵增压后去油田污水处理站。

（四）原油低温脱水流程

为了降低集输管路和脱水设备的工作温度，减少含水原油加热时的燃料消耗和蒸发损耗，人们力求在较低温度下实现破乳脱水，但这要求化学破乳剂具有较好的低温脱水性能。在低温条件下可以达到脱水率较高、油水界面整齐、脱出水清澈、使用量少的目标，这样的脱水工艺就称为低温脱水。低温脱水流程如图 1-1-8 所示。

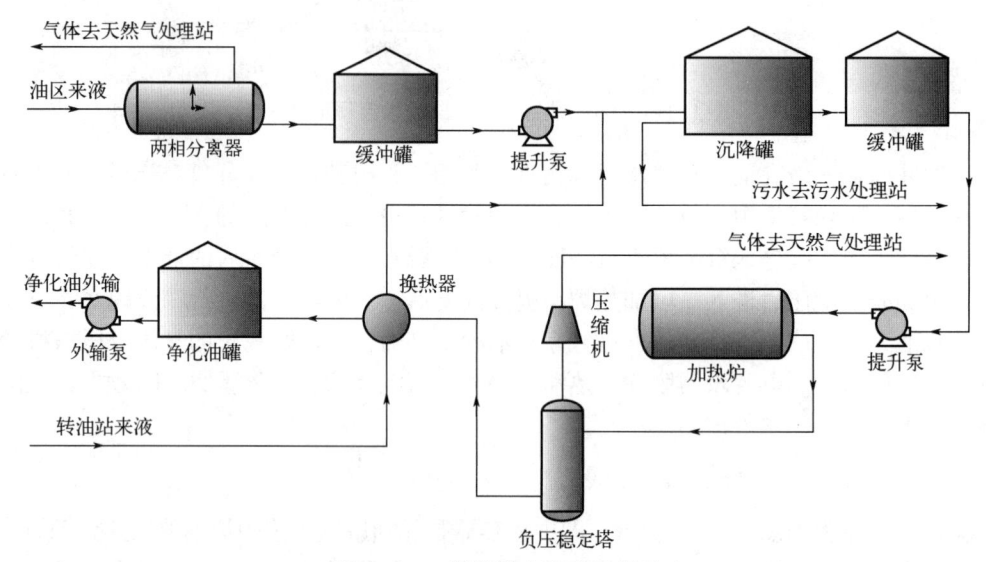

图 1-1-8 低温脱水流程示意图

加药后的油区来液，经过分离器进行气液分离。分离出的气体去天然气处理站，油水混合物经过沉降罐沉降脱水后，污水去原油污水处理站，低含水原油进入缓冲罐，经过提升泵、加热炉，提高闪蒸温度进入原油负压稳定塔，脱出不稳定的轻烃，最后进入净化油罐中外输。转油站低温来液进站后，先与负压稳定塔出口的高温净化油换热，提高脱水温度后进入沉降罐脱水。

（五）密闭脱水流程

在以上介绍的几种脱水流程中，都设有常压的沉降、净化油储罐。这种工艺流程统称为开式流程。开式流程的特点是运行比较可靠，自动化水平要求不高，但油品蒸发损耗多，特别是在温度较高时，这一点更为突出。另外，压能不能叠加利用，系统运行效率较低。

采用密闭脱水流程，可克服上述缺点。密闭脱水流程的特点是在整个集输过程中不开口，脱水原理与开式流程没有区别。

密闭流程中，沉降罐和净化油罐的顶部安装了油罐抽气系统，油罐内挥发的气体经过压缩机抽吸和压缩后，去天然气处理站，实现了脱水全过程的密闭运行。密闭脱水具有流程简单、建设投资少、油气蒸发损耗少、避免乳状液老化、有利于实现自动控制等优点，但运行参数的相互影响较大，对自动化水平的要求较高。

第三节　集输工艺流程识读

油气集输工艺流程表达了油、气在集输管网中的流向和生产过程，是根据各油气田的地质特点、采油采气工艺、原油和天然气的物性、自然条件、建设条件等制定的。正确识读工艺布置图、工艺安装图，绘制工艺流程图是集输工维护油气集输工艺管网必备的技能。在油气集输技术革新、工艺改造和设备安装施工中，要求员工正确识读"一书二表三图"。

"一书"即说明书，包括以下内容：

（1）说明书的第一项内容通常是施工计划的概述，阐述该设计的用途、采用的工艺、技术及特点，目前所处的等级水平。

（2）设计参数：设计参数主要有生产能力、适用条件等。

（3）主要设备及适合能力（规格、数量、相应能力）。

（4）工艺流程文字说明：主要是用文字对工艺流程进行直接说明。

（5）施工要求等。

"二表"即设备明细表和材料表。

"三图"即工艺流程图、工艺布置图和工艺安装图，具体包括：

（1）工艺流程图，生产工艺原理流程图。

（2）工艺布置图，工艺流程设计确定的全部设备、阀件、管线及其有关的建筑物之间的相互位置和应有的距离与平面布置等。

（3）工艺安装图，表达设备、管路系统的配置、尺寸及相互间的连接关系，管路的空间走向，这些都是设备、管线安装施工的重要依据。

一、工艺流程图图例、图样

油气集输工艺流程图是表示流体在站内的流动过程的图样，它是由站内管线、管件、阀门所组成的，并与其他集输设备相连的管路系统。油气集输工艺流程图常用图例见表1-1-1。

表1-1-1 油气集输工艺流程图常用图例

序号	名称	图例	序号	名称	图例
1	交叉管线		8	安全阀	
2	相交管线		9	旋塞阀	
3	闸阀		10	调节阀	
4	截止阀		11	过滤器	
5	止回阀		12	流量计	
6	球阀		13	离心泵	
7	蝶阀				

图样是工程的语言，是表达和交流技术思想的重要工具。为了能较好地理解设计意图，科学地制定施工方案，合理地组织施工，加快施工进度，石油高技能人才应具备相当程度的识图能力和基本的绘图方法，以便弄清读懂图样，协助油建施工人员施工工作及满足小型的改扩建工程的需要。

各种施工图样由有关设计部门提供，它们是施工生产的依据。据此编制说明书、施工方案、施工预算、材料汇总以及某些操作规程等技术资料。

为了适应生产需要并便于技术交流，图样的内容、格式和表示方法都有统一规定。石油化工企业中主要图样分以下几种。

（1）总说明部分：包括工程概况、设计依据（主要设计参数）、工艺流程简述、主要设备、主要工程量和施工要求，并附有材料、设备表和工管表。

（2）总图运输部分：包括厂区平面布置图和总平面图。

（3）工艺部分：包括管道平面图、工艺管线安装图、平面管网图（管廊）、集输油气管线图以及长输油管线图等。

（4）设备部分：包括定型设备和非定型设备图等。

（5）自动化控制部分：即仪表部分，包括仪表安装图（仪表布置图）、仪表盘正面布置图、仪表盘背面电气接线图以及仪表回路接线图等。

（6）土建部分：包括厂区构筑物平面布置图、管架布置图以及设备基础图等。

（7）水线部分：包括全厂水平衡图、给水管道布置图、注水以及污水管道布置图等。

（8）采暖通风部分：包括采暖通风管道布置图、安装图以及空气调节系统流程图等。

（9）电气部分：包括全厂高低压供电系统图、高低压供电总平面图、避雷以及电信等接线图等。

二、工艺流程图识读

（一）识读工艺流程图的注意事项

（1）工艺流程图只是一种示意图，它只代表一个区域或一个系统所用的设备及管线的来龙去脉，不代表设备的实际位置和管线的实际长度。

（2）工艺流程图是为了说明处理系统的工艺原理，可作为画施工图的依据，也可作为倒换流程时对照操作阀之用。从图上可以直接看出介质的来源，经过哪些设备，以及最后去向。

（3）工艺流程由各种图形符号、直线、线段组成，所以要看懂工艺流程图，必须事先要熟悉各种图形符号，即先看图例说明。

（4）要熟悉各种设备、管线、介质的标注方法及代号代表的意义。从标注栏上明确管线的作用、管径。如$\phi 104\times 4$，代表外径104mm，管壁厚度4mm。

（5）要熟悉各种设备的作用原理和结构，这样才会加深对工艺流程图的理解。

（6）看图时先要看主要设备和主要管线，后看次要设备和辅助管线。

（7）看管线时要从头到尾清楚每条管线的来龙去脉。

（二）识读工艺流程图的步骤

（1）阅读设计说明书，清点图样。看图时要根据设计图样目录，清点图样是否齐全，认真阅读设计说明书，逐条领会设计意图、技术规范和施工技术要求、生产过程中的工艺参数和操作要求。

（2）看懂绘制工艺流程常用图例表。在图例表中看出工艺流程的名称、绘制时间、绘制比例、绘制人、图样数量、图幅大小等。

（3）看工艺流程中布置设备的数量、主要管线的走向。从设备说明中了解设备的型号及主要技术参数。从管线标注中看明白管线的规格作用和标高。

（4）看工艺流程图、管网系统图要结合设计说明书，了解设计依据，清楚生产过程中各项工艺参数、经济指标的调节和控制要求，掌握工艺管路走向、设备管路性能和技术规范以及安装标准和技术要求。

（5）看图时要细心，先看总流程图，再看局部说明的工艺流程图。各种图样要相应参照配合使用。

（6）看一条管线要从头到尾看完，弄清来龙去脉后再看另一条管线。要分清主管路与支管路的关系，发现疑点要记录清楚，便于提出问题和整改。最后看次要、辅助管线，了解其作用和性能。

（7）图样看完后要重新装好，妥善分类保管。

第二章 工程流体力学和传热学知识

第一节 工程流体力学知识

在油田开发过程中，油气从井筒上升到地面井口，然后经过收集、计量、初步处理、储存、运输，再输往油库和化工厂；原油脱水处理后的油田水，经过污水处理设备，用注水泵注入地下，这些油气集输工艺流程经常涉及工程流体力学。因此，集输工有必要了解和掌握一定的工程流体力学知识，以便更好地分析和解决生产中出现的各种问题。

一、流体的定义及性质

（一）流体的定义和特点

物质以固体、液体和气体三种状态存在。凡是无固定形状，易流动的物质称为流体。因此，液体和气体都属于流体。

物质是由分子组成的，分子之间作用力的大小，决定了物质存在的状态。相较于流体，固体的分子排列紧密，分子间的作用力大。因此固体不仅具有一定的体积，而且能够保持一定的形状，从力学性质来看，固体具有抵抗压力、拉力和切力的能力，因而在一定的外力作用下，通常只发生较小的变形，而且到一定程度后变形就停止。

液体和气体分子间的作用力小，这就决定了液体和气体具有区别于固体的共同特性——不能保持一定的形状、不能抵抗拉力和切力的作用。当受到微小切力作用时，液体和气体将发生连续不断的变形，即通常所说的流动。液体和气体放在什么形状的容器里就呈什么形状。液体与气体共同的地方，那就是都没有一定的形状，具有流动性。液体与气体的区别在于气体的形状更不固定。液体放在开口容器中与大气形成明显的分界线，而气体则只能限制在密闭的容器中。如果容器有漏洞，就会向外扩散和四周的大气混在一起。这种扩散现象是气体和液体的一个重要区别。

液体和气体的另一个明显区别在于它们的可压缩性。气体很容易被压缩，受压后气体体积明显变化，密度增大，而液体受压后，体积和密度变化不明显。工程上把液体看成是不可压缩流体，把气体看成可压缩流体。

（二）流体的物理性质

1. 密度、重度和相对密度

密度：单位体积内所含有的质量称为密度，用 ρ 表示，密度的单位符号是 kg/m^3。

重度：单位体积内所含有的重量称为重度，用 γ 表示，$\gamma = \rho g$，重度的单位符号是 N/m^3。

液体的相对密度是指该液体的密度与标准大气压下4℃纯水的密度之比。气体的相对密度是指该气体的密度与相同压力、温度条件下干空气的密度之比。相对密度是一个比值，量纲为1。

2. 压缩性和膨胀性

流体的压缩性是指流体在压强作用下体积缩小的性质。压缩性的大小用体积压缩系数 p 表示，它代表压强增大一个大气压时流体体积相对缩小的数值。

当温度每升高1℃时，流体体积相对增大的数值称为体积膨胀系数。

水的压缩性及膨胀性都是很小的。因此在压强及温度变化不大时，可以认为液体既不可压缩又不能膨胀。在此前提下，可以认为液体的重度和密度是不随温度和压强而改变的。

3. 黏滞性

液体在管内流动时，由于液体和固体界壁的附着力及液体本身的内聚力，使管内液体各处的速度产生差异。紧贴管壁处液体附着在管壁上，速度为零；越接近管轴，速度越大；轴心处速度最大。垂直于管轴断面上各点的速度是按一定曲线分布的。如果液体质点都沿着轴向运动，可以把管中液体流动看成是许多无限薄的圆筒形液层的运动，运动较快的液层带动运动较慢的液层；反之运动较慢的液层又阻滞运动较快的液层。这样，当快的液层在慢的液层上滑过时，在液体层与层之间产生内摩擦力或切应力，这种性质就表现为黏滞性。

表征流体黏滞性的一个比例常数，称为动力黏滞系数，简称黏滞系数或黏度，用 μ 表示。

对于一般液体来说，温度越高，黏滞性越小，也就越容易流动；而对于气体来说，温度越高，黏滞性反而增大，这是因为温度高时气体的分子运动更加活跃，从而增加了流动阻力。

压强对于黏滞性的影响，对液体是不明显的，对气体来说，由于压强的增大会使气体的密度增大，从而增大了黏滞性。

4. 饱和蒸气压

物质从液态通过物理过程变为气态的现象称为汽化。汽化有两种方式：只在液体表面进行的称为蒸发，液体表面和内部同时进行的称为沸腾。

把纯水放在一个密闭的容器里，并抽走上方的空气。当水不断蒸发时，水面上方气相的压力，即水的蒸气所具有的压力就不断增加。但是，当温度一定时，气相压力最终将稳定在一个固定的数值上，这时的气相压力称为水在该温度下的饱和蒸气压力。

概括来说，饱和蒸气压是指在一定的温度下，与同种物质的液态处于平衡状态的蒸气所产生的压强。

当气相压力的数值达到饱和蒸气压力的数值时，液相的水分子仍然不断地汽化，气相的水分子也不断地冷凝成液体，只是由于水的汽化速度等于水蒸气的冷凝速度，液体量和气体量在宏观上保持不变，液体和气体达到平衡状态。

所以，饱和蒸气压也可以看作达到气液平衡状态时的气相压力。

二、液体流态及判断

（一）液体流态概念

液体的运动，由于流速不同，存在两种流动状态——层流和紊流。液体质点互不干扰、各自成层地向前运动，称为层流运动，此时流动状态主要表现为液体质点的摩擦和变形。液体质点互相掺混、杂乱无章地向前运动，称为紊流运动，此时流动状态主要表现为液体质点的互相碰撞和掺混。在层流和紊流之间，还有一种流态称为过渡流，表现为流体的流线开始出现波浪状的摆动，摆动的频率及振幅随流速的增加而增加。

试验表明：两种流动状态的转化是因为流速大小的不同。流动状态转化时的平均流速称为临界流速，用符号 v_c 表示。

（二）雷诺数计算

雷诺数是用来判别流体在流道中流态的无量纲准数，用 Re 表示：

$$Re = \frac{Dv\rho}{\mu} = \frac{Dv}{\nu} \tag{1-2-1}$$

式中　D——管内直径，m；
　　　v——流速，m/s；
　　　ρ——液体的密度，kg/m³；
　　　μ——动力黏度，Pa·s；
　　　ν——运动黏度，m²/s。

层流与紊流之间的临界状态可用临界雷诺数来判别：

$$Re_c = \frac{Dv_c\rho}{\mu} = \frac{Dv_c}{\nu} \tag{1-2-2}$$

（三）流态的判断

大量试验证明：液体在圆管中流动时，下临界雷诺数的值约为2000，而上临界雷诺数则是一个不固定的数值。所以，一般采用下临界雷诺数作为判别流动状态的标准。

$$Re \leqslant 2000（为层流）$$
$$2000 < Re < 3000（为过渡流）$$
$$Re \geqslant 3000（为紊流）$$

三、常用水力计算

（一）液体流动的基本概念

1. 过水断面

流束或总流上垂直于流线的断面称为过水断面，其面积用 A 表示。在等直径管路中，液流方向都沿着管轴方向，这时过水断面就是平面。

2. 流量

单位时间内流过过水断面的液体量称为流量，用 Q 表示。流量有两种表示方法，即体积流量和质量流量。

3. 平均流速

流过过水断面的流量与过水断面面积的比值称为平均流速，用 v 表示。

（二）液体的连续性方程

对于稳定流动的液体，由质量守恒定律可知，流过所有过水断面的流量都是相等的，因此有：

$$\begin{cases} Q_1 = Q_2 \\ v_1 \cdot A_1 = v_2 \cdot A_2 \end{cases} \tag{1-2-3}$$

式（1-2-3）就是液体的连续性方程，它表明总流的各个过水断面的面积与该断面上的平均流速的乘积是一个常数，也就是说，总流的所有过水断面上的流量都是相等的，因而总流断面内的液体体积和质量都是一定的。

（三）沿程水头损失与局部水头损失

1. 沿程水头损失的概念与计算

1）沿程阻力和沿程水头损失的概念

沿程阻力是指液流沿着全部流程上的直管段所产生的摩擦阻力。为了克服沿程摩擦阻力而引起的水头损失称为沿程水头损失，用符号 h_f 表示。

2）圆管层流沿程水头损失的计算

对于等直径水平管路来说，圆管层流的沿程水头损失计算公式为：

$$h_f = \lambda \frac{L}{D} \frac{v^2}{2g} \tag{1-2-4}$$

$$\lambda = \frac{64}{Re} \tag{1-2-5}$$

式中　λ——沿程水力摩阻系数；

　　　L——管路长度，m；

　　　D——管路内径，m；

　　　v——液体流速，m/s；

　　　g——重力加速度，取 9.8m/s²。

3）圆管紊流沿程水头损失的计算

在进行紊流运动的沿程水头损失的计算时，由于管壁粗糙度对紊流阻力影响很大，因此必须引入相对粗糙度这一概念。任何光滑的管壁内表面总是凹凸不平的，有一定的粗糙度，其粗糙凸起的平均高度称为绝对粗糙度，用符号 Δ 表示。所谓相对粗糙度实际上就是绝对粗糙度与管子半径之比，用符号 ε 表示，则：

$$\varepsilon = \frac{\Delta}{r_0} = \frac{2\Delta}{D} \tag{1-2-6}$$

式中　r_0——管子的内半径，mm；

D——管子的内直径,mm;
Δ——管壁绝对粗糙度,mm。

对于不同材料的管子,其绝对粗糙度见表1-2-1。

表1-2-1 不同管材的绝对粗糙度

管子种类	Δ, mm	管子种类	Δ, mm
清洁的无缝钢管、铅管	0.0015~0.01	涂柏油的钢管	0.12~0.21
新的精制无缝钢管	0.04~0.17	新的铸铁管	0.25~0.42
通用的输油管	0.14~0.15	普通的镀锌管	0.39
普通钢管	0.19	旧的钢管	0.50~0.60

计算沿程水头损失使用式(1-2-4),既适用于层流运动,同样也适用于紊流运动,只是沿程阻力系数 λ 不同而已。紊流的沿程阻力系数 λ 是雷诺数 Re 和相对粗糙度 Δ/D 的函数:

$$\lambda = 2f\left[Re, \frac{\Delta}{D}\right] \tag{1-2-7}$$

λ 值的计算,按照层流区、水力光滑区、混合摩擦区和完全粗糙区四个区进行判别和计算,见表1-2-2。

表1-2-2 常用沿程阻力系数 λ 的公式

流动状态		雷诺数范围	λ 值的常用计算公式
层流区		$Re \leq 2000$	$\lambda = \dfrac{64}{Re}$
紊流	水力光滑区	$2000 < Re < \dfrac{59.7}{\varepsilon^{8/7}}$	$\lambda = \dfrac{0.3164}{\sqrt[4]{Re}}$
	混合摩擦区	$\dfrac{59.7}{\varepsilon^{8/7}} < Re < \dfrac{665-765\lg\varepsilon}{\varepsilon}$	$\dfrac{1}{\sqrt{\lambda}} = -1.8\lg\left[\dfrac{6.8}{Re} + \left(\dfrac{\Delta}{3.7D}\right)^{1.11}\right]$
	完全粗糙区	$Re \geq \dfrac{665-765\lg\varepsilon}{\varepsilon}$	$\lambda = \dfrac{1}{\left(2\lg\dfrac{3.7D}{\Delta}\right)^2}$

2. 局部水头损失的概念及计算

1) 局部水头损失的概念

在工程上所遇到的管路总是由各种等直径的直管和阀门、弯管、大小头等局部装置连接而成,液体流过局部装置所产生的液流阻力称为局部阻力。克服局部阻力所引起的水头损失称为局部水头损失,用符号 h_j 表示。

2) 局部水头损失的通用计算公式

局部装置的类型虽然很多,但产生局部阻力的原因及流动情况基本相同。因此,突然扩大的局部阻力计算公式可用来作为计算其他一切局部阻力的通用公式,只是各种局部装置的阻力系数不同而已。局部水头损失的计算公式为:

$$h_j = \xi \frac{v^2}{2g} \tag{1-2-8}$$

式中　v——局部阻力区域末端的过水断面的平均流速，m/s；
　　　ξ——各种不同局部装置的局部阻力系数。

（四）实际液体总流的伯努利方程式

实际流体总流的伯努利方程式，反映了实际液体在运动过程中总机械能守恒和各种能量之间相互转换的定量关系。

实际上，由于液体与外界摩擦和液体内部摩擦的存在，使得液体的机械能沿流动方向逐渐降低；由于局部装置所引起的液流扰乱使得液体的机械能在某些断面处突然降低。

在流动过程中，液体有一部分能量由于消耗变成热能而散失，因此，流速后端的机械能永远小于流速前的机械能。

1. 伯努利方程式

对于稳定流动的液体，由能量守恒定律可得：

$$Z_1+\frac{p_1}{\gamma}+\frac{a_1 v_1^2}{2g}=Z_2+\frac{p_2}{\gamma}+\frac{a_2 v_2^2}{2g}+h_{w_{1-2}} \tag{1-2-9}$$

式中　Z_1，Z_2——1、2两点的位置高度，m；
　　　p_1，p_2——1、2两点的水动力压强，Pa；
　　　v_1，v_2——1、2两点的液体流速，m/s；
　　　γ——液体的重度，N/m³；
　　　g——重力加速度，9.8m/s²；
　　　$h_{w_{1-2}}$——1、2两点间单位重量液体的能量消耗，m；
　　　a_1，a_2——1、2两点液体流速的修正系数。

这就是实际液体的伯努利方程，是进行水力计算的重要公式。Z、$\frac{p}{\gamma}$、$\frac{av^2}{2g}$分别表示单位重量液体的位能、压能和动能，h_w表示单位重量液体的能量消耗。

2. 水力坡降

沿流程单位长度上总能量（总水头）的损失称为水力坡降，用 i 表示，无量纲，用公式表示为：

$$i=\frac{h_{w_{1-2}}}{L} \tag{1-2-10}$$

式中　L——流程长度，m。

3. 伯努利方程的应用

伯努利方程在油田生产实际中应用非常广泛，需要经常用它来进行集输系统、注水系统等管路的水力计算，以及泵的吸入高度、扬程和功率的计算等。

灵活运用伯努利方程来解决实际生产问题，能给实际工作带来很大的帮助。这里简要说明伯努利方程的用法：

（1）方程式中，位置水头是相对而言的，基准面只要是平面就可以。为方便起见，常取两个计算点中位置较低的一个点作为基准面，这样可使位置较低的一点的水头为零，而另一个位置水头为正值，计算就方便了。

（2）在选取两个断面时，尽量只包含一个未知数。至于两个断面上的平均流速可以通过连续性方程互相求得，只要知道其中的一个流速，则另一个流速自然也就能求出。

（3）两个断面上的压强标准要一致，一般多用表压。

（4）在多数情况下，位置水头或压力水头都比较大，而速度水头相对小得多。因此动能修正系数 a 常可以近似地取为1，即令 $a=1$。如果计算点取在容器的液面上时，由于容器的断面远远大于管子的断面，而其流速却远远小于管子流速，因此可把该断面的流速水头忽略不计，即为零。

第二节　传热学知识

一、传热的方式

传热学是研究不同温度的物体或同一物体的不同部分之间热量传递规律的学科。

热量传递有三种基本方式：导热、对流、辐射。

（一）导热

物体各部分之间不发生相对位移时，依靠分子、原子及自由电子等微观粒子的热运动而产生的热量传递称为导热（或称热传导）。例如，固体内部热量从温度较高的部分传递到温度较低的部分，以及温度较高的固体把热量传递给与之接触的温度较低的另一固体都是导热现象。

从能量角度来看，温度较高物体的分子具有较大的动能，温度较低的物体分子具有的动能也较低，热量在固体中的传播实际上是动能较大的分子将其动能的一部分传给邻近的动能较小的分子。

从微观角度来看，导电固体和非导电固体的导热机理是有所不同的。导电固体中有相当多的自由电子，它们在晶格之间像气体分子那样不规则热运动。自由电子的运动在导电固体的导热中起着主要作用。在非导电固体中，导热是通过晶格结构的振动，即原子、分子在其平衡位置附近的振动来实现的。

在导热现象中，单位时间内通过给定截面的热量，正比例于垂直于该截面方向上的温度变化率和截面面积，而热量传递的方向则与温度升高的方向相反，这就是导热的基本定律，又称为傅里叶定律。

在稳定状态下，导热的基本定律可用下式表示：

$$Q = \lambda F \frac{t_1 - t_2}{L} \qquad (1-2-11)$$

式中　Q——传热量，W；

λ——导热系数，W/(m·℃)；

F——传热面积，m²；

t_1-t_2——温差,℃;

L——传热厚度,m。

λ 称为导热系数,表示温差为1℃时,在单位时间内,通过单位长度所传导的热量。不同物质有不同的导热系数,导热系数很大的物质,如金属类,称为热的良导体。导热系数小的物质称为热的不良导体。导热系数很小的物质称为热的绝热体。

(二) 对流

对流是指由于流体的宏观运动,从而使流体各部分之间发生相对位移、冷热流体相互掺混所引起的热量传递过程。对流仅能发生在流体中,而且由于流体中的分子同时在进行着不规则的热运动,因而对流必然伴随有导热现象。油田生产中经常关注流体流过一个物体表面时热量传递过程,常称之为对流换热。

对流传热过程中,热量的传递采用牛顿公式来计算:

$$Q = \alpha(t_1-t_2)F_\tau \qquad (1-2-12)$$

式中 F_τ——流体与固体壁面接触的表面积,m^2;

t_1——壁面温度,℃;

t_2——流体平均温度,℃;

α——对流传热系数,W/(m^2·℃)。

α 称为对流传热系数(又称表面传热系数),它的大小与流体流动的起因、流体有无相变、流体的流动状态、传热表面的几何因素以及流体的物理性质等多种因素有关。

(1) 流体流动的起因。

由于流动起因的不同,对流传热可以区别为强制对流传热与自然对流传热两大类。前者是由于泵、风机或其他外部动力源所造成的,而后者通常是由于流体内部的密度差所引起。两种流动的成因不同,流体中的速度场也有差别,所以换热规律不一样。

(2) 流体有无相变。

在流体没有相变时对流传热中的热量交换是由于流体显热的变化而实现的,而在有相变的传热过程中(如沸腾或凝结),流体相变热(潜热)的释放或吸收常常起主要作用,因而换热规律与无相变时不同。

(3) 流体的流动状态。

流体力学的研究已经查明,黏性流体存在着两种不同的流态——层流及紊流。层流时流体微团沿着主流方向进行有规则的分层流动,而紊流时流体各部分之间发生剧烈的混合,因而在其他条件相同时紊流换热的强度自然要较层流强烈。

(4) 换热表面的几何因素。

这里的几何因素指的是换热表面的形状、大小、换热表面与流体运动方向的相对位置以及换热表面的状态(光滑或粗糙)。例如,管内强制对流流动与流体横掠圆管的强制对流流动是截然不同的。前一种是管内流动,属于所谓内部流动的范围;后一种是外掠物体流动,属于所谓外部流动的范围。这两种不同流动条件下的换热规律必然是不相同的。在自然对流领域里,不仅几何形状对流动有影响,几何布置对流动亦有决定性影响,水平壁热面朝上散热的流动与热面朝下散热的流动就截然不同,它们的换热规律也是不一样的。

（5）流体的物理性质。

流体的物理性质对于对流传热有很大的影响。以无相变的强制对流传热为例，流体的密度、动力黏度、导热系数以及比定压热容等都会影响流体中速度的分布及热量的传递，因而影响对流传热。

（三）辐射

物体都会向外界以电磁波的形式发射携带能量的粒子（光子），此过程称为辐射，发射的能量称为辐射能。从宏观角度，辐射是连续的电磁波传递能量的过程；从微观角度，辐射是不连续光子传递能量的过程。

物体会因各种原因发出辐射能，其中因热的原因而发出辐射能的现象称为热辐射。

自然界中各个物体都不停地向空间发出热辐射，同时又不断地吸收其他物体发出的热辐射。辐射与吸收过程的综合结果就造成了以辐射方式进行的物体间的热量传递，即辐射传热。当物体与周围环境处于热平衡时，辐射传热量等于零，但这是动态平衡，辐射与吸收过程仍在不停地进行。

二、传热过程与传热系数

前面分别讨论了导热、对流和辐射三种传递热量的基本方式。在实际问题中，这些传热方式往往不是单独出现的。这不仅表现在互相串联的几个换热环节中，而且同一环节也常是如此。分析一个复杂的实际热量传递过程由哪些串联环节组成，以及在同一环节中有哪些热量传递方式起作用，是求解实际热量传递问题的基本功。例如，对于室内取暖的暖气片、加热炉中的烟道及制冷装置中的冷凝器来说，热量传递过程中各个环节的换热方式如下：

（1）暖气片：热水 $\xrightarrow{对流传热}$ 管子内壁 $\xrightarrow{导热}$ 管子外壁 $\xrightarrow{对流传热及辐射传热}$ 室内环境。

（2）加热炉烟道：烟气 $\xrightarrow{辐射及对流传热}$ 管子内壁 $\xrightarrow{导热}$ 管子内壁 $\xrightarrow{对流传热}$ 油。

（3）冷凝器：蒸汽 $\xrightarrow{凝结传热}$ 管子外壁 $\xrightarrow{导热}$ 管子内壁 $\xrightarrow{对流传热}$ 水。

这种热量由壁面一侧的流体通过壁面传到另一侧流体中去的传热过程是工程技术中经常遇到的典型热量传递过程，下面来考察冷、热流体通过一块大平壁交换热量的传热过程，导出传热过程的计算公式并加以讨论。

一般来说，传热过程包括串联着的三个环节：

（1）从热流体到壁面高温侧的热量传递；

（2）从壁面高温侧到壁面低温侧的热量传递，亦即穿过固体壁的导热；

（3）从壁面低温侧到冷流体的热量传递。

由于是稳态过程，通过串联着的每个环节的热流量 Q 应该是相同的。设平壁表面积为 F，参照图 1-2-1 所示的符号，可以分别写出上述三个环节的热流量表达式：

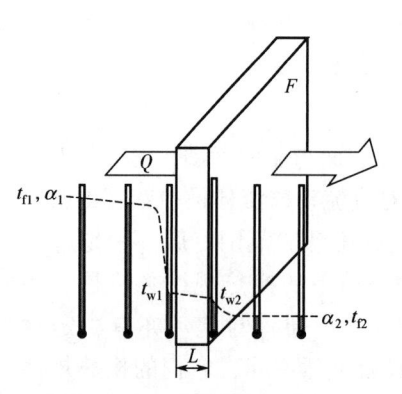

图 1-2-1 传热过程示意图

第一个环节： $Q = F\alpha_1(t_{f1} - t_{w1})$ (1-2-13)

第二个环节： $Q = \dfrac{F\lambda}{L}(t_{w1} - t_{w2})$ (1-2-14)

第三个环节： $Q = F\alpha_2(t_{w2} - t_{f2})$ (1-2-15)

式中　F——流体与固体壁面接触的表面积，m^2；

　　　t_{f1}——热流体温度，℃；

　　　t_{f2}——冷流体温度，℃；

　　　t_{w1}——高温侧壁面温度，℃；

　　　t_{w2}——低温侧壁面温度，℃；

　　　α_1——从热流体到高温侧壁面的对流传热系数，$W/(m^2 \cdot ℃)$；

　　　α_2——从低温侧壁面到冷流体的对流传热系数，$W/(m^2 \cdot ℃)$；

　　　λ——壁面导热系数，$W/(m \cdot ℃)$；

　　　L——壁厚，m。

将上面三式合并整理后得：

$$Q = FK(t_{f1} - t_{f2}) = FK\Delta t \quad (1\text{-}2\text{-}16)$$

$$K = \dfrac{1}{\dfrac{1}{\alpha_1} + \dfrac{L}{\lambda} + \dfrac{1}{\alpha_2}}$$

式中　K——总传热系数，$W/(m^2 \cdot ℃)$；

　　　Δt——冷、热流体温差，℃。

数值上，传热系数等于冷、热流体间温差 $\Delta t = 1℃$、传热面积 $F = 1m^2$ 时的热流量的值，是表征传热过程强烈程度的标尺。传热过程越强，传热系数越大，反之则越小。传热系数的大小不仅取决于参与传热过程的两种流体的种类，还与过程本身有关（如流速的大小、有无相变等）。如果需要涉及流体与壁面间的热辐射，则对流传热系数 α_1 或 α_2 可取为复合传热系数，即还要包括由热辐射折算出来的对流传热系数在内，这里不作深入研究。

模块二
设备操作与维护

第一章　机泵操作与维护

第一节　泵的类型与结构

一、泵的用途

泵是国民经济中应用最广泛、最普遍的通用机械，除了水利、电力、农业和矿山等大量采用外，尤以石油化工生产用量最多。由于化工生产中原料、半成品和最终产品中很多是具有不同物性的液体，如腐蚀性、固液两相流、高温或低温等，要求有大量的具有一定特点的化工用泵来满足工艺上的要求。

泵是机械工业中的重要产品之一，是发展现代工业、农业、国防、科学技术必不可少的机器设备，掌握使用维护知识和技能具有重要的现实意义。

二、泵的分类

在实际生产中，由于输送介质的种类、性质、所需压力的大小，流量的高低和所处环境的不同，因而泵的类型多样，根据其结构和工作原理可将泵分为两大类。

（一）叶片式泵

叶片式泵是利用叶轮在泵内做高速旋转运动把能量连续传递给液体，达到输送液体的目的，如离心泵、混流泵、轴流泵、旋涡泵等。

（二）容积式泵

容积式泵是利用泵内工作室的容积做周期性的变化来输送液体，如活塞泵、柱塞泵、隔膜泵、齿轮泵、螺杆泵等。

除了上述两种类型的泵以外，还有螺旋泵、射流泵、气升泵、水锤泵等其他类型的泵。

三、泵的性能

泵的性能主要有流量、压力、使用温度、输送液体种类等。大型泵的流量每小时可达几十万立方米，微型泵每小时则只有几毫升；泵的压力可从常压到高压，高压可达100MPa以上；输送液体温度在-200~800℃；泵输送液体的种类繁多，如输送清水、污水、油液、酸碱液、悬浮液、液态金属等。

四、泵的选型

（一）泵选型的依据

泵选型主要依据泵所在系统或装置的有关参数、特性及其所处的环境条件和要求。选型时应尽量掌握以下方面的因素。

1. 输送介质的物理化学性能

输送介质的物理化学性能包括介质名称、介质特性（如腐蚀性、磨损性、毒性等）、温度、固体颗粒含量及颗粒大小、气体含量、密度、黏度、汽化压力等。

2. 工艺参数

了解泵的流量、进出口压力、泵进出口系统管路的布置；了解装置的运行方式（间歇运行或连续运行）。

3. 其他因素

选型时要考虑场地条件的限制、工程造价、安装高度、安全、环保等要求。

（二）泵选型的一般步骤

泵的结构形式、种类、规格很多，但一般可以按照以下步骤进行选择：
（1）确定泵的使用条件；
（2）选择泵的类型；
（3）确定泵的规格；
（4）确定主要零部件的材料；
（5）选择配套电动机（或其他原动机）的参数；
（6）确定泵的轴封形式。

本书关于泵的结构原理、参数调节、维护保养重点介绍石油化工生产中应用最为广泛的离心泵。

五、离心泵分类

（一）按叶轮级数分

（1）单级离心泵：泵轴上只装有一个叶轮。
（2）多级离心泵：同一泵轴装有两个或两个以上叶轮。

（二）按叶轮吸入方式分

（1）单吸式离心泵：叶轮只有一个吸入口。
（2）双吸式离心泵：从叶轮两侧吸入，它的流量较大。

（三）按压力大小分

（1）低压离心泵：压力低于 100m 水柱。

(2) 中压离心泵：压力在 100~650m 水柱之间。
(3) 高压离心泵：压力高于 650m 水柱。

（四）按泵输送介质分

(1) 水泵（输送水）。
(2) 油泵（输送油品）。
(3) 泥浆泵（输送泥浆）。
(4) 化工泵（输送酸碱及其他化工原料）。

（五）按比转数分

(1) 低比转数泵：比转数在 50~80 之间。
(2) 中比转数泵：比转数在 80~150 之间。
(3) 高比转数泵：比转数在 150~300 之间。

（六）按泵壳接缝形式分

(1) 垂直分段式，如图 2-1-1 所示。

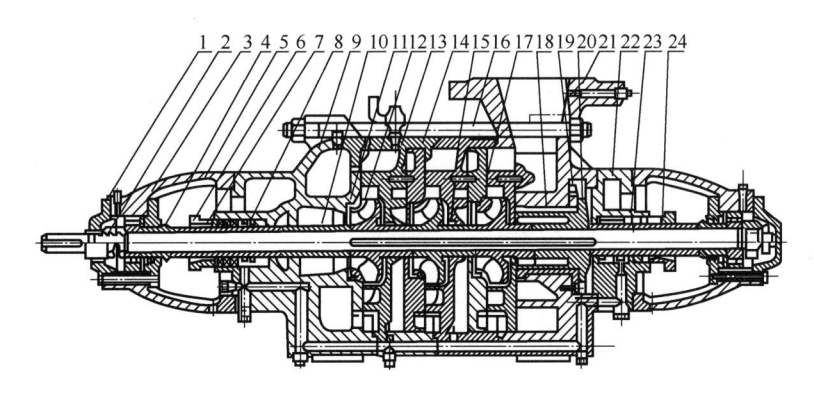

图 2-1-1 D 型多级离心泵结构图
1—轴承盖；2—锁紧螺母；3—轴承；4—挡水套；5—轴承架；6—轴套甲；7—填料压盖；8—填料环；
9—进水段；10—中间套；11—密封环；12—叶轮；13—中段；14—导翼挡板；15—导翼套；
16—拉紧螺栓；17—出水段导翼；18—平衡套；19—平衡环；20—平衡盘；21—出水段；
22—尾盖；23—轴；24—轴套乙

(2) 水平中开式，如图 2-1-2 所示。

六、离心泵型号

（一）离心泵型号说明

离心泵型号一般由三部分组成。

离心泵型号中的第一单元通常是以 mm 表示的吸入口直径，但大部分老产品用"英寸"表示，即以 mm 表示的吸入口直径被 25 除后的整数值。第二单元是以汉语拼音字母的字首表示泵的基本结构、特征、用途及材料等，见表 2-1-1。第三单元一般用数字表示

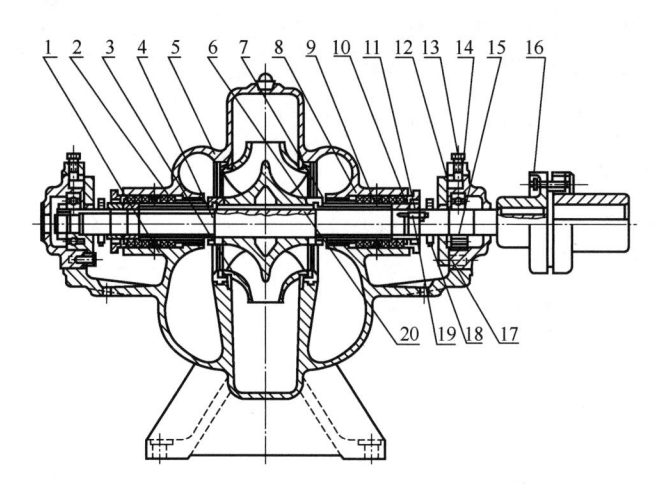

图 2-1-2 S 型双吸中开式泵结构图

1—泵体；2—泵盖；3—叶轮；4—轴；5—双吸密封环；6—轴套；7—填料套；8—填料；9—填料环；
10—填料压盖；11—轴套母；12—轴承体；13—固定螺钉；14—轴承体压盖；15—单列向心球轴承；
16—联轴器部件；17—轴承端盖；18—挡水圈；19—螺栓；20—键

泵的参数，对过去的大多数老产品这些数字是表示该泵比转数被 10 除的整数值，而目前表示以 m 水柱为单位的泵的扬程和级数。有时泵的型号尾部后还带有字母 A 或 B，这是泵的变形产品标志，表示在泵中装的是切割过的叶轮。

表 2-1-1 离心泵形式、型号对照表

字母名称	离心泵形式	字母名称	离心泵形式
B、BA	单级单吸悬臂泵	R	热水循环泵
S、SH	单级双吸泵	L	立式浸没泵
D、DA	多级分段泵	CL	船用离心泵
DK	多级中开式泵	Y	离心式油泵
DG	锅炉给水泵	F	耐腐蚀泵
N、NL	冷凝水泵	P	杂质泵

（二）离心泵型号表示方法

离心泵型号表示方法举例如下：

（1）"2B31A" 表示吸入口直径为 50mm（流量 12.5m³/h），扬程为 31m 水柱，同型号叶轮外径经第一次切割的单级单吸悬臂式离心清水泵。

（2）"200D-43×9" 表示吸入口直径为 200mm，单级扬程为 43m 水柱，总扬程为 43×9＝387m 水柱，9 级分段式多级离心泵。

（3）"IS80-65-160" 表示单级单吸悬臂式清水离心泵，泵吸入口直径为 80mm，排出口直径为 65mm，叶轮名义直径为 160mm。

（4）"IH50-32-160" 表示单级单吸悬臂式化工离心泵，泵吸入口直径为 50mm，排出口直径为 32mm，叶轮名义直径为 160mm。

七、离心泵结构原理

（一）离心泵原理

如图 2-1-3 所示，液体由吸入管进入离心泵吸入室，然后流入叶轮，叶轮在泵壳内高速旋转，产生离心力。充满叶轮的液体受离心力作用，从叶轮的四周被高速甩出，高速流动的液体汇集在泵壳内，其速度降低，压力增大。根据液体总要从高压区向低压区流动的原理，泵壳内的高压液体进入压力低的出口管线（或下一级叶轮），在叶轮的吸入室中心处形成低压区，液体在外界大气压力的作用下，源源不断地进入叶轮，补充于叶轮的吸入口中心低压区，使泵连续工作。

离心泵中液体进入叶轮后，改变了液流方向。叶轮的吸入口与排出口成直角，液体经叶轮后的流动方向与轴线成90°角。

图 2-1-3 离心泵一般装置示意图

（二）离心泵结构

离心泵由六大部分组成：转动部分、泵壳部分、密封部分、平衡部分、轴承部分、传动部分等。

1. 转动部分

转动部分由叶轮、泵轴、轴套等组成，是产生离心力和能量的旋转主体，密封部分、平衡装置等也都套在轴上，是离心泵的关键部分。

1）叶轮

叶轮是离心泵的主要零件，叶轮由叶片、前后盖板、轮毂组成，泵流量、扬程和效率都与叶轮的形状、尺寸的大小及表面光洁度有关。叶轮在前后盖板间形成流道，在轴的旋转下产生离心力，液体由叶轮中心轴进入，由外缘排出，完成液体的吸入与排出。叶轮的形式按进液方式可分为单吸和双吸两种。叶轮中叶片的弯曲方向和叶轮的旋转方向相反，叶轮按其结构可分为封闭式、敞开式、半封式三种类型，如图 2-1-4 所示。

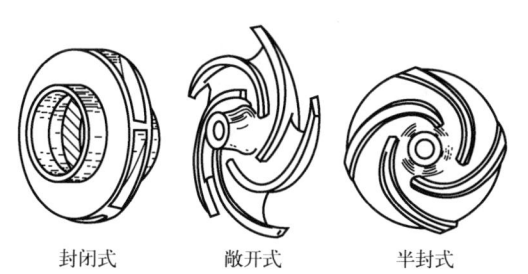

图 2-1-4 离心泵的叶轮结构图（封闭式　敞开式　半封式）

2）泵轴

泵轴是将动力机械能量传给叶轮的主要零件，并把叶轮和联轴器连在一起，组成泵的转子。它的材料要求有足够的抗扭强度和刚度，常用碳素钢和不锈钢制成。泵轴挠度不超过允许值，运行转速不能接近产生共振的临界转速。泵轴一端用键、叶轮螺母和外舌止退垫圈固定叶轮，另一端装联轴器或皮带轮。为了防止填料与泵轴直接摩擦以及轴的锈蚀，多数泵轴在轴与水的接触部分装有钢制或铜制的轴套，轴套锈蚀后可以更换。

3）轴套

轴套套装在轴上，一般是圆柱形。轴套有两种：一种是装在叶轮与叶轮之间，主要是保护泵轴和固定叶轮；另一种是装在轴头密封处，防止密封填料磨损轴，起保护轴的作用。

2. 泵壳部分

泵壳的作用是把液体均匀地引入叶轮，并把叶轮甩出的高压液体汇集起来导向排出侧或通入下一段叶轮，并且减慢叶轮甩出的液体速度，把液体动能转变为压力能。通过泵壳可把泵的各固定部分联为一体，组成泵的定子。

泵壳有蜗形泵壳和有导轮分段泵壳两种。蜗形泵壳一般用于单级泵及水平中开式的多级泵。它的结构简单，水头损失小，轴向推力利用叶轮对称装置平衡，径向推力的平衡需采用其他措施，如图2-1-5(a)所示。而具有导轮的分段泵壳则都用在多级泵。它的结构复杂，水头损失大，径向推力自己平衡，轴向推力的平衡采用平衡盘、平衡鼓、平衡管等措施，如图2-1-5(b)所示。

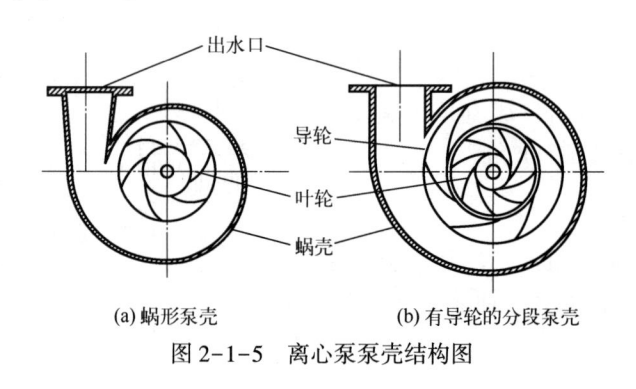

(a) 蜗形泵壳　　(b) 有导轮的分段泵壳

图2-1-5　离心泵泵壳结构图

3. 密封部分

为保证泵正常运转和高效率，防止泵内液体外流或外界空气进入泵体内，在叶轮与泵壳之间、轴与泵壳之间都装有密封装置。常用的密封装置有密封环（口环）、填料盒（填料箱）和机械密封（端面密封）。

密封环用来防止液体从叶轮排出口通过叶轮和泵壳之间的间隙漏回吸入口，以减少容积损失；同时承受叶轮与泵壳接缝处可能产生的机械摩擦，磨损后只换密封环而不必更换叶轮和泵壳。密封环有的装在叶轮上，有的装在泵壳上，也有的两边都有。密封环的形式很多，基本上可分为平式、直角式、曲折式，详见本章第三节。

填料盒位于泵壳与轴之间，在填料盒内放入填料，用来防止泵内液体沿轴漏出并防止外界空气进入泵内，详见本章第三节。

机械密封是依靠固定在轴上的动环和固定在泵壳上的定环，两环平衡端面间紧密接触而达到密封的装置。机械密封根据装置形式分为单端面机械密封和双端面机械密封。双端面机械密封具有两道端面密封，多用于高温高压条件下运转的泵。机械密封结构原理详见本章第四节。

4. 平衡部分

泵在运转时，在其转子上产生一个方向与泵的轴心线相平行的轴向力。多级泵的轴向力很大。泵在工作之前，叶轮四周的液体压力都一样，因而不产生轴向力。当泵开始工作后，因压出室内产生了压力，并且由于叶轮两侧在进、出口存在压差，便产生了轴向力。

平衡轴向力的方法很多，一般来说，单级泵不同于多级泵。单级泵平衡轴向力有平衡孔、平衡管、采用双吸叶轮、采用平衡叶片四种方法。多级泵平衡轴向力有叶轮对称布置、平衡盘法、平衡鼓法、平衡盘或平衡鼓组合法四种方法。平衡鼓是装在末级叶轮之后用来平衡转子轴向力，平衡盘主要是平衡轴向力并起到定位转子位置的作用。

5. 轴承部分

轴承用来支撑泵轴并减少泵轴旋转时的摩擦阻力，在离心泵中通常采用滑动轴承和滚动轴承平衡径向和轴向负荷。

6. 传动部分

离心泵与电动机中间的连接机构称为联轴器。它起着传递电动机的能量，缓冲轴向、径向振动以及自动调整泵与电动机中心的作用。常用的联轴器有刚性联轴器、弹性联轴器、液力联轴器（耦合器）三种。

八、离心泵特点

离心泵之所以在集输生产中得到广泛应用，主要是由于与其他类型泵相比有以下特点：

（1）流量均匀，运行平稳，噪声小。

（2）调节方便，流量和压力可在很宽的范围内变化，只要改变出口阀或回流阀开度就可以调节流量和压力。

（3）操作方便可靠，易于实现自动控制，检修维护方便。

（4）在大流量下，泵的尺寸并不大，结构简单、紧凑，质量轻。

（5）转速高，可以与电动机、汽（燃气）轮机、柴油机直接相连。

（6）由于离心泵没有自吸能力，在一般情况下启泵前要灌泵，或安装真空泵在泵的入口处。

（7）压力取决于叶轮的级数、直径和转数，而且不会超过由这些参数所确定的值。

（8）当输送的液体黏度增加时，对泵的性能影响很大，这时泵的流量、压力、吸入能力和效率都会下降。

第二节　离心泵运行参数及其调节

一、离心泵主要参数

（一）流量

流量也称排量，指泵在单位时间内所输送液体的数量，可用体积流量（Q）或质量流量（G）表示。质量流量和体积流量的换算如下：

$$G=Q \cdot \rho \tag{2-1-1}$$

式中 　G——质量流量，kg/s；
　　　Q——体积流量，m³/s；
　　　ρ——液体密度，kg/m³。

体积流量单位有 m³/h、L/s、L/min 等，质量流量单位有 t/h、kg/min 等。离心泵流量可使用现场流量计观察法进行测量，流量计的精度要求不低于 0.2 级，并经校验；也可采用容积式测量法，即经标定的标准容器来测量流量；还可以采用流量计、流量表、流量测速仪等测量。由于离心泵输送的介质是液体，容积式和速度式流量计较普遍。如果配合商品油交接流量的测定，还应配以标准体积管等液体流量标准装置进行。

液流在管道中流动时，如果流体全部充满管道，没有自由表面存在，液流横截面上各点的流速相等，能求出其流速平均值，并且流体是均匀介质，不含有较多的异相流体，如油、水中不能含有太多的气体，不含有过多、过大的固体杂质，可以简化计算流量：

$$Q=v \cdot F \tag{2-1-2}$$

式中 　Q——流量，m³/s；
　　　v——平均流速，m/s；
　　　F——管道横截面积，m²。

（二）扬程

泵的扬程是指单位质量液体通过泵后能量的增加值，或指泵的扬水高度，通常用 H 表示，单位是 m。离心泵扬程的大小与泵的转速、叶轮的结构与直径以及管路情况等因素有关。

离心泵扬程是指全扬程，全扬程可分为吸上扬程和压出扬程，如图 2-1-6 所示。

把液体从容器中吸入泵内的扬程称为吸上扬程，吸上扬程 $H_{吸高}$ 包括吸入高度和吸入管路阻力损失两部分，可用公式表示如下：

$$H_{吸} = H_{吸高} + H_{吸损} \tag{2-1-3}$$

把液体从泵内排到另一个容器的扬程称为压出扬程。压出扬程 $H_{排高}$ 包括排出高度和排出管路阻力损失两部分，可用公式形式表示如下：

图 2-1-6　泵扬程示意图

$$H_{排} = H_{排高} + H_{排损} \tag{2-1-4}$$

而扬程的测定，可以采用弹簧式压力表、液体差压计或液体真空计，测定泵的进出口压力，然后换算出扬程。测试时要求压力表的精度不低于 0.5 级。吸入扬程可用真空表测量，压出扬程可用压力表测量，压力表或真空压力表分别安装在泵的出入口法兰处，扬程按下式进行计算：

$$H = \frac{p_2 - p_1}{\rho g} + \Delta h \tag{2-1-5}$$

式中 　H——扬程，m；
　　　p_1，p_2——泵入口和出口处的压力，Pa；

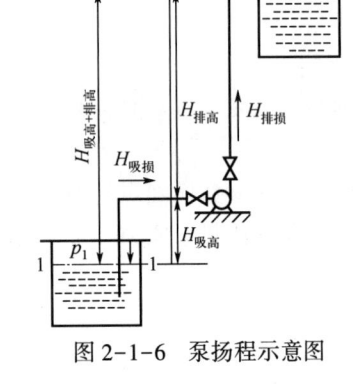

ρ——被输送液体的密度，kg/m³；
g——重力加速度，9.8m/s²；
Δh——泵入口中心到出口处的垂直距离，m。

（三）转速

转速是指泵轴每分钟旋转的次数，用符号 n 表示，单位为 r/min。一般泵产品样本上规定的转速是指泵的最高转速许可值。实际工作中最高不超过许可值的 4%。转速的变化将影响其他一系列参数的变化。

转速可使用转速表进行测量。

（四）功率

功率通常是指单位时间内所做功的大小，用符号 N 表示，单位为 W 或 kW。泵的功率有轴功率、有效功率和原动机功率三种。泵铭牌上标明的功率是原动机功率，也称配用功率。有些铭牌上标明的轴功率。轴功率是指原动机传给泵轴的功率，是离心泵的输入功率，用符号 $N_{轴}$ 表示；有效功率是指泵在单位时间内对流经液体所做的功，也就是泵的质量流量和扬程的乘积，用符号 $N_{有效}$ 表示。三种功率之间的关系为：

$$N_{有效} = \rho \cdot g \cdot Q \cdot H \tag{2-1-6}$$

$$N_{轴} = N_{有效} / \eta_{效} \tag{2-1-7}$$

$$N_Y = (1.1 \sim 1.2) \times N_{轴} \tag{2-1-8}$$

式中 ρ——液体密度，kg/m³；
g——重力加速度，m/s²；
Q——体积流量，m³/s；
H——扬程，m；
$\eta_{效}$——泵效，%；
N_Y——原动机功率，W。

可以看出，泵的有效功率与所输送液体的密度有关，在测定有效功率时，应根据输送介质密度的不同进行计算。同理，轴功率、原动机功率也要相应地增减。

（五）效率

泵的功率大部分用于输送液体，使一定量的液体增加了压能，即所谓有效功率；而另一部分功率消耗在泵的轴与轴承及填料和叶轮与液体的摩擦上，以及液流阻力损失、漏失等方面，这部分功率称为损失功率。把有效功率与轴功率之比，称为泵的效率，用符号 $\eta_{效}$ 表示。泵的效率是表示泵性能好坏及动力的有效利用程度，是泵的一项重要的经济技术指标，效率越高，说明泵的使用越经济。

$$\eta_{效} = \frac{N_{有效}}{N_{轴}} \times 100\% \tag{2-1-9}$$

$$\eta_{效} = \eta_{容} \cdot \eta_{机} \cdot \eta_{水} \tag{2-1-10}$$

$$\eta_{容} = \frac{Q-q}{Q} \tag{2-1-11}$$

$$\eta_{机} = \frac{N_{轴} - N_{损}}{N_{轴}} \times 100\% \tag{2-1-12}$$

$$\eta_{水} = \frac{H}{H_t} = \frac{H_t - h_t}{H_t} \tag{2-1-13}$$

式中　Q——泵的流量，m³/h；

　　　q——泵的漏失量，m³/h；

　　　$N_{损}$——损失功率，W；

　　　H——泵实际产生的扬程，m；

　　　H_t——理论扬程，m；

　　　h_t——总扬程损失，m。

离心泵在运行过程中发生能量损失，主要有容积损失、机械损失和水力损失三个方面。

（1）离心泵的容积损失。

① 密封环泄漏损失：在叶轮入口处设有密封环（口环），在泵工作时，由于密封环两侧存在压力差，所以始终会有一部分液体从叶轮出口向叶轮入口泄漏，形成环流损失。这部分液体消耗的能量全部用到克服密封环阻力上。

② 平衡装置泄漏损失：在离心泵工作时，平衡装置在平衡轴向力时将使高压区的液体通过平衡孔、平衡盘及平衡管等回到低压区而产生的损失。

③ 级间泄漏损失：在多级泵运行中，级间隔板两侧压力不等，因而也存在着泄漏损失。

（2）离心泵的机械损失。

① 轴承、轴封摩擦损失：泵轴支撑在轴承上，为了防止液体向外泄漏，设置了轴封，当泵轴高速旋转时，就与轴承和轴封发生摩擦，损失大小与密封装置的形式和润滑的情况有关。

② 叶轮圆盘摩擦损失：离心泵叶轮在充满液体的泵壳内旋转，这时叶轮盖板表面与液体发生相互摩擦，引起摩擦损失，它的大小与叶轮的直径、转数及输送液体的性质有关。随级数的增加可成倍加大，加工精度对它的影响也很大。

（3）离心泵的水力损失。

① 冲击损失：泵在设计流量工况下工作时，液体不发生与叶片及泵壳的冲击，这时泵效率较高；但当流量偏离设计工况时，其液流方向就要与叶片方向及泵壳流道方向发生偏离，产生冲击。

② 漩涡损失：在泵中过流截面积是很复杂的空间截面，液体在这里通过时，流速大小和方向都要不断发生变化，因而不可避免地会产生漩涡损失；另外过流表面存在着尖角、毛刺、死角区时会增大漩涡损失。

③ 流动摩擦阻力损失：由于泵内过流表面的几何形状、表面粗糙度和液体具有的黏性，所以液体在流动时产生摩擦阻力损失。

在各部位的水力损失中，叶轮内的水力损失最大，占全部水力损失的一半左右；其次是导翼转弯处的水力损失大约占剩余损失的1/2左右，剩下的水力损失在其余各部位上。

（六）允许吸入高度

泵允许吸入高度也称允许吸上真空度，表示离心泵能吸上液体的允许高度，一般用

$H_允$ 或 H_s 表示，单位为 m。为了保证泵的正常工作，必须规定这一数值，以保证泵入口液体不汽化，不产生汽蚀现象。

（七）比转数

比转数是一个能说明离心泵结构与性能特点的参数，它是利用相似理论求得的。每一台泵都有一个比转数，是设计泵时的重要参数。设计泵时假想出一台泵，这台泵的全部零件与所研究泵零件几何相似。这台泵的流量是 $0.075 m^3/s$，扬程为 $1mH_2O$，消耗功率为 $0.735kW$，这时的转数就称为所研究的那台泵的比转数。比转数常用符号 n_s 来表示。

任何一台泵，根据相似原理，可以利用比转数 n_s 按泵叶轮的几何相似与动力相似的原理对叶轮进行分类。比转数相同的泵即表示几何形状相似，液体在泵内运动的动力相似。

比转数和离心泵性能的关系：同一型号的泵，比转数 n_s 越大，则泵的扬程越低，而流量越大；反之，比转数越小，泵的流量小而扬程高。所以，对于同一尺寸的泵，如果它们的流量相差不大，比转数越小，扬程就越高，轴功率就越大；比转数越大，扬程越小，轴功率也就越小。

对于单级泵，n_s 计算公式为：

$$n_s = \frac{3.65n\sqrt{Q}}{H^{3/4}} \tag{2-1-14}$$

对于单级双吸泵，n_s 计算公式为：

$$n_s = \frac{3.65n\sqrt{Q/2}}{H^{3/4}} \tag{2-1-15}$$

对于多级单吸泵，n_s 计算公式为：

$$n_s = \frac{3.65n\sqrt{Q}}{(H/i)^{3/4}} \tag{2-1-16}$$

式中　n——转速，r/min；
　　　Q——泵的额定流量，m^3/s；
　　　H——泵的额定扬程，m；
　　　n_s——泵的比转数；
　　　i——离心泵的级数。

二、离心泵主要技术参数测定

（一）根据管路流量测算介质流速

流速的计算公式：

$$v = \frac{Q}{F} \tag{2-1-17}$$

式中　v——管内介质的平均流速，m/s；
　　　Q——管内介质的流量，m^3/s；
　　　F——管内横截面积，m^2。

由式（2-1-17）可知，管内介质的流速、流量和管道内横截面积是成比例关系的，这三个因素中，流量和管内面积不变，其流速一定不变，这个前提条件是管子直径没有变化，另外管道上没有支管进水，也没有支管出水。如果管子直径不变，流速随流量的变化而变化。同样的流量下，管道直径大的管段流速就低；反之，流速就高。根据这三者的比例关系就可以计算出管内介质的流速。

随着科学技术的发展，自动化水平的提高，利用介质流速的测量仪器仪表来直接读取数值更为方便、直观。

（二）常规法测离心泵效率

常规法测离心泵效率是通过 0.5 级以上的压力表、流量计、功率表、电流表及 $\cos\phi$ 表测出泵的主要参数，利用下式计算泵的效率：

$$N_{有效} = \rho \cdot g \cdot Q \cdot H$$

$$N_{轴} = \frac{\sqrt{3} \cdot I \cdot U \cdot \cos\phi \cdot \eta_{机}}{1000} \tag{2-1-18}$$

式中　I——电流（用标准电流表测量），A；

　　　U——电压（用标准电压表测量），V；

　　　$\cos\phi$——功率因数（也可用功率因数表测量），取 0.85；

　　　$\eta_{机}$——电动机效率，一般查出厂说明书，通常取 0.94。

（三）温差法测离心泵效率

温差法又称热平衡法，根据能量转换的原理，即液体在泵内的各种损失都转化为热能，这些热能又以液体温度升高的形式表现出来，可以用温度计测量泵出口与进口温度差来反映泵内的损失大小，反映泵效的高低。

1. 测试前的准备

（1）在测试地点准备 220V 的电源插座。

（2）待测泵安装校对好的标准压力表，进、出口各一块。

（3）温差测试仪经校验并检查完好。

（4）准备好测试过程中所用工具、用具。

2. 测试步骤

以升压法测试为例，升压法测泵效要求按离心泵压力分为 3~5 个点，每点间压力升幅差值应较小。

（1）先将待测泵压力降至某一低点值，稳定 15min，以达到热平衡。

（2）将 A、B 铂热电阻紧贴在一起，接通电源预热 15min。

（3）调整开关使数码显示到"零"点。

（4）逐渐开大灵敏度开关，用调节开关使表针调到"零"（或最小）。

（5）关闭电源，将 A、B 电阻分开，A 电阻紧贴进口管线，B 电阻紧贴出口管线。

（6）接通电源，在保持最大灵敏度的情况下，调拨零、个、十位直到表头指示为零，这时数码显示器显示的数字即为温差值。稳定 15min，同时录取入口压力、出口压力、泵压、电流、电压五个参数。

（7）按测试所需划分的点数，将测试泵扬程提高，即控制出口阀门，每测一点稳定15min，并录取参数。

（8）根据所测数据整理出各点泵效率。

3．测试计算方法

利用以下公式计算泵效：

$$\eta_{效} = \frac{\Delta p}{\Delta p + 4.1868 \times (\Delta T - \Delta T_s)} \times 100\% \qquad (2\text{-}1\text{-}19)$$

式中　$\eta_{效}$——离心泵效率，%；

　　　Δp——泵进出口压差，MPa；

　　　ΔT——泵进出口温差，℃；

　　　ΔT_s——等熵温升修正值（查表），℃。

【例2-1-1】　某站测离心泵效率时，测得某点压力14MPa，泵进口压力0.05MPa，介质进口温度为35℃，出口温度为37℃，求该点压力下泵的效率为多少？$\Delta T_s = 0.36$。

已知：$p = 14$MPa，$p_{进} = 0.05$MPa，$T_{进} = 35$℃，$T_{出} = 37$℃，$\Delta T_s = 0.36$。

求：泵的效率 $\eta_{效} = $？

解：$\Delta p = 14 - 0.05 = 13.95$（MPa），$\Delta T = 37 - 35 = 2$（℃），则：

$$\begin{aligned}\eta_{效} &= \frac{\Delta p}{\Delta p + 4.1868 \times (\Delta T - \Delta T_s)} \times 100\% \\ &= \frac{13.95}{13.95 + 4.1868 \times (2 - 0.36)} \times 100\% \\ &= 67\%\end{aligned}$$

答：该点压力下泵效率为67%。

三、离心泵性能调节

性能参数表示离心泵性能的好坏，其中最重要的性能参数是扬程。

（一）离心泵理论扬程

离心泵的理论扬程与以下几个假定条件相对应：（1）叶轮内叶片数目无限多，液体完全沿着叶片的弯曲表面流动，无任何环流现象；（2）液体为黏度等于零的理想流体，液体在流动中没有阻力。在这两个假定条件下，离心泵的理论扬程可以表示为：

$$H = \frac{1}{g}(r\omega)^2 - \frac{Q\omega}{2\pi b_2 g}\cot\beta \qquad (2\text{-}1\text{-}20)$$

式中　r——叶轮半径，m；

　　　ω——叶轮旋转角速度；

　　　Q——泵的体积流量，m³/h；

　　　b_2——叶片宽度，m；

　　　β——叶片装置角；

H——离心泵的理论扬程，m；

g——重力加速度，取 9.8m/s^2。

如图 2-1-7 所示，分析叶片装置角 β：

（1）装置角 β 是叶片的一个重要设计参数。当其值小于 90°时称为后弯叶片；等于 90°时称为径向叶片；大于 90°时称为前弯叶片。叶片后弯时液体流动能量损失小，所以一般都采用后弯叶片。

（2）当采用后弯片时，$\cot\beta$ 为正，可知理论扬程随叶轮直径、转速及叶轮周边宽度的增加而增加，随流量的增加呈线性规律下降。

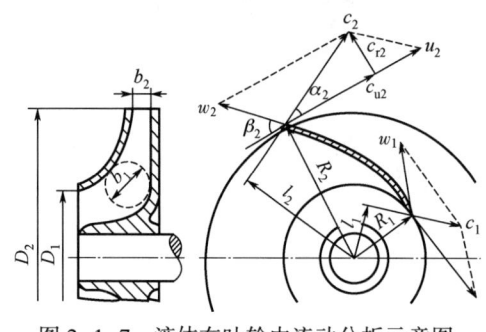

图 2-1-7　液体在叶轮中流动分析示意图

（3）理论扬程与流体的性质无关。

（4）式（2-1-20）给出的是理论扬程的表达式。实际操作中，由于存在叶片间环流损失、阻力损失、冲击损失，使得实际扬程与理论扬程有一定的差距。考虑上述三方面原因之后，扬程与流量之间的线性关系也将发生变化。

（二）离心泵性能曲线

对一台特定的离心泵，在转速固定的情况下，其扬程、轴功率和效率都与其流量有相对应的关系，其中以扬程与流量之间的关系最为重要。这些关系的图形表示称为离心泵的性能曲线。由于扬程受水力损失影响的复杂性，这些关系一般都通过实验来测定，离心泵性能曲线如图 2-1-8 所示，包括 H-Q 曲线、N-Q 曲线和 η-Q 曲线。

离心泵的特性曲线一般由离心泵的生产厂家提供，标绘于泵产品说明书中，其测定条件一般是 20℃清水，转速也是固定的。

（1）从 H-Q 特性曲线中可以看出，离心泵的扬程在较大流量范围内是随流量增大而减小的。不同型号的离心泵，H-Q 曲线的形状有所不同。较平坦的曲线，适用于扬程变化不大而流量变化较大的场合；较陡峭的曲线，适用于扬程变化范围大而不允许流量变化太大的场合。

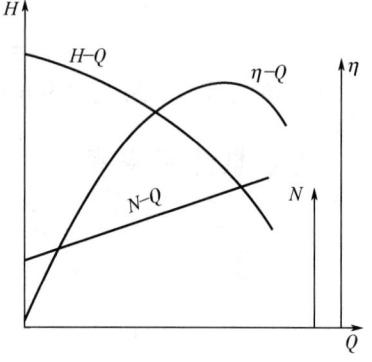

图 2-1-8　离心泵性能曲线

（2）从 N-Q 特性曲线中可以看出，N 随 Q 的增大而增大。显然，当 $Q=0$ 时，泵轴消耗的功率最小。因此在 $Q=0$ 时的状态下启动，以减小电动机的启动功率。

（3）从 η-Q 特性曲线中可以看出，开始 η 随 Q 的增大而增大，达到最大值后，又随 Q 的增大而下降。η-Q 曲线最大值相当于效率最高点，泵在该点所对应的扬程和流量下操作，其效率最高，故该点为离心泵的设计点。

离心泵的铭牌上标有一组性能参数，它们都是与最高效率点对应的性能参数，即额定流量、额定扬程、额定效率。通常规定对于最高效率以下 7% 的工况范围为高效工作区。有的泵样本上只给出高效区段的性能曲线。

（三）离心泵特性的影响因素

1. 流体的性质

（1）液体的密度：离心泵的扬程和流量均与液体的密度无关，有效功率和轴功率随密度的增加而增加，这是因为离心力及其所做的功与密度成正比，但效率又与密度无关。

（2）液体的黏度：黏度增加，泵的流量、扬程、效率都下降，但轴功率上升。所以，当被输送液体的黏度有较大变化时，泵的特性曲线也要发生变化。

（3）溶质的影响：如果输送的液体是水溶液，浓度的改变必然影响液体的黏度和密度。浓度越高，与清水差别越大。浓度对离心泵特性曲线的影响，同样反映在黏度和密度上。

2. 转速

离心泵的转速发生变化时，其流量、扬程和轴功率都要发生变化，称为比例定律：

$$\frac{Q_2}{Q_1}=\frac{n_2}{n_1}; \quad \frac{H_2}{H_1}=\left(\frac{n_2}{n_1}\right)^2; \quad \frac{N_2}{N_1}=\left(\frac{n_2}{n_1}\right)^3 \quad (2-1-21)$$

式中 Q_1，n_1，H_1，N_1——泵原来的流量、转速、扬程、功率；

Q_2，n_2，H_2，N_2——泵改变转速后的流量、转速、扬程、功率。

3. 叶轮直径

前已述及，叶轮尺寸对离心泵的性能也有影响。当切割量小于20%时，泵的流量、扬程和功率发生变化，其变化关系称为切割定律：

$$\frac{Q_2}{Q_1}=\frac{D_2}{D_1}; \quad \frac{H_2}{H_1}=\left(\frac{D_2}{D_1}\right)^2; \quad \frac{N_2}{N_1}=\left(\frac{D_2}{D_1}\right)^3 \quad (2-1-22)$$

式中 Q_1，H_1，D_1，N_1——泵原来的流量、扬程、叶轮外径和功率；

Q_2，H_2，D_2，N_2——泵叶轮切削后的流量、扬程、叶轮外径和功率。

（四）离心泵工作点及参数调节

在泵的叶轮转速一定时，一台泵在具体操作条件下所提供的液体流量和扬程可用 H-Q 特性曲线上的一点来表示。至于这一点的具体位置，应视泵前后的管路情况而定。分析泵的工作情况，不应脱离管路的具体情况，泵的工作特性由泵本身的特性和管路的特性共同决定。

1. 管路的特性曲线

泵的性能曲线，只能说明泵本身的性能。但泵在管路中工作时，不仅取决于其本身的性能，还取决于管路系统的性能，即管路特性曲线。由这两条曲线的交点来决定泵在管路系统中的运行工况。

所谓管路特性曲线，是指在管路情况一定，即管路进、出口液体压力，输液高度，管路长度及管径，管件数目及尺寸，阀门开启度都一定的情况下，单位质量液体流过该管路时所必需的外加扬程 H_e 与单位时间流经该管路的液体流量 Q_e 之间的关系曲线。它可根据具体的管路装置情况，按流体力学方法算出。注意管路特性曲线的形状与管路布置及操作条件有关，而与泵的性能无关。管路特性曲线是一条二次抛物线。

2. 离心泵的工作点

离心泵的特性曲线 $H-Q$ 与其所在管路的特性曲线 H_e-Q_e 的交点称为泵在该管路的工作点，如图 2-1-9 所示。工作点 M 所对应的流量 Q 与扬程 H 既是管路系统所要求，又是离心泵所能提供的；若工作点所对应效率是在高效区，则该工作点对应的各性能参数（Q，H，η，N）反映了一台泵的实际工作状态。

3. 离心泵参数调节

由于生产任务的变化，管路运行参数有时是需要改变的，这实际上就是要改变泵的工作点。由于泵的工作点由管路特性和泵的特性共同决定，因此改变泵的特性和管路特性均能改变工作点，从而达到调节运行参数的目的。

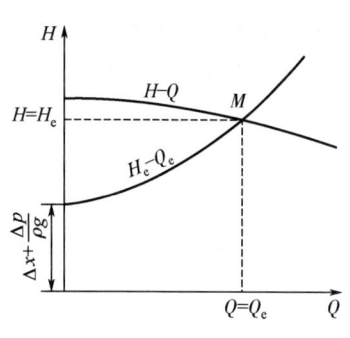

图 2-1-9 管路特性曲线和离心泵工作点

1）改变出口阀的开度——改变管路特性

在生产过程中，流量的控制是通过调节离心泵出口阀门的开度实现的，如图 2-1-10 所示。离心泵在额定工作点 M 工作时，相应的流量为 Q_M。若关小阀门，管路的局部阻力增大，管路特性曲线变陡，工作点由 M 点移向 M_1 点，流量被调节为 Q_{M_1}。若开大阀门，管路局部阻力减小。管路特性曲线变得平坦，工作点由 M 点移向 M_2 点，流量被调节增大到 Q_{M_2}。阀门调节是快速简便，流量可连续地变化，这种方法使用较为广泛。缺点是能量损失较大，且增加了阀门的节流损失，容易损坏阀门。

2）改变泵转速——改变泵的特性

通常采用改变泵的转速来调节流量，如图 2-1-11 所示。当转速为 n 时的工作点为 M，相应的流量为 Q_M。若提高转速为 n_1，则泵的特性曲线上移，工作点由 M 移向 M_1，流量由 Q_M 增大到 Q_{M_1}。若把离心泵转速降低转速为 n_2 时，则泵的特性曲线下移，工作点由 M 移到 M_2 点，流量由 Q_M 减小到 Q_{M_2}。这种调节方法可保持管路特性曲线不改变。工作点流量随转速下降而减小，动力消耗也相应降低，既能降低生产成本，又能提高经济效益。

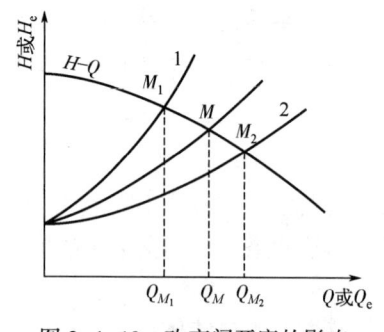

图 2-1-10 改变阀开度的影响

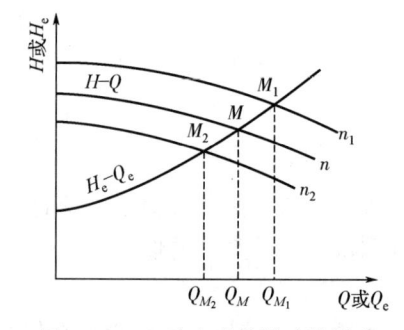

图 2-1-11 改变叶轮转速的影响

【例 2-1-2】 某站原有一台离心泵，其性能是扬程 60m，流量 830m³/h，轴功率 150kW，转速为 1450r/min。现在需要扬程降到 30m，采用降低转速的方法现场能够解决，问改变后的转速应为多少？流量、轴功率在转速变化后将是多少？

已知：$H_1=60\text{m}$，$H_2=30\text{m}$，$Q_1=830\text{m}^3/\text{h}$，$N_1=150\text{kW}$，$n_1=1450\text{r/min}$。

求：$n_2=?$ $Q_2=?$ $N_2=?$

解：根据比例定律：

$$\frac{H_2}{H_1}=\left(\frac{n_2}{n_1}\right)^2$$

$$n_2=n_1\cdot\frac{\sqrt{H_2}}{\sqrt{H_1}}=1450\times\frac{\sqrt{30}}{\sqrt{60}}=1025(\text{r/min})$$

转速改变后的流量为：

$$\frac{Q_2}{Q_1}=\frac{n_2}{n_1}$$

$$Q_2=Q_1\cdot\frac{n_2}{n_1}=830\times\frac{1025}{1450}=586(\text{m}^3/\text{h})$$

转速改变后的轴功率为：

$$\frac{N_2}{N_1}=\left(\frac{n_2}{n_1}\right)^3$$

$$N_2=N_1\cdot\left(\frac{n_2}{n_1}\right)^3=150\times\left(\frac{1025}{1450}\right)^3=53(\text{kW})$$

答：该泵应降低到1025r/min，这时的流量为586m³/h，轴功率为53kW。

由于转速的改变，其他各参数也随之改变，但是改变转速是有限度的，一般提高转速时，不能超过额定转速的10%，这是因为受到泵材质和精度的约束。降低转速时，不能超过50%，否则会使泵的效率下降，或者抽吸不上液体。改变泵的转速可以从改变原动机的转速来实现，目前应用最广泛的是用变频器来调节电动机的转速，达到调节参数的目的。

3）车削叶轮直径及改变叶轮数量

切割叶轮直径就是将离心泵中的叶轮直径车削减少，从而改变离心泵的性能和特性曲线，来达到调节的目的。

改变叶轮数量的调节方法多用在多级泵上，如果工艺需要降低排量与扬程，可将多级离心泵中的叶轮去掉一个或几个，离心泵转子部分长度的缺少空间，用加工的轴套来填补，泵壳不需做大的改变，这样相应地减少了叶轮，也减少了级数，可以达到调节参数的目的。

【例2-1-3】 有一台离心泵，其流量180m³/h，扬程23m，轴功率13kW，叶轮直径270mm，现在需要将扬程降到18m，即可满足生产要求，问叶轮直径应切割多少？切割后的流量和轴功率是多少？

已知：$Q_1=180\text{m}^3/\text{h}$，$H_1=23\text{m}$，$H_2=18\text{m}$，$D_1=270\text{mm}$，$N_1=13\text{kW}$。

求：$D_2=?$ $Q_2=?$ $N_2=?$

解：根据切割定律：

$$\frac{H_2}{H_1}=\left(\frac{D_2}{D_1}\right)^2$$

$$D_2=D_1\cdot\frac{\sqrt{H_2}}{\sqrt{H_1}}=270\times\frac{\sqrt{18}}{\sqrt{23}}=239(\text{mm})$$

按切割定律计算出切割量后，一般还需加上 2~3mm 余量，以保证安全，因此叶轮加工成 239+3＝242(mm)，应切去 28mm。

切割叶轮后的流量为：
$$\frac{Q_2}{Q_1} = \frac{D_2}{D_1}$$

$$Q_2 = Q_1 \cdot \frac{D_2}{D_1} = 180 \times \frac{242}{270} = 161(\text{m}^3/\text{h})$$

切割后的轴功率为：
$$\frac{N_2}{N_1} = \left(\frac{D_2}{D_1}\right)^3$$

$$N_2 = N_1 \cdot \left(\frac{D_2}{D_1}\right)^3 = 13 \times \left(\frac{242}{270}\right)^3 = 9.36(\text{kW})$$

答：扬程降到 18m 时，叶轮应切去 28mm，切割后的流量为 161m³/h，轴功率为 9.36kW。

泵叶轮切割后效率不变或有所下降，但下降不多，若切割过多时，效率会下降很多。因此泵叶轮外径最大允许切割量有一定的范围，见表 2-1-2。

表 2-1-2　泵叶轮外径最大允许切割量

比转数 n_s	60	120	200	300	350	＞350
最大允许切割量，%	20	15	11	9	7	0
效率下降值，%	每车削 10，下降 1		每车削 4，下降 1			—

对于切割过的叶轮，若流量、扬程不够时，可利用切割定律放大，但放大的叶轮直径，以能装入泵内为限，对于多级泵的叶轮切割时，只切叶片，不要把两侧盖板切掉。

4）回流调节

回流调节是将泵所排出液体的一部分经旁通管路回到泵的入口，从而改变泵输向外输管路中的实际排量。回流阀开度大，回流量大，外输管路流量减少。回流阀开度小，回流量少，外输管路流量增大。回流调节一般在以下情况使用：

（1）来液量少，储罐液位低，运行泵有抽空现象。

（2）下站或下游流程不需现有排量或泵排量大，而外输量需低排量时。

（3）气温较低，活动管线时，回流调节较为方便，但损失能量较多，因为液体经泵出口又回到泵入口，所以回流调节只是在小范围内使用，如果调节量较大，或频繁开启回流阀，就要选择其他方法。

（五）离心泵串并联工作及能量损失

在实际生产中，有时单台泵无法满足生产要求，需要几台泵组合运行。组合方式可以有串联和并联两种方式。下面讲的内容限于多台性能相同的泵的组合操作。多台泵无论怎样组合，都可以看作一台泵，因而需要找出组合泵的特性曲线。

1. 串联

两台相同型号的泵串联工作时，每台泵的扬程和流量也是相同的。在同样的流量下，串联泵的扬程为单台泵的两倍。

单台泵及组合泵的特性曲线如图 2-1-12 所示，3 为管路特性曲线。将单台泵的特性曲线 1 的纵坐标加倍，横坐标保持不变，可得两台泵串联的联合特性曲线 2。注意实际中 $H_{串}<2H$。

2. 并联

两台完全相同的泵并联，每台泵的流量和扬程相同，则并联组合泵的流量为单台的 2 倍，扬程与单台泵相同。

并联泵特性曲线如图 2-1-13 所示，3 为管路特性曲线，曲线 1 表示一台泵的特性曲线，在每一个扬程条件下，使一台泵操作时的特性曲线上的流量增大一倍而得出曲线 2，为两台相同的泵并联操作时的联合特性曲线。注意对于同一管路，$Q_{并}<2Q$，其并联操作时泵的流量不会增大一倍，因为两台泵并联后，流量增大，管路阻力亦增大。

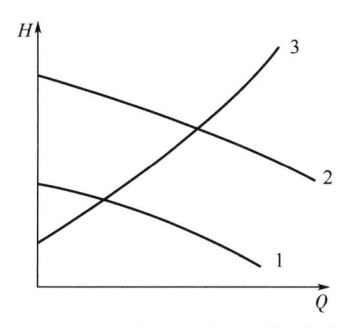

图 2-1-12　离心泵串联特性曲线

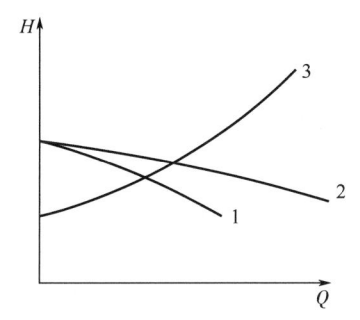

图 2-1-13　离心泵并联特性曲线

3. 联合方式

单台泵不能完成输送任务可以分为两种情况：（1）扬程不够，$H<\Delta z+\dfrac{\Delta p}{\rho g}$。（2）扬程合格，但流量不够。

对于（1）情况，必须采用串联操作；对于（2）情况，应根据管路的特性来决定采用何种组合方式。如图 2-1-14 所示，对于阻力高管路，串联比并联组合获得的 Q 增值大；但对于阻力低的管路，则是并联比串联获得的 Q 增量多。

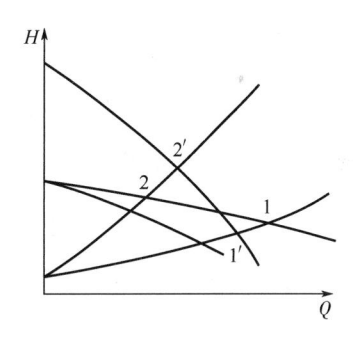

图 2-1-14　改变连接方式调节法

第三节　离心泵的维护与保养

一、离心泵的保养与检修

为了保证离心泵能长时间安全运行，不但要合理使用离心泵，而且要正确保养离心泵。必须做好离心泵经常性保养和三级保养工作。

（一）离心泵经常性保养

离心泵经常性保养的时间为 8h，由当班工人来完成，主要进行以下工作：
（1）做好泵机组的清洁卫生工作。
（2）经常检查、紧固泵机组各部的固定螺栓，确保无松动滑扣等现象。
（3）检查加注润滑脂和润滑油，确保机组不缺油干磨。
（4）及时调节密封填料的松紧程度。
（5）及时处理渗漏，确保调节泵在规定的技术参数下运行。

单级离心泵更换轴承即认为是大修，其更换轴承的次数一般较多，因此把单级离心泵的最高保养级别定为二级保养。三级保养大多数是对多级离心泵而言的，虽然三级保养各地规定时间不一致，但检修内容大致相同。

（二）离心泵三级保养

离心泵的三级保养工作主要是为了保证泵的安全、长效运行。做好离心泵的三级保养工作是维护油田生产稳定的基础。

1. 离心泵一级保养内容

离心泵运转（1000±8）h 进行。除完成经常性保养外，还要进行以下工作内容：
（1）检查调整前后密封填料松紧度，达到不发热，漏失不超量，轴套与压盖不偏磨。
（2）检查端盖螺栓，泵壳拉紧螺栓，底座及轴承支架螺栓，不松动滑扣。
（3）检查联轴器，螺栓受力均匀，松紧一致。
（4）检查压力表，灵活准确，不松动漏失。
（5）清洗过滤器，保证过滤网清洁、畅通。

2. 离心泵二级保养内容

离心泵运转（3000±24）h 进行。除完成一级保养工作外，还要进行以下工作内容：
（1）清洗前后轴承盒，检查或更换润滑油、润滑脂。
（2）检查密封填料磨损情况，必要时进行更换。
（3）检查联轴器的外观及机泵同心度。
（4）检查清洗更换泵轴承，并加注合格润滑油或润滑脂。
（5）检查轴套密封圈磨损情况，必要时进行更换。
（6）检查平衡盘、平衡环磨损情况，磨损超过要求标准要进行更换。
（7）检查泵轴窜动量在规定范围内。

3. 离心泵三级保养内容

离心泵运转（10000±48）h 进行。除完成一、二级保养内容外，还应完成以下工作内容：
（1）检查前后轴承，并测量轴承间隙。
（2）检查清洗叶轮、导翼、导翼固定螺钉及泵壳。
（3）测量叶轮与密封环间隙，检查密封环和导翼配合情况。
（4）检查并测量挡套与轴承套间隙。
（5）检查校正泵轴及联轴器和泵轴的配合。

(6) 检查平衡盘与平衡环的窜量。

(7) 检查调整联轴器的同心度。

(8) 对叶轮、平衡盘做静平衡试验。

(9) 测量电动机和泵的振动。

(三) 离心泵零部件质量要求

1. 泵壳的质量要求

(1) 检查泵盖和泵体有无残存铸造砂眼、气孔、结瘤以及流道光滑度。

(2) 检查接合面的加工精度、光洁度及介质导向孔道是否畅通。

2. 叶轮的质量要求

(1) 检查叶轮铸造有无气孔、砂眼、裂纹、残存铸造砂等缺陷，检查流道光滑程度，检查外形是否对称。

(2) 更换叶轮时，要做静平衡试验。

(3) 检查叶轮轮毂两端对轴线的不垂直度，应小于 0.01mm。

3. 转子的质量要求

(1) 转子窜量应为 0.01~0.15mm。

(2) 检查轴套、叶轮与轴不同心度小于 0.07mm。

(3) 检查转子晃动度。

(4) 轴、叶轮与轴承架，轴套两端面对轴中心线的不垂直度应小于 0.5mm。

4. 密封装置的质量要求

(1) 密封填料压盖与轴套外径间隙一般为 0.75~1.00mm。

(2) 密封填料压盖端面与轴中心线允许不垂直度为填料压盖外径的 1/100。

(3) 密封填料压盖外径与填料函内径间隙为 0.10~0.15mm。

(4) 填料环与轴套外径间隙一般为 1.0~1.5mm。

(5) 填料环的端面与轴中心线的不垂直度允许为填料环外径的 1/1000。

(6) 填料环外径与填料函内径间隙为 0.15~0.2mm。

5. 机泵的同心度要求

(1) 联轴器与轴的啮合，联轴器与轴采用过渡配合见表 2-1-3。

表 2-1-3 联轴器与轴配合松紧程度表

轴径，mm	间隙，mm	过盈，mm
18~30	0.021	0.017
30~50	0.024	0.020
50~80	0.024	0.023
80~120	0.032	0.026
120~180	0.036	0.030

（2）联轴器找同心，每个联轴器装在轴上，其端面跳动允差不得超过表2-1-4的规定。

表2-1-4 联轴器对轴跳动和两轴不同心允差

联轴器外形最大直径，mm	联轴器对轴向跳动允差，mm	联轴器对轴面跳动允差，mm	两轴不同心度不应超过	
			径向位移，mm	倾斜
105~170	0.07	0.16	0.05	0.2/1000
190~260	0.08	0.18	0.05	0.2/1000
290~350	0.09	0.20	0.10	0.2/1000
410~500	0.10	0.25	0.10	0.2/1000

（3）两联轴器端面间隙应略大于轴向窜量，见表2-1-5。

表2-1-5 两联轴器端面间隙表

轴孔直径 mm	标准型			轻型		
	型号	外径最大直径，mm	间隙 mm	型号	外径最大直径，mm	间隙 mm
25~28	B_1	120	1~5	Q_1	105	1~4
30~38	B_2	140	1~5	Q_2	120	1~4
35~45	B_3	170	2~6	Q_3	145	1~4
40~55	B_4	190	2~6	Q_4	170	1~5
45~65	B_5	220	2~6	Q_5	200	1~5
50~75	B_6	260	2~8	Q_6	240	2~6
70~95	B_7	330	2~10	Q_7	290	2~8
80~120	B_8	410	2~15	Q_8	350	2~8
100~150	B_9	500	2~15	Q_9	400	2~10

（四）离心泵密封装置维护

1. 叶轮与泵壳之间的密封

转动着的叶轮和泵壳之间有间隙存在，如果这个间隙过大，那么从叶轮出口出来的液体就会通过这个间隙而返回叶轮的吸入室，这个漏失量最大可达总液量的5%，所以必须控制这个间隙。同时，由于泵在运转过程中，泵壳和叶轮可能因为磨损过大而报废。因此，在泵壳和叶轮之间装上密封环，也称口环，它可以减少高压液体漏回叶轮吸入口，还起到承受磨损的作用，以延长叶轮和泵壳的使用寿命，减少修理费用，密封环的形式如图2-1-15所示。

1）平式密封环

平式密封环结构简单，容易制造，但漏失量最少。同时液体从径向间隙漏出时，速度较高，但其流动方向和流进叶轮吸入口的液体方向相反，容易在叶轮进口处造成涡流，故这种密封只在低扬程的泵上采用。

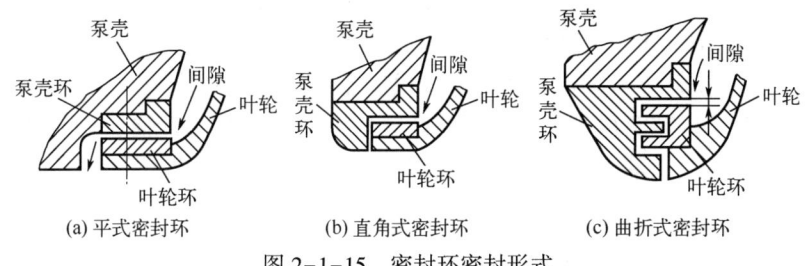

(a) 平式密封环　　(b) 直角式密封环　　(c) 曲折式密封环

图 2-1-15　密封环密封形式

2) 直角式密封环

直角式密封环的漏失量也较高，但其轴向间隙比径向间隙大得多，所以液体通过径向间隙转 90°，通过轴向间隙漏出后其速度就极大降低，因而造成的涡流比平式要小。

3) 曲折式密封环

曲折式密封环又可分为单曲折式密封环和双曲折式密封环两种。单曲折式密封环其漏失量较小，液体漏出的速度较低，因而造成的涡流较小。双曲折式密封环密封性能最好，但其制造复杂，安装麻烦，所以它只用在低比转数和高扬程的地方。密封环一般由铸铁、塑料及铜合金等材料制成。

2. 泵轴与泵壳之间的密封

转动着的泵轴和泵壳之间存在有间隙，低压时，可能使空气进入泵内，影响泵的工作，甚至使泵不上液；高压时，有液体漏出，所以要有密封装置，在离心泵上常用的是填料密封和金属端面密封。

填料盒是由填料座、液封环、密封填料压盖组成。填料座和填料压盖在密封填料的两头，是压紧填料用的。密封填料的松紧程度是由调节螺栓进行调节的，液封环在密封填料的正中间，正好对准水封口，在一定压力下把水或其他密封液引入密封环空间，使密封液沿着轴向两侧流动，既能防止空气进入泵内，也能阻止抽送液体的外漏。

离心泵上采用的密封填料都是方形的，其每边长 b 可由下式算出：

$$b = 0.15d + 0.13 \tag{2-1-23}$$

式中　d——轴的直径，mm。

近年来泵密封部位多采用机械密封，也称端面密封。机械密封的效果较好，承磨能力强，可以达到不漏，但造价高，制造复杂。机械密封详细内容见本章第四节。

(五) 离心泵检修及技术要求

1. 拆卸

(1) 切断要拆泵的流程并进行泄压，对输送油介质的泵事先要进行热水置换。

(2) 拉下电动机电源刀闸，拆下电动机接线盒内的电源线，并做好相序标记。

(3) 用梅花扳手拆下电动机的地脚螺栓，把电动机移开到能顺利拆泵为止。

(4) 拆下泵托架的地脚螺栓及与泵体连接螺栓，取下托架。

(5) 用扳手拆卸泵盖螺栓。用撬杠均匀撬动泵壳与泵盖连接间隙，把泵的轴承体连带叶轮部分取出来。

(6) 把卸下的轴承体及连带叶轮部分移开放在平台上检修、保养。

（7）用拉力器拉下泵对轮，卸下备帽螺栓，拉下叶轮。

（8）拆下轴承压盖螺栓及轴承体与泵端盖连接螺栓。

（9）拆下密封填料压盖螺栓，使密封填料压盖与填料函分开。

（10）拆下轴承压盖及泵端盖，用铜棒及专用工具把泵轴（带轴承）与轴承体分开。

（11）取下泵轴上的轴套，用专用工具将泵轴上的前后轴承拆下。

2. 检修

（1）检查各紧固螺栓，检查螺杆和螺母的螺纹是否完好，螺母是否变形。

（2）检查对轮外圆是否有变形破损，对轮爪是否有破损痕迹。

（3）检查轴承压盖垫片是否完好，填料压盖内孔是否磨损，压盖轴封槽密封毡是否完好，压盖回油槽是否畅通。

（4）检查叶轮背帽是否松动，弹簧垫圈是否起作用。

（5）检查叶轮流道是否畅通，入口与口环接触处是否有磨损，叶轮与轴通过定位键配合是否松动，叶轮键口处有无裂痕，叶轮的平衡孔是否畅通。

（6）检查轴套有无严重磨损，在键的销口处是否有裂痕，轴向密封槽是否完好。

（7）检查填料函是否变形，上下、左右间隙是否一致，水封环是否完好。

（8）检查轴承体内是否有铁屑，润滑油是否变质，轴承是否跑外圆。

（9）检查轴承压盖是否对称，有无磨损，压入倒角是否合适，压盖调整螺栓是否松动，长短是否合适。

（10）检查泵轴是否弯曲变形，与轴承接触处是否有过热、磨内圆痕迹，备帽处的螺纹是否脱扣。

（11）检查各定位键是否方正合适，键槽内无杂物。

（12）检查轴承是否跑内圆或外圆，保持架是否松旷，是否有缺油、过热、变色现象。

（13）检查轴承间隙是否合格，轴承球粒是否有破损。

（14）检查入口口环处是否有汽蚀现象。

（15）检查填料是否按要求加入，与轴套接触面磨损是否严重。

3. 安装

（1）按检查项目准备好合格的泵件，按拆卸相反顺序安装泵（先拆的后装、后拆的前装）。

（2）用铜棒和专用工具把两端轴承安装在泵轴上。

（3）用清洗油清洗好轴承体内的机油润滑室及看窗。

（4）把带轴承的泵轴安装在轴承体上。

（5）用卡钳、直尺、圆规及青稞纸制作好轴承端盖密封垫，并涂上黄油。

（6）用刮刀刮净轴承密封端盖密封面的杂物，放好密封垫。

（7）按方向要求上好轴承端盖，对称紧好固定螺栓。

（8）在泵轴叶轮的一端安上填料压盖、水封环，上好轴套密封，装上轴套。

（9）把轴承体与泵盖连接好，对称均匀紧固好螺栓。

（10）用键把叶轮固定在泵轴上，并用键与轴套连接好。

（11）安上弹簧垫片，用备帽把叶轮固定好。

（12）用铜棒和键把泵对轮固定在泵轴上。

（13）按更换填料的技术要求，向填料函内添加填料，上好填料压盖。

（14）用卡钳、直尺、划规、剪刀、青稞纸制作好泵壳与泵盖端面密封垫，并涂上黄油。

（15）将在平台上组装好的泵运到安装现场。

（16）装好密封垫后，将泵壳与检修后的泵体用固定螺栓均匀对称地紧固好。

（17）安上泵体托架，紧固好托架地脚螺栓及与泵体的连接螺栓。

（18）在泵对轮上放好缓冲胶圈，移动电动机并调整泵与电动机的同心度，紧固好电动机地脚螺栓。

（19）按标记接好电动机接线盒的电源线，合上刀闸。

（20）向泵体润滑油室内加入1/3～1/2的润滑油。

4．试运

（1）按启泵前的检查工作检查泵。

（2）按启泵操作规程启运检修泵。

（3）按泵的运行检查要求，检查泵的运行情况。

二、离心泵大修保养

（一）检修前的准备工作

（1）完成一二级保养的工作内容。

（2）准备解体离心泵使用的各种测量用具和仪器。

（3）准备测量校验使用的各种测量用具和仪器。

（4）准备好装配、更换的磨损部件和润滑油（黄油）。

（二）拆卸

（1）关闭泵出、入口阀门，在过滤缸和泵出口处放净泵中液体，若泵体内输送的介质是油，则需事先用热水置换干净。

（2）拆掉对轮销钉和弹性胶圈，断开联轴器，挪开电动机。

（3）拆下泵的地脚螺栓和冷却水连接管线，把泵转移到检修平台上。

（4）拆卸轴承体：先拆前、后侧的轴承体连接螺栓和轴承压盖，用拉力器取下轴承。

（5）拆卸密封压盖：拆下压盖与泵体的连接螺母，并沿轴向抽出压盖，然后取出填料。

（6）拆卸尾盖：拆下尾盖和尾段之间的连接螺母，卸下尾盖，然后把轴套、平衡盘及平衡环取出。

（7）拆卸穿杠：拆下穿杠两端的螺母，抽出泵各端的连接穿杠。

（8）拆平衡管：拆下平衡管两端法兰固定螺栓，取下平衡管。

（9）拆卸尾段：用铜棒和锤子轻敲后端的凸缘使之松脱后即可卸下。

（10）拆卸叶轮：用两把夹柄螺丝刀对称放置，同时撬动卸下叶轮，并按顺序摆放好。

（11）拆卸中段：用撬杠沿中段两边撬动即可取下，再从中段上取下密封环，拆下挡套和导翼，并按顺序摆放好，而后即可拆卸其他零件，直至吸入口。

（12）拆卸泵轴：拆到前段时，可将泵轴抽出，然后取下联轴器和前轴承。

（13）拆下各部件用清洗油清洗干净，按拆卸顺序摆放，以便进行检查测量。

（三）清洗泵件

（1）用细砂布清除叶轮上的铁锈，用汽油清洗干净，并清除叶轮流道内的杂物。

（2）用粗钢丝或锯条片清除导翼流道中的杂物及污垢，用砂纸去除铁锈，再用清洗油清洗导翼，按原顺序摆放好。

（3）用砂纸清除尾段、中段、前段及轴承支架上的杂物和铁锈，用汽油清洗导翼，按原顺序摆放好。

（4）用细砂布、汽油清洗干净泵轴上的铁锈和杂物，再按顺序摆放好。

（四）检查泵件

（1）联轴器弹性胶圈：弹性良好，不硬化，内孔不变形，胶圈没有裂痕。

（2）联轴器：外圆平整无变形，边缘不缺损，端面平整，胶圈孔无撞痕。

（3）对轮销钉：销钉螺纹不凸，与螺母配合间隙良好，弹簧垫正常。

（4）轴承：不跑内、外圆，保持架不松旷，轴承径向间隙合格。

（5）压盖：压入均匀，无裂痕，螺栓孔对称。

（6）轴套：磨损不严重，表面无深沟、划痕，与键、轴配合良好。

（7）平衡盘：均匀磨损不超标，与键、轴配合良好。

（8）平衡环：磨损较轻，固定螺栓完好。

（9）平衡管：畅通，不堵塞。

（10）叶轮：叶轮静平衡合格，出、入口无磨损，流道通畅，键销口处无裂纹。

（11）泵轴：弯曲度合格，无磨损和裂纹。

（五）装配

（1）首先对多级泵转子部分（包括叶轮、叶轮挡套或者叶轮轮毂及平衡盘等），应预先进行组装，也称为转子部件的组装或试装，以检查转子的同心度、偏斜度和叶轮出口之间的距离。

（2）装配离心泵时，按泵的装配顺序要求进行，按先拆后装或后拆先装的步骤进行操作。

（3）将装好吸入端轴套和键的轴穿过吸入壳。

（4）装上第一级叶轮挡套，并使叶轮紧靠前轴套。

（5）在中段上垫上一层青稞纸垫后，装上中段和第二级叶轮。然后，依次装上叶轮挡套、中段、第三级叶轮以至排出段壳体，装上泵体穿杠螺杆和螺母，将螺母对称拧紧。

（6）装上平衡盘、轴套，用轴套锁紧螺母将平衡盘锁紧，保证平衡盘与平衡环间的轴向间隙为 0.10~0.25mm，垂直度偏差小于 0.03mm。

（7）装上平衡室盖。

（8）安装前、后端填料、填料环和填料压盖。

（9）安装前、后挡水圈，装上轴承座、轴承，添加润滑脂或润滑油，安装轴封。采用油环润滑方式的，将润滑油环上限位铁片用螺栓拧紧；对强制循环的泵则不存在油环的问题。

（10）装上冷却水管、回流管、联轴器等。调整泵与电动机的同心度，拧紧机座地脚螺栓，盘泵达到灵活、轻松，不能出现碰、磨等现象。

（六）装配要求

（1）泵的装配应在各零部件的尺寸、间隙、振摆等项经检查合格后进行。

（2）各泵段零部件装配后拧紧螺栓，测量转子的总窜动量，其数值应符合设备技术文件的规定要求。

（3）测量平衡套端面的平行度，其允许偏差为0.06mm。

（4）装好平衡盘后，测量平衡盘与平衡套的轴向间隙，其间隙应符合设备技术文件规定，无规定时，可按照总窜量的1/2再留出0.1~0.25mm的量。

（5）密封填料函内的水封环与冷却水管应对中，密封装置各部装配间隙应符合设备技术文件的规定。

（6）组装主轴轴承时应保证转子与泵体的同心度，其允许偏差为0.05mm。

（七）用百分表测量离心泵转子总窜量

（1）拆卸联轴器的连接螺栓、离心泵的后轴承端盖，将拆卸的泵零部件按顺序清洗检查并摆放在青稞纸上。

（2）装上平衡盘工艺轴套、密封填料轴套、轴承挡套、轴承工艺轴套和锁紧螺母。

（3）用撬杠把泵联轴器撬动到后止点。

（4）架设百分表：检查百分表，保证百分表动作灵活，无卡滞现象。擦拭泵轴端面，把百分表架设到轴端面，使测量头与测量面垂直接触并下压1/2量程，转动表盘使百分表的大针指到"0"位。

（5）用撬杠把泵联轴器轻轻撬动到前止点。

（6）记录百分表所显示的数值，即离心泵转子总窜量。

（7）把泵轴按泵旋转方向转动180°，按上述步骤再次测量离心泵转子总窜量。

（8）将两次测量结果进行对比，数值小的为离心泵转子总窜量。泵的总窜量一般为4~6mm。

（9）组装所有部件。按照拆卸相反的顺序安装好所有的部件。

（八）用百分表测量离心泵平衡盘窜量（工作窜量）

（1）用撬杠把泵联轴器撬动到后止点。

（2）平衡盘的端面上架设百分表：检查百分表，保证百分表动作灵活，无卡滞现象。擦拭平衡盘端面，把百分表架设到平衡盘端面上，使测量头与测量面垂直接触并下压1/2量程，转动表盘使百分表的大针指到"0"位。

（3）用撬杠把泵联轴器轻轻撬动到前止点。

（4）记录百分表所显示的平衡盘窜量（工作窜量）。

（5）把泵轴按泵旋转方向转动180°，按上述步骤再次测量平衡盘窜量。泵的平衡盘窜量应为总窜量的1/2再留出0.10~0.25mm。

(6) 组装所有部件。按照拆卸相反的顺序安装好所有的部件。

三、联轴器的维护保养

离心泵与电动机中间的连接机构称为联轴器。联轴器的主要作用是传递连接两轴的扭矩，同时还具有补偿两轴轴线位置的偏斜、吸收振动、缓和冲击的作用。

（一）联轴器的类型

联轴器有很多种类型，大致可分为刚性联轴器和弹性联轴器。目前常用的有爪型联轴器、弹性柱销联轴器、膜片联轴器、液力耦合器等四种。

1. 爪型联轴器

爪型联轴器又称弹性块联轴器，它是由两个爪型半联轴器和橡胶星轮组成，见图2-1-16。特点是体积小，重量轻，结构简单，安装方便，价格低廉，常用于小功率及不太重要的场合。爪型联轴器的最大许用扭矩为850N·m，最大轴径不超过50mm。

2. 弹性柱销联轴器

弹性柱销联轴器以柱销与两半联轴器的凸缘相连，柱销的一端以圆锥面和螺母与半联轴器凸缘上的锥形销孔形成固定配合，另一端带有弹性套，装在另一半联轴器凸缘的柱销孔中，弹性套用橡胶制成，其结构如图2-1-17所示。弹性柱销联轴器的特点是结构简单，安装方便，更换容易，尺寸小，重量轻，传动扭矩大，广泛应用于各种旋转泵中。

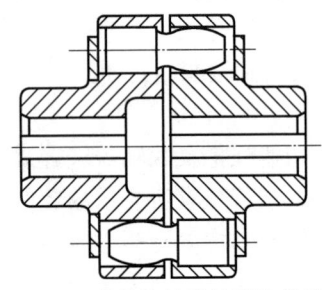

图2-1-16　爪形联轴器　　　　图2-1-17　弹性柱销联轴器结构示意图

弹性柱销联轴器的最大许用扭矩为8316N·m，最大轴径不超过200mm的泵。国内IS、IH型泵等，可采用加长型弹性柱销联轴器。

3. 膜片联轴器

膜片联轴器采用一组厚度很薄的金属弹簧片，制成各种形状，用螺栓分别与主、从动轴上的两半联轴器连接，如图2-1-18所示。膜片联轴器的特点是结构简单，不需要润滑和维护，抗高温，抗不对中性能好，可靠性高，传动扭矩大，但价格较高。水泵行业推荐的膜片联轴器为JMⅠJ型接中间轴整体式膜片联轴器，其最大许用扭矩为200000N·m，最大轴径不超过360mm。

4. 液力耦合器

液力耦合器通过工作液在泵轮和涡轮间的能量转化起到传递功率（扭矩）的作用。液

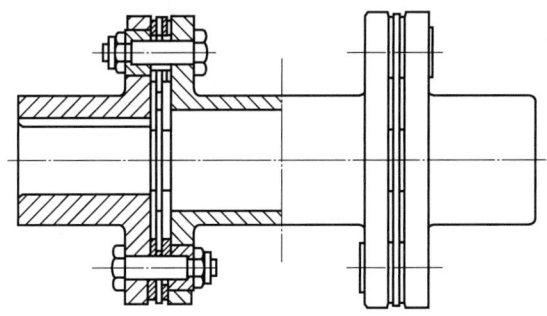

图 2-1-18 膜片联轴器结构示意图

力耦合器的优点是启动平稳,有过载保护和无级调速等功能;缺点是存在一定的功率损耗,传动效率一般为 96%~97%,且价格较贵。

液力耦合器有普通型、限矩型和调速型三种基本类型。普通型液力耦合器结构简单,无任何限矩、调速结构措施,主要用于不需过载保护和调速的传动系统,起隔离振动和减缓冲击的作用。限矩型液力耦合器能在低转速比下有效地限制传递扭矩的升高,防止驱动机和工作机的过载。调速型液力耦合器通常是通过改变工作腔中的充液量来调节输出转速的,即所谓的容积调节,调速型液力耦合器与普通型及限矩型不同,它必须有工作液的外部循环系统和冷却系统,使工作液不断的进、出工作腔,以调节工作腔的充液量和散逸热量。

液力耦合器的特点可归纳为以下几点:

(1) 可实现无级调速,在较宽范围内改变泵的转速来调节流量,代替泵出口阀调节流量,从而降低动力消耗。

(2) 工作中平稳无噪声,消除振动。

(3) 传动部分无直接机械接触,没有磨损,可延长使用寿命,并具有过载保护作用。

(4) 操作简便,作为调速机构使用时,易于实现自动控制。

(5) 传递功率可靠,调速灵敏度高。

(6) 可空载启动,再带负荷,减少电动机的启动电流。

液力耦合器的缺点是:结构复杂,需冷却系统等辅助设备,成本高。另外耦合器调至低速时,效率较低。

(二) 联轴器装配

泵是应用联轴器比较多的一种通用机械设备,中、小型泵通常采用弹性联轴器;以同步电动机作为原动机的大功率泵,多采用凸缘联轴器;转速较高的大功率泵多采用齿轮联轴器;输送介质中有小颗粒的离心泵,大多采用弹性联轴器。

1. 联轴器的安装

联轴器的安装在机械安装中属于比较简单的安装操作,操作内容主要包括:轮毂在轴上的装配、联轴器同心度的校正、零部件的检查、按图纸要求装配联轴器等。由于轮毂与轴的配合大多为过盈配合,轴孔又分为圆柱形轴孔和圆锥形轴孔两种形式,连接方式为有键连接和无键连接等形式。因此,装配方法有静力压入法、动力压入法、温差装配法。下面对这几种方法进行简单介绍。

（1）静力压入法。采用夹钳、千斤顶、手动或机械压力机，根据所需压入力的大小进行装配。此种方法一般适用于锥形轴孔，当过盈较大时压入较困难。同时，在压入过程中会切去轮毂与轴间配合面上不平的微小凸峰，使配合面易损，因此这种方法一般应用不多。

（2）动力压入法。采用冲击工具或机械来完成联轴器向轴上的装配。一般适用于配合是过渡配合或过盈不大的设备。具体操作是用木块、铅块或其他软材料作缓冲件垫在联轴器的端面上，用手锤敲打，依靠手锤的冲击力使联轴器装配到轴上。动力压入法同样会损伤配合表面，一般用于低速和小型联轴器的装配。

（3）温差装配法。使联轴器受热膨胀或使轴的端部受冷收缩，目的是让轮毂的轴孔内径略大于轴端部的直径，使装配容易进行。现场安装大多采用加热的方法，具体操作是把联轴器放入高闪点的油中进行油浴加热，温度在200℃以下，最高上限不超过400℃，防止金属内部结构的改变。达到规定温度值后进行安装。

2. 联轴器装配注意事项

（1）联轴器安装前先把零部件清洗干净，对准备投用的联轴器表面涂抹润滑油，长时间停用的联轴器表面涂抹防锈油进行保养。

（2）联轴器的结构形式很多，具体装配的要求、方法都不一致，但是必须按照图纸要求进行装配。对于高速旋转机械上的联轴器，在出厂前都做过动平衡试验，合格后在各部件之间相互配合方位上画标记，装配时必须按照厂家给定的标记组装。否则由于联轴器的动平衡不好会引起泵机组的振动。

（3）高速旋转机械上的联轴器连接螺栓都是经过称重的，使每一条连接螺栓的质量基本一致。如大型离心式压缩机上用的齿式联轴器，其所用连接螺栓的质量差值一般小于0.05g。因此，联轴器间的连接螺栓不能任意互换，如必须更换其中的一条，要保证质量与原有的螺栓质量一致。

（4）在拧紧联轴器的连接螺栓时，应对称均匀拧紧，使每一条连接螺栓的锁紧力基本一致。否则造成联轴器装配后产生倾斜现象，一般采用力矩扳手来达到此项要求。

（5）对于刚性可移动式联轴器，在装配完后应检查联轴器的刚性可移件是否能进行少量的移动，有无卡阻等现象。

（6）各种联轴器在装配完成后，均应进行盘车检查转动情况是否良好。

四、泵轴的维护保养

（1）检查轴表面，不允许有裂纹、磨损、擦伤和锈蚀等缺陷。

（2）泵轴允许弯曲程度，轴尾部（3000r/min）弯曲≤0.08mm；轴中部（1500r/min）弯曲≤0.10mm；轴颈处弯曲≤0.02mm。如发现泵轴不合格，及时进行校正或换轴。

（3）检查轴颈圆度允许为0.02mm，椭圆度<0.02mm。

（4）检查键槽中心线对轴中心线的不同轴度为0.03/100。

（5）检查轴瓦表面，不应有裂纹、脱层、乌金内夹砂和金属屑等缺陷。

（6）轴瓦安装时，用压铅丝方法测轴瓦与轴颈间的间隙。对于转数1500r/min的顶间隙，取轴径的1.5/1000；对于转数为3000r/min的顶间隙，取轴径的1.5/1000～2/1000。

两侧间隙为顶间隙的 1/2。

（7）采用油环润滑的轴承，油杯槽两侧要光滑，以保证油环自由转动。

（8）轴承安装时，要测轴承间隙。

五、轴承的维护保养

轴承是各种类型泵的主要部件之一，主要用来支撑泵轴并减少泵轴旋转时的摩擦阻力，是容易磨损的配件。它的技术状态对泵的安全运行具有决定性作用。轴承分为滚动轴承和滑动轴承两大类。

（一）滚动轴承

1. 滚动轴承的组成

滚动轴承一般由内圈、外圈、滚动体和保持架组成，如图 2-1-19 所示。

上述四个元件不一定完全同时存在，有时只有滚动体，没有内外圈，或有时只有滚动体和内圈或外圈。

（1）内圈通常装在轴上，与轴形成一体随轴旋转，内圈外侧与滚动体接触的表面称为滚道（也称内圈外滚道）。

（2）外圈是指滚动轴承外面的大圈，通常装配在轴承座或机械设备的零部件上，起支撑作用。外圈旋转的轴承，内圈固定。在个别情况下，也有内、外圈都旋转的。外圈内侧和滚动体接触的表面称为滚道（通常称为外圈内滚道）。

（3）滚动体是指在内圈和外圈中间的圆球或滚子，起传递动力的作用。它的大小和数量决定于滚动轴承的承载能力。滚动体的形状主要有圆球和滚子两种类型，共分五种。滚动体的形状如图 2-1-20 所示。由它们构成不同类型的滚动轴承，可以适应不同的工作条件。

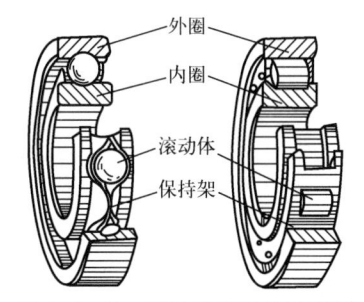

图 2-1-19　滚动轴承结构示意图 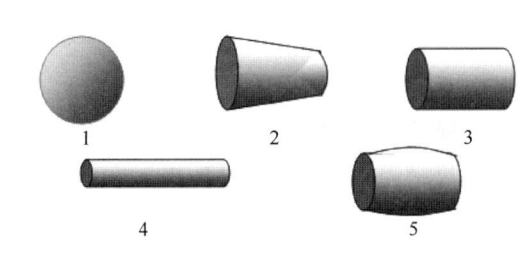　　　　图 2-1-20　滚动体形状示意图

（4）保持架又称保持器、分离盘或隔离架，其作用是把各滚动体均匀地隔开，防止滚动体相互摩擦或偏向一边。

2. 滚动轴承分类

（1）按其所能承受的负荷和作用方向不同，可以分为：

① 向心轴承：只承受径向负荷。

② 推力轴承：只承受轴向负荷。

③ 向心推力轴承：既能承受径向负荷又能承受轴向负荷。
(2) 按其滚动体的形状不同，可以分为：
① 球轴承：滚动体的形状为球形。
② 滚子轴承：滚动体的形状为滚子，其滚子形状包括圆柱形、圆锥形、球面、针形等。
(3) 按一个轴承内滚动体的列数不同，可以分为：
① 单列轴承。
② 双列轴承。
③ 三列轴承。
④ 四列轴承。
⑤ 多列轴承。
(4) 按其在工作中能否调心，可以分为：
① 非调心轴承：滚道表面不呈球面，安装后，轴承内圈和外圈要保持平行，不能歪斜。
② 可调心轴承：滚道呈球面，能自动调整转轴中心。
(5) 按轴承直径大小不同，可以分为：
① 微型轴承：外套圈直径在 26mm 以下。
② 小型轴承：外套圈直径在 28~55mm 之间。
③ 小、中型轴承：外套圈直径在 60~115mm 之间。
④ 中、大型轴承：外套圈直径在 120~190mm 之间。
⑤ 大型轴承：外套圈直径在 200~430mm 之间。
⑥ 特大型轴承：外套圈直径在 440mm 以上。

3. 滚动轴承代号

滚动轴承的类型很多，由于轴承的结构、尺寸、精度和技术要求不同，为便于选用并且符合生产实际要求，表示形式为：⑧⑦⑥⑤④③②①。

轴承代号是由前、中、后三段组成的，前段是指⑧，中段是指⑦~①，后段为补充代号，可查有关手册。

4. 滚动轴承的特点

滚动轴承的优点：
(1) 摩擦阻力小，因而功率损耗小，易于启动，机械效率高。
(2) 结构紧凑，构造简单，互换性好。
(3) 润滑油消耗量少，不易烧坏轴径，整个润滑系统的结构和维护也简单。

滚动轴承的缺点：
(1) 承受冲击载荷的能力差，且高速运转时噪声大。
(2) 安装时要求精度高。
(3) 使用寿命不如滑动轴承长。

5. 滚动轴承的拆装

1) 拆装前的准备工作
(1) 准备好拆装所需的量具和工具。

（2）检查与轴承相配合的零件质量，如轴、外壳、端盖、衬套、密封圈等。

（3）用清洗油或煤油清洗与轴承配合的零件。

（4）检查更换的轴承型号与要求是否一致，并清洗轴承。

2）滚动轴承的拆卸

（1）拆下与轴承接触的相关零部件，如轴承压盖、支架、挡套、卡簧、轴承背帽等。

（2）清洗轴承部位，检查与轴承接触表面有无高点，并进行修复。

（3）使用拉力器拉轴承，轴承的内圈与拉力器接触，产生的拉力全部加载到内圈上。若轴承配合较紧拉不动时，可采用气焊加热配合拉力器的拆卸，气焊加热要均匀，加热温度不能超过100℃，加热时间不宜过长。

（4）清洗检查轴承及配件，用细砂布、清洗油清洗轴承及轴配合表面，检查轴承间隙、轴承与轴颈的配合间隙，检查滚动体与滚动道表面是否平滑接触。

（5）做好安装轴承的准备工作。

3）滚动轴承的安装

（1）滚动轴承装配在泵轴上时，它的内环与轴颈之间以少量的过盈相配合。通常过盈值为0.01~0.05mm。

（2）使用轴承加热装置加热轴承至100℃以内，然后趁热在一次操作中将轴承推到顶住轴肩的位置，略微旋动轴承，以防安装倾斜或卡死。注意在冷却过程中应始终推紧。

（3）或用铜棒的一端置于滚动轴承的内环上，用手锤敲打铜棒的另一端，使轴承四周对称均匀地受力，促使轴承平稳地沿轴颈推进。

（4）安装完成后检查轴承转动是否灵活，有无杂音。

（5）装上轴承支架、轴承压盖，并加注润滑脂，靠近联轴器一端的轴承更换后，应调整机组同心度。

（6）启动机组试运，检查轴承运转情况是否正常。清理现场，回收工具、用具。

（二）滑动轴承

滑动轴承主要是由轴瓦和轴承座组成，按其承受载荷方向的不同，可分为承受径向载荷的向心滑动轴承、承受轴向载荷的推力滑动轴承。常用的向心滑动轴承有整体式、剖分式和调心式等类型。

1. 整体式滑动轴承

整体式滑动轴承结构如图2-1-21所示。它是靠螺栓固定在机架上，轴承座顶部设有安装润滑装置用的螺纹孔，轴承孔内压入用耐磨料制成的轴瓦，用紧定螺钉固定轴瓦。在轴瓦上开有油孔，轴瓦内表面上开有油槽，用以输送润滑油。这样可以减少摩擦，而且在轴承磨损后只需要更换轴瓦。

整体式滑动轴承的特点：结构简单，造价低；但磨损后无法调整轴颈与轴承之间的间隙；在安装和拆卸时，只能沿轴向移动轴或轴承才能装拆，很不方便。所以，整体式滑动轴承一般应用于低速、载荷不大及间歇工作的设备上。

2. 剖分（对开）式滑动轴承

1）剖分（对开）式滑动轴承的组成

图2-1-22是一种常用的剖分式轴承，由轴承盖、轴承座、剖分式轴瓦、双头螺栓、

螺纹孔、油孔、油槽等组成。轴瓦起支撑轴颈的作用,轴承盖适度压紧轴瓦,防止轴瓦转动,轴承盖上的螺纹孔安装油杯或油管。

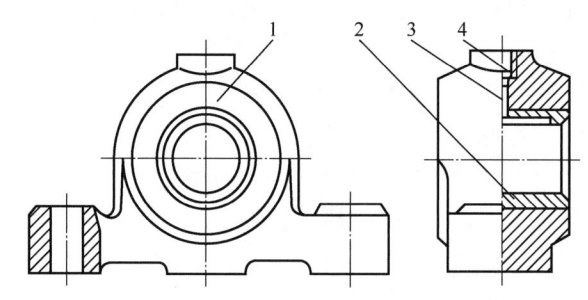

图 2-1-21　整体式滑动轴承结构示意图
1—轴承座；2—整体轴瓦；3—油孔；4—螺纹孔

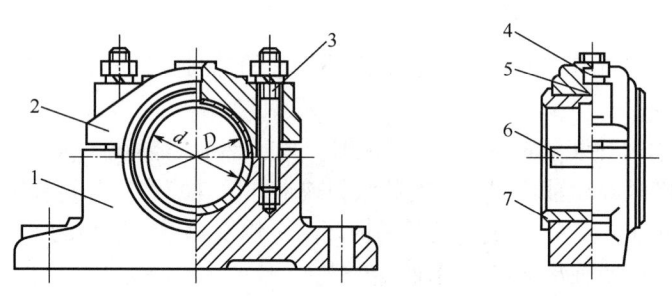

图 2-1-22　剖分（对开）式滑动轴承结构示意图
1—轴承座；2—轴承盖；3—双头螺栓；4—螺纹孔；5—油孔；6—油槽；7—剖分式轴瓦

2）对开式滑动轴承的顶部间隙

为了便于润滑油进入,使轴瓦和轴颈之间形成楔形油膜,在轴承上部都保留一定的间隙,一般为轴直径的 0.002 倍。间隙过小易使轴承发热。高速机械采用较大的间隙。两侧间隙应为顶部间隙的 1/2。

3）对开式滑动轴承的油槽及油孔

在向心滑动轴承中,轴瓦的内孔为圆柱形。当载荷方向向下时,则下轴瓦为承载区,上轴瓦为非承载区。润滑油应由非承载区引入。为了把润滑油分配给轴瓦的各处工作面,并且起到储油和稳定供油的目的,而在进油的一方开有油槽或油孔,如图 2-1-23 所示。油槽按泵轴转动方向应具有一个适当的坡度。油槽长度取 0.8 倍的轴承长度,在油槽两端留有 15~20mm 不开通。在特殊情况下,可以将油槽开通,即油槽为直达轴承的两端,这样会使大量的热油从端面流走（应加强润滑油的循环量）,可以降低轴承温度。

3. 自动调心式轴承

当轴颈的长度较大（轴承长径比 $L/D>1.5~1.75$）,轴的刚性较小时,轴的倾斜较大,轴瓦边缘会产生较大磨损,这时可采用自动调心式滑动轴承。它具有可动的轴瓦,即在轴瓦的外部中间做成凸出的球面,安装在轴承盖和轴承座间的凹形球面上,轴在支撑处的倾角变化,轴瓦也具有相应的倾角,从而使轴颈与轴瓦保持良好的接触,避免轴承边缘产生严重的磨损。

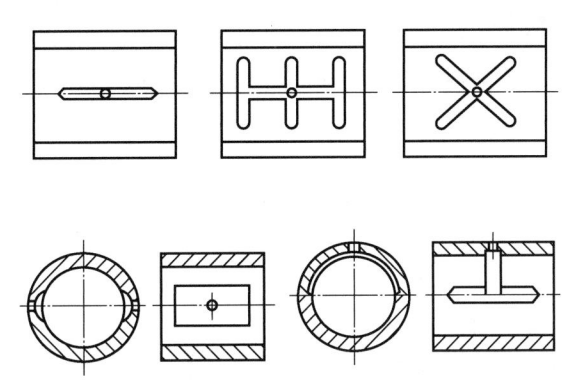

图 2-1-23　滑动轴承油孔、油槽形式示意图

4. 滑动轴承的研刮要求

（1）既要使轴径与轴承均匀细密接触，又有一定的配合间隙。

（2）接触点是指轴颈与轴承表面单位面积上实际接触的点数。接触点越多、越细、越均匀，表明刮研的质量好；反之，则质量差。一般应根据生产实际中轴承的性能和工作条件来确定接触点。Ⅲ级精度的机械接触点数可以参见表 2-1-6，可以表中所列数据的一半确定单位面积上的接触点数。

表 2-1-6　轴承上的接触点数

轴承转速，r/min	接触点（每 25mm×25mm 面积上的接触点数）
100 以下	3～5
100～500	10～15
500～1000	15～20
1000～2000	20～25
2000 以上	25 以上

（3）接触角是指轴径与轴承的接触面所对的圆心角，用 α 表示。接触角不可过大或过小。过小，轴承压强增大产生变形，轴承磨损严重，使用寿命缩短；过大，影响油膜的形成，轴承润滑状态变差。试验研究表明，轴承接触角的极限是 120°，当接近这个值时，轴承润滑状态恶化。因此，在不影响轴承受压的前提下，接触角越小越好。

5. 滑动轴承的特点

滑动轴承的优点：

（1）工作可靠，平稳无噪声。

（2）能承受较大的冲击载荷。

（3）使用周期长，制造简单，造价低，便于检修。

滑动轴承的缺点：

（1）结构复杂，体积较大。

（2）润滑油耗量大。

（3）工作中摩擦阻力大，在启动时更大。

6. 滑动轴承的装配

以整体式轴承（轴套）装配为例。整体式轴承与机体一般采用过盈配合，其过盈量一般为 0.05~0.10mm。

1) 装配的准备工作

(1) 装配前应彻底清洗，并检查轴和轴承的外表，不允许有锐边和毛刺，否则应进行刮削或打磨。

(2) 用内径千分尺和外径千分尺测量轴套内径和轴的外径，复核过盈量是否合适，如果不符合规定，应进行修整加工。

(3) 轴套和轴承座孔装入端应有倒角，防止配合时表面刮伤。

2) 滑动轴承的装配

(1) 装配时，最好在轴套表面涂一层薄薄的润滑油，以减少摩擦阻力。

(2) 轴套的装配最好在压力机上进行，压入速度不易过快，防止压偏。

(3) 采用大锤敲打安装时，必须使用导向心轴，在轴套端部垫一块有色金属垫板，防止打坏轴套。

(4) 对于有些轴套薄而长，承受不了装配压力，必须采用加热轴承座体或冷却轴套的办法。由于轴承座体较大加热困难，可以采用冷却轴套的办法。

(5) 轴套压入后，为了防止轴套发生滑转，用止动螺钉固定，用冲子在螺钉旁边铆两下。

(6) 轴套压入后，对轴套内径和与之相配的轴的外径进行测量，以验证轴承的圆度、圆柱度及配合间隙是否符合技术要求。

(7) 轴套压入后，孔径往往会缩小。如果孔径比要求的尺寸小 0.1~0.2mm 以上，须进行机械加工。如果比要求的尺寸仅小 0.05mm 以下，可用刮研法修整。

(8) 最后进行刮研，使轴套与轴颈的配合间隙和接触点达到技术要求。

六、叶轮的维护保养

新叶轮或修复的叶轮由于铸造或加工时可能产生偏重，影响泵的正常运转，甚至造成轴的损坏，因此必须进行平衡试验，以消除或减少偏重现象。叶轮静平衡方法是采用去重法，其试验装置如图 2-1-24 所示。叶轮配重所用铁片的厚度选择比轮壁薄 3mm，外形加工与缘同心的圆弧环状、长度不等的铁片（数量根据需要确定），铁片的材料应与叶轮相同或密度相等。然后在叶轮较重的一面按铁片形状划好，再将叶轮放到铣床上，按照划线形状铣削掉与较轻那一面所夹物体等重的铁屑。但在叶轮板上铣去的厚度不得超过叶轮盖板厚度的 1/3，允许在前后两板上切去，切削部分痕迹应与盖板圆盘平滑过渡。

对多级泵的每个新叶轮或修复的叶轮均应单独做静平衡试验，修整叶轮的进口及出口处，铲除毛刺及清扫流道，并要求叶轮表面无严重裂纹和磨损，叶轮内无杂

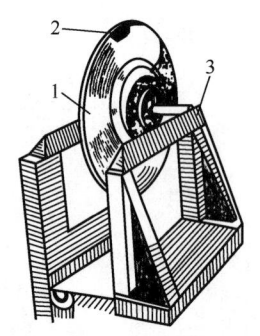

图 2-1-24 叶轮静平衡试验示意图
1—叶轮；2—用夹子夹的薄片；
3—平衡架的刀口

物堵塞，入口处无磨损。一般离心泵叶轮静平衡允许差值见表 2-1-7。

表 2-1-7　叶轮静平衡的允差极限值

叶轮外径 D，mm	叶轮最大直径上的静平衡允差极限，g
200 及以下	3
201～300	5
301～400	8
401～500	10
501～700	15
701～900	20

七、平衡装置的检测及质量要求

多级泵的平衡装置由装在轴上的平衡盘和固定在泵体上的平衡环组成。平衡盘随泵轴一起旋转，平衡环镶嵌在泵体上，平衡盘和平衡环之间保留 2～6mm 的轴向间隙。平衡盘后面的空腔与泵的末级叶轮入口用管子连通，压力较低；平衡盘与平衡环间隙内液体的压力接近于末级叶轮出口的压力，压力较高，这样，就形成了平衡盘两侧的压力差。这个压力差通过平衡盘作用在泵轴上，形成的拉力称为平衡力，方向与作用在叶轮上的轴向力相反。

离心泵工作时，当叶轮上的轴向力大于平衡盘上的平衡力时，泵的转子就会向吸入方向窜动，使平衡盘的轴向间隙减小，增加液体的流体阻力，因而减少了泄漏量。泄漏量减少后，液体流过径向间隙的压力降减小，从而提高了平衡盘前面的压力，即增加了平衡盘上的平衡力。随着平衡盘向左移动，平衡力逐渐增加，当平衡盘移动到某一个位置时，平衡力与轴向力相等，达到平衡。

同样，当轴向力小于平衡力时，转子将向右移动，移动一定距离后轴向力与平衡力将达到新的平衡。由于惯性，运动着的转子不会立刻停止在新的平衡位置上，而是继续移动促使平衡破坏，造成转子向相反方向移动的条件。泵在工作时，转子永远也不会停止在某一位置，而是在某一平衡位置左右轴向窜动，当泵的工作点改变时，转子会自动地移到另一平衡位置做轴向窜动。由于平衡盘有自动平衡轴向力的特点，因而得到广泛应用。

推力平衡装置的关键部位是平衡盘和平衡环的工作面，如果两工作面之间有歪斜或凹凸不平的现象，泵在运转时就会产生大量的泄漏，平衡室内就不能保持平衡轴向推力所应有的压力，因而失去了平衡轴向力的作用。

平衡装置检修：

（1）平衡盘与平衡环凸凹不平时，必须修刮研磨直至在泵体上整个盘面全接触为止。

（2）平衡盘磨损严重、不能修刮时，需要经过堆焊、车削、磨研合格后才能装入泵体。

（3）当平衡盘有严重裂纹和缺损时，必须换新平衡盘。

（4）平衡盘的间隙范围为 2～6mm。

第四节　机械密封的使用与维护

机械密封是一种旋转轴密封，不易泄漏，解决了输送高温高压、腐蚀性介质的离心泵及其他回转机械的旋转密封问题，且效果很好，但使用保养不到位也会造成机械密封部件的泄漏，影响离心泵的正常运行，因此掌握其故障的检修方法，才能保证离心泵机组正常运行。

一、机械密封结构及工作原理

（一）机械密封结构

离心泵机械密封部件的结构如图 2-1-25 所示。

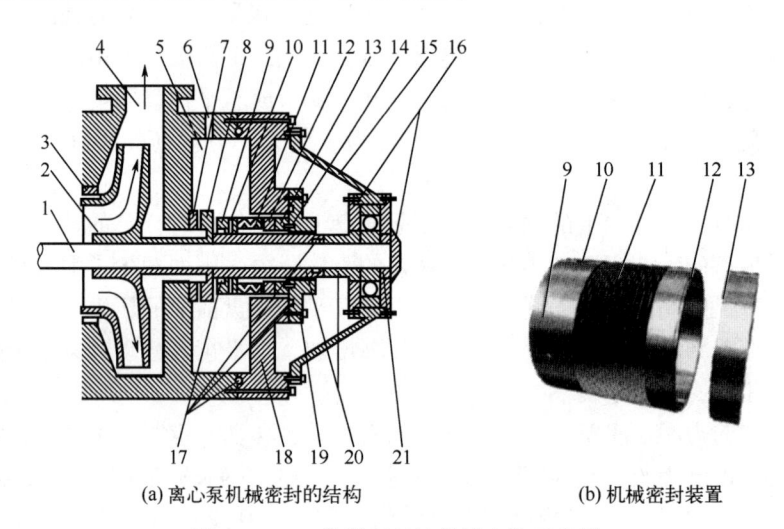

(a) 离心泵机械密封的结构　　(b) 机械密封装置

图 2-1-25　机械密封结构及安装示意图

1—泵轴；2—末级叶轮；3—口环；4—泵出口；5—平衡室；6—平衡管口；7—平衡环（平衡盘头）；8—平衡盘；9—弹簧座；10—固定螺钉；11—弹簧（弹性波纹管）；12—动环；13—静环；14—防转销；15—轴承支架；16—轴承压盖；17—密封圈；18—尾盖；19—密封填料压盖；20—轴套；21—锁紧螺母

1. 主要密封元件

主要密封元件由动环、静环组成。动环和静环一般均用不同材料组成，一个硬度较低，一般用石墨石或石里加其他填补剂；一个硬度较高，可用钢、钢堆硬质合金钢、陶瓷等。

2. 辅助密封元件

辅助密封元件由动环密封圈、静环密封圈和其他适当的垫片组成。根据不同的要求，辅助元件常采用 O 形环、V 形环、楔形环或其他形状的密封环辅助密封元件，除具有密封能力外，还应有一定的弹力，以便能吸收密封面有不良影响的振动。辅助密封元件常用橡胶或塑料制成。

3. 压紧元件和其他辅助元件

常见的压紧元件和其他辅助元件如弹簧转动座、防转销等。

(二) 机械密封原理

油田上常用的机械密封装置为单端面机械密封和双端面机械密封（图2-1-26），结构各异，但工作原理基本相同。

机械密封是靠一对相对运动的环的端面（一个固定，另一个与轴一起旋转）相互贴合形成的微小轴向间隙起密封作用。当泵轴高速旋转时，其有一对垂直于旋转轴线的端面（动环和静环），该端面在流体压力及补偿机械外弹力的作用下，依赖辅助密封的配合与另一端保持贴合，端面形成一层液膜，并相对滑动，从而防止流体泄漏。

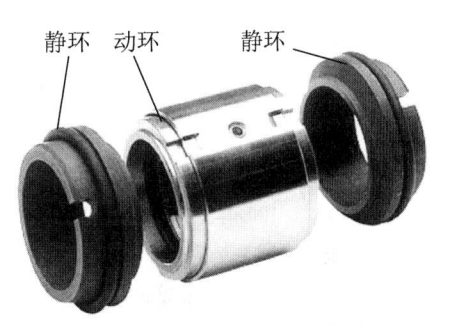

图2-1-26 双端面机械密封

对于机械密封来说，可以漏油的地方有四处，即动环和轴之间、静环和压盖之间、压盖之间、动环和静环之间。

动环和静环之间有密封圈，密封圈在里边是被压紧的，用它的弹性起到密封作用。

静环和压盖之间，把静环和压盖的配合间隙保持在 0.01~0.04mm 范围，同时在静环和压盖之间有密封圈起到密封作用。

压盖和泵体之间，有耐油石棉板，用压盖上的螺栓压紧垫片达到密封。

静环和动环之间，是端面密封的关键。为了使动环和静环两摩擦面紧密接触，弹簧作用有一个预顶力，加上操作介质压力作用，使平面紧密接触，即使石墨磨损，由于以上两力的作用，仍能使动环静环紧密接触，起到密封作用。

二、机械密封拆卸、装配注意事项

由于机械密封是由高精度零件组成的，其密封性能良好，但要求对其进行正确的安装和维护，安装不当会影响机械密封的性能，严重的会导致密封失效。安装机械密封前，要对泵件进行检查，达到下列要求的指标：

(1) 轴弯曲度最大不超过 0.05mm。

(2) 转子径向跳动，在装动密封圈处轴套附近不大于 0.01mm。

(3) 轴的轴向窜动量小于 0.50mm。

(4) 联轴器找正误差，对于齿型联轴器不大于 0.1mm，对于弹性联轴器不大于 0.06mm。

(一) 拆卸时注意事项

(1) 在拆卸机械密封时，严禁动用手锤和扁铲，以免损害密封元件。

(2) 如果在泵两端都有机械密封时，则在拆卸过程中必须小心谨慎，防止顾此失彼。

（3）对工作过的机械密封，如果压盖松动时密封面发生移动的情况，则应更换动静环零件，不应重新上紧继续使用。因为在松动后，摩擦副原来运转轨迹会发生改变，接触面的密封性就很容易遭到破坏。

（4）如密封元件被污垢或凝聚物粘结，应清除凝结物后再进行机械密封的拆卸。

（二）安装时注意事项

泵的各部零件检测合格后，要进行泵的机械密封的安装，安装时要注意以下几点：

（1）安装前要认真检查集结密封零件数量是否足够，各元件是否有损坏，特别是动、静环有无碰伤、裂纹和变形等缺陷。如果有问题，需进行修复或更换新备件。

（2）检查轴套或压盖的倒角是否恰当，如不符合要求必须进行修整。

（3）机械密封各元件及其有关的装配接触面，在安装前必须用丙酮或无水酒精清洗干净。安装过程中应保持清洁，特别是动、静环及辅助密封元件应无杂质、灰尘。动、静环表面涂上一层清洁的机油或透平油。

（4）上紧压盖应在联轴器找正后进行。压紧螺栓应均匀上紧，防止压盖断面偏斜，用塞尺或专用工具检查各点，其误差不大于0.05mm。

（5）检查压盖与轴或轴套外径的配合间隙（及同心度），必须保证四周均匀，用塞尺检查各点允差不大于0.10mm。

（6）弹簧压缩量要按规定进行，不允许有过大或过小现象，误差±2.0mm。压缩量过大，增加端面比压，加速端面磨损；过小，动静环端面比压不足则不能密封。弹簧装上后在弹簧座内要移动灵活。用单弹簧时要注意弹簧的旋向，弹簧的旋向应与轴的转动方向相反。

（7）动环安装后须保持灵活移动，将动环压向弹簧后应能自动弹回来。

（8）先将静环密封圈套在静环背部后，再装入密封端盖内。注意保护静环端面，保证静环端面与端盖中心线重合。

（9）安装过程中绝不允许用工具直接敲打密封元件，需要敲打时，必须使用专用工具进行敲打，以防损坏密封元件。

（10）安装机械密封的泵，轴向窜动量不大于±0.5mm。

（11）安装机械密封的轴或轴套要求表面粗糙度为1.6。

三、机械密封使用

（一）机械密封的冷却和冲洗

机械密封由于具有摩擦力小、寿命长、漏泄量较少等优点，日益被广泛采用。

对于原来是填料轴封的泵，改为机械密封时根据各种不同的考虑有不同的结构形式。如温度较高的水泵，要考虑机械密封的端面冷却；入口为负压的水泵，要考虑机械密封的严密性（即密封端面上开有沟槽，内通压力水）；如液体中含有颗粒杂质，还要考虑用清洁液反冲洗。

1. 冷却和冲洗的目的

（1）降低密封腔介质的温度；

(2) 带走摩擦热，防止杂质的沉积；

(3) 防止汽化、结晶。

(4) 防止漏出介质，收集漏液。

2. 几种冷却和冲洗措施

(1) 当介质温度在 0~80℃ 时，通常由泵出口或高压端将输送的干净介质直接引入密封腔，冲洗、冷却密封端面。

(2) 在上述冷却、冲洗方式的基础上，增加静环背部的冷却，冷却条件有所改进，还可收集易挥发和有味的液体。

(3) 当介质温度在 80~200℃ 之间时，除采用以上措施外，通常还在密封腔外加一冷却水套。当介质易汽化结晶时，将冷却水管改为通蒸汽，起到保温作用。

(4) 当介质温度高于 200℃ 时，除了在冷却水套中通过冷却水及静环背部冷却外，尚应采用强制冷却，即从泵出口引入密封腔的干净液体应预先冷却。或外加辅助设备输入压力相当的常温干净冲洗液于密封腔内。

(5) 由于冷却水的引入，往往在轴上形成水垢，容易破坏密封，应用软化水冷却。

（二）机械密封的润滑

保持摩擦副接触端面间有一层液膜起润滑作用，是保证机械密封稳定运转、延长使用寿命必不可少的。

机械密封可能产生的几种摩擦现象包括：

(1) 干摩擦：滑动面上无液膜存在，两固体表面间摩擦，磨损加剧而发热甚至燃烧。

(2) 边界摩擦：由于端面比压太大，或者液体黏度太低而不易形成液膜、接触面间的液体易被挤出。由于表面粗糙不平，在凹处还保持一些液体，而在凸起处就是干摩擦。这种情况的磨损和发热程度比干摩擦较轻。

(3) 半液体干摩擦：当液面比压适当时，接触面间可维持一层很薄的液膜，摩擦大部分变化为固体与液膜之间的摩擦，摩擦系数大为减小，所以摩擦较轻，发热也不多，是正常工作状态。

(4) 完全液体摩擦：若端面比压不够时，接触面间隙变大，液层变厚，摩擦系数虽然极大减小，但泄漏明显增多。

由此可见，既要润滑良好，又要尽量减少泄漏，最佳工作状态是半液体摩擦状态。

（三）机械密封使用注意事项

(1) 泵启动后若有泄漏现象，但泄漏量不多，可观察一段时间到泄漏量减至正常值为止，如泄漏量在 4h 内没有减少，应停机检修。

(2) 泵的操作压力应平衡，一般不大于 ±0.1MPa。

(3) 泵在运行时应避免抽空现象发生，以免破坏密封面的液膜而造成事故。

(4) 经常注意密封情况，如三天内泄漏量连续超过规定值，应停机检修密封部件。

(5) 密切注意密封腔内的工作温度，一般不应超过 80℃，以防液膜破坏，橡胶圈老化等现象。

(6) 应经常注意泵在运行过程中的机械密封冷却及冲洗情况，并严格防止杂物进入机械密封。

（7）尽量保持均衡输送液体，避免频繁启、停机组。

第五节　离心泵同心度的测量与验收

泵和电动机的联轴器所连接的两根轴的旋转中心应同心，联轴器在安装时必须精确地找正、对中，否则将会在联轴器上引起很大的应力，并将严重影响轴、轴承和轴上其他零件的正常工作，甚至引起整台机器和基础的振动或损坏等。因此，泵和电动机联轴器的找正是安装和检修过程中很重要的工作环节之一。

一、机泵同心度测量调节方法

在机泵检修过程中常用的两种测量调整方法：一是利用塞尺和刀形尺（钢板尺）法，二是利用百分表法。

利用刀形尺和塞尺测量联轴器的不同心及利用楔形间隙轨或塞尺测量联轴器端面的不平行度，这种方法适用于弹性连接的低转速、精度要求不高的小型设备，如图2-1-27所示。

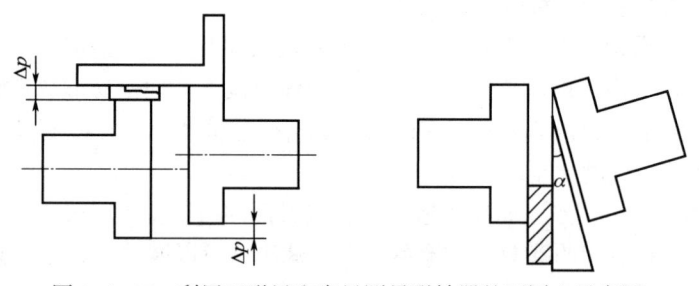

图2-1-27　利用刀形尺和塞尺测量联轴器的不同心示意图

利用百分表及表架或专用找正工具测量两联轴器的不同心及不平行情况，这种方法适用于转速较高、刚性连接和精度要求高的转动设备，如图2-1-28所示。

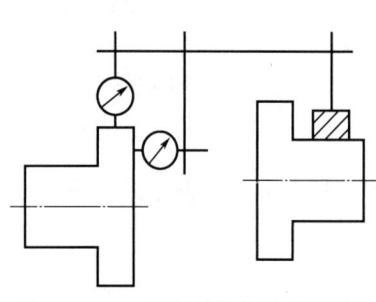

图2-1-28　利用百分表及表架测量联轴器的不同心示意图

注意事项：

（1）在用塞尺和刀形尺找正时，联轴器径向端面的表面上都应该平整、光滑、无锈、无毛刺。

（2）为了看清刀形尺的光线，最好使用手电筒。

（3）对于最终测量值，电动机的地脚螺栓应完全紧固，无一松动。

（4）用专用工具找正时，做好同一记号，为避免测量数据误差加大，并应把靠背轮均分为4~8个点，以便取到精确的数据。

（5）做好记录是找正的重要一环。

二、离心泵同心度调整

在安装新泵时,对于联轴器端面与轴线之间的垂直度可以不做检查,但安装旧泵时,一定要仔细地检查,发现不垂直时要调整垂直后再进行找正。一般情况下,可能遇到以下四种情形。

(1) $S_1=S_2$,$a_1=a_2$,两半靠背轮端面是处于既平行又同心的正确位置,这时两轴线必须位于一条直线上,如图 2-1-29 所示。

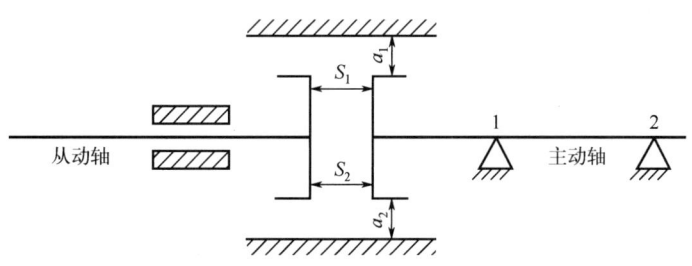

图 2-1-29　两联轴器平行且同心示意图

(2) $S_1=S_2$,$a_1 \neq a_2$,两半靠背轮端面平行但轴线不同心,这时两轴线之间有平行的径向位移 $e=(a_2-a_1)/2$,如图 2-1-30 所示。

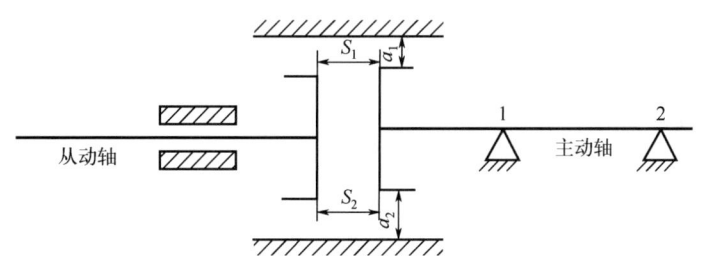

图 2-1-30　两联轴器平行但不同心示意图

(3) $S_1 \neq S_2$,$a_1=a_2$,两半靠背轮端面虽然同心但不平行,两轴线之间有角向位移 α,如图 2-1-31 所示。

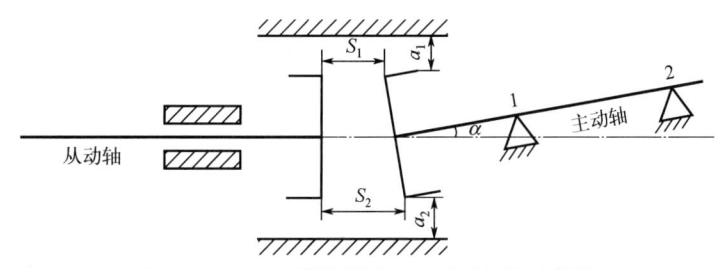

图 2-1-31　两联轴器同心但不平行的示意图

(4) $S_1 \neq S_2$,$a_1 \neq a_2$,两半靠背轮端面既不同心又不平行,两轴线之间既有径向位移 e 又有角向位移 α,如图 2-1-32 所示。

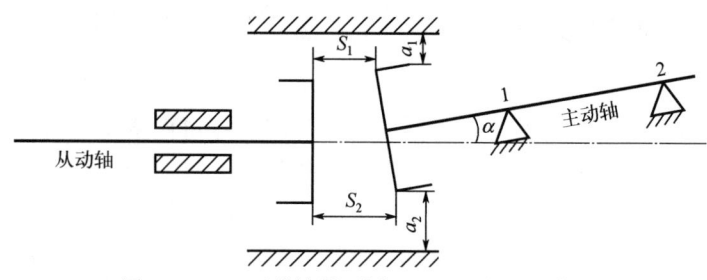

图 2-1-32　两联轴器不同心且不平行的示意图

联轴器处于第一种情况是在找正中力求达到的状态，而第二、三、四种状态都不正确，需要进行调整，使其达到第一种情况。

在安装设备时，首先把从动机（泵）安装好，使其轴线处于水平位置，然后再安装主动机（电动机），所以找正时只需要调整主动机，即在主动机（电动机）的支脚下面加调整垫片的方法来调节。

三、机泵不同心时调整垫片

（一）直观法

因为在检修中，一些泵的找正并没有完全具备良好的条件和工具，在调整时，员工的经验会起到很大的作用（每次加、减垫都应考虑电动机螺栓的松紧状况及其余量）。

（二）计算法

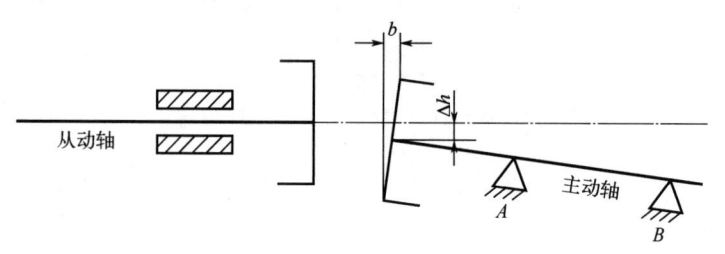

（1）原始状态，如图 2-1-33 所示。

图 2-1-33　机泵未调整前的状况示意图

（2）抬高 Δh，如图 2-1-34 所示。

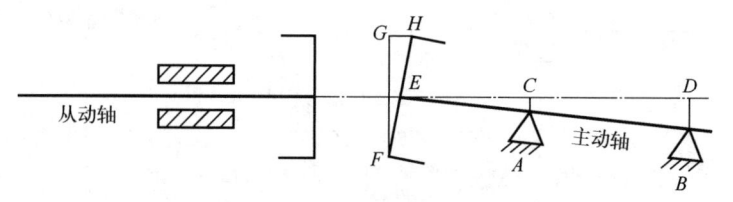

图 2-1-34　机泵未调整前的状况示意图

（3）调节后的轴心线，如图 2-1-35 所示。

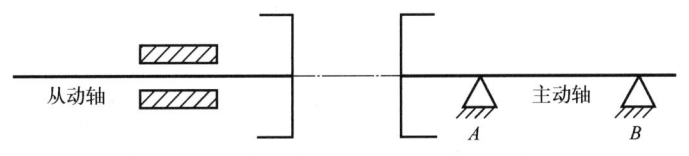

图 2-1-35　机泵调整后同轴状况的示意图

(三) 操作程序

1. 先消除联轴器的高差

电动机轴应向上用垫片抬高 Δh，这时前支座 A 和后支座 B 应同时在座下加垫 Δh。

2. 消除联轴器的张口

在 A、B 支座下分别增加不同厚度的垫片，B 支座加的垫应比 A 支座的厚一些。如图 2-1-36 所示，计算垫片厚度如下：

$$\frac{AC}{GH}=\frac{AE}{HF},\ \frac{BD}{GH}=\frac{BE}{HF} \quad (2-1-24)$$

$$AC=\frac{AE}{HF}\times GH=\frac{联轴器与前支座距离}{联轴器直径}\times b \quad (2-1-25)$$

$$BD=\frac{BE}{HF}\times GH=\frac{联轴器与后支座距离}{联轴器直径}\times b \quad (2-1-26)$$

图 2-1-36　垫片厚度计算示意图

总体调整垫片的厚度为：前支座 A 为 $\Delta h+AC$；后支座 B 为 $\Delta h+BD$。

第六节　其他常用泵的维护与保养

油气集输生产过程中除离心泵外还常用到其他类型的泵，如用于稠油转输的旋转柱塞泵、螺杆泵，用于加药的隔膜泵，用于润滑的齿轮泵等。本节主要讨论这类泵的正常维护与保养。

一、柱塞泵

(一) 柱塞泵的结构及工作原理

柱塞泵的结构如图 2-1-37 所示。

柱塞在泵缸内做往复运动来吸入和排出液体。当柱塞自极左端位置向右移动时，工作室的容积逐渐扩大，排出阀坐封严密，室内压力降低，流体在压差的作用下顶开进口阀，进入柱塞所让出的空间，直到柱塞移动到极右端为止，此过程为泵的吸液过程。当柱塞从右端向左端移动时，充满泵的流体受挤压，进口阀坐封严密，出口阀在压力作用下被打开，液体排出，直到柱塞移动到极左端为止，此过程称为泵的排液过程。泵排量调节是通过调节柱塞行程的长短来实现。

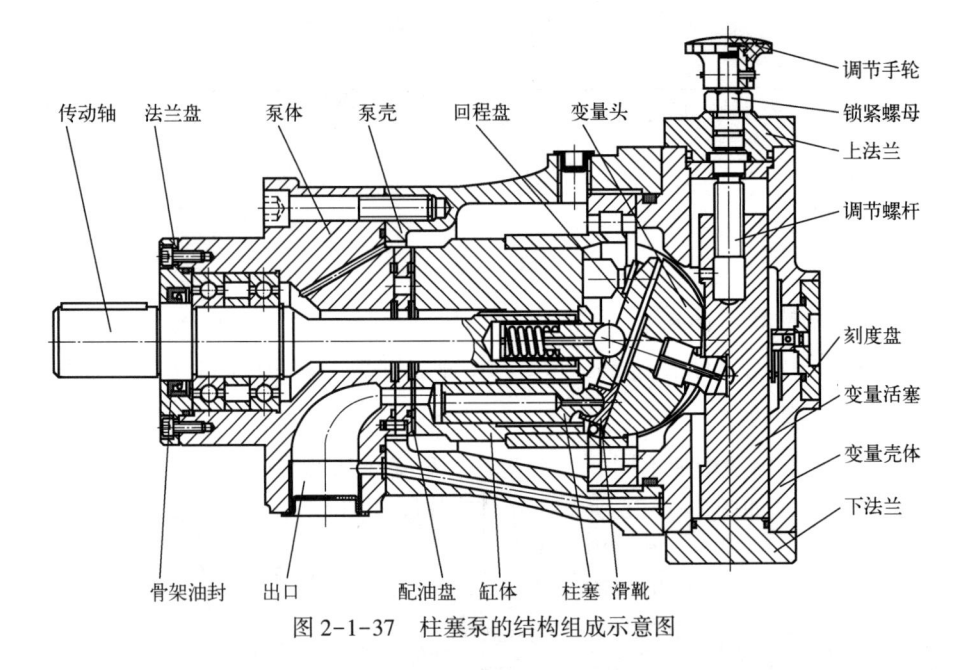

图 2-1-37 柱塞泵的结构组成示意图

处理方法：检查、修复配油盘与缸体的配合面；单缸研配，更换柱塞；紧固各连接处螺钉，排除漏损。

（二）柱塞泵的维护与保养

1. 例行保养操作

（1）检查泵及配套电动机各部位温度，电动机允许最高温度为 90℃，传动箱内润滑油温不得超过 65℃，填料箱温度不得超过 70℃。

（2）检查各部元件，无松动、漏失现象。

（3）检查电动机电流值，不得超过电动机额定电流。

（4）由于机械磨损，使机组噪声及振动增大时，应停车检查，必要时更换易损零件及轴承。

（5）检查柱塞填料密封情况，允许有少量滴漏，正常时滴漏应少于 30 滴/min，如紧固后仍漏失严重应更换新密封填料。

（6）清洁设备卫生，做好保养记录。

2. 一级保养操作

（1）按停止按钮，切断电源，用试电笔检查柱塞泵和配套电动机外壳是否带电，并悬挂"禁止启动"警示牌。

（2）执行例行保养各项内容。

（3）检查压力表等仪表灵敏准确，连接处无渗漏、滑扣。

（4）检查电动机轴承润滑脂。

（5）检查电动机接线和电缆完好。

（6）清洗过滤器。

（7）清洁设备卫生，做好保养记录。

3. 二级保养操作

(1) 执行一级保养各项内容。

(2) 关闭泵进出口阀门并泄压。

(3) 对泵体和配套电动机进行维护检查。

① 检查曲轴、柱塞应无磨损，轴承无松旷。

② 调整装配间隙，紧固泵轴轴承压盖螺钉，检查连杆衬套及阀组易损件的磨损情况，如磨损应修复或更换。

③ 清洗传动箱。

④ 对泵体各部件进行安装，用手盘动电动机风扇，使柱塞前后移动数次，应转动自如，不得有任何卡阻现象，否则应检查各传动件是否安装到位。排除故障后安装电动机风扇防护罩。

⑤ 更换同一型号润滑油。

⑥ 卸下电动机轴承并清洗，用手转动，轴承应完好，添加适量润滑油，并安装好电动机。电动机接线应完好，无松动、破损现象。

(4) 打开泵进出口阀门，将调量表旋转至零位。

(5) 取下"禁止启动"警示牌，合上电源，点动按钮，检查柱塞无行程，否则应重新调节调量表零位。

(6) 启动柱塞泵，并由小到大旋转调量表调节指针到指定刻度，检查泵及电动机无异常声响，观察泵出口压力是否正常。

(7) 收拾工具，清洁设备卫生，并做好保养记录。

(三) 保养技术要求

(1) 传动箱润滑油应在观油孔刻度范围内。

(2) 电动机按规定的方向运转，不得反转。

(3) 严禁泵在进出口阀门关闭的情况下启动。

(4) 旋转调量表时，防止过快过猛。

(5) 旋紧填料压盖不宜过紧，以免引起发热。

(6) 更换传动箱润滑油周期：新泵第1个月内必须更换一次，一个月后按二保要求进行。

(7) 保养周期：例行保养每班次进行一次，一级保养每 1000~1100h 进行，二级保养每 2000~2250h 进行。

(四) 零件质量要求

以卧式三柱塞泵为例，下面简述其零件质量标准。

1. 曲轴质量要求

(1) 曲轴表面无裂纹，必要时进行无损探伤检查。

(2) 两端主轴颈的径向跳动允许偏差 0.03mm，同轴度误差应在 0.03mm，直线度偏差小于 0.03mm。

(3) 曲拐轴中心线与主轴中心线平行度允许偏差 0.15~0.20mm/m。

(4) 轴颈的直径减少量达到原直径的3%时，应更换新曲轴。

2. 连杆质量要求

(1) 连杆不得有裂纹等缺陷，必要时进行无损探伤检查。

(2) 连杆大头与小头两孔中心线的平行度偏差应在0.03mm/m以内。

(3) 连杆螺栓孔损坏，用铰刀修理后更换新的连杆螺栓。

3. 连杆螺栓质量要求

(1) 连杆螺栓不得有裂纹等缺陷，必要时进行无损探伤检查。

(2) 根据历次检验记录，连杆螺栓长度伸长量超过规定值时不能继续使用。

4. 十字头组件质量要求

(1) 十字头体、十字头销不得有裂纹等缺陷，必要时进行无损探伤检查，并测量其圆柱度和圆度的偏差。

(2) 用涂色法检查十字头销与连杆孔的接触情况，如孔磨损变形可用铰刀修理，再配以新的销套。

(3) 球面垫的球面不允许有凹痕等缺陷。

(4) 检查十字头与滑板接触的磨损情况，检查滑板螺栓。

5. 柱塞质量要求

(1) 柱塞端部的球面不允许有凹痕等缺陷。

(2) 柱塞表面硬度要求为45~55HRC，表面粗糙度不高于$Ra0.8$。

(3) 柱塞不应弯曲变形，表面不应有凹痕、裂纹等缺陷。

(4) 柱塞圆柱度偏差不超过0.15~0.20mm，圆度偏差不超过0.08~0.10mm。

6. 轴封质量要求

泵大修时，填料应用事先制成的填料环进行全部更换，采用密封液的保证密封液管道畅通，导向套内孔氏合金出现拉毛、磨损等严重缺陷，需更换新的导向套，调节螺母进行探伤检查，不允许有裂纹等缺陷。

7. 缸体质量要求

(1) 对缸体进行着色探伤检查，若出现裂纹，原则更换新配件。

(2) 大修时对缸体进行水压试验，试验压力为操作压力的1.25倍，缸体的圆度、圆柱度差不超过0.50mm。

8. 进出口单向阀质量要求

检查进出口单向阀的上下阀套外圆及端面不允许有拉毛、凹痕等缺陷，其他阀件有裂纹的必须更换新配件。

9. 轴承的质量要求

(1) 用涂色法检查轴承外圈与上盖、机座接触情况，接触面积不少于表面积的70%~75%，且斑点应分布均匀。

(2) 用涂色法检查连杆：轴瓦与轴承盖、机座接触情况，接触面积不少于表面积的70%~75%，且斑点应分布均匀，轴瓦的刮研应符合质量要求。

二、螺杆泵

螺杆泵是一种新型的输送液体的机械，具有结构简单、工作安全可靠，使用维修方便、出液连续均匀、压力稳定等优点。

（一）螺杆泵的结构及工作原理

单螺杆泵的结构组成如图 2-1-38 所示。

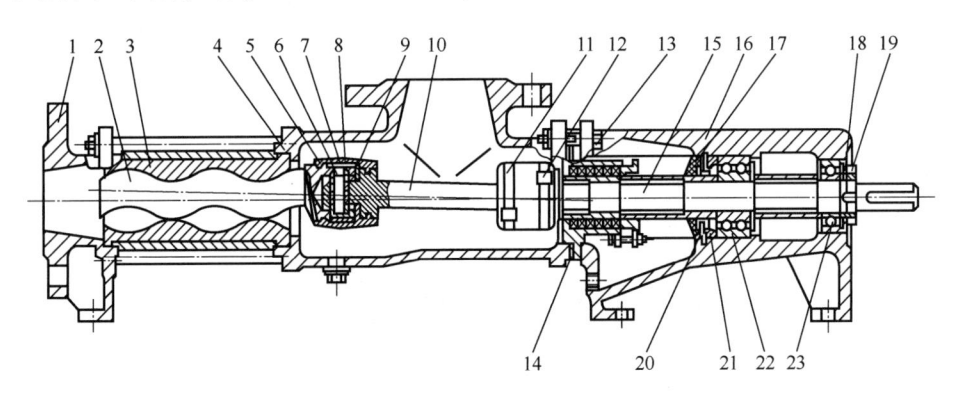

图 2-1-38 单螺杆泵的结构组成示意图

1—端盖座；2—转子；3—定子；4—进料口外壳；5—保护套；6—销轴；7—定位套；8—端套；9—销套；10—连杆；11—锁紧带；12—扣紧带；13—密封圈；14—密封垫圈；15—传动轴；16—传动箱壳体；17—压盖；18—止动垫圈；19—圆螺母；20—油封；21—密封圈；22，23—轴承

单螺杆泵的工作原理：螺杆状的转子与双头螺旋孔形的定子啮合时，在转子—定子副中就形成若干个彼此独立的密闭腔，将吸入端与排出端隔开。当靠近吸入端的第一个腔室的容积增加时，其压力降低形成真空，与吸入端形成压差。在压差的作用下，稠油进入第一个腔室。随着转子的转动，这个腔室开始封闭，并被挤压向排出端移动，而另一个腔室又开始进油。就这样稠油通过一个又一个封闭腔室，从吸入端推挤到排出端，并使其压力提高。

（二）单螺杆泵的选择

单螺杆泵选型时，要尽可能详尽地了解螺杆泵的使用条件，除了运行参数，如流量、压力需要清楚以外，输送介质的特性如介质的腐蚀性、含汽量、含固溶物的比例及固体颗粒的大小，以及介质的工作温度、黏度、密度、对材料的腐蚀性等和泵装置的吸入条件、安装条件均要了解。

单螺杆泵选型时应注意以下几点：

（1）高温输送时，应选择耐高温的材料所制成的泵，或选择外置轴承结构的泵。

（2）从使泵保持较长的寿命角度出发，应选择较低转速（推荐在 1450r/min 以下）。黏度增大时，流量和轴功率均增加，输送高黏度介质时，泵应选低转速，若黏度较低，相应可选择高转速；介质黏度>20°E 时，对于大规格的单螺杆泵（主杆外径 60mm 以上），转速以 970r/min 或 720r/min 为宜，如果黏度更高（黏度>80°E）如黏胶液，可降低转速使用，推荐 200~500r/min。

(3) 泵的选型确定后,根据样本数据可查到单螺杆泵的轴功率 $N_{轴}$,该轴功率再加上一定的功率储备后,作为选配电动机的依据,一般电动机功率 $N_{原}$ 应不小于泵轴功率 $N_{轴}$ 乘以功率储备系数 K 后所得值,K 值可参照表 2-1-8 取值。

表 2-1-8 功率储备系数 K 值选择表

N, kW	<5	5	10	>10, <50
K	1.25	1.2	1.15	1.1

总之,只要选型得当,维护合理,单螺杆泵就可保证令人满意的运行。

(三) 螺杆泵维护与保养

螺杆泵维护周期应为日常保养工作、一级保养、二级保养。

1. 日常保养工作

泵的运转周期为 8h,由值班工人保养,其保养内容如下:

(1) 检查,紧固泵机组各部的固定螺栓,无松动、滑扣现象。
(2) 检查泵和电动机温度,一般在 75~80℃。
(3) 检查加注润滑脂和润滑油,避免机组干磨,润滑油清洁,油量适当。
(4) 各连接部分,不脏,不松动,不渗漏。
(5) 听机组运转声音,有无异常声,分析,找出原因,采取措施处理。
(6) 检查机泵各部位螺栓松动情况,及时拧紧螺栓。
(7) 机泵阀门保持清洁,无油污、灰尘,擦洗见本色。
(8) 检查压力表,应灵敏准确。

2. 一级保养

在泵运行周期 1000~1200h 进行。

(1) 完成日常保养的内容。
(2) 检查清洗过滤器,要清洁、畅通、滤网无损坏现象,重新装配时,垫子均匀,拧紧,不渗漏。
(3) 联轴器胶皮块是否损坏,如损坏必须更换,应调整中心,不超过 0.06mm。
(4) 检查泵轴封的滴漏量,机械密封的平均滴漏量为 60~100 滴/h,填料密封的滴漏量在 50~200 滴/h。
(5) 检查联轴器的外表及同心度,外表应光滑、平整无碰伤、咬伤现象。同心度符合要求,误差应在规定范围之内,一般为 0.05~0.10mm;更换损坏的销轴(键)和橡胶圈(块)。
(6) 检查压力表,要灵活准确,接头无松动、滑扣及渗漏现象。

3. 二级保养

在泵运行 3000~3400h 进行。

(1) 完成一级保养的所有内容。
(2) 检查泵减速箱的各部件,更换润滑油,润滑油要清洁、无杂质,颜色正常。检查清洗油标,减速箱润滑油液位符合要求,润滑油加至油标刻度线 1/2~2/3。

(3) 检查螺杆与定子的磨损情况，磨损过大，要进行更换。

(4) 检查减速箱，清洗，更换润滑油，重新装配时，保证精确度。

(5) 电动机进行二级保养，清灰，清洗轴承。重新装配时，加注润滑脂。

(6) 全面进行除锈防腐的保养工作。

(7) 检查清扫配电线路，电缆线接线安装牢固，接触良好；检测电动机绝缘，电动机线圈绝缘良好，对于380V电压用500V摇表测其绝缘电阻，其电阻值不得小于0.5MΩ。

4. 保养注意事项

(1) 保养前先断电，挂警示牌后操作，泵在运行过程中严禁擦洗设备。

(2) 进行维修保养作业时，泵房内要保证通风良好，做好防护措施。

(3) 机组运行未达到正常时，操作人员不得离开岗位。

(四) 螺杆泵拆卸

拆卸螺杆泵时应按以下步骤进行：

(1) 检查电动机电源；电源应断开，并将电源开关上锁。检查出口、入口阀门关闭情况。

(2) 松开电动机与泵轴之间联轴器的连接螺栓，卸下联轴器。

(3) 拆卸轴封、轴承盖锁紧螺母。

(4) 拆卸轴承盖与泵体的连接螺栓，拆除端盖。

(5) 抽出螺杆，应注意将三只（或两只）螺杆同时抽出，然后拆除外端盖。

(五) 螺杆泵的组装及调整

(1) 螺杆端面与端盖相接触部分、螺杆与轴套间，组装时要加一点润滑油，防止组装过程中，手动盘车时这些部位干磨。

(2) 紧固外端盖、轴承盒与泵体的连接螺栓，要对称操作，用力均匀，边紧边盘动螺杆。当紧固后盘车费劲时，要松掉螺栓重新紧固。

(3) 泵的各部件配合间隙按表2-1-9执行。

表2-1-9 螺杆泵各部配合间隙

配合部位	配合间隙	配合部位	配合间隙
螺杆齿顶与壳体间	0.14~0.33mm	齿轮箱端的轴承外圈与轴承压盖间	0.02~0.06mm
螺杆啮合时径向间隙	0.14~0.33mm	滚动轴承与轴	H7/k6
法向截面齿侧间隙	0.12~0.25mm	滚动轴承与轴承箱	H7/k6

(4) 螺杆泵零部件的质量要求：螺杆表面若拉毛，应该用油石打磨光滑，表面粗糙度低于$Ra1.6$，螺杆与外端盖接触的端面应光滑，端面上始终保持有畅通的布油槽。轴颈的圆度和圆柱度偏差应小于直径的1/2000，轴的直线度偏差不大于0.05mm。

(5) 泵体的质量要求：泵体内表面粗糙度应低于$Ra3.2$，泵体两端与端盖相配合的止口两内孔同泵体内孔同轴度允差0.02mm，两端面与内孔垂直度允差0.2/1000。

(6) 其他零部件的质量要求：每次拆修，轴封中的橡胶骨架油封均需要更换。检查轴承，若有质量问题更换新轴承。

三、隔膜泵

（一）隔膜泵的结构及工作原理

隔膜泵的结构如图 2-1-39 所示。其工作原理：柱塞在泵缸内做往复运动，使得隔膜腔内的液压油压力升高或降低。当活塞自极左端位置向右移动时，隔膜腔内的液压油压力升高，推动隔膜向右运动，工作室的容积减小，充满泵的液体受挤压，进口阀坐封严密，出口阀在压力作用下被打开，液体排出，直到活塞移动到极右端为止，此过程称为泵的排液过程。当活塞从右端开始向左端移动时，隔膜腔容积增大，压力降低，隔膜向左运动，工作室的容积增大，压力降低，流体在压差的作用下顶开进口阀，进入工作室，直到活塞移动到极左端为止，此过程为泵的吸液过程。排量调节是通过调节隔膜腔内液压油的回流量多少来实现的。

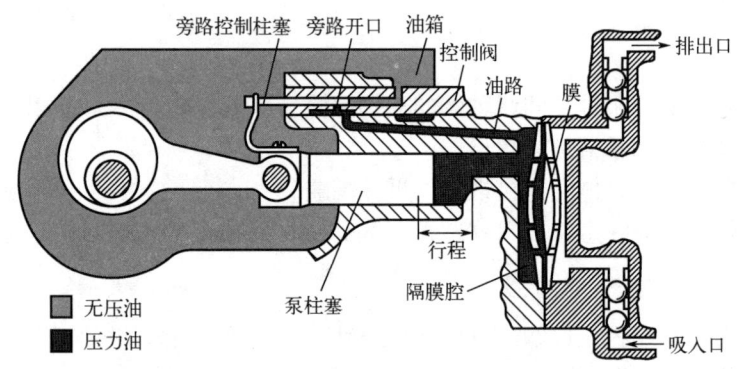

图 2-1-39 液压隔膜泵结构及原理示意图

（二）隔膜泵的维护与保养

（1）应经常保持隔膜泵房环境清洁干燥。

（2）应经常注意各部分润滑油的状况，如发现不足，应及时补充。如发现不清洁，应及时更换，并注意螺塞重新旋进去时应保证密封。隔膜泵工作压差应控制在旁通阀允许的压差范围内，否则容易烧坏电动机。

（3）在拆修时各部件不能用重锤敲打。

（4）拆下的零件避免碰伤、擦毛。特别要注意密封面的平整光洁，否则会引起再装配后漏气现象，隔膜泵不能恢复原有性能。

（5）拆下的零件用汽油、四氯化碳或乙醚清洗，干燥后才能装配。

（6）装配时要注意转子两端与左右侧盖的间隙，转子与转子、转子与隔膜泵体的间隙按规定要求调整。

（7）隔膜泵体左右侧盖之间的结合面均采用 107 树脂（即室温硫化硅橡胶）密封。

（8）装配前必须注意螺旋套方向，主动轴上靠近电动机一侧为左旋，隔膜泵齿轮箱一侧为右旋，从动轴上则相反。

四、旋转活塞泵

（一）旋转活塞泵的结构及工作原理

旋转活塞泵是自吸、无阀、正排泵。旋转活塞泵可以输送高黏度的物料、柔软性的混合体、腐蚀性的物料、易爆液体，用途广泛。

旋转活塞泵机组主要由电动机、底座、齿轮箱、润滑室组成，其结构如图2-1-40所示。

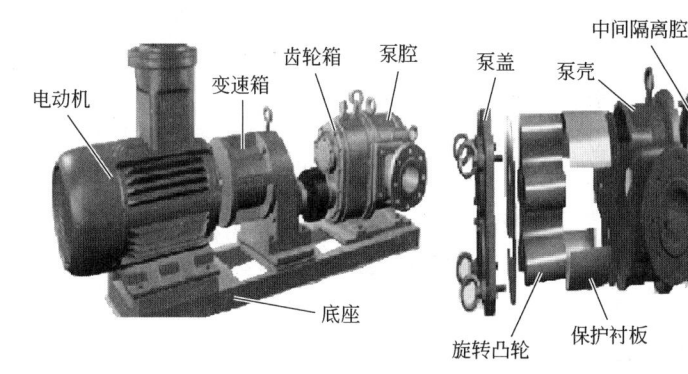

(a) 旋转活塞泵机组的组成　　(b) 旋转活塞泵泵腔的结构组成

图2-1-40　旋转活塞泵的结构示意图

工作原理：如图2-1-41所示，旋转活塞泵属于凸轮式容积泵，动力通过轴传给齿轮，一对齿轮带动泵叶做同步反向旋转运动，使进口产生真空，将介质吸入，随泵叶转动，将介质送往出口，继续转动，出口腔容积变小，产生压力（出口高压区）将介质输出。

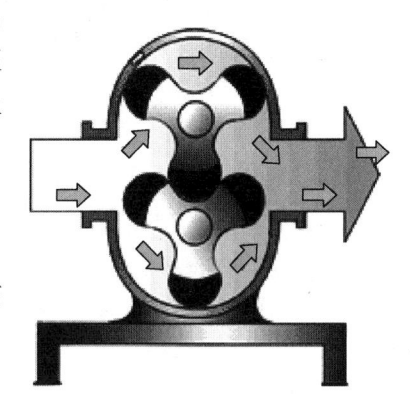

图2-1-41　旋转活塞泵工作原理示意图

（二）旋转活塞泵的特点

（1）无堵塞：旋转活塞泵的入口口径大，易于黏稠和含有固体颗粒的介质通过。

（2）工作效率高：旋转活塞泵的泵效一般在75%～85%之间。

（3）维修简单：旋转活塞泵的结构简单，轴承采用单侧支撑，零部件易于更换。

（4）使用寿命长：旋转活塞泵的旋转凸轮在同步齿轮驱动下同步旋转，无相互摩擦，旋转速度一般为500r/min，损耗小，寿命长。

（三）旋转活塞泵的检修

1. 检修前的准备

（1）根据检修前设备运行技术状况和检测记录，分析故障的原因和部位，制订详尽的检修技术方案。

(2) 熟悉设备技术资料。

(3) 检修所需的工具、量具、卡具。

(4) 检修所需的更换件符合设计要求。

(5) 按规定具备检修条件。

(6) 各项准备工作应符合安全、环保、质量等方面的要求，例如按照 Q/SHS 0001.3—2001《炼油化工企业安全、环境与健康（HSE）管理规范（试行）》中的规定，对检修过程进行必要的危害识别、风险评价、风险控制及环境因素及环境影响分析，并办理相关票证。

2. 旋转活塞泵检修与质量标准

1）转子

(1) 检查转子表面的磨损情况，转子直径最大磨损量不大于 0.20mm。

(2) 啮合面要求不得有伤痕，表面粗糙度应不大于 $Ra3.2$。

(3) 转子与泵体配合间隙应在 0.20~0.30mm 之间，且各处间隙应均匀。

2）泵体

(1) 检查泵体内表面磨损情况，表面粗糙度应不大于 $Ra3.2$。

(2) 泵体与轴承、外套的配合面应无明显伤痕。

3）轴承

(1) 滑动轴承端面及内孔不得有沟槽，磨损不得超过 0.10mm。

(2) 滑动轴承与轴径的径向间隙应在 0.30~0.70mm。

4）同步齿轮

(1) 齿轮与轴的配合采用 H7/h6。

(2) 两齿轮的接触面积沿齿高不小于 40%，沿齿宽不小于 55%，并均匀分布在节圆线的上下。

(3) 齿轮啮合侧间隙为 0.08~0.10mm。

(4) 齿轮不得有点蚀、磨损、胶合、裂纹、折断等严重缺陷。

3. 旋转活塞泵试运行与验收

1）启动前的准备

(1) 确认各项检修工作已完成，检修记录齐全，检修质量符合本规程检修质量标准的规定，有试车方案。

(2) 设备零件、部件完整无缺，螺栓紧固。

(3) 仪表等装置齐全、准确、灵敏、可靠。

(4) 各润滑部位按规定加注润滑油（脂）。

(5) 各项工艺准备完毕，具备试车条件。

(6) 泵启动前必须全开进口、出口阀门。

(7) 检查泵的运转方向是否正确。

2）启泵

(1) 运转平稳无杂音。

(2) 流量、压力平稳，达到铭牌能力 90% 以上或满足生产要求。

(3) 电流不超过额定值。

（4）机械密封无泄漏。

（5）轴承温度不大于70℃。

（6）泵轴承部位最大振动值应小于0.20mm。

3）验收

检修质量符合本规程规定，经试车合格，达到完好标准，按规定办理验收手续，移交生产。验收技术资料应包括：

（1）检修质量和缺陷记录。

（2）零部件更换清单。

（3）结构、尺寸、材质变更审批文件等。

4. 旋转活塞泵的日常维护

（1）检查泵出口压力是否正常。

（2）检查泵的润滑状况是否正常。

（3）检查泵运转有无杂音和超振情况，发现异常及时处理。

（4）检查并消除泄漏。

（5）泵长期停用时，对于易干结的物料（稠油），应用溶剂将泵清洗干净。

五、齿轮泵

（一）齿轮泵的结构及工作原理

齿轮泵的构造比较简单，主要由泵盖、泵体、互相咬合的齿轮等组成，如图2-1-42所示。它的工作原理：齿轮泵工作前，向泵内灌满液体，然后启动电动机带动齿轮泵旋转，壳体内齿轮的齿之间所形成的容积缩小。因此，充填在该腔体中的部分液体被挤入压出腔，进入排出管道。与此相反，在吸入侧，由于齿轮旋转，啮合齿的脱开使吸入腔容积增大，吸入侧压力低，从而造成吸入口与吸入腔存在压差，使吸入侧的液体不断充满齿穴。这样，主动齿轮与从动齿轮不断旋转，泵就能连续不断地吸入和排出液体，如图2-1-43所示。

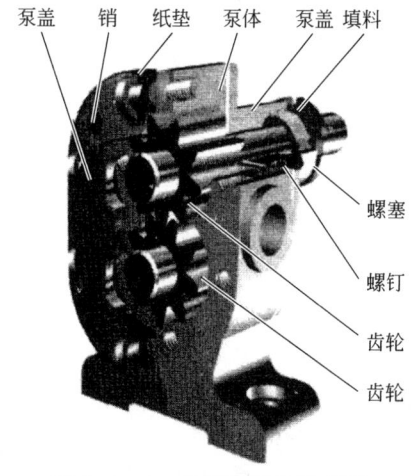

图2-1-42　齿轮泵结构示意图

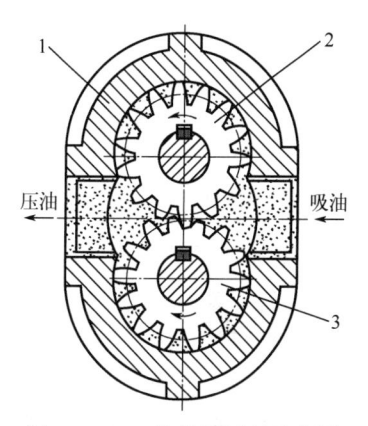

图2-1-43　齿轮泵原理示意图
1—泵体；2—从动齿轮；3—主动齿轮

齿轮泵是靠工作室容积间隙的变化来输送液体的，因此对型号确定的齿轮泵，流量也确定，是一个不变定值。它的特性曲线是一条垂直线（图2-1-44），即不管外界压力如何变化，它的流量都是固定不变的。

（二）齿轮泵的性能参数

1. 齿轮泵的主要参数

（1）流量为 $0.3 \sim 200 m^3/h$（国外为 $0.04 \sim 340 m^3/h$）。

（2）出口压力不大于 4MPa，转速 $150 \sim 1450 r/min$。

（3）容积效率 $90\% \sim 95\%$，总效率 $60\% \sim 70\%$，温度不高于 350℃。

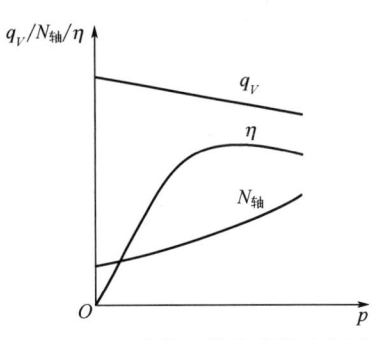

图 2-1-44 齿轮泵特性曲线示意图

（4）介质黏度 $1 \sim 1 \times 10^5 mm^2/s$（国外不大于 $4.4 \times 10^5 mm^2/s$）。

2. 齿轮泵的性能特点

（1）齿轮泵的扬程大小取决于输送高度和管路损失。理论上，齿轮泵的扬程可以无限大，但实际上泵的扬程要受到电动机功率、泵体、管道机械强度的限制，因此只能限制在某一数值范围内。

（2）齿轮泵流量基本上与排出压力无关，与泵转速成正比例关系。由于齿轮啮合时齿间容积变化均匀，流量不均匀，导致流量和排出压力的脉动。另外，由于结构上的原因使得部分液体从排出室被压回吸入室，造成容积损失，这部分流量称为泄漏流量。泄漏流量与转速、扬程及泵的结构有关。一般来说，转速越高，扬程越大，齿轮和泵壳之间的间隙越大，则泄漏量越大，齿轮泵的实际流量应等于理论流量减去泄漏流量。

（三）齿轮泵零部件质量要求

1. 壳体质量要求

（1）壳体两端面粗糙度为 $Ra3.2$。

（2）两轴孔中心线平行度和对两端垂直度公差不低于 IT6 级。

（3）壳体内孔圆柱度公差值为 $0.2/1000 \sim 0.3/1000$。

（4）孔径尺寸公差和两中心距偏差不低于 IT7 级

2. 端盖质量要求

（1）端盖加工表面粗糙度为 $Ra3.2$，两轴孔表面粗糙度为 $Ra1.6$。

（2）端盖两轴孔中心线平行度公差为 $0.1/1000$，两轴孔中心偏差为 $\pm 0.04mm$。

（3）端盖两轴孔中心线与加工端面垂直度公差值为 $0.3/1000$。

3. 轴向密封质量要求

（1）填料压盖与填料箱的直径间隙一般为 $0.1 \sim 0.3mm$。

（2）填料压盖与轴套的直径间隙为 $0.75 \sim 1.0mm$，轴向间隙均匀相差不大于 $0.1mm$。

（3）填料尺寸正确，切口平行、整齐、无松动，接口与中心线成 45°夹角。

（4）压装填料时，填料的接头必须错开，一般接口交错 90°，填料不易压装过紧。

（5）安装机械密封应符合技术要求。

4. 油泵齿轮质量要求

（1）齿轮啮合顶间隙为 0.2~0.3m（m 为模数）。

（2）齿轮啮合的侧间隙应符合表 2-1-10 的规定。

表 2-1-10　齿轮啮合侧向间隙标准

中心距，mm	≤50	51~80	81~120	121~200
啮合侧间隙，mm	0.085	0.105	0.13	0.17

（3）齿轮两端面与轴孔中心线或齿轮轴齿轮两端面与中心线垂直度公差值为 0.2/1000。

（4）两齿轮宽度一致，单个齿轮宽度误差不得超过 0.5/1000，两齿轮轴线平行度值为 0.2/1000。

（5）齿轮啮合接触斑点均匀，其接触面积沿齿长不小于 70%，沿齿高不小于 50%。

（6）轮与轴的配合为 H7/m6。

（7）齿轮端面与端盖的轴向总间隙一般为 0.10~0.15mm。

（8）齿顶与壳体的径向间隙为 0.15~0.25mm，但必须大于轴颈在轴瓦的径向间隙。

齿轮的齿顶与壳壁、齿侧面与轴承侧盖的间隙要尽量减小，以防止被输送液体倒流。一般规定壳壁与齿顶径向间隙为 0.1~0.15mm，齿侧面与轴承座侧盖轴向间隙为 0.01~0.04mm。

5. 传动齿轮质量要求

（1）侧间隙 0.35mm。

（2）顶间隙 1.35mm。

（3）齿轮跳动不大于 0.02mm。

（4）齿轮端面全跳动不大于 0.05mm。

（四）齿轮泵的维护与保养

齿轮泵的二级维护保养是在例行保养和一级保养的基础上进行的。齿轮泵（以 KCB 300 型齿轮泵为例）的拆卸保养操作步骤为：

（1）首先关闭泵的进、出口阀门，拆下齿轮泵；卸下联轴器和键。

（2）将齿轮泵解体，拆齿轮泵前后端盖时要保护好密封圈及油封。卸下压盖，取出密封组件，并卸下前盖螺栓。

（3）松开后盖与泵体的连接螺母，在主动轴前端面垫上铜棒敲打，并使用专用工具顶出从动轴，将主动轴和从动轴连同后盖一起从前轴承座中取出。

（4）卸下前盖。若继续分解，可用专用工具将主动轴和从动轴从后盖上顶出。通常情况下齿轮和轴不应进一步分解。

（5）清洗各部件，并按顺序摆放好。

（6）清理齿轮泵盖、泵壳的端部润滑油道及轴承的润滑油槽等通道。

（7）检查泵体及齿轮是否有裂纹、损伤、腐蚀等缺陷，检查各配合部位的间隙是否合格。不合格的部件进行调整更换。

（8）泵体组装。将检查合格的零部件，按拆泵的相反顺序进行组装。将主、从动齿轮连同后止推板、后盖装在泵体上，拧紧泵体与后盖之间的连接螺母。

（9）装上前止推板、前盖板，并拧紧连接螺母。

（10）调整齿轮两边端面间隙基本一致，用专业工具调整齿轮组件在泵内的左右位置，边调整边转动主动轴。当转动灵活、无摩擦声，即认为两边端面间隙基本一致。

（11）装上密封组件。

（12）用手盘动泵轴，检查各部位的配合情况。

（13）校对、连接联轴器，打开进口、出口阀门并试泵。

第七节　电动机的维护与保养

电动机的种类很多，有三相异步电动机、同步电动机、直流电动机、控制电动机等，三相异步电动机结构简单、工作可靠、维修方便、使用年限长而且成本低，因此是工农业生产应用最广泛的一种电动机。

一、电动机的结构及选择

（一）三相异步电动机的结构

三相异步电动机由定子、转子两大部分和其他附件组成，如图2-1-45所示。

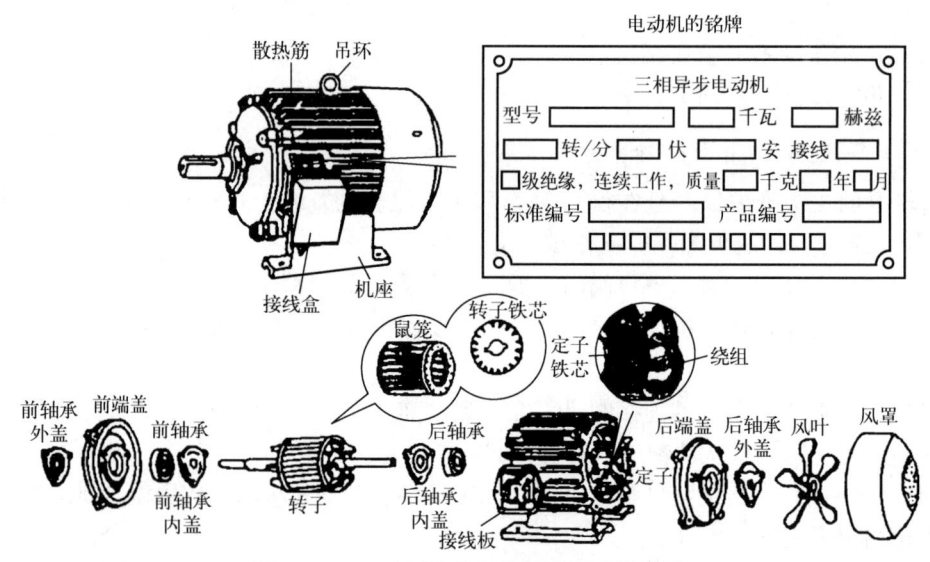

图2-1-45　三相异步电动机的组成示意图

1. 定子

定子是由定子铁芯和定子绕组组成的。为了减少磁滞和涡流损耗，环形的定子铁芯，由冲了槽的硅钢片叠成。铁芯槽内嵌放定子三相绕组。三相绕组的六个出线头固定在机座外壳的接线盒内，线头旁标有各相绕组的始末端符号。

2. 转子

转子铁芯由硅钢片叠成并压装在转轴上，硅钢片上冲有均匀分布的槽，槽内嵌放转子绕组。转子按其绕组的构造可分为鼠笼式转子和绕线式转子两类。

3. 其他附件

其他附件包括机座、端盖、风扇等。机座由铸铁或钢板制成，用来支持定子或转子，并作为它们的保护外壳。端盖是由铸铁制成的，在其中心也装有轴承，以便支持转子。电动机的通风冷却系统由风扇和风罩组成。对于大型电动机，也有采用水冷式冷却系统的，这类电动机的外壳中，专门设置了冷却水道，用泵供给循环冷却水。

（二）三相异步电动机的极数与转速

三相异步电动机的极数就是旋转磁场的极数，旋转磁场的极数和三相绕组的安排有关。当旋转磁场具有 P 对磁极时，磁场的转速为：

$$n_0 = \frac{60f_1}{P} \qquad (2-1-27)$$

式中　f_1——电源频率，Hz；

　　　n_0——同步转速，r/min。

在我国，工频 $f_1 = 50$Hz，于是可得出对应不同极对数 P 的旋转磁场转速 n_0（r/min），见表 2-1-11。

表 2-1-11　不同极对数 P 的旋转磁场转速值

P	1	2	3	4	5	6
n_0，r/min	3000	1500	1000	750	600	500

异步电动机的实际转速 n 一般都是小于同步转速 n_0 的，在额定条件下工作时，n 与 n_0 的差值 Δn 是不大的，Δn 称为转速差；Δn 与 n_0 的比值定义为转差率 S：

$$S = \frac{n_0 - n}{n_0} = \frac{\Delta n}{n_0} \qquad (2-1-28)$$

由式（2-1-27）和式（2-1-28）可得异步电动机的转速 n：

$$n = n_0(1-S) = \frac{60f_1}{P}(1-S) \qquad (2-1-29)$$

因此，改变电源频率，就可改变电动机转速，这就是变频调速的原理。

（三）三相异步电动机的工作原理

三相异步电动机的工作原理如图 2-1-46 所示，定子绕组三相线圈在空间上以互成 120°分布在定子铁芯内圆上，当定子三相绕组通入三相电流后，定子绕组产生旋转磁场。该磁场以同步转速 n_1 在空间顺时针方向旋转，静止的转子绕组被旋转磁场的磁力线所切割，产生感应电动势，在感应电动势的作用下，闭

图 2-1-46　三相异步电动机的工作原理

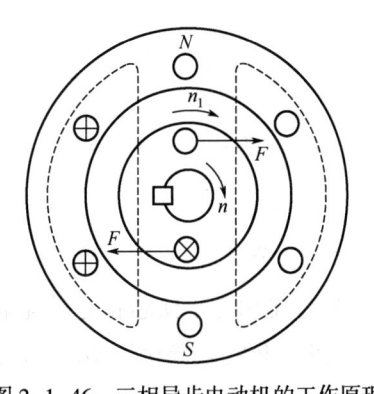

合的转子导体中就有电流。转子电流与旋转磁场相互作用的结果便在转子导体上产生电磁力 F，力 F 对转轴产生电磁转矩 M，使转子转动，输出机械能。

（四）三相异步电动机的选择

1. 种类的选择

选择电动机的种类是从交流或直流、机械特性调速与启动性能、维修及价格等方面考虑的。

2. 功率的选择

要为某一生产机械选配一台电动机，首先要考虑电动机的功率需要多大。对于连续运行的电动机应先算出生产机械的功率，所选电动机的额定功率等于或稍大于生产机械的功率即可。

对于短时运行的电动机，通常根据过载系数 λ 来选择电动机的功率。电动机的额定功率可以是生产机械所要求功率的 $1/\lambda$。

3. 电压的选择

Y 系列鼠笼式电动机的额定电压，只有 380V 一个等级，只有大功率异步电动机才采用 3000V 和 6000V。

4. 结构形式的选择

为保证电动机长期安全运行，可根据电动机工作环境的要求，选择下列几种结构形式中的一种。

1）开启式

在结构上无特殊防护装置，用于干燥、无灰尘、通风良好的场所。

2）防护式

在机壳或端盖下面有通风罩，以防止铁屑等杂物掉入；也有的将外壳做成挡板状，以防止在一定角度内有水滴溅入。

3）封闭式

封闭式电动机的外壳严密封闭，电动机靠自身风扇或外部风扇冷却，并在外壳带有散热片。在灰尘多、潮湿或含有酸性气体的场所，可采用这种电动机。

4）防爆式

整个电动机严密封闭，用于有爆炸性气体的场所。

5. 转速的选择

电动机的额定转速是根据生产机械的要求选定的，通常不低于 500r/min。

二、电动机运行参数

以三相异步电动机为例介绍主要技术参数。

（一）额定功率和效率

铭牌上所标功率值是电动机在额定运行时轴上输出的机械功率值，单位为 kW。输出功率与输入功率是不一样的，存在一个差值，这个差值即为电动机本身的损耗和附加损耗。电动机的效率即输出功率与输入的比值。

额定功率的测定方法既可以用专用仪表直接测量，也可以通过测定相关参数后计算得出。

（二）额定电压

铭牌上所标电压值是指电动机在额定运行时定子绕组上应加的电压值，单位为 V 或 kV，常用三相异步电动机的额定电压有 220V、380V、3000V、6000V 几种。

电压的测定方法使用电工仪表即可测出。

（三）额定电流

铭牌上所称电流值，是电动机额定电压和额定频率下其负载达到额定容量时的电流值，单位为 A。

测定的方法：使用电工仪表或就地指示仪表即可测定。

（四）功率因数

电动机是电感性负载，其定子相电流比相电压滞后一个 ϕ 角，$\cos\phi$ 就是电动机的功率因数：

$$P = \sqrt{3}\, UI\cos\phi \tag{2-1-30}$$

功率因数的测定方法，可由功率因数表查出。

（五）额定转数

额定转数指电动机在额定电压、额定频率和额定输出功率的情况下电动机的转数，单位为 r/min。

转数的测定方法，使用转速表即可测量。

三、三相异步电动机的维护

三相异步电动机的检修包括拆装电动机、清洗油污、清除灰尘、更换或修复损坏件和磨损件、测量绕组绝缘电阻值和处理故障等。

（一）电动机的分解

电动机分解由电动机最外部开始。

（1）松开带轮或联轴节顶丝。

（2）用拉力器拆卸带轮或联轴节，如图 2-1-47 所示。

（3）应先拆去防护罩，再拆下风扇。

（4）卸掉后端盖轴承固定螺栓，取下轴承盖。

图 2-1-47 用拉力器拆卸带轮或联轴器

（5）卸掉后端盖固定螺栓，取下后端盖。

（6）卸掉前端盖固定螺栓，将前端盖与转子从定子内取出。若是大型电动机，用钢管套在轴的一端，然后用吊车吊出。

（7）卸掉前端盖轴承盖固定螺栓，取下轴承盖。

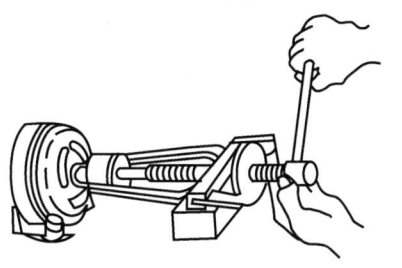

(8) 卸掉前端盖。

(二) 电动机的清洗

用压缩空气将定子内灰尘吹净。用清洗油或煤油清洗轴承及其他零件的油污。用压缩空气将轴承内油吹净，并用大布或棉纱把所有零件擦干。

(三) 电动机的检查

电动机解体后应认真检查零件有无磨损和损坏，确定修理方案及更换件。

1. 转子的检查

(1) 检查电动机转子各部分是否完好，有否撞坏、划伤或磨损。

(2) 对大中型异步电动机要检查铁芯内部和通道内是否有残留焊条、焊锡粒、铁屑或其他杂物。

(3) 转子的静平衡要满足表2-1-12的要求。

表2-1-12 转子的静平衡极限表

转子外径, mm	≤200	201~300	301~400	401~500	501~700	701 以上
转子静平衡允差极限, g	3	5	8	10	15	20

2. 定子的检查

(1) 检查电动机定子绕组是否损坏，检查绕组绝缘层是否有损坏，引线是否有撞伤或绝缘损坏，绕组两端是否有油污，若有需清理干净。

(2) 检查定子槽楔是否松动或脱落，端箍与绕组绑扎是否可靠，端部间隙垫块是否松动或脱落。

(3) 检查定子铁芯，尤其两侧端部铁芯，是否有碰坏、变形或松散。

3. 轴承的检查

轴承的好坏对电动机运行性能影响很大，轴承质量不好，会使电动机声音异常、产生振动。轴承检查应注意声音、径向间隙和轴向摆动。

轴承好坏的鉴别方法，新的或旧的滚动轴承，主要从以下三方面来鉴别其好坏：

(1) 径向间隙不超过容许值，如表2-1-13所示。

表2-1-13 轴承径向间隙容许值

轴承内径 mm	径向间隙, mm		
	新滚珠	新滚柱	磨损允许最大值
20~30	0.01~0.02	0.03~0.05	0.08~0.15
35~50	0.01~0.02	0.05~0.07	0.15~0.25
55~80	0.01~0.02	0.06~0.08	0.2~0.35
85~120	0.02~0.03	0.08~0.1	0.25~0.4

(2) 无破裂、锈蚀、珠痕、变色、剥离、麻点等弊病。

(3) 转动灵活平衡，声音匀称。

轴承的拆卸方法，如图2-1-48所示，用专用拉力器将轴承卸掉。轴承检查的主要内容有：

（1）清洗检查。在清洗时应仔细检查，尤其是轴承的珠架与滚动体之间有无残存油脂污物，内外表面有无锈斑、划痕，珠架是否变形，以及滚动体磨损情况等。

（2）间隙检查。如图 2-1-49 所示，电动机轴承的径向间隙检查同"三级保养维修多级泵"中的轴承间隙要求。

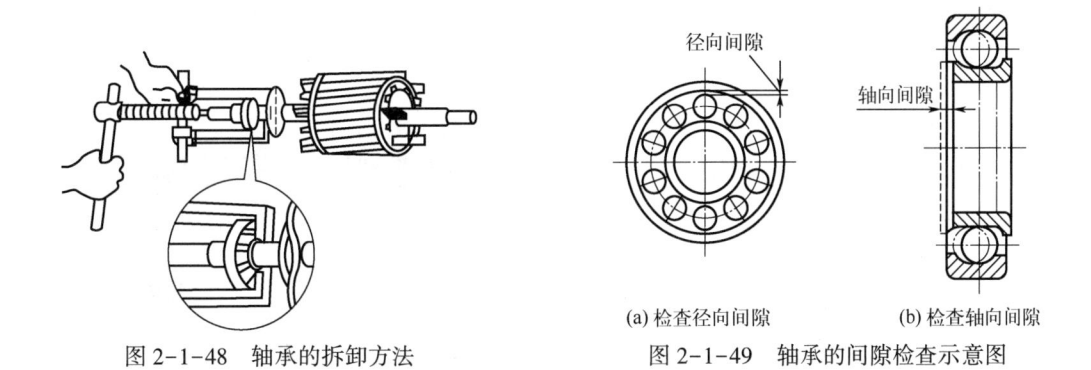

图 2-1-48　轴承的拆卸方法

(a) 检查径向间隙　　(b) 检查轴向间隙

图 2-1-49　轴承的间隙检查示意图

（3）测量及调整转子气隙量。

① 拆下轴承压盖，取出上轴瓦，并用千斤顶支电动机转子一端，取出相应的下轴瓦，将电动机转子轻落到最低处，此时转子与电动机内定子部位底部接触。

② 用深度尺测量电动机转子轴径最低点距轴承底座处的距离，并记录下来。

③ 用撬杠抬起一端，用深度尺测量此时轴径最低点与底座的距离，并记录下来。两次记录的数值之差，则为电动机转子的总气隙量。测量电动机转子气隙量的目的是保证转子与定子的径向间隙值均匀，以防止转子与定子偏磨，造成事故。

④ 放上两端的下轴瓦，测量轴径最低点距轴承底座处的距离，要求为总气隙量的一半减去 0.15mm。

⑤ 若测量结果达不到标准值，可以通过刮削底瓦的方法或在轴承底座上加减调整垫来调整。

电动机气隙检查：气隙（δ）不能超出表 2-1-14 所示的允许偏差度（ε/δ）。

表 2-1-14　三相异步电动机气隙不均匀度允许偏差度

δ, mm	0.5	0.55	0.6	0.65	0.7	0.75	0.8	0.85
ε/δ	21.5	20.5	19.5	19	18.5	18	17.5	17
δ, mm	0.95	1.0	1.05	1.1	1.15	1.2	1.25	1.3
ε/δ	15.5	15	14.5	14	13.5	13	12.5	11

（四）电动机的装配及要求

电动机的装配程序与拆卸顺序相反。特别要注意的是轴承的安装不能硬砸猛打，防止损坏轴承。轴承的安装方法有两种，一是机械冷装法，如图 2-1-50 所示，轴承用敲打法冷装。二是加热方法安装，将轴承放在机油锅里煮，油温 100℃ 左右，时间 5~10min，或采用轴承加热器将轴承加热后轻打装上，如图 2-1-51 所示。电动机装配时应注意以下要求：

（1）电动机外壳应有良好的接地，如电动机底座与基础框架能保证可靠的接触，则可将基础框架接地。

（2）电动机底座上部的垫板应进行研磨，垫板与机爪间接触面应达到75%以上，用0.5mm塞尺检查，大中型电动机不应塞进5mm，小型电动机不应塞进10mm。为了方便找平，在机爪下允许垫金属垫片。

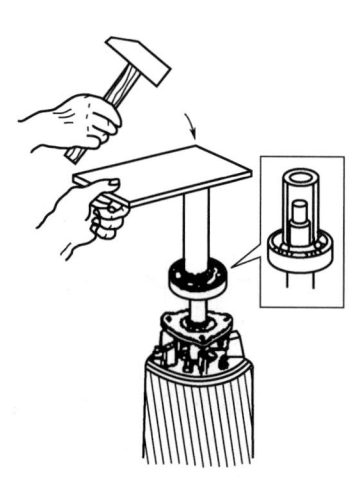

图 2-1-50 轴承机械安装示意图　　图 2-1-51 轴承加热示意图

（3）检查电动机轴承底面与支承框架结合面，必须清理干净，使其接触均匀良好。安装时注意在绝缘电动机轴承座下加绝缘垫片，并经绝缘试验，其绝缘阻值不得小于1MΩ。

（4）安装滑动轴承时，转子的轴向窜量应按表2-1-15的规定进行检查。

表 2-1-15　电动机转子轴向窜动范围

电动机容量，kW	轴向窜动范围，mm	
	向一侧	向两侧
30~70	1.00	2.00
70~125	1.50	3.00
125以上	2.00	4.00
轴颈直径大于200mm	2/100 轴颈直径	2/100 轴颈直径

（5）装配密封端盖之前，将定子及转子绕组的端部吹扫一次，使其定子内圆、转子表面无任何杂物、尘埃。

（6）装密封端盖时注意标记对正，并用木槌均匀地敲打端盖四周，使其端盖合上止口。

（7）端盖的固定螺栓要均匀地交替上紧，待两只端盖装上后，边用木槌敲打端盖四周，边拧紧螺栓，以保证转子转动灵活。

（8）所有螺栓全部装好。装配地点及各部分零件必须保持清洁。应该注润滑油的部位，要注入适当型号的油脂。

（五）电动机装配后的运转

电动机装配后通电运转前的检查与拆前检查方法相同。

（1）新装、长期停用或大修前后的电动机，运转前应测量绕组相间和绕组对地的绝缘电阻值。对绕组式电动机，除检查定子绝缘外，还应检查转子绕组及集电环对地及集电环之间的绝缘电阻。绝缘电阻值不得小于 1MΩ/kV，380V 的电动机绝缘电阻值应大于 0.5MΩ，否则应对电动机绕组烘干。

（2）检查电动机铭牌所示电压、功率、频率、接法、转速与电源、负载是否相符。

（3）用手转动电动机轴，检查转子是否能自由旋转，转动时有无异常。

（4）通电运转后，要测量电动机空载电流，并做记录。一般空载电流约为额定电流的 30%~40%，根据运转情况分析和判断故障。

（5）电动机在试运下，应检查滑动轴承温度不超过 70℃，滚动轴承不超过 75℃，电动机温度不超过 80℃。

四、电动机的检查验收

（一）检查验收电动机的内容

查阅质量保证书和维修保养记录，在出厂保修期限内，除两端轴承部位清洗、加油（脂）润滑外，可以不解体检查，其他部位应在检查项目之内并且要符合要求。检查电动机铭牌所标的电压、频率应与电源电压、频率相符。

（二）电动机解体检查条件

电动机检查验收有下列情况时，进行解体检查：

（1）出厂日期超过制造厂保证期限的，修理保养后的电动机超过保修期限。

（2）经外观检查电气试验，质量不可靠有问题的。

（3）开启式电动机经检查端部有缺陷的。

（4）试运转时，有异常情况，如振动值超标、不正常温升、局部过热有异常摩擦等，应检查安装资料符合安装场地及要求。

（三）电动机检查的部位与要求

（1）电动机引线与端子连接应紧密，且编号齐全。

（2）所有螺栓紧固无松动。

（3）电动机外壳完好，风扇叶无裂纹；用塞尺检查电动机底座与基础接触面应大于 80% 以上，否则应研磨垫板找平。

（4）电动机绝缘性能良好，经耐压试验应符合原设计规定值，转子绕组在运行温度下绝缘电阻不得小于 1MΩ/kV，电压 1kV 以下和容量在 100kW 以下，绝缘电阻不得小于 0.5MΩ，电动机转子绕组的绝缘电阻不得小于 0.5MΩ；电动机接地良好，绝缘电阻不得小于 0.5MΩ。

（5）徒手盘动电动机转子不得有碰卡、偏磨等异常杂音。

（6）润滑油合格、无变质、变色、老化变硬及杂质；润滑油量达到容积室的 80%。

(7) 电动机空转试运行，方向要与设备的运转方向一致，时间不得少于 2h。

(8) 试运行中温度，滑动轴承不超过 70℃，滚动轴承不超过 75℃，电动机温度不超过 80℃。

(9) 试运行中振动振幅测定，振幅不大于 0.06mm 为合格。

(10) 试运行中转数测定、空负荷试运，转数不低于额定转数。

(11) 检查验收电动机安装记录和技术资料。

(12) 防爆电动机检查其防爆性能和密封。防爆结合面应符合防爆规程要求，符合防爆等级。

（四）检查三相异步电动机的技术要求

(1) 测量接地电阻时，引线要与电动机断开。绝缘电阻合格的标准为：每千伏工作电压，绝缘电阻大于 1MΩ，380V 电动机绝缘电阻应大于 0.5MΩ。

(2) 测量三相电流平衡时，被测导线应尽可能远离其他导线，三相电流的差值必须在额定电流的 5% 以内。

(3) 检查带电体温度时，必须用手背轻轻触摸，以防触电。轴承温度不超 75℃，电动机温度不超 80%。

(4) 切断电源后，应在开关操作把手上挂上"有人工作，禁止合闸"的警示牌。

(5) 拆装轴承外端盖和电动机端盖时要事先做好标记。

(6) 装轴承外盖时，先将外盖套在轴上，在螺栓孔中插入一根螺柱，转动转子带着轴承内盖转动，此时外盖应固定不动。找正对准内、外盖的螺栓孔后，再将内、外盖用螺栓拧紧。

(7) 安装电动机端盖和轴承端盖时，螺栓应对称均匀，使端盖受力均匀，但轴承端盖螺栓不能拧得太紧，致使转子转动不灵活。

(8) 安装对轮和风扇时，键与槽的配合松紧要合适，太紧时会伤槽、伤销；太松时会滚键打滑，引起撞击。

(9) 清洗轴承后，若检查轴承良好，则不拆下轴承。若轴承有缺陷不能继续使用时，应更换新轴承。

(10) 在电动机前后端盖都拆下之前，一定要把电动机轴两端架起，防止转子直接落在定子上，擦伤、划破定子绕组。

(11) 通电启动后，要监听轴承与电动机内声音是否正常，有无不正常气味，有无冒烟和打火现象，有无剧烈振动，有无过热现象等。

（五）注意事项

(1) 检查验收应有专职电工随同进行。

(2) 电工作业工具由电工准备。

(3) 解体检查绕组线圈由电气专业人员检查，电动机气隙及各项技术指标检查应符合出厂技术文件规定。

第二章 分离设备操作与维护

第一节 气液分离设备的类型与结构

一、分离器的作用

油井产物是油、气、水、砂等多形态物质的混合物,为了得到合格的石油产品,油气集输的首要任务就是进行气液分离。由于水和砂等物质均不溶于油,所以气液分离主要是原油天然气分离,通常称为油气分离。

原油和天然气的主要成分是烃类化合物。在一定的温度、压力等条件下,它们会混合在一起;在合适的温度、压力等条件下,它们又会分离开。一方面,油井产物从油层到地面,以至在以后的集输过程各环节中,随着压力逐渐降低,溶于原油中的天然气将不断逸出。另一方面,由于原油与天然气的性质有较大差别,不论是出站前的计量、处理和储存等,还是出站及出站后的加工、利用、输送等,都需要将原油和天然气分离开来。

油气分离器需实现如下功能:
(1) 实现液相和气相的分离,并从气相中除去液滴,从液相中除去气泡;
(2) 在分离器中维持适当的压力,提供气体和液体外输所需的能量;
(3) 在分离器中维持一定液面,以保证气、液正常分输。

二、分离器的分类和特点

（一）分类
(1) 按其功能不同,可分为气液两相分离器和油气水三相分离器（游离水脱除器）两种;
(2) 按其形状不同,可分为卧式分离器、立式分离器、球形分离器等;
(3) 按其作用不同,可分为计量分离器、生产分离器、泡沫分离器、多级分离器等;
(4) 按其工作压力不同,又可分为真空分离器（<0.1MPa）、低压分离器（<1.5MPa）、中压分离器（1.5~6MPa）和高压分离器（>6MPa）等。

（二）特点
(1) 立式分离器便于控制液面,易于清洗泥砂、泥浆等脏物;缺点是处理气量较卧式的少。

（2）卧式分离器处理气量较大，但液面控制比较困难，不易清洗泥砂、泥浆等脏物。

（3）球形分离器承压较高，但制造麻烦，分离空间和液体缓冲能力受到限制，液面控制要求严格。

（4）计量分离器能在一个容器中将油井流体分离成油、气、水，并对液体进行计量。

三、分离器的基本结构

尽管分离器的类型多种多样，但其基本结构类似，都是由主体容器、分离部分、液面控制机构和压力控制机构等构成。

（一）主体容器

主体容器是分离器的最基本部件，它的承压能力决定了分离器的工作压力，它的外形尺寸决定了分离器的处理能力。主体容器通常是由具有碟形头盖的圆筒制成。容器上连接有混合物进口、气体出口、液体出口、排污口、仪表、阀门等各种工艺需要的接口，以及安装、维修、检查等需要的人孔、手孔等。油气分离器主体容器上有油气排出管，有一定的直径和长度，满足气体和液体的重力沉降要求。

（二）分离部分

油井产物在分离器中的分离，一般都经过初分离、主分离和除雾器分离三个环节。

（1）初分离发生在混合物的进口处，其目的是把从混输管道来的混合物快速分离成以气体为主和以液体为主的两相。为了达到这个目的，常采用动能吸收型和旋流式两种进口装置。

（2）主分离部分是指主体容器本身。经初次分离后的气相中，仍携带许多直径大小不等的液珠。主分离部分的作用是在气体流速大大降低后，利用重力分离和碰撞分离原理，把直径在 100μm 以上的液滴最大限度地从气体中分离出来。

由于立式分离器处理量小，气体空间相对较大，所以在主分离部分加设其他构件。对于卧式分离器，一般处理量都比较大，气体空间相对比较小，为了改变气体的紊流状态，提高分离效果，通常要在主分离部分加设聚结或整流元件。

（3）除雾分离部分的作用是利用碰撞、离心、聚结等原理，除去经主分离后气体中仍然携带的直径在 10~100μm 之间的液滴。分离器中常用的除雾器有叶片式和丝网式等不同形式。分离器的油雾捕集器有伞状隔板，利用碰撞分离把直径 10~30μm 及以上的油滴除掉。

（三）液面控制机构

分离器工作时，气液界面的稳定与否，对分离效果有很大的影响。气液界面过高时，会使液体窜到气体空间，甚至进入排气管道，从而堵塞管路；液面过低时，会引起出液管窜气，严重时会造成输油泵抽空。

浮子连杆机构带动液位控制阀装置，是目前常用的一种机械式液面控制机构。浮子液位计的浮球是用钢板压型对焊直径为 300mm 的钢球。这种浮子连杆机构带动液位控制阀装置是根据分离器的液位来调节输油泵的出口，达到调节液面的目的。另外，也可以利用气动或电动液位变送器作为信号源，控制气薄膜调节阀进行液面控制，如图 2-2-1 所示。

模块二　设备操作与维护

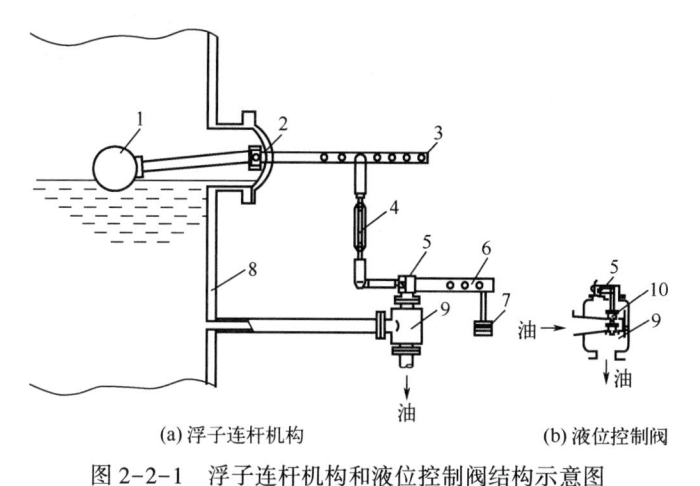

(a) 浮子连杆机构　　　　(b) 液位控制阀

图 2-2-1　浮子连杆机构和液位控制阀结构示意图
1—浮子；2,5—转轴；3,6—杠杆；4—拉杆；7—平衡锤；8—分离器；9—液位控制器；10—出油阀

机械式浮子液面控制机构如图 2-2-2 所示。浮子在分离器内的位置随液面位置而改变。浮子位置的改变通过图示连杆机构驱使出油阀轴作相应的转动，分离器的液面发生变化时，浮子在垂直方向发生相应位移。从而使出油阀杆上下移动改变阀门开度，调节出油量，保持容器内液面的恒定。花篮螺栓与上杠杆连接位置的变化，可使容器内液面保持在不同的高度上。分离器的液面调节机构要灵活好用，平衡杠杆随液面变化而上下移动，液面在 1/2 时，平衡杠杆正好处于水平状态。

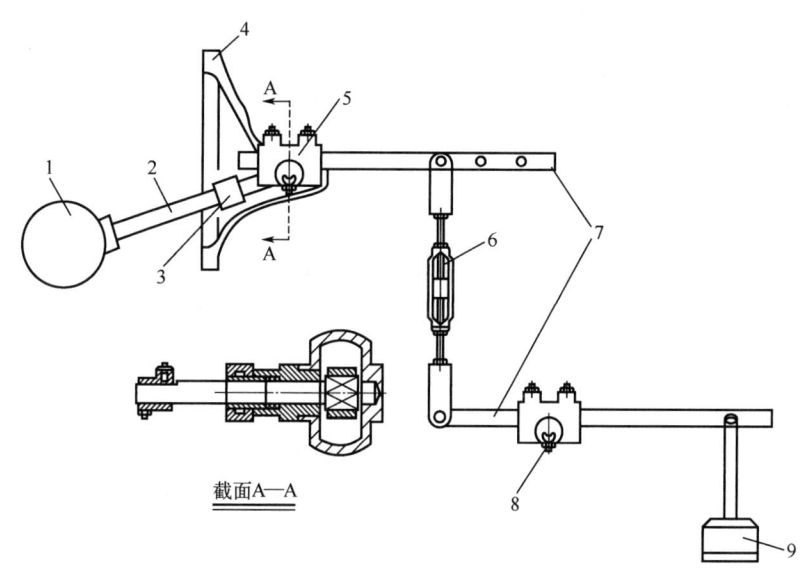

截面A—A

图 2-2-2　浮子液面控制器
1—浮子；2—连杆；3—扭柄；4—分离器人孔盖；5—杠杆套；6—花篮螺栓；7—杠杆；8—出油阀杆；9—重锤

(四) 压力控制机构

分离器的工作压力，也是影响分离效果的重要因素。若压力控制不稳，则液面波动严重，分离效果变差。保持压力稳定的方法，通常是在分离器的排气管上安装如图 2-2-3 所

示的自力式压力调节阀。当分离器内压力过高时，压力通过传压管作用于薄膜上部，薄膜下移并带动阀杆，使阀门开启度增大，分离器内的气体流出，压力下降；当分离器压力降低时，薄膜上部的压力也变低，在弹簧的作用下薄膜恢复原位并带动阀杆，使阀门开启度关小，气体流出量减少，分离器压力回升。

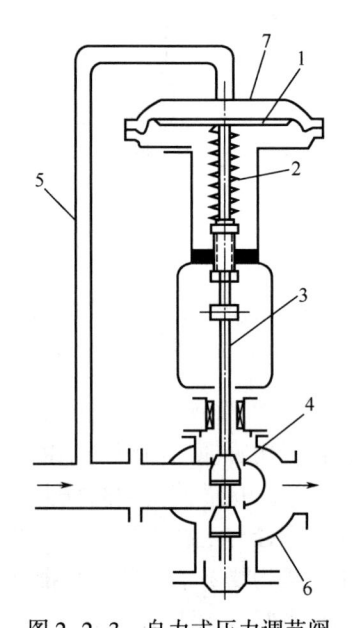

图 2-2-3　自力式压力调节阀
1—薄膜；2—弹簧；3—阀杆；4—阀芯；5—传压管；6—阀体；7—薄膜盒

四、分离器的工作机理

（一）离心分离

当液体改变流向时，密度较大的液滴具有较大的惯性，就会与器壁相撞，使液滴从气流中分离出来，是油气分离器的离心分离过程，属于初分离过程。它主要用来分离大量液体和大直径液滴，适用于初分离段。

（二）重力沉降

沉降分离是在初分离气体流速降低之后，依靠油滴和气体的密度差使油滴从气体中降下来。油滴能分离并沉降下来的必要条件是油滴的沉降速度应大于气体把油滴携带出分离器的速度，因此，液滴沉降速度的大小将直接决定沉降分离的效果。

在重力分离段内，气体中的液滴在重力作用下沉降，并随着液滴下降速度的加大，受到摩擦阻力也逐步增大。当气体介质的反作用力与液滴的重力平衡时，液滴就以等速下沉。

一般情况下，做垂直沉降运动的液滴大致分以下三种情况：

（1）当气体介质不流动时，推动液滴运动的力仅仅是重力。因此，液滴沉降的速度随液滴直径的增大而增大，随气体介质密度、黏度的减少而增加。实际上，气体介质黏度只是对微小液滴的运动才有影响。

（2）当气流向上运动时，气体介质与液滴都在运动，但方向相反。如果只考虑液滴对气体介质做相对运动，当液滴在分离器内沉降时，液滴相对于分离器壁的速度即为液滴的沉降速度。

（3）当气流向下流动时，液滴只向下沉降。液滴在分离器中的运动主要是第二种情况。具有一定沉降速度的液滴，能否在分离器中沉降分离出来，还取决于分离器的形式、结构和气体在分离器中的流动情况。分离器的形式决定了气流的方向，在气体流量一定的情况下，气体流速取决于分离器直径。

对于立式分离器来说，因气体流动方向与液滴沉降方向相反，显然，液滴能够沉降下来的必要条件是液滴的沉降速度大于气体流速。

液滴沉降速度与立式分离器沉降段高度无关。实际上，油气混合物进入分离器后，液滴沉降速度由零到等速沉降需要一定的时间。若沉降段高度过短，气体流速分布就不均匀，有可能使液滴来不及达到等速沉降就被气流带出分离器，故沉降段高度对分离质量是有影响的。沉降段高度太高，对改善分离质量也不会有明显的效果。对于一定性质的油气混合物，在规定操作条件下，油滴沉降速度与其直径成正比。要分离出的油滴直径越小，沉降速度就越慢，要求通过分离器的气体流速也就越小，就必须加大分离器的尺寸。一般重力沉降分离出的油滴直径>100μm，至于直径更小的油滴，由除雾器捕获则更为合理。

（三）碰撞分离

碰撞分离的原理是气流遇上障碍改变流向和速度，使气体中的液滴不断在障碍面内聚结。由于液滴表面张力的作用形成油膜，气体在不断地接触中，将气体中的细油滴，聚结成大油滴靠重力沉降下来。属于捕雾过程，捕雾器就是根据这一原理设计的。当含微量液体的天然气通过分离器的滤网时，发生碰撞作用，使雾状分散于气体中的原油聚结成较大的油滴从气体中分离出来。从油气分离原理考虑，油气分离器大多应用沉降分离和碰撞黏附分离。

各种类型的除雾器都是利用碰撞原理去掉初次分离和沉降分离后仍留在气体中的细小油滴。带有油雾的气流进入除雾器，并在其中被迫绕流时，由于油雾的密度比气体大，惯性大，因而在碰撞结构表面后，其中一部分油雾不能随气流改变其运动方向，故被润湿的结构表面吸附；另一部分带有油雾的气流碰到结构表面后突然改变方向，降低了流速，使油雾从气流中分离出来，也被吸附在结构表面上。由于碰撞和无数次地改变流向与速度，使吸附在结构表面上的油雾在表面张力的作用下，逐渐变成油滴并积聚起来，然后靠重力从结构表面沉降到集液段。

第二节　气液分离设备的操作与维护

一、两相分离器

在油气集输的过程中，油气混合物的分离是在一定的设备中进行。根据相平衡原理，利用油气分离机理，借助机械方法，把油井混合物分离为气相和液相的设备称为气液分离器，或称为油气两相分离器。

（一）两相分离器结构原理

两相卧式分离器的结构原理如图 2-2-4 所示。

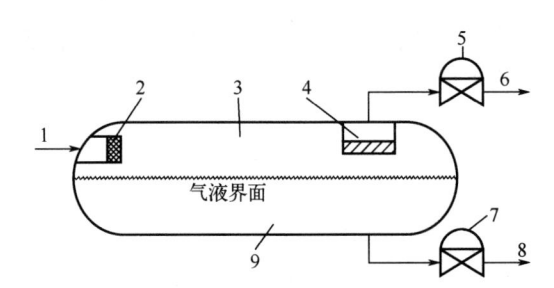

图 2-2-4 两相卧式分离器结构原理示意图
1—油气混合物入口；2—入口分流器；3—重力沉降部分；4—除雾器；5—压力控制阀；6—气体出口管线；
7—出液阀；8—液体出口管线；9—集液部分

气液混合物由入口分流器 1 进入分离器，其流向、流速和压力都有突然的变化，在离心分离和重力分离的双重作用下，气液得以初步分离；经初步分离后的液相在重力作用下进入集液部分 9，气相进入重力沉降部分 3，其中，集液部分和重力沉降部分是分离器的主体，都有较大的体积，使得气液两相在分离器内都有一定的停留时间，以便被原油携带的气泡上升至液面，进入气相，被气流携带的油滴沉降至液面，进入液相；分离后的液相经液面控制器控制的出液阀 7 流出分离器，气相经除雾器 4 进一步除油后通过压力控制阀 5 进入集气管线。同时，集液部分还具有缓冲容积，均衡进出分离器流量波动的作用。在应用中，为得到最大的气液界面面积，提高分离效果，通常使气液界面在分离器直径的一半处，或按气、液处理量确定气液界面。卧式分离器中的气液界面面积较大，且气体流动的方向与液滴沉降的方向相互垂直，使得集液部分原油中所含的气泡易于上升至气相空间，且气相中的液滴更易于从气流中分离出来。因而，卧式分离器适合于处理油气比较高、存在乳状液和泡沫的油井产物，而且分离效果较好。此外，卧式分离器还具有单位处理量成本较低，易于安装、检查、保养等优点；但其占地面积较大，排污困难，往往需要在分离器的底部沿长度方向设置多个排污孔。卧式分离器是目前生产分离器中应用最广泛的一种分离器。

（二）两相分离器正常运行的维护

油气分离器在正常运行时必须注意以下问题，加强检查和保养：

（1）分离器安全阀必须每年校验合格一次。

（2）分离器的调节机构要定期检查和校正，保证其灵敏可靠，灵活好用，分离器的压力、液面平稳，保证分离器平衡杆的波动与液面波动相符。

（3）定期更换压力表，保证压力表在正常工作状态，防止压力不准，造成憋压跑油或分离器工作不正常。

（4）要经常检查人孔、阀门、法兰以及分离器壳体、管道有无渗漏、损坏的地方，要及时处理。

(5) 要对损坏的壳体进行修复，保证保温良好，经常检查采暖管道，保证分离器内有一个相对稳定的温度。

(6) 要定期向液位计盐包中加入盐水，保证液面清洁、准确。

(7) 定期检查分离器保护接地符合设计标准。

（三）两相分离器的操作与管理

1. 两相分离器的投产

两相分离器属压力容器，在投产前要进行认真的检查，并进行试压。

1) 试压

试压通常分强度试压和严密性试压两个阶段进行，强度试压的压力通常为设计工作压力的1.5倍，达到试压压力后，稳压1h，压降不超过0.1MPa为合格；试压介质一般用清水。试压过程中，要注意观察罐体及各部件情况，特别是法兰、阀门、仪表等连接处，发现异常，立即停止试压，处理后再行试压。

2) 投运前的检查

(1) 新建或检修后的分离器应具有相应资质部门出具的压力容器检测合格证，以及施工单位现场试漏、试压原始资料方可使用。

(2) 检查压力表、温度计、液位计应达到使用条件，安全阀校验合格、定压0.4MPa。

(3) 检查系统工艺流程，满足投产要求。

(4) 打开安全阀下部切断阀，使其处于全开状态。

(5) 检查关闭分离器进出口阀门、排污阀和放空阀门。

(6) 容器应有试压记录，严密性试验符合设计要求。

3) 两相分离器启运操作

(1) 打开分离器顶部放气阀，再缓慢打开两相分离器进口阀门，进液声音正常，并注意观察压力和液位变化情况。

(2) 当分离器压力上升至0.15MPa时，打开气出口阀，用气出口阀控制容器内压力，防止分离器憋压使安全阀动作跑油。

(3) 检查液位计、各阀门灵活好用，不渗不漏。当液位计指示液位达到1/2时，平衡杆应水平，打开分离器油出口阀门，用气出口阀门控制容器内压力为0.2~0.3MPa；调节好调节阀，使液位控制在1/2~2/3之间。

(4) 当分离器运行平稳正常后，逐渐增加进油量，调整平稳。

(5) 确认分离器运行正常后，对运行时间、压力、温度、液位等数据做好记录。

2. 两相分离器的运行管理

分离器运行的正常与否，不仅直接影响到油气分离的效果，而且影响着原油和天然气的质量以及集输过程的经济效益。在分离器的运行管理过程中，应注意以下几个问题：

(1) 经常检查分离器的液位控制与调节机构，确保其灵敏可靠，以保证分离器的液面平稳、适当。分离器的液面高度一般控制在液面计的1/2~2/3之间，太高了容易造成天然气管线跑油，堵塞管线；太低了容易引起原油中带气，影响输油泵的正常工作。

(2) 注意分离器的来油温度，特别是冬季，防止温度过低，造成管线凝油。一般情况下，分离器的来油温度要比原油的凝固点高5℃左右，冬季还要更高一些。

（3）控制适当的分离压力，不能太高，也不能太低，太高不但影响来油管线的回压，而且使分离后的原油带气；太低又容易使天然气管线进油，分离器液面过高。分离器的压力由设在气管线上的阀门控制。

（4）冬季生产过程中，要注意分离器的采暖、保温等情况。特别是安全阀、压力表、液位计及管线细、流动性差、容易冻结的部位，更要加强其保温防冻。

3. 分离器紧急停运

1) 两相分离器紧急停运条件

有下列情形之一的应采取紧急停运措施：

（1）分离器筒体发生穿孔造成跑油或气体泄漏。

（2）安全阀失灵造成气体泄漏。

（3）分离器的阀门损坏造成跑油或气体泄漏。

（4）其他危及安全的情况。

2) 两相分离器紧急停运操作

单台运行的两相分离器应先打开连通阀，然后完成以下操作：

（1）先关闭分离器的进液阀，再关闭油出口阀和气出口阀。

（2）打开分离器的排污阀进行排污。

（3）做好分离器紧急情形描述并填写紧急停运记录。

（4）紧急停运分离器的阀门应挂警示标志，以防误操作。

4. 技术要求

（1）液面调节机构要灵活好用，平衡杆随液面变化而上下移动。液面在1/2时，平衡杆正好处于水平状态。

（2）按时检查和调整分离器压力，压力控制在 0.15~0.25MPa。

（3）分离器液面要保持在液位计的 1/3~2/3 之间，高了气管道带油，低了油管道中进气。

（4）分离器压力控制要在规定范围内，压力过高增加来油回压，压力太低气管道易进油。

（5）经常检查紧急放空阀管道是否畅通，油气进出口阀开关灵活好用，排污阀关闭。

（6）每 2h 活动连杆带动的阀门，以防卡死。

（7）冬季生产要注意来油温度、液位计、加热系统循环、安全阀、压力表的工作情况。

① 进油温度不得低于 35℃；

② 伴热保温系统循环畅通；

③ 压力表指示灵敏；

④ 玻璃管液面计保温箱保温良好，液面管畅通；

⑤ 天然气放空伴热线热水循环良好，保证放空线畅通。

（8）定时录取各种数据，并认真填好记录。

5. 注意事项

（1）进行高空检查作业时系好安全带，防止高空坠落；

（2）进行安全阀手动试压时，严禁长时间扳动试压手柄。

二、三相分离器

油井产物中常含有水，特别在油井生产的中后期，含水量逐渐增多。含水的油井产物进入分离器后，在油气分离的同时，由于密度差，一部分水会从原油中沉降至分离器底部。因而处理这种含水原油的分离器必须有油、气、水三个出口。这种分离器称为三相分离器，即游离水脱除器。

三相分离器具有将油井产物分离为油、气、水三相的功能，适用于含水量较高，特别是含有大量游离水的油井产物的处理。这种分离器在油田中高含水生产期的集输中转站、联合站内得到广泛应用。

（一）三相分离器结构原理

以某油田为例，常用的立式三相分离器如图 2-2-5 所示，卧式三相分离器如图 2-2-6 所示。

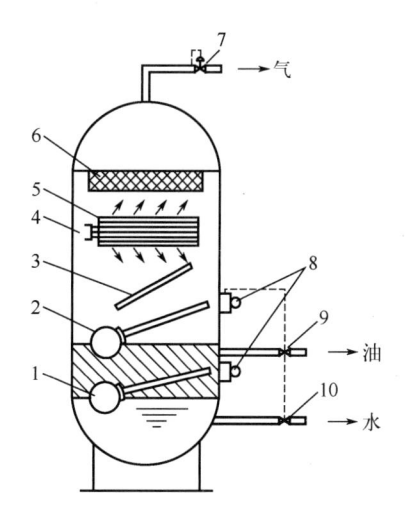

图 2-2-5　立式三相分离器
1—加重浮子；2—不加重浮子；3—折流板；
4—油气混合物进口；5—进口碰撞分离部件；
6—除雾器；7—压力调节阀；8—液面控制
机构；9—油位控制阀；10—水位控制阀

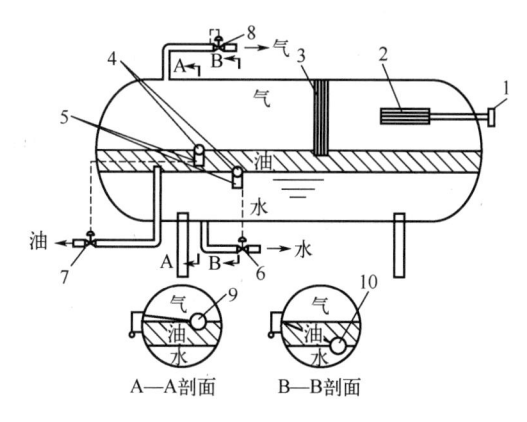

图 2-2-6　卧式三相分离器
1—油气混合物入口；2—进口碰撞分离部件；3—除雾器；
4—浮子；5—液面控制机构；6—水位控制阀；7—油位
控制阀；8—压力调节阀；9—不加重浮子；
10—加重浮子

油气水混合物进入分离器后，进口碰撞分离部件（分流器或碟形挡板）把混合物大致分成气液两相。液相由导管（或导流板）引至油水界面以下进入集液部分，集液部分应有足够的体积使游离水沉降至底部形成水层，其液面上部是原油和含有较小水滴的乳状油层。油和乳状油从挡板上面溢出。挡板下游的油面由液面控制器操纵出油阀控制于恒定的高度。水从挡板上游的出水口排出，油水界面控制器操纵排水阀的开度，使油水界面保持在规定的高度，气体水平地通过重力沉降部分，经除雾器后由气出口流出。

分离器的压力由设在气管线上的阀门控制。油气界面的高度依据液气分离的需要可在

1/2~2/3 分离器直径间变化，一般采用分离器直径的 1/2。

（二）三相分离器的维护保养

1. 维护保养要求

正常情况下运行的三相分离器每年检查维护并清淤一次，每年由锅炉、压力容器检验所进行一次压力容器检验。

（1）分离器检查维护前应制定安全措施、事故预案，办理作业票，检查维护过程中要做好人身防护。

（2）按照分离器停运操作规程停运待检查维护的分离器。

（3）打开分离器人孔和通风孔进行通风。

（4）由专业人员检测分离器内的可燃气体浓度，达到规定要求后方可进入罐内进行清淤及检查维护作业。

2. 检查维护保养内容

（1）检查分离器内部防腐层完好情况并对腐蚀部位进行防腐处理。

（2）检查波纹板完好情况并更换损坏的波纹板。

（3）检查清洗捕雾器并更换损坏的捕雾器。

（4）检查并调整浮球液位调整机构。

（5）检修后的分离器应及时封闭人孔和通风孔，并根据生产情况投运或备用。

（6）要经常检查人孔、阀门、法兰以及分离器壳体，管道若无渗漏、损坏的地方，要及时处理。

（7）要对损坏的壳体进行修复，保证保温良好，经常检查采暖管道，保证分离器内有一个相对稳定的温度。

（8）分离器各阀门开关灵活，密封严密。

（9）分离器安全阀必须每年校验合格一次。

（10）检查分离器保护接地符合设计标准。

（11）定期更换压力表，保证压力表在正常工作状态，防止压力不准，造成憋压跑油或分离器工作不正常。

（12）分离器的液位调节机构要定期检查和校正，保证其灵敏可靠，要定期向液位计盐包中加入盐水，保证液面清洁、准确。

（13）分离器的压力调节机构要定期检查和校正，保证其灵敏可靠，灵活好用，压力平稳。

3. 技术要求

（1）先倒通各出口调节阀旁通，停自动控制的风源、电源。

（2）倒通进液旁通或投运备用分离器。

（3）关进油阀前要控制天然气出口阀，关小出水阀，保证容器压力并提高油水界面，减少分离器的存油量。

（4）扫线或抽空时，应掌握分离器压力变化，防止超压或抽瘪分离器，扫线、抽空应做到抽干扫净。

(5) 扫线、抽空结束后，将放空阀打开排气。

4. 注意事项

(1) 进行高空检查作业时应系好安全带，防止高空坠落。
(2) 进行安全阀手动试压时，严禁长时间扳动试压手柄。
(3) 进行切换流程时要确认正确流程后进行，防止倒错。
(4) 开关阀门要侧身，缓慢开关。

第三节　沉降罐的操作与维护

一、沉降罐结构原理

沉降罐主要依靠水洗段的水洗作用和沉降段的重力沉降作用使油水分离。有些含水原油，水洗脱水效果较为明显，操作时应在罐内保持较高的水层。另一些含水原油沉降脱水效果较为明显，则应适度增加油层高度。生产中常用液力阀或堰板控制油水界面位置。以液力阀为例，把液力阀柱塞向上提升时，减小了污水流经柱塞和虹吸上行管间隙处的阻力损失，将使水层高度减小、油层高度增加。因而调节液力阀柱塞位置，就能在较大范围内调节罐内油水界面位置，从而得到较好的沉降脱水效果。

油田上使用的沉降罐按其外形分为立式和卧式两种。立式沉降罐不耐压，常用于开式流程，有时辅以大罐抽气等措施，使流程的密闭性得以改善。卧式压力沉降罐则常用于密闭集输流程。

（一）立式沉降罐

立式沉降罐是原油集输脱水的重要设备之一，集输现场常用的脱水工艺有一段沉降罐和二段沉降罐，一、二段沉降罐除了进、出液口的位差不同外，其他结构基本一样，都是由罐体和安全辅助设施组成。罐体内部的结构包括：进液管线、进液布液管、出水管线、集水管、出油管线、收油槽、乳化液收集管线、回脱管线、排污管线、人孔、透光孔、排砂孔等。罐体外部的结构包括：液位计、界面含水仪、扶梯及护栏等。安全辅助设施有：机械呼吸阀、液压安全阀、阻火器、泡沫发生器、防雷及保护接地等。

立式沉降罐在油气生产中运用比较广泛，根据来液含气量的多少，可以分为两种形式。

1. 来液不含天然气

图 2-2-7 是一种适合于来液基本不含天然气的常压立式沉降罐。加入破乳剂的油水混合物由入口管经配液管中心汇管和多条辐射状配液管流入沉降罐底部的水层内。当油水混合物向上通过水层时，由于水洗作用使原油中的游离水、破乳后粒径较大的水滴、盐类和亲水固体杂质等并入水层，水洗过程至沉降罐油水界面处终止。由于部分水量从原油中分出，从油水界面向上流动的原油流速减慢，为原油中较小粒径水滴的沉降创造了有利条件。当原油上升到沉降罐上部液面时，其水含率大为减少。经沉降分离后的原油由中心集

油槽排出沉降罐。罐内污水经虹吸管排出。沉降罐的水洗段约占1/3罐内液高，沉降段占2/3液高。定期清理罐底积存的污泥时，由排空管排出罐内液体。配液管为沿长度方向在管底部钻有若干小孔的多孔管，沿罐中心向罐壁方向开孔孔径逐渐增大，使流出的油水混合物沿罐截面分布均匀。底部还有一条污水回掺管线将部分排出污水回掺至罐的入口管内，以增加管线内的水含率并加快水滴的聚结速度。

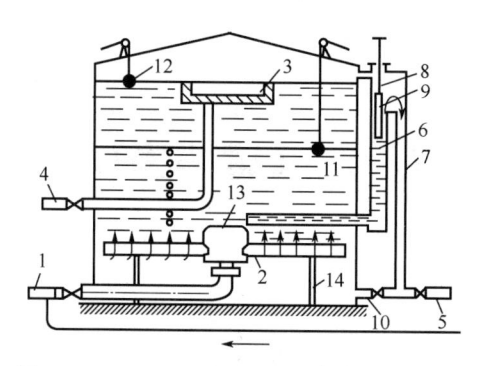

图 2-2-7　立式沉降罐结构图（来液不含气）

1—来液入口；2—辐射状配液管；3—中心集油槽；4—出油管；5—排水管；6—虹吸上行管；
7—虹吸下行管；8—液力阀杆；9—液力阀柱塞；10—排空管；11,12—油水界面和油面浮子；
13—配液管中心汇管；14—配液管支架

2. 来液含有天然气

来液中的天然气进入沉降罐内会形成气泡，将严重干扰水滴沉降，气泡不仅与水滴沉降方向相反而且还会吸附水滴使沉降罐工作恶化，因而沉降脱水前，脱除原油夹带的气体和减少溶解气对沉降罐工作质量的影响极为重要。根据含气量的多少可有两种选择：气量较大时可在沉降罐旁设置垂直竖管，油气水混合物由竖管顶部进入，在脱气器内分出气体后油水混合物经竖管流入沉降罐配液器内；气量较小时，在中心降液管顶部安装脱气器。脱气器分出的气体和沉降罐内的气体一并进入油田低压天然气管道，这样既提高沉降罐性能又避免油气水混合物对罐的冲击。

图 2-2-8 是一种适合于来液含少量天然气的常压立式沉降罐。其工作原理为：油水混合液由进液管进入中心管，通过中心管经过带有喷嘴的布液管均匀进入水层，经过水层"水洗"作用后，水滴聚集沉降，由罐底部集水管上升进入调节水箱内，经出水线去污水处理站。水洗后的原油上浮进入罐壁环形收油槽内，经出油管去缓冲罐。

沉降罐布液管上方带有乳化液集液支管，这些难处理的"老化"油，经支管进入环形汇管，排至"老化"油处理系统。

根据原油性质的不同，有时需要增加水层的高度，以增强"水洗"作用；有时需要减小水层的高度，以增强重力沉降作用。这就需要调节和控制油水层界面的位置。沉降罐油水界面的控制，可通过调整调节水箱内的出水口高度来实现，从而使油水界面合理变化，利于沉降脱水。

图 2-2-9 是一种适合于来液含大量天然气的立式沉降罐。这种立式沉降罐的主要特点为：罐高度与直径之比较常规油罐大，故称"炮筒"；有脱气器脱除气体，避免在罐内有气体析出。

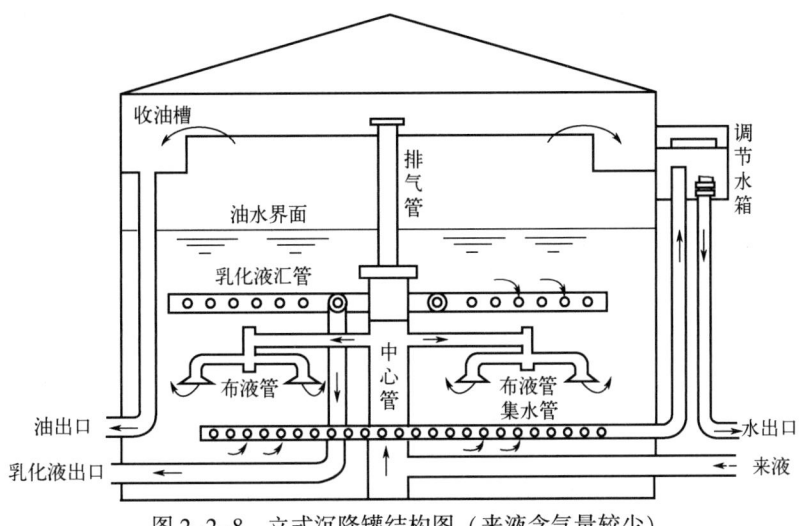

图 2-2-8 立式沉降罐结构图（来液含气量较少）

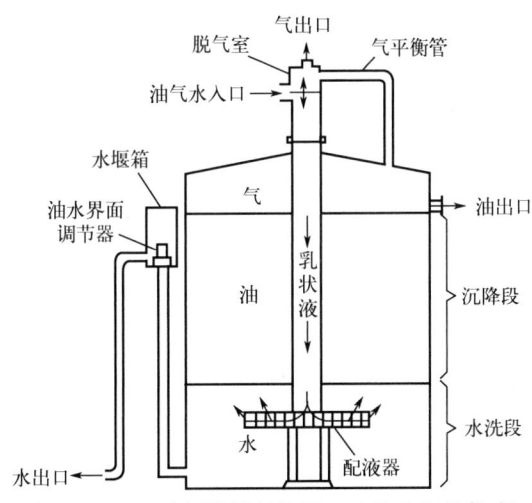

图 2-2-9 立式沉降罐结构图（来液含气量较多）

脱气器（图 2-2-10）为一装有鲍尔环填料层的容器，油水混合物流经填料层时，原油润湿填料后产生很大的气液表面积，能有效地脱出气体和溶解气。气体由脱气器顶部出口管线流出，液体流入在沉降罐水层内的配液器。由于脱气器位置较高，沉降罐内液体受上覆液体的压力，一般不再有溶解气析出。

（二）卧式压力沉降罐

卧式沉降罐是热化学脱水的主要设备，卧式沉降罐种类很多，用于含有一定量的气体，具有一定工作压力的情况下，常用于密闭集输流程中。卧式沉降罐大致分为空筒式和聚结床式两大类。

1. 空筒式卧式压力沉降罐

空筒式压力沉降罐是一般的重力沉降罐，承压能力高于立式沉降罐，其工作原理和过程与立式沉降罐类似，利用液流的缓慢流动，将游离水和不稳定的乳化水分离出来。

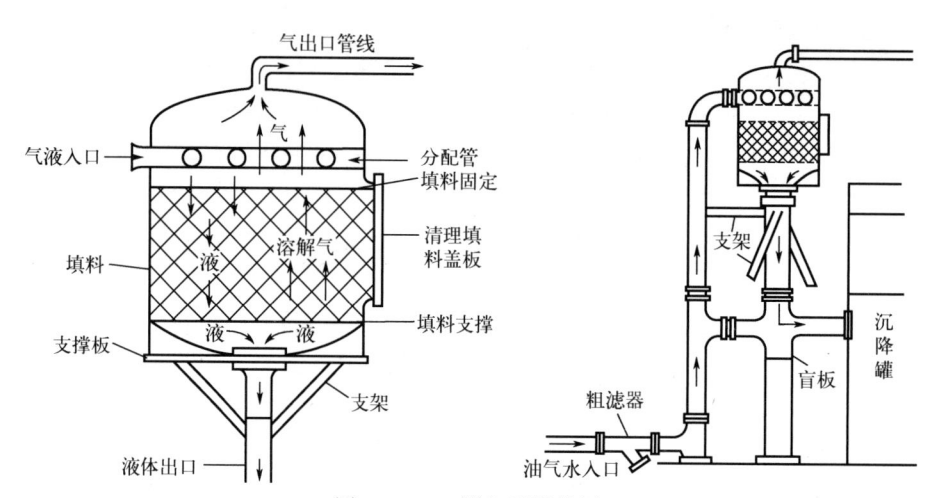

图 2-2-10 脱气器结构图

图 2-2-11 是一种典型的空筒式卧式压力沉降罐结构。含水原油自入口管 1 流入分配管 2 向下喷出，经槽形板 4 折流向上流动，流体自下而上缓慢流动，水滴聚结往下沉降。经过一定的沉降时间，脱水原油经集油汇管 6 排出，污水由排水管 5 不断排出，水位控制在分配管 200～300mm 处。

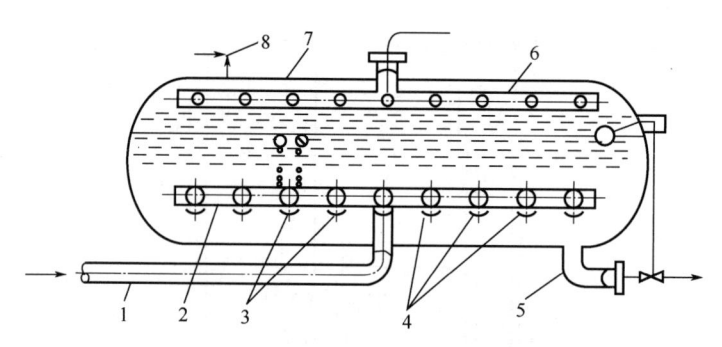

图 2-2-11 空筒式卧式压力沉降罐
1—油水混合物入口管；2—配液汇管；3—配液管；4—槽形板；5—排水管；6—集油汇管；7—壳体；8—安全阀

2. 聚结床式卧式压力沉降罐

聚结床式卧式压力沉降罐脱水是根据油、水对固体物质亲和状况不同，利用亲水憎油的固体物质制成各种聚结床来提高脱水效率。聚结床形式中有斜板、波纹板、填料和斜板合一等。在沉降罐内加设斜板和聚结材料，可以强化脱水效果，加速油、水重力分离速度，在达到同样脱水效果的情况下，缩短沉降时间，沉降温度可降低 5～10℃。

目前聚结床式卧式压力沉降罐有聚丙烯拉西环聚结床卧式压力沉降罐、陶粒聚结加斜板卧式压力沉降罐等。

以陶粒聚结床卧式压力沉降罐为例，结构如图 2-2-12 所示。高含水原油自入口 1 进入脱水器后，经配液管 6 均匀分布在陶粒聚结床 4 上，油水混合物流经陶粒层时，被迫不断地改变着流速和流动方向，增加了水滴的碰撞聚结速率。经陶粒聚结床后的油水混合物在沉降分离室 5 进行重力沉降分离。分离后的水由脱水器出口 3 排出，分离后的原油由低含水原油出口 2 排出。

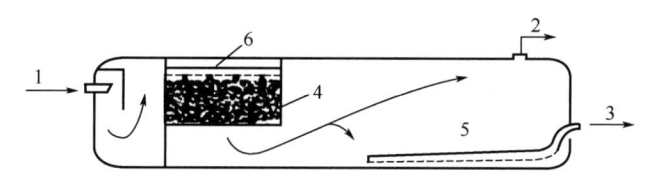

图 2-2-12　陶粒聚结床卧式压力沉降罐结构示意图
1—高含水原油入口；2—低含水原油出口；3—脱出水出口；4—陶粒聚结床；
5—油水沉降分离室；6—高含水原油配液管

二、重力沉降的优缺点

（一）优点

（1）沉降罐采用聚结和停留一段时间的方法使油水分离，进罐油水混合物一般无须加热，节省燃料。

（2）罐内无运动部件，操作简单，要求自控水平低。

（3）由于不加热，原油内轻质组分损失少、原油体积和密度变化小。

（二）缺点

（1）不适用于气油比大的原油乳状液。

（2）罐容及装液后的质量较大，不适用于海洋原油处理。

（3）由于沉降罐内表面积较大和污水的腐蚀性，使内壁衬里和牺牲阳极的投资、检查、维护费用较高。

（4）由于罐的表面积较大，若油水混合物温度高于环境温度则热损失较大。

（5）罐截面面积较大，欲使油水混合物沿截面均匀流动、避免短路流和流动死区十分困难，使沉降罐的性能受到影响。

三、沉降罐沉降容积计算

（一）根据沉降时间来确定沉降罐的容积

如目前来液需要的沉降时间为 2h，则沉降罐的有效容积（$V_{有}$）可按下式计算：

$$V_{有}=\frac{G}{12\rho_{L}} \tag{2-2-1}$$

式中　ρ_{L}——含水原油液量的密度，t/m^3；

G——站内 1d 需要进行沉降脱水的液量，t/d。

（二）沉降罐处理量估算

沉降罐处理量可按下式估算：

$$Q_沉 = \frac{V_有}{T} \tag{2-2-2}$$

式中 $Q_沉$——沉降罐的处理量，m^3/h；
 $V_有$——沉降罐的有效体积，m^3；
 T——沉降时间，h。

四、立式沉降罐正常运行的维护

（一）沉降罐上罐安全规定

（1）上罐检查时应使用防爆手电筒。
（2）一次上罐人数不准超过五人。
（3）雷雨时，禁止上罐。
（4）不准穿带钉子的鞋上罐。
（5）遇有五级以上大风时，禁止上罐。

（二）沉降罐停用后进入内部检查安全规定

（1）办理进入受限空间作业许可证，先打开人孔、透光孔进行通风。
（2）使用专用检测仪测量油罐周围的油气浓度。
（3）从人孔或观察口检查罐底确定存油排除。
（4）进罐人员必须穿戴静电工作服、戴工作手套、戴防毒面具，不得穿带钉子的鞋。
（5）罐外设置安全员专人监护。
（6）带信号绳和保险带，进罐时间不宜太长，一般为 15~20min 为宜。

（三）沉降罐罐内检查维护内容

根据沉降罐的沉砂和积结杂物情况，每年对罐进行定期清洗。3~5 年应结合清罐进行一次罐内部全面检查。油罐外部检查发现有泄漏迹象的区域是内部检查时的重点。油罐泄漏检查的方法：第一种方法真空盒查漏；第二种氨气试漏；第三种水压试漏；第四种着色渗透探伤法。当油罐的内壁有防腐涂层、内衬层发生泄漏时，应根据涂层及内衬层的不同种类及形式采用不同的检查维护方法。

（1）沉降罐初步的宏观检查，可以初步判断罐内腐蚀严重的大致部位，这些部位通常是在气相部件、气液交界部位以及罐底。对油罐的腐蚀情况要定期检查，及时维护。对底板底圈板逐块检查，油罐罐底检查，对罐底进行全面测厚，精确而有效的方法是超声波测厚，对严重的坑蚀先打砂后测出坑蚀的深度，发现腐蚀处可用铜质尖头小锤敲去腐蚀层，对腐蚀部位进行粘补或焊接进行修复。用深度游标卡尺或超声波测厚仪测量，每块钢板，一般用测厚仪各测 3 个点。

（2）检查罐顶桁架的各个构件位置是否正确，有无扭曲和挠度，各交接处的焊缝有无裂纹和咬边。

(3) 检查无力矩油罐中心柱的垂直度，柱的位置有无移动，支柱下部有无局部下沉，以及各部件的连接情况。

(4) 检查罐底的凹陷和倾斜，可用注水法或使用水平仪测量。用小锤敲击检查局部凹陷的空穴范围。

(5) 每年雨季前检查一次油罐护坡有无裂缝、破损或严重下沉。

(6) 检查布液管、集水管无脱落，清理堵塞物。

(7) 检查水箱、收油槽无破损，防虹吸管无堵塞。

（四）沉降罐外部检查维护内容

(1) 检查油罐基础完好无下沉，罐体保温完好，保温层无脱落、缺失。

(2) 检查扶梯、护栏牢固、完好。

(3) 检查维护机械呼吸阀。

(4) 检查维护液压安全阀。

(5) 检查维护阻火器。

(6) 检查泡沫发生器玻璃及护罩无破损、缺失。

(7) 检查透光孔、人孔、排砂孔密封面完好，螺栓紧固。

(8) 检查油罐的防雷及保护接地符合设计标准。

(9) 检查附带仪表（雷达液位计、油水界位仪、温度传感器等）完好。

(10) 检查进油阀、出油阀、放水阀、排污阀门、取样阀门、破乳剂阀门灵活好用，动静密封无泄漏，各阀门开关处于正常状态。

五、立式沉降罐的操作与管理

（一）沉降罐的投产

(1) 沉降罐新罐投运前，先按沉降罐的检查维护内容进行检查合格，必须要用水试压，不渗不漏合格后方可投运。

(2) 检查确认沉降罐下游出油管线、出水管线相连的相关工艺设备正常畅通。

(3) 检查并导通沉降罐上游来液工艺。

(4) 缓慢打开沉降罐进油阀门，听到有进油声，说明流程畅通（开始进油时，应控制进油速度）。

(5) 在进油初期要加密巡检，检查罐底、人孔、排砂孔、各阀门连接处无渗漏，机械呼吸阀工作正常。

(6) 投运破乳剂，打开破乳剂加药阀门，按加药泵启动操作规程操作。

(7) 投运加热系统，前端有加热设备的需按加热设备的投运操作规程操作。

(8) 打开沉降罐的出油阀，随时观察罐内液位，待液位上升到收油槽高度时，检查出油管线有出油声，确保工艺管线畅通并不渗不漏。

(9) 通过人工或自动化检测仪表检测罐内水层，待水层上升到一定高度时，缓慢打开出水阀门，听到有出水声，检查确保工艺管线畅通并不渗不漏。

(10) 随时观察罐内液位、进出油温度、出油含水、出水含油等生产情况，并做好记录。

（二）沉降罐停运操作

（1）导通沉降罐事故（旁通）工艺，如有备用罐按沉降罐的投运操作规程操作。

（2）停运加热系统，有加热设备的需按加热设备的停运操作规程操作。

（3）停运破乳剂，按加药泵停运操作规程操作，关闭破乳剂加药阀门。

（4）关闭沉降罐进油阀门、出油阀门及出水阀门。

（5）停运设备做好记录，阀门挂停运牌。

（三）技术要求

（1）运行时，检查来液量、来液温度、加药量、油水界位及液位在规定范围。

（2）控制调整出油含水及出水含油在规定范围。

（3）定期收集罐内乳化层。

（四）注意事项

（1）如长期停运，应将罐内液位降至最低或将罐内余液清理干净，并检查确认沉降罐所有进出阀门处于关闭锁定状态。

（2）如短期停运，应保持罐内温度，确保温度在原油凝点以上。

（3）进行高空检查作业时系好安全带，防止高空坠落。

（4）进行切换流程时要确认正确流程后进行，防止倒错。

（5）开关阀门要侧身，缓慢开关。

六、卧式沉降罐的维护

（一）例行保养（每班进行）

（1）保持沉降罐管线、阀门、仪表及场地清洁卫生、无油污。

（2）检查沉降罐底角螺栓无松动、锈蚀现象。

（3）检查人孔、阀门、法兰以及沉降罐壳体，管道有无渗漏、损坏的地方，要及时处理。

（4）检查压力表、液位计、温度计应灵敏、准确、可靠。

（5）检查自控制仪表的使用情况，确保调节准确，参数控制平稳。

（二）一级保养（720h）

（1）完成例行保养的全部内容。

（2）检查各阀门开关灵活，密封严密。

（3）检查液位计及放水看窗清洁畅通完好。

（4）检查安全阀无泄漏，铅封完好，排气畅通。

（5）仪器仪表保养按使用说明书进行。

（三）二级保养（2000h）

（1）完成一级保养内容。

(2) 对损坏的管路、阀件进行修理。
(3) 液位调节机构要定期检查和校正，保证其灵敏可靠，液位准确。
(4) 压力调节机构要定期检查和校正，保证其灵敏可靠、灵活好用、压力控制平稳。
(5) 罐底进行排污清理工作。
(6) 定期检查保护接地符合设计标准。

（四）三级保养（9000h）

(1) 完成二级保养的全部内容。
(2) 安全阀必须每年校验合格一次。
(3) 要对损坏的壳体进行修复，保证保温良好。
(4) 每年清淤不少于 1 次，检查内外腐蚀、结垢情况，及时修复。
(5) 检查聚结填料完好情况并更换损坏的填料。
(6) 若部分基础有下沉、倾斜、开裂，发现后应做相应处理。
(7) 根据使用情况，按规定对沉降罐进行无损探伤工作。

七、卧式沉降罐的操作与管理

（一）投产前准备

(1) 沉降罐必须在试压合格后方可使用。
(2) 压力表、液位计、安全阀经专业部门检定合格并在使用期限以内。
(3) 检查各阀件齐全、灵活、不渗漏，罐体、管线保温良好，涂色符合涂色规定。
(4) 检查各检测仪表、控制仪表，调节仪表、执行器安全可靠，处于待用状态。
(5) 检查仪表电路、风路连通情况，以达到供电、供风正常。
(6) 打开安全阀的控制阀门，关闭安全阀的旁通阀门。
(7) 液位计水包加够淡盐水。
(8) 接地电阻合格，并有测试铭牌。

（二）投产操作

(1) 倒通沉降罐上下游流程。
(2) 缓慢打开沉降罐油进口阀门，倾听进油声音应均匀。
(3) 打开出气口、补气口气动阀前后阀门，倒通出气、补气流程，使压力脱水器内压力稳定在 0.2~0.4MPa。
(4) 倒通加破乳剂流程，按规定浓度及流量加破乳剂。
(5) 及时检查沉降罐各部件有无渗漏现象，发现渗漏及时处理。
(6) 待沉降罐压力正常后，缓慢打开沉降罐油出口阀门，并控制好压力。
(7) 启动加热炉，保证脱前油温度在规定范围内。
(8) 设定油水界面仪参数（自动控制），与出水管线调节阀联锁，使压力沉降罐内油水界面稳定在 1/3~2/3 范围之内。

（9）多台沉降罐并联使用时，要注意控制进口阀门，保证各台沉降罐进油均匀，运行正常。

（三）正常运行

（1）检查油水层位，通过看窗控制沉降罐油水界面在 1/2～2/3，发现异常及时处理，保证脱水情况良好。

（2）观察沉降罐压力，发现异常及时处理。

（3）观察沉降罐进油温度在规定范围，发现温度与规定值偏差较大时，应及时调整进油温度。

（4）根据脱后原油含水情况适当调整加破乳剂量及浓度。

（5）每小时按巡回检查路线检查，并做好记录。

（四）停产

（1）停产前，加热炉要压火降温。

（2）倒通沉降罐直通阀，并缓慢并闭沉降罐进口阀。

（3）关闭沉降罐油出口阀门、水出口阀门，并停用自动控制系统。

（4）若长时间停用，手动关闭补气阀，容器泄压。

（5）打开沉降罐排污阀门，将油水放到排污池，关闭排污阀。

（6）冬季需进行扫线放空。

（7）检查沉降罐各部件，并做好停用记录。

（五）技术要求

（1）原油热化学脱水含水量：进口小于 20%～30%，出口小于 1%。

（2）油水界面：1/3～1/2。

（3）温度 60～70℃。

（4）压力控制在规定范围内，由后段工艺决定。

（5）加药浓度：20～60mg/L。

（6）处理量：停留时间一般为 40min，稠油一般不超过 60min。当一台沉降罐检修，其余沉降罐负荷不大于设计处理能力（额定处理能力）的 120% 时，可不另外投用设备；若大于 120% 时，可增加一台沉降罐。沉降罐台数的设置一般不少于 2 台，不多于 6 台。

（六）注意事项

（1）开关阀门时，人员站在侧面。

（2）装置有下列情况可紧急停工：

① 装置发生重大事故，经努力处理仍不能消除并可能危及其他装置时应紧急停工。

② 装置内发生火灾、爆炸事故，应紧急停工。

③ 立即通知调度及主管领导。

④ 切断与事故有关的阀门，严格控制事故扩大。

第四节　电脱水器的操作与维护

一、电脱水器结构原理

电脱水器主要应用于脱水站。电脱水是对低含水原油彻底脱水的最好方法，常作为原油乳状液脱水工艺的最后环节。含水在80%左右的含水原油经游离水脱除器处理后变成含水低于30%的含水油，经加热炉升温后进入电脱水器，在电场力的作用下进行油水分离。

（一）电脱水器的分类

电脱水器是通过直流或交流电所形成的电场强度使原油进一步脱水，使其达到含水在0.5%以下的合格净化油的设备。复合电脱水器处理后的含水≤0.3%的净化油先进入净化油缓冲罐，缓冲后由外输泵输送至油库。

（1）原油电脱水器从外形上划分，分为立式和卧式电脱水器。

（2）原油电脱水器从内部结构形式上划分，分为多层极盘式、鼠笼式、多室式、垂直平衡组合式、极盘鼠笼组成式等。

（3）原油电脱水器从脱水方式上划分，分为直流电脱水器、交流电脱水器和双电场脱水器。

目前我国普遍使用的是多层电极盘式的卧式电脱水器和立式电脱水器两种。

（二）卧式交直流电脱水器的结构

卧式交直流电脱水器主要由壳体、进出油管、出水管、预沉降室、四层电极板、油水界面仪、绝缘挂件、安全阀、脱水变压器、防爆桶、排气阀等组成。电脱水器有一个壳体，壳体内分为上下两个空间，上部为电场空间，下部为油水分离空间，如图2-2-13所示。

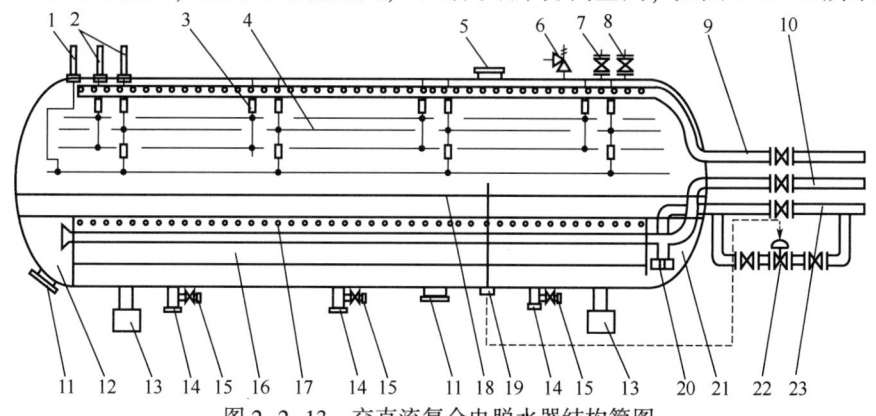

图2-2-13　交直流复合电脱水器结构简图

1—交流电极接线绝缘棒；2—直流电极接线绝缘棒；3—悬挂绝缘子；4—电极；5—透光孔；6—安全阀；7—小放气阀；8—大放气阀；9—出油管；10—进油管；11—人孔；12—预沉降室；13—鞍式支座；14—排砂口；15—放水口；16—进油槽；17—布油孔；18—油水界面；19—油水界面测量仪；20—破涡板；21—排水室；22—油水界面调节阀；23—出水管

1. 进液管

进液管的末端伸到预沉降室。

2. 预沉降室

预沉降室由后端板、导流板和头盖所构成。预沉降室起沉降泥砂和分离部分游离水的作用。

3. 进油槽

进油槽由壳体、内侧板和导流板构成，内侧板上有布油孔。原油进入预沉降室沉降泥砂和分离部分游离水后，分左右两路进入进油槽，然后从油槽上的布油孔均匀进入油水界面下部的水相空间。

4. 电极

交变、直流复合电脱水器中，最下层电极提供交流电，最下层电极与壳体之间形成交变电场。上层3个电极提供直流电，形成直流电场。交变电场对乳化原油含水量的变化有较大的适应性，乳化原油中粒径较大的乳化水在交变电场的作用下聚结沉降。粒径较小的乳化水进入直流电场后，在直流电场的作用下聚结沉降。电极板电路图见图2-2-14。

5. 排水室

排水室由前端板、壳体和导流板构成。电脱水器脱除的含油污水从前端板的底部进入排水室，通过出水管排出电脱水器。

6. 工艺管线

（1）进油管线一般由脱水器中部进入脱水器，管线上有流量计指示含水油的进油量。

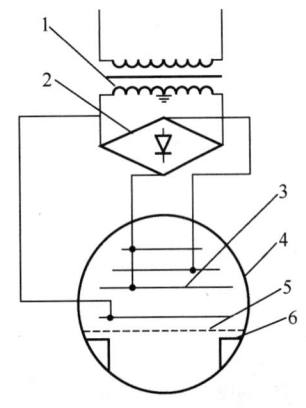

图2-2-14 电极板电路示意图
1—升压变压器；2—高压硅堆；
3—电极；4—电脱水器壳体；
5—油水界面；6—进油槽

（2）脱水器出油管线在脱水上部，管线上有净化油取样口、压力表和出口控制阀。

（3）脱水器放水管线在最底部，有玻璃放水看窗供放水时观察水质情况。

（4）脱水器抽空管线装在脱水器底部，停产时从脱水器底部抽出脱水器里的液体。

（5）脱水器顶部装有放空阀，在脱水器进油或停产扫线时在此排气。

（6）扫线阀门装在进口阀门上部，停产时扫出脱水器内剩余的原油。

（7）进出油管线上要有连通管线，防止突然停电或电脱水器损坏时，原油不经脱水器而进入油罐。

7. 电脱水器的附件

电脱水器的附件主要有脱水变压器、安全阀、温度变送器、油水界面仪、压力变送器、液位报警器等。

（三）电脱水器的工作原理

含水30%左右的原油从进油管进入预降室，沉降泥砂及部分游离水，在预降室左右两侧进入进油槽，然后从进油槽上的布油孔进入油水界面下部的水相空间，进行水洗脱除残余游离水，利用水的浮力使水洗后的油流方向垂直于电极面，并且自下而上地经过油水界面的上部电场空间。在高压电场的作用下，削弱水滴界面膜的强度，水颗粒发生碰撞聚结合并，水靠油水密度差分离沉降到脱水器底部，流入集水室，经排水放出。脱后净化油汇于脱水器顶部集油管，经出油管排出。卧式电脱水器在电场空间有若干层水平的电极极盘，极盘间距自下而上逐渐缩小，因而电场强度自下而上逐渐增强。

1. 聚结方式

水滴在电场中聚结的方式主要有电泳聚结、偶极聚结、振荡聚结三种。

1）电泳聚结

把原油乳状液置于通电的两个平行电极中，水滴将向同自身所带电荷电性相反的电极运动，即带正电荷的水滴向负电极运动，带负电荷的水滴向正电极运动，这种现象称为电泳。由乳状液的性质可知，原油中各种粒径水滴的界面上都带有同性电荷，故在通直流电的平行电极中乳状液的全部水滴将以相同的方向运动。

在电泳过程中，水滴受原油的阻力产生拉长变形，使界面膜的机械强度削弱。同时，因水滴大小不等、所带电量不同、运动时所受阻力各异，各水滴在电场中的运动速度不同，水滴发生碰撞，使削弱的界面膜破裂，水滴合并、增大，从原油中沉降分出。未发生碰撞合并或碰撞合并后仍不足以沉降的水滴将运动至与水滴极性相反的电极区附近。由于水滴在电极区附近密集，增加了水滴碰撞合并的概率，使原油中大量小水滴在电极区附近分出。电泳过程中水滴的碰撞、合并称为电泳聚结。未沉降的水滴与电极接触而带与电极相同极性的电荷，与该电极相斥又向极性相反的另一电极运动。周而复始使原油水含率大幅降低，如图2-2-15所示。

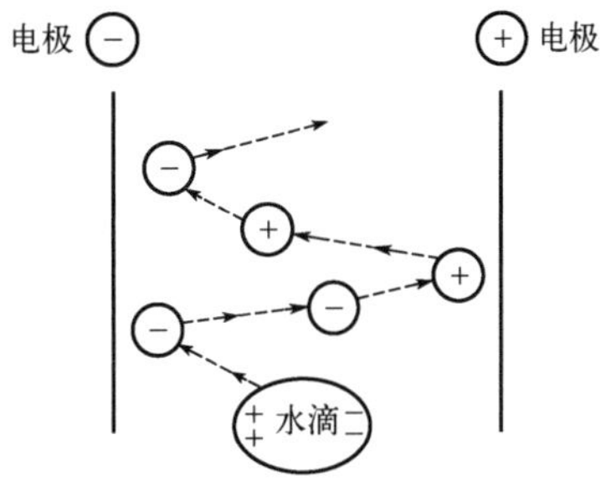

2）偶极聚结

在高压直流或交流电场中，原油乳状液中的水滴受电场的极化和静电感应，使水滴两端带上不同极性的电荷，形成诱导偶极。因为水滴两端同时受正负电极的吸引，在水滴上作用的合力为零，水滴除产生拉长变形及振动外，在电场中不产生像电泳那样的运动，但水滴的变形削弱了界面膜的机械强度，特别在水滴两端的界面膜强度最弱。原油乳状液中许多两端带电的水滴象电偶极子一样，在外加电场中以电力线方向呈直线排列形成"水链"，相邻水滴的正负偶极相互吸引，如图2-2-16所示。电的吸引力及水滴在电场内的振动，使水滴相互碰撞，合并成大水滴，从原油中沉降分离出来。这种聚结方式称为偶极聚结。显然，偶极聚结是在整个电场中进行的。

图2-2-15 电泳聚结
注：水滴两端的带电与变形

水滴间的偶极聚结作用力和电场强度 E 的平方成正比。要想获得较好的脱水效果，必须建立较高的电场强度。但电场强度过高时，椭球形水滴两端受电场的拉力过大，甚至将一个水滴拉断成两个更小的水滴，产生所谓"电分散"，使原油脱水情况恶化。产生电分散时的电场强度值与油水间的界面张力有关。电场力的方向背离水滴中心使水滴受拉，而界面张力的方向指向水滴中心，力求使水滴保持球形，两者方向相反能相互抵消一部分（图2-2-17）。任何使油水界面张力降低的因素，如脱水温度增高、破乳剂类型和用量等，均导致电场对水滴相对作用的增强，使产生电分散时的电场强度值降低。

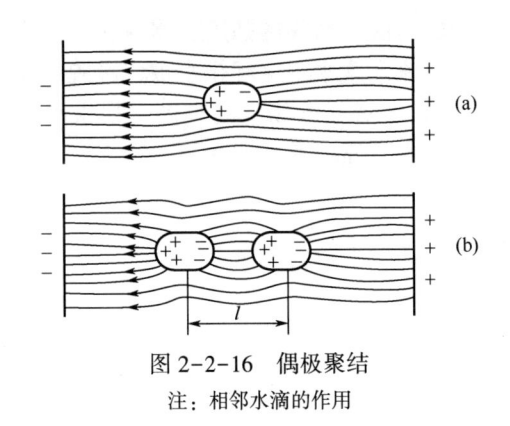

图 2-2-16　偶极聚结
注：相邻水滴的作用

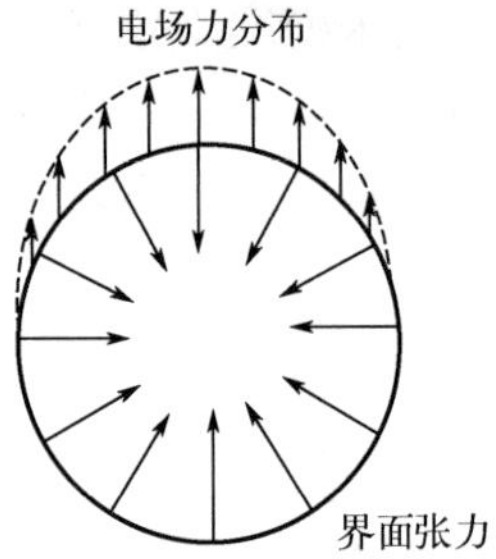

图 2-2-17　电场内水滴的受力

在电场内的大水滴是不稳定的，容易产生电分散。电分散过程瞬间即可完成，若剩余的水滴仍有足够大的直径，又会重复电分散过程。因而原油乳状液通过电场的时间应该适当，增加原油乳状液在电场中的停留时间不一定能改善脱水效果。

多数情况下，当 $E \geq 4.8 \mathrm{kV/cm}$ 时，容易发生电分散。因而，国内外电脱水器的工作电压范围一般为 11~40kV，电场强度为 0.8~3.3kV/cm。

3）振荡聚结

在工频交流电场中，两电极间的电压为正弦波形，电场方向每秒改变 50 次。如图 2-2-18 所示，在极间电压为 0 的 1、3、5 瞬时处，水滴由界面张力保持球形，在瞬时 2、4 处极间有负电压和正电压，使水滴拉长。水滴形状不断地变化削弱了界面膜强度，同时水滴在交流电场内的振动，使水滴碰撞聚结。苏联曾对交流电场频率与脱水效果的关系进行过工业试验，认为工频交流电场的脱水效果最佳。胜利油田正开展高频脱水研究，初步结果表明提高电源频率有利于原油脱水。

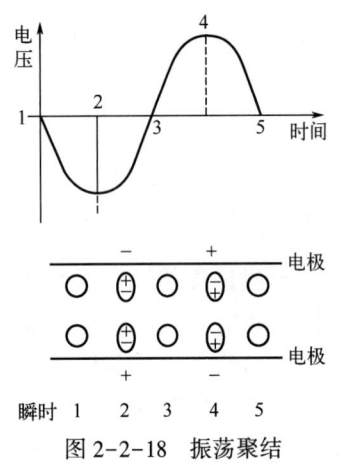

对原油乳状液在电场内破乳过程的观察表明：在交流电场中破乳作用在整个电场范围内进行，说明在交流电场内水滴以偶极聚结和振荡聚结为主；直流电场的破乳聚结，主要在电极附近的有限区域内进行，故直流电场以电泳聚结为主，偶极聚结为辅。

图 2-2-18　振荡聚结

2. 交、直流脱水

1）直流电脱水

在直流电场中，由于正负极固定不变，油中带电荷的水滴互相吸引，在电场中定向排列形成水链。在移动过程中，大小不同的水滴因速度不同产生碰撞，聚集成更大的水滴，靠密度差从油中沉降下来。在直流电场中，主导作用是电泳聚结。

2）交流电脱水

在交流电场中，除了电场力的作用之外，电场每秒改换 50 次方向，使水滴两端电荷不断改变，引起水滴振荡和摆动，极大削弱了油水界薄膜强度，破坏水滴的保护膜，使水滴合并沉降下来。在交流电场中，原油乳状液以偶极聚结和震荡聚结为主。

交流电促使水滴振荡变形，大水滴振荡过强，相互碰撞机会少，容易破乳，小水滴则相反。

直流电使水滴定向移动，大小水滴移动速度不同，但总会聚集在一起，自由沉降下来，所以直流电脱水比交流电脱水效果好。交流脱水比直流脱水质量好，而脱水后原油含水质量不如直流电脱水。

3）双电场脱水

交流、直流电场脱水各有利弊，双电场脱水将两者结合，方法是在原油含水率较高的脱水器中下部建立交流电场，在原油含水率较低的脱水器上部建立直流电场，充分发挥交、直流电场各自的优势。通过实验，不但脱水质量有很大提高，而且在节能上也有很好的效果。

由上面阐述的脱水原理不难看出：电法脱水只适宜于油包水型乳状液。因为原油的导电率很小，油包水型乳状液通过电脱水器极间空间时，电极间的电流很小，能建立起脱水所需的电场强度。带有酸、碱、盐等电解质的水是良导体，当水包油型乳状液通过极间空间时，极间电压下降，电流猛增，即产生电击穿现象，无法建立极间必要的电场强度。同样，用电法脱水处理水含率较高的油包水型乳状液时，亦易产生电击穿，使脱水器的操作不稳定。因此，在处理中、高含水率原油乳状液时，一般先经游离水脱除器或沉降脱水，使含水率降低后再进入电脱器进行脱水，通常把这种脱水工艺称为二段脱水或二级脱水。

二、电脱水器的检修维护

电脱水器维护保养分为三级进行。一级保养每季度一次，二级保养每年一次，三级保养每两年一次。

（1）检修时重点检查电气部位的电极、悬挂绝缘棒及供电系统是否正常。
（2）清洗极板，清除电脱水器内的沉积物。
（3）检修时应挂"检修禁止送电"警示牌，并设监护人。
（4）检修后要在安全部门协助下进行探伤，符合质量要求，方可投产。

（一）电脱水器二级保养内容及要求

电脱水器二级保养时间为 7200h。
（1）电脱水器控制柜重新进行调试。

调整截止电流值准确无误，检验移相环节、稳流环节、截止环节性能是否可靠，插件板完好无损。

（2）检修供电设备。

清洗变压器、硅整流器，其变压器油放出过滤后进行耐压值实验，达到耐压要求。整流器内硅管进行性能测试达到可靠。

（3）清洗电脱水器。

检查电脱水器内部接线端子是否可靠，拆下绝缘套管、悬挂绝缘子和绝缘棒，进行

$12×10^4$ V 耐压实验，达到可靠。

（4）清洗电极板。

检查电极板损坏情况及时修补，检查极板平整，极板不平度<10mm，极板不水平度<10mm，极板间距误差<3mm。

（5）检查仪表及安全装置。

重新调安全阀，达到灵敏，重新检验标定油水界面指示调节仪，达到灵活好用，线性好。

（6）检查供电设备的接地及绝缘性能。

利用万用表或摇表检查电脱水器接地性能及硅整流器、变压器绝缘性能，满足原设计要求。

（二）电脱水设备三级保养内容及要求

电脱水设备三级保养时间为14400h。

（1）进行二级保养的全部内容。

（2）更换电脱水器控制柜内的2块插件板。

（3）更换电脱水变压器、硅整流器内变压器油。

（4）更换电脱水器内绝缘套管、悬挂绝缘子及绝缘棒。

（5）根据情况更换硅整流器内硅管，保证使用性能。

（6）对电脱水器进、出油管线、排污管线进行吹扫，达到流程畅通。

（7）电脱水器内极板进行维修平整达到二级保养要求，严格防止局部尖端放电。

（8）安全阀、调节阀、油水界面探头重新进行调试，工作平稳可靠。

（9）对控制柜上电流、电压表进行校正，更换调整电位器。

（三）电脱水器检查内容及要求

（1）每年停产检修、清淤一次，原油含砂严重的半年清淤一次，并认真进行检修。

（2）变压器每季度擦洗高压引线瓷瓶一次，每半年对变压器油进行一次耐压试验。

（3）硅整流器每季度擦洗高压引线瓷瓶一次，每半年测反向绝缘电阻、硅管耐压和变压器油耐压试验一次。

（4）每半年对可控硅电压自动调节器的稳流、截止进行一次调试。

（5）电脱水绝缘棒每季度清洗一次，并规定两年更换，防止事故发生，影响正常生产。

（6）每季度对脱水压力调节、油水界面调节系统调校一次。

三、电脱水器的操作控制

（一）运行中的平稳操作

电脱水器正常运行时，应连续排放原油中脱出的水。排水可以手控，也可由油水界面液位控制的电磁阀自动实施。排出水可经看窗，根据排出水的颜色判断脱水器的运行是否正常。

1. 流量平稳

脱水器流量在正常情况下变化是很小的，流量的波动主要发生在倒泵或倒罐的时候。

2. 压力平稳

电脱水器控制压力在 0.15~0.25MPa，最高工作压力≤0.3MPa。压力波动应<0.01MPa。压力<0.1MPa 时不得送电。安全阀定压 0.4MPa，压力在 0.35MPa 时要报警。

3. 温度平稳

电脱水器的操作温度保持平稳，起伏过大，影响脱水质量，要求以电脱水的温度为标准。

4. 水位平稳

脱水器的油、水界面是不能直接看到的，主要靠安装在中部的三个液面管检查水位的波动范围。在人工操作的条件下，要做到水位控制平稳，必须做到"勤检查、勤分析、勤调整"。调整放水量时，放水阀的开关不应过急，以免引起电场波动。

5. 加药平稳操作

为了稳定脱水电场，提高脱水质量，在电脱水过程中需要加入一定量的破乳剂。其加药比的大小对脱水效果有较明显的影响，因此在脱水过程中加药比一定要平稳，做到：

（1）破乳剂的稀释浓度要恒定、准确。

（2）勤检查加药流程和加药泵的工作情况，防止渗漏。

（3）保证药剂的加入温度在 50~60℃ 之间，以使药剂与原油混合均匀。

（4）根据脱水处理量的变化，调解加药泵的排量，以保证合理的加药比。

（二）投运

1. 投运前的准备

（1）检查系统各部件是否齐全、完好。

（2）各阀门开关灵活、可靠，开启度处在生产规定的范围内。

（3）检查电脱水器各种仪表、安全阀应灵活、好用。

（4）电脱水器及系统试压合格，达到规定的范围。

（5）检查各种电气设备、变压器、整流硅堆、可控硅调压装置，安全阀认真检查并有记录，达到投产要求。

（6）可控硅调压装置上的主回路熔断器，符合要求；检查变压器接线是否正确，变压器油位应在 1/2 以上。

（7）检查绝缘棒和接地电阻，接地电阻≤10Ω。

（8）电脱水器内要清扫干净，特别是铁丝、电焊渣及器壁上的尖角、毛刺要清除干净。

（9）检查测量电极间距离、电极与器壁间的距离、高压引线和电极间距。

（10）检查放空阀完好，电脱水器顶部确认无人后，关闭安全门。

2. 电脱水器空载投运

（1）已运行过的电脱水器空载送电试验时，必须用蒸汽吹洗干净，用可燃气体报警器检测合格后方可送电。

（2）打开电脱水器人孔，在人孔适当位置设观察点。

（3）检查电路和电气设备确认无问题时，装上熔断器，然后合闸。

（4）按启动按钮空载送电，从人孔处观察电路和电脱水器内有无异常声音及局部尖端放电现象；发现尖端放电或局部放电，应停电后进行调整。

（5）当空气潮湿时，空载应调为低压。

（6）空载送电时，电压指示应为正常值，电流指示应为零或接近于零。

（7）电脱水器空载送电最好在夜间进行，以便观察放电位置。

3. 电脱水器投运

电脱水器投产时，应先向脱水器内注入净化原油，通电建立电场后才进含水原油，使脱水器转入正常运行。脱水器进油管线上装有流量计，指示脱水器的瞬时和累计含水原油处理量。在净化油出口管线上设有取样阀，检查净化原油的残余含水率。

（1）空载送电确认无问题后封闭人孔，检查流程和附件。

（2）打开电脱水器顶部的大放气阀，向电脱水器内进净化油，进油时要慢且稳。

（3）当油进到电脱水器容积的 3/4 时，关闭顶部的大放气阀，打开小放气阀，放净全部气体。电脱水器进油放气时，电脱水器顶部必须有专人看管，防止跑油事故的发生。

（4）油进满后，关闭顶部的小放气阀进行试压，检查人孔、绝缘棒、法兰、阀门等处应无渗漏。

（5）控制电脱水器压力为 0.15~0.25MPa。

（6）关闭安全门，装上熔断器，然后合闸送电。

（7）按启动按钮送电试运，送电后注意观察电流和电压变化。

（8）电脱水器正常工作后，电流<50A，电压为 380V 左右。

（9）电脱水器运行中操作应做到"三勤，五平稳"。

"三勤"：勤检查，勤调整，勤分析。

"五平稳"：排量、压力、加药量、温度、水位平稳。

（10）控制好电脱水器水位，当油水界面稳定后，逐步打开放水阀和看窗，及时放水，水位保持中水位，放水看窗清澈透明。净化油含水率应低于 0.5%，发现问题及时分析处理。

（三）停运

电脱水器停产检修时，应切断电源，排空脱水器内液体，并用蒸汽吹扫脱水器内残存的油气，检测合格后，方能进入器内进行检修和清除器底沉积的油泥。

（1）停电脱水器前，提前半小时控制加热炉的火，防止脱水炉发生汽化。

（2）按停止按钮，停止送电，断空气开关，并打开电脱水器顶部安全门，拔掉电脱水器主要电路上的大、小熔断器，并挂上"勿送电"的警示牌。

（3）打开电脱水器旁通阀门，关闭电脱水器进、出油阀门。

（4）若长时间停运，应进行扫线、排空。

（四）技术要求

1. 操作参数

电脱水器的设计技术参数应以实验数据为依据。如果没有实验数据，有关设计参数的确定只能根据原油物性依靠实践经验或有关规范确定。

1）操作温度

电脱水操作温度的确定，以原油的运动黏度低于 $50mm^2/s$ 为条件。各油田现用的原油电脱水器的操作温度为 40~85℃，重质原油需要电脱水的温度有较大幅度的提高。

电脱水器的设计温度不应高于 150℃，这个温度是电脱水器内所使用的聚四氟乙烯绝缘挂板和绝缘棒所能耐热的最高温度。

2）操作压力

操作压力应比操作温度下的原油饱和蒸气压高 0.15MPa。电脱水器的操作压力常受集输系统压力的制约，电脱水器的操作压力应能满足整个工艺流程的需要。电脱水器的设计压力一般为 0.4MPa、0.6MPa、1.0MPa 三个等级。

3）供电方式

电脱水器通常使用的电压范围为 10~35kV。强电场部分的电场强度设计值一般为 0.8~2.0kV/cm；弱电场部分的电场强度设计值为 0.3~0.5kV/cm。

4）处理能力

电脱水器的处理能力，应由原油乳状液处理的难易程度、其在电脱水器内的停留时间和电脱水器容积来确定。原油在电脱水器内停留时间，轻质、中质原油一般为 30~40min，重质原油不宜超过 60min。

2. 技术指标

1）原油含水指标

通过各油田对原油电脱水工艺的生产实践总结出来的一致结论认为，电脱水器处理含水原油的含水率在 30% 以下时，均可以平稳运行，产品质量符合要求。因此，原油电脱水工艺适宜于处理含水率小于 30% 的原油。

电脱水后原油的水含量标准，应根据原油的性质有不同范围的要求，按轻质原油、中质原油、重质原油分等级如下：

（1）轻质原油的脱水原油，其水含量指标（质量分数）应小于或等于 0.5%。

（2）中质原油的脱水原油，其水含量指标（质量分数）应小于或等于 1.0%。

（3）重质原油的脱水原油，其水含量指标（质量分数）应小于或等于 2.0%。

从电脱水器脱出的污水中油含量（质量分数）一般不大于 0.5%，输往污水处理站的污水中油含量不应超过 100mg/L。

2）操作技术要求

（1）合理控制电脱水器的油水界面，使脱水器内污水在中层水位或控制在进油喷头以上 50~100mm 之间。

（2）脱水温度根据不同地区控制在 45~55℃，平均操作温度 50℃。

（3）安全阀工作压力要符合操作压力，定期检查，保证灵活好用。

（五）安全注意事项

（1）在使用过程中，"零线"必须可靠接地，以免发生生产事故。

（2）采用电压自动调节器控制的脱水变压器，当脱水电场建立起来以后，尽量避免低电压运行，以阻止脱水变压器的过电压峰值。

（3）脱水变压器次级电压较高，若控制不好，调整不妥，会使电脱水器频繁跳闸及大电流的冲击，影响脱水变压器的使用寿命。

（4）发现脱水器外部渗漏，顶部电路设备短路起火时，要立即切断电源，采取紧急措施，并汇报。

（5）室内要备齐各种灭火器。

（6）脱水器正常运行时要勤检查、勤调整、勤分析，做到排量、压力、加药、温度、水位平稳。

（7）脱水器停产时，未将主电路盘上大小熔断器拔掉，脱水器顶部不准上人。

（8）打开安全门不做接地线放电，不准拆高压线。

（9）脱水器跳闸后，连续送电不准超过2次。若送电超过2次，仍送不上电，必须对绝缘棒、熔断器、变压器、高压硅整流器及电极故障进行检查。排除故障后方可再次送电。

第三章 加热设备及储运设备操作与维护

第一节 加热设备的类型与结构

原油加热是将低温原油的温度提升到适合脱水、输送的温度。加热炉是将燃料燃烧产生的热量传给被加热介质而使其温度升高的一种加热设备，被广泛应用于油气集输系统中，将原油、天然气及其油井产物加热至工艺所要求的温度，以便进行输送、沉降、分离、脱水和初加工。随着能源日趋紧张以及各油气田能源政策的调整，新一代加热设备，如掺热、换热设备、相变加热炉等新型高效加热设备也得到了广泛应用。

一、火筒炉

石油工业生产中，在金属圆筒壳体内设置火筒传递热量的一种专用设备，为火筒式加热炉，简称火筒炉，分为火筒式直接加热炉和火筒式间接加热炉。

火筒式直接加热炉是被加热介质在壳体内由火筒直接加热，包括具有加热和其他功能的合一装置。

火筒式间接加热炉是被加热介质在壳体内的盘管（由钢管和管件组件焊制成的传热元件）中，由中间载热体加热，而中间载热体由火筒直接加热。

（一）火筒炉的特点

火筒炉的特点是在炉内设置火管和烟管，被加热介质在炉内连续流过，通过火管和烟管将在炉膛（火管）内燃料燃烧产生的热量传递给被加热介质而使其温度升高的一种炉型。

火筒炉主要优点是压力降特别小，耗钢量少，结构简单；其缺点是适应性差。

（二）火筒炉的结构及工作原理

1. 火筒炉的结构

火筒式直接加热炉结构见图 2-3-1。

（1）壳体：壳体用来盛装被加热介质的圆筒形压力容器。

（2）火管：火管即炉膛，也称辐射段，是燃料燃烧并释放出热量的地方。热量以辐射方式通过火管壁传给管外的液体，使之受热升温。

（3）烟管：烟管也称对流段。高温烟气进入烟管，以对流和辐射换热的方式将热量传给管外的液体。

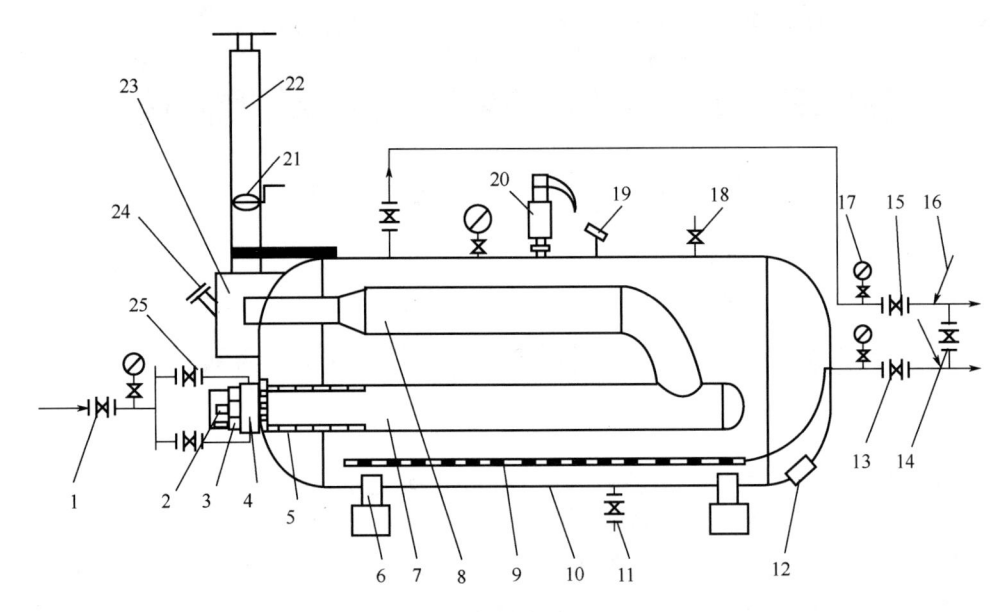

图 2-3-1　火筒炉结构示意图

1—燃料总阀；2—二级合风；3——级合风；4—燃烧器；5—耐火燃烧道；6—鞍式支座；7—火管；8—烟管；
9—进液分配管；10—壳体；11—排污阀；12—人孔；13—进液阀；14—连通阀；15—出液阀；16—温度计；
17—压力表；18—放空阀；19—温度变送器；20—安全阀；21—烟道挡板；22—烟囱；
23—烟箱；24—防爆门；25—燃料阀

(4) 进液分配管：液体通过进液分配管上均匀布置的布液孔分配到火管底部，使液体由下而上绕流火管和烟管，吸热升温后从出液口流出。

(5) 烟箱：烟箱即用钢板焊接的半圆形集烟箱，是烟气汇集排出的通道。

(6) 烟囱：烟囱通常用钢板焊制，是通风和排烟的装置。

(7) 人孔：人孔是由钢管和半球形封头组合的部件，是检修炉内构件的通道。

(8) 防爆门：防爆门是用钢管和钢板制成，是加热炉一旦发生爆燃时，泄放炉内压力的安全装置。

(9) 鞍式支座：鞍式支座是由钢板焊制，是炉子的全部重量的支撑件。

2. 火筒炉的工作原理

被加热液体从进液分配管的布液孔进入加热炉的底部，自下而上均匀淹没火管和烟管，吸收炉膛（火管）内燃料燃烧产生的热量，升温后的液体从加热炉的顶部出液口流出炉外。

二、真空相变加热炉

真空相变加热炉为油田传统加热炉的换代设备，可广泛适用于油气集输领域和油气井测试过程，可对原油、天然气、井产物、污水等多种介质的加热，也可用于民用采暖及为生产生活提供热水。真空相变加热炉是根据相变传热理论，将锅炉技术与热管技术相结合而创立发展起来的新一代高效能、低压力加热装置。该装置是由带燃烧（加热）

室的蒸发器、载热体和换热器组成，其整体上为一自带热源的大热管，汽化段为蒸发器，凝结段为换热器，而传热过程中采用了清水介质进行快速、高效的热能传递和置换。

（一）相变加热炉的特点

（1）高效节能。真空相变高效加热炉的长期热效率达到88%以上，而传统加热炉的热效率一般在70%以上，具有显著的节能效果。

（2）环保。燃料燃烧充分（达99.9%以上），烟气产物符合环保要求。

（3）安全可靠。由于真空相变高效加热炉是在负压状态下运行，避免了由压力带来的安全隐患。安全附件完备，具有液位、压力独立的双重保护措施。

（4）无结垢。真空相变高效加热炉是在真空状态下工作，中间介质（水）仅在炉体内反复循环，因此避免了炉内的氧化结垢。

（5）自动化程度高，操作简单方便。自动控制系统采用触摸屏，实时显示运行参数。设置系统动画方式控制参数，直观、易操作。

（6）体积小。体积只有传统加热炉的1/2左右，安装运输极为方便。

（二）真空相变加热炉的结构及工作原理

真空相变加热炉结构见图2-3-2。

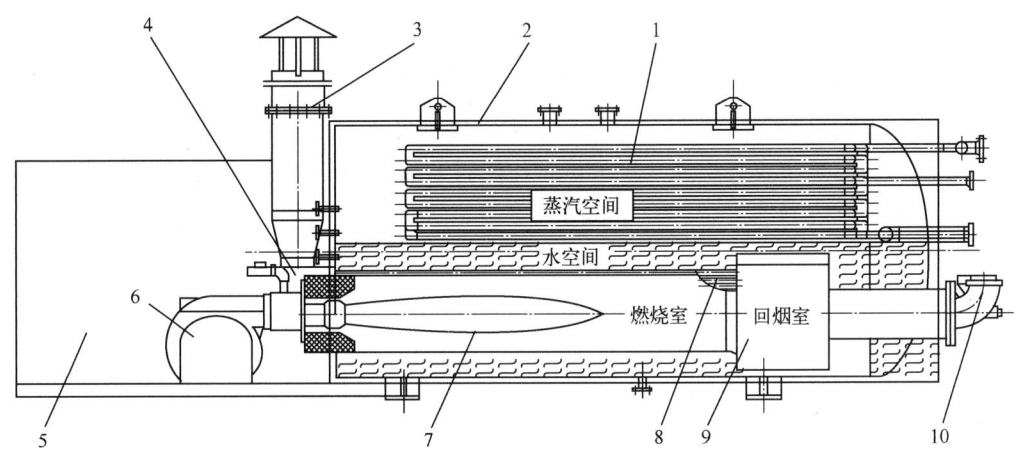

图2-3-2　真空相变加热炉结构示意图

1—盘管；2—本体；3—烟囱；4—烟箱；5—操作间；6—燃烧器；7—火筒；
8—烟管；9—回烟室；10—防爆门

系统内的中间介质在加热炉火管及烟管的加热下迅速蒸发形成高热蒸汽，由于系统内为真空状态，热阻力很小，使得高热蒸汽可以快速向上流动与安装在炉体内的换热器进行热置换。高热蒸汽向换热器内被加热的介质放热冷凝还原成液体再流回到蒸发器内，重新吸热蒸发再与换热器进行热置换。这种流程上的不断汽化、冷凝保证了介质持续不断地在蒸发器内吸热，向换热器内放热，依此构成了一个高效率的加热系统（图2-3-3）。

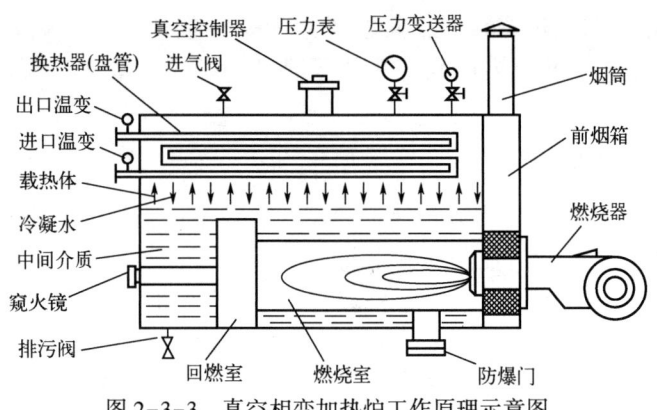

图 2-3-3 真空相变加热炉工作原理示意图

三、燃烧器

燃烧器是加热炉最重要的部件之一。它的作用是将燃料和空气按比例混合后喷入加热炉炉膛内进行燃烧。加热炉运行状况如何,主要取决于燃烧器的性能及其与加热炉的匹配状况。

(一)燃烧器分类

把燃料油或燃气和空气按一定比例混合,以一定的速度和方向喷射而得到稳定和高效的燃烧火炬的设备称为燃烧器。其分类方法为:

(1) 按燃料分类:燃油燃烧器、燃气燃烧器。

(2) 按通风方式分类:自然供风燃烧器、鼓风式燃烧器。

(3) 按燃烧方式分类:扩散式燃烧器、大气式燃烧器、无焰式燃烧器。

由于油田加热炉主要采用原油和天然气作燃料,故燃烧器主要有天然气燃烧器、油燃烧器和油气联合燃烧器。

(二)燃烧器的结构

燃烧器的结构如图 2-3-4 所示。

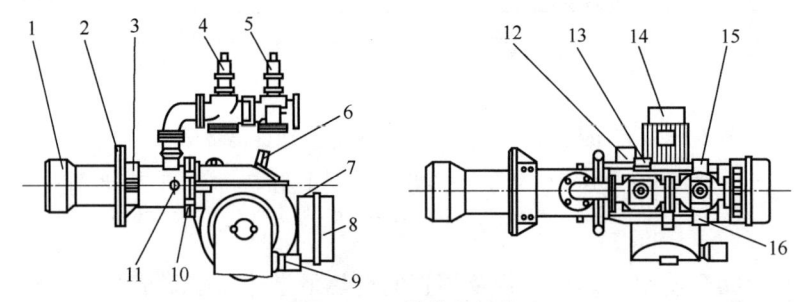

图 2-3-4 燃烧器结构

1—燃烧头;2—密封垫圈;3—燃烧器连接法兰;4—运作阀;5—安全阀;6—空气压力开关;7—阀门密封控制松锁按钮;8—配电板;9—空气调节伺服电动机;10—铰链;11—燃烧头空气调节螺栓;12—点火变压器;13—阀门密封控制压力开关;14—电动机;15—最小燃气压力开关;16—最大燃气压力开关

1. 燃气燃烧器的燃料系统

燃料系统包含过滤器、调压器、电磁阀组、电磁阀泄漏检测器、点火电磁阀组。

过滤器：作用是防止杂质进入电磁阀组和燃烧器内。

调压器：主要作用是降压稳压，一般用于高压供气系统中，其入口压力不能低于100mbar。

电磁阀组：一般由安全电磁阀和主电磁阀组成，有分体式和一体式，一体式电磁阀组内一般还组合有稳压阀和过滤网。安全电磁阀一般为快开快闭式。主电磁阀一般为二级式，并有快开快闭式和慢开快闭式之分。

电磁阀泄漏检测器：作用是检测电磁阀组的关闭是否严密，一般用于功率大于1400kW的燃烧器上。

点火电磁阀组：一般有手动球阀、稳压器、电磁阀组成，主要用于功率较大的燃烧器。

2. 送风系统

送风系统的功能在于向燃烧室里送入一定风速和风量的空气，其主要部件有：壳体、风机马达、风机叶轮、风枪火管、风门控制器、风门挡板、扩散盘等。

壳体：是燃烧器各部件的安装支架和新鲜空气进风通道的主要组成部分。从外形来看可以分为箱式和枪式两种。箱式燃烧器多数有一个注塑材料的外罩，且功率一般较小；大功率燃烧器多数采用分体式壳体，一般为枪式。壳体的组成材料一般为高强度轻质合金铸件。

风机电动机：主要为风机叶轮和高压油泵的运转提供动力，也有一些燃烧器采用单独电动机提供油泵动力。某些小型燃烧器采用单相电动机，电动机只有按照确定的方向旋转才能使燃烧器正常工作。

风机叶轮：通过高速旋转产生足够的风压以克服炉膛阻力和烟囱的阻力，并向燃烧室吹入足够的空气以满足燃烧需要。它由装入一定倾斜角度的叶片的圆柱状轮子组成，其组成材料一般为高强度轻质合金钢，也有注塑成形的产品，所有合格的风机叶轮均具有良好的平衡性能。

风枪火管：起引导气流和稳定风压作用，也是进风通道的组成部分，一般有一个外壳式法兰与炉口连接。其组成材料一般为高强度和耐高温的合金钢风门控制器，是一种驱动装置，通过机械连杆控制风门挡板的转动。一般有液压驱动控制器和伺服马达控制器两种，前者工作稳定，不易产生故障，后者控制精确，风量变化平滑。

风门挡板：主要作用是调节进风通道的大小以控制进风量的大小。其组成材料有注塑和合金两种，注塑挡板一般为单片、双片、三片的多种组合方式。

扩散盘（调风器）：其特殊的结构能够产生旋转气流，有助于空气与燃料的充分混合，同时还有调节二次风量的作用。

3. 点火系统

点火系统的功能在于点燃空气与燃料的混合物，其主要部件有：点火变压器、点火电极、电火高压电缆。

点火变压器：是一种产生高压输出的转换元件。

点火电极：将高压电能通过电弧放电的形式转换成光能和热能，以引燃燃料，一般有单体式和分体式两种。

电火高压电缆：其作用是传送电能。

4. 监测系统

监测系统的功能在于保证燃烧器安全运行，其主要部件有火焰检测器，压力检测器、监测温度器等。

火焰检测器：主要作用是监视火焰的形成状况，并产生信号报告程控器。火焰监测主要有三种：光敏电阻、紫外电眼和电离电极。

压力监视器：一般用于气体燃烧器，主要有燃气高压、低压监测，以及风压监测。若燃烧器用于蒸汽锅炉，还有蒸汽压力监测。

温度监测器：燃油温度的监测与控制。

5. 电控系统

电控系统是以上各系统的指挥中心和联络中心，主要控制元件为程控器。针对不同的燃烧器配有不同的程控器，常见的程控器有：LFL系列、LAL系列、LOA系列、LGB系列，其主要区别为各个程序步骤的时间不同。

（三）燃烧器的工作原理

以最复杂的比例式燃气燃烧器为例讲解，其工作过程有四个阶段：准备阶段、预吹扫阶段、点火阶段和正常燃烧阶段。

（1）准备阶段：程控器通电后，开始内部程序自检，同时，伺服马达驱动风门到关闭状态，程序自检完毕后，处于待机状态。当恒温器、过高过低燃气压力开关、蒸汽锅炉蒸汽压力开关等限制开关允许时，程控器开始启动，进入预吹扫阶段。如果电磁阀组带有泄漏检测系统，该系统在上述限制开关允许时先进行阀门泄漏检测，检测通过后，才进入预吹扫阶段。

（2）预吹扫阶段：伺服马达驱动风门到大火开度状态，同时风机马达启动，开始送风，以吹入空气进行预吹扫，根据程控器的不同，吹扫20~40s后，伺服马达驱动风门到点火开度状态，准备点火。整个预吹扫阶段，空气压力开关测量空气压力，只有空气压力保持在一个足够高的水平上，预吹扫过程才能持续进行。

（3）点火阶段：伺服马达驱动风门到点火开度状态后，点火变压器工作，并输出高电压给点火电极，以产生点火电火花，约3s后，程控器送电给安全电磁阀和比例式电磁阀，阀打开后，燃气到达燃烧头，与风机提供的空气混合，然后被点燃。在阀打开后2s内，电离电极应检测到火焰的存在，只有这样，程控器才继续后面的程序，否则，程控器锁定并断开电磁阀停止供气，同时报警（在电动机启动时间内点火）。

（4）正常燃烧阶段：点火正常并稳定燃烧几秒后，伺服马达驱动风门到大火开度状态（燃油机的油泵打开开始喷油），同时，比例式燃气调节阀的伺服电动机切入，并根据空气压力和炉膛背压来调节燃气阀后的燃气压力以调节燃气量，达到稳定、高效燃烧的目的。此后，燃烧器根据各个限制开关的要求自动实现大小火转换和停机。

此外，整个燃烧过程中，电离电极和空气压力开关对燃烧器实行监控。

第二节　加热设备的调节与维护

一、加热设备运行参数计算与调节

（一）加热站参数确定

把长时间连续运行的输油管线周围的土壤温度场看作稳定的温度场，这种情况下管壁向周围土壤中的传热看作稳定的热传导过程,可以利用稳定工况下进行热力计算的基本公式确定出以下参数。

(1) 计算加热站的出站温度即起点温度 t_H,如已知 t_K,则:

$$t_H = t_0 (t_K - t_0) \exp\left(-\frac{k\pi D}{Gc}L\right) \tag{2-3-1}$$

式中　t_H——起点温度,℃;

t_K——终点温度,℃;

t_0——管道周围介质温度,℃;

k——总传热系数,kJ/(m²·h·℃);

G——管道介质的质量流量,kg/h;

c——管道介质比热容,kJ/(kg·℃);

D——管径,m;

L——管路距离或加热站间的距离,m。

(2) 计算加热站的进站温度 t_K 即终点温度时,如已知 t_H,则:

$$t_K = t_0 + (t_H - t_0) \exp\left(-\frac{k\pi D}{Gc}L\right) \tag{2-3-2}$$

(3) 计算最小输量 G,如已知加热站的最高出站油温 t_H,最低进站油温 t_K,则:

$$G = \frac{k\pi DL}{c\ln\frac{t_H - t_0}{t_K - t_0}} \tag{2-3-3}$$

(4) 根据运行参数反算传热系数 k:

$$k = \frac{Gc}{\pi DL}\ln\frac{t_H - t_0}{t_K - t_0} \tag{2-3-4}$$

(5) 计算加热站间距 L:

$$L = \frac{1}{\frac{k\pi D}{Gc}}\ln\frac{t_H - t_0}{t_K - t_0} \tag{2-3-5}$$

(6) 已知热油管线全长为 $L_总$,则加热站数 N:

$$N = \frac{L_总}{L} \tag{2-3-6}$$

在进行加热站数 N 的具体计算时,需要进行化整,必要时可适当调整温度。

(二) 热负荷计算

1. 热负荷定义

单位时间炉内介质吸收有效热量的能力称热负荷,单位为 kW。加热炉设计图样或铭牌上标注的热负荷称额定热负荷。根据实际运行参数用热平衡公式计算求得的热负荷称运行热负荷。运行热负荷一般不大于额定热负荷。油田油气集输中使用的加热炉其单台热负荷小,一般不超过 4000kW,但由于操作条件不稳定,热负荷波动较大。

加热炉总热负荷公式为:

$$Q = Q_R + Q_C + Q_e \tag{2-3-7}$$

式中　Q——加热炉总热负荷，kW；
　　　Q_R——辐射室热负荷，kW；
　　　Q_C——对流室热负荷，kW；
　　　Q_e——其他热负荷，kW。

2. 站内脱水加热炉热负荷

站内脱水加热炉热负荷包括$Q_水$和$Q_油$两部分：

$$Q_脱 = Q_水 + Q_油 \tag{2-3-8}$$

其中，$Q_水$和$Q_油$根据液量中含水率不同可以分别计算。

（1）$Q_水$的计算：

$$Q_水 = G_混 c_水 (T_出 - T_进) B \tag{2-3-9}$$

式中　$Q_水$——加热液量中含水的热负荷，kJ/h；
　　　$G_混$——油水混合物的总液量，kg/h；
　　　$c_水$——油中含水的比热容，$c_水$近似取 4.1868kJ/(kg·K)；
　　　$T_出$——加热炉出口温度，一般取 328~338K；
　　　$T_进$——油水混合物进炉温度，一般取 308~313K；
　　　B——含水率，%。

（2）$Q_油$的计算：

$$Q_油 = c_油 G_混 (1-B)(T_出 - T_进) \tag{2-3-10}$$

式中　$c_油$——原油的比热容，kJ/(kg·K)；
　　　$Q_油$——加热原油所需要的热负荷，kJ/h。

3. 原油外输加热炉的热负荷

$$Q_输 = Gc(T_出 - T_进) \tag{2-3-11}$$

式中　$Q_输$——外输原油所需的热负荷，kJ/h；
　　　c——输送油品的比热容，kJ/(kg·K)；
　　　G——输送油品的质量流量，kg/h；
　　　$T_出$，$T_进$——油品出、进加热炉温度，K。

4. 加热炉台数确定

$$n = \frac{Q}{Q_1} \tag{2-3-12}$$

式中　Q——外输原油所需的热负荷，kJ/h；
　　　Q_1——加热炉的规格，kJ/h；
　　　n——加热炉台数。

确定加热炉台数时，从经济合理的角度来考虑，应使所选用的台数既保证在加热炉热负荷能够满足生产需求的条件下，能有一台停炉检修，又能做到在热负荷增大的情况下满足供热要求。

（三）加热炉热损失

燃料在炉中燃烧放出的热量，不可能完全被原油和水吸收，总会有一部分没有被利用而损失掉。

1. 排烟热损失 g_2

加热炉排出的烟气温度很高，运行中一般在200℃左右，以前使用的厢式火管炉其温升能达到260℃以上，因而带走的热量很多，排烟温度越高过剩空气系数越大，排烟热损失也越大。这是加热炉的一项主要热损失。

排烟热损失 g_2 可以理解为烟气相当于每千克燃料带走的热量与燃料的低发热值之比。核算排烟热损失 g_2 时，可以通过烟气温度与过剩空气系数关系图来查得。注意过剩空气系数，需要经过计算才可以使用。在加热炉实际操作中，常利用烟道气成分分析结果来计算过剩空气系数，计算公式如下：

$$\alpha = \frac{21}{21 - 79 \times \dfrac{\varphi_{O_2} - (0.5\varphi_{CO} + 0.5\varphi_{H_2O} + 2\varphi_{CH_4})}{100 - (\varphi_{RO_2} + \varphi_{O_2} + \varphi_{CO} + \varphi_{H_2} + \varphi_{CH_4})}} \tag{2-3-13}$$

式中　α——空气过剩系数；

　　　φ_{CO}，φ_{H_2}，φ_{CH_4}，φ_{RO_2}，φ_{O_2}——烟气中可燃成分体积分数及氧的体积分数。

2. 化学未完全燃烧损失 g_3

燃料在炉膛内燃烧，出现燃烧不完全的现象是客观的，这是因为燃料本身的物化性能还不能十分稳定。燃烧时，供给的空气不足，烟气与空气混合不好，或者炉膛内温度过低，燃烧器性能不好，"三门一板"调节不当等原因，使一部分可燃气体没有燃烧，没有放出应有的热量就被排出炉外，造成热量损失。但是在实际运行与操作中，针对出现的问题进行切实可行的措施，一般情况下，只要供风适当，混合良好，保持设备在完好的状态下运行，这项损失是很小的。

化学未完全燃烧损失 g_3 可以通过以下公式来进行计算：

$$g_3 = \frac{V_Y}{Q_L} \times (3020\varphi_{CO} + 2580\varphi_{H_2} + 8560\varphi_{CH_4}) \tag{2-3-14}$$

式中　V_Y——烟气容积流量，m^3/h；

　　　Q_L——燃料低发值，kJ/kg 或 kJ/m^3。

排烟处烟气容积流量计算公式：

$$V_Y = \alpha V_0 + 1 \tag{2-3-15}$$

式中　V_Y——烟气容积流量，m^3/h；

　　　V_0——气、液燃料所需理论空气流量，m^3/h。

3. 机械未完全燃料热损失 g_4

机械未完全燃烧热损失也称固体未完全燃烧热损失，指的是以煤作为燃料的炉子，在油田上一般不使用，因此在计算热效率时可以省去。

4. 炉体散热损失 g_5

由于炉内的温度很高，与外界存在着温差，所以总会有一部分热量通过炉墙和炉体保温层的表面，散失到周围的空气中去，造成热量损失。这项热损失与加热炉的结构、使用的保温材料、散热面积及表面温度等因素有关。炉壁散热损失 g_5 的计算，因炉子的结构、温差等各不相同，在测试中一般可假定或估算火筒炉、水套炉、合一设备炉壁散热损失在3%左右，管式炉体散热损失在4%左右。

综上所述，加热炉运行中的热量损失方式包括：

(1) 排烟造成的热损失。

(2) 过剩空气系数不合理造成的热损失。

(3) 燃料未完全燃烧所造成的热损失。

(4) 炉体散热损失及加热炉换热部件的设计不合理，对热效率的影响。

5. 加热炉热损失的影响因素

(1) 影响排烟损失的主要因素是排烟温度和排烟量，排烟温度越高排烟量越大，则排烟热损失就越大。通常冬季以烟囱均匀冒白烟为准，夏季以烟囱看不见冒烟为准，这时排烟温度和排烟量合适。

(2) 影响化学不完全燃烧热损失的主要因素是燃料的性质、炉膛的结构、过剩空气系数、炉膛温度以及炉内燃料与空气的混合情况。

(3) 影响机械不完全燃烧热损失的主要因素有燃料的性质、燃烧方式、炉膛结构、燃料雾化效果、锅炉负荷及运行操作情况。

(4) 散热损失是锅炉在运行中，汽包、观察孔、溢流孔、炉箱、火炉等的温度均高于周围空气的温度，因而有一部分热量会散失到空气中去，形成的热量损失。影响散热损失的主要因素有锅炉容量、锅炉负荷、锅炉外表面积、炉外壁面温度、周围空气温度等。

(四) 热效率测定与计算

通常在描述加热炉热效率的定义时，用炉子供给被加热介质的有效热量与燃料燃烧放出的热量之比来说明，并用百分数的方法来表示。

1. 测试加热炉热效率

1) 测试前的准备工作

(1) 测试前组织好人员，制定测试内容、方法，布置测试点等，对参加测试的人员工作进行合理分工。

(2) 检查和校验测试时所需要的仪器、仪表，以及测度过程中使用的工具是否准备好。

(3) 检查加热炉的工作状况、燃料系统的压力、流量稳定性，以及加热炉出、入口阀门是否灵活好用。

(4) 检查加热炉人孔、手孔、探测孔及各连接部位是否有泄漏，排除各种不正常情况。

(5) 为了更好地熟悉测试内容、操作要求和人员配合，可在正式测前做1~2次预备性试验，把存在的问题找出来，加以解决。

2) 测试项目操作

(1) 测试燃料的组合、液体燃料的黏度和密度。

(2) 用流量计计量燃油用量、天然气用量。

(3) 用专用仪器测量出介质出、入炉的流量。

(4) 用玻璃棒温度计测试出、入口介质的温度，炉体表面温度，燃烧空气入炉温度。

(5) 用热电偶温度计测量出排烟温度。

(6) 对烟气成分进行分析，一般分析烟气中 CO_2、O_2 和 CO 的含量。

(7) 用蒸馏法测试原油中含水。

(8) 查出燃料的低发热值。

(9) 记录测试数据，整理并计算。

3) 技术要求

(1) 测试前要将加炉燃料燃烧情况和生产运行情况调整好。

(2) 热炉达到工况稳定所需时间最少规定为，火筒炉、水套炉、合一设备不少于2h，管式炉不少于24h，均指冷态点火为止。

(3) 用于燃油、燃气介质计量的流量仪表，精度要高，必须在检定期内工作。

(4) 用于测量温度的仪器仪表其测量精度不得小于0.1。

(5) 正式测试时加热炉达到热工况稳定后进行。

(6) 测定应在额定负荷下进行两次，每次测得热负荷不得低于额定负荷的97%，要进行11%以上超负荷、80%低负荷的测试各一次。

(7) 额定热负荷下，两次测试效率之差，正平衡法小于4%，反平衡法小于6%。

(8) 加热炉热效率取两次测试所得的平均值，当同时用正反平衡法测定热效率时，两种方法所得热效率偏差应小于5%，此时加热炉热效率应以正平衡法测定值为准。

(9) 测试期间负荷波动要保持相对平衡，不得超过±20%。

(10) 测试期间，介质流量、燃料用量、空气过剩系数不得任意改变，应保持相对稳定。

(11) 测试中应取燃料油试样，化验含水、密度、黏度。

(12) 做烟气成分分析时，取样管应用 8~12mm 的不锈钢管、碳钢管或紫铜管制作。试样取出后用化学分析器或气相分析仪进行分析。

(13) 对测试的数据，每 15~20min 记录 1 次，取全、取准各项数据资料，做准各种分析化验结果，应用公式查阅图表进行计算。

2. 热效率计算

(1) 燃料燃烧发热量计算公式：

气体燃料 $\qquad Q_R = B_G \cdot Q_L \qquad$ (2-3-16)

液体燃料 $\qquad Q_R = B_L \cdot Q_L \qquad$ (2-3-17)

式中 Q_R——燃料燃烧发热量，kJ/h；

Q_L——气、液燃料燃烧时低发热值，kJ/kg 或 kJ/m^3；

B_G——气体燃料耗量，m^3/h；

B_L——液体燃料耗量，kg/h。

(2) 加热炉热负荷计算公式见前文公式(2-3-11)。

(3) 加热炉热效率计算公式：

$$\eta = \frac{Gc(T_{出} - T_{进})}{BQ_L} \times 100\% \qquad (2\text{-}3\text{-}18)$$

式中　η——加热炉热效率，%；
　　　B——燃料耗量，kg/h 或 m³/h；
　　　Q_L——燃料低发热值，kJ/kg 或 kJ/m³。

（4）反平衡法测加热炉效率公式。

热效率是通过采用正、反平衡直接或间接地测试计算出来的。正平衡法计算公式能够把加热炉热效率的定义得以公式表达，而反平衡法计算公式能够把加热炉运行中的热量损失方式量化。

g_2、g_3、g_4、g_5 表示了加热炉运行热损失方式的数值，只要计算出这些热量损失的数值，便可以通过反平衡法的计算公式来加以推算。如果能够通过认真核算，并能确定热损失方式，在操作实践中，有的放矢地加以技术改造，就能够得到提高热效率的方法，达到降低成本和节能的目的。

反平衡法测加热炉热效率的公式：

$$\eta=[1-(g_2+g_3+g_4+g_5)]\times100\% \quad (2\text{-}3\text{-}19)$$

式中　g_2——排烟热损失，%；
　　　g_3——化学未完全燃烧热损失，%；
　　　g_4——机械未完全燃烧热损失，%；
　　　g_5——炉体散热损失，%。

二、加热炉运行调节

加热炉是油气生产和集输过程中给原油升温提供热能的设备，原油在温升过程要吸收热量，加热炉内的燃料燃烧放出热量，为使原油的温度提高到合理的参数要求，加热炉燃料能够有效地利用，最大可能地达到热量平衡，除了选择高效率的加热炉以外，根据工艺设计和有关规范规定的要求以及生产实际的需要，在保证设备运行安全的前提下，对运行参数进行合理的调节是必要的。

（一）调节"三门一板"，严格控制空气过剩系数

"三门一板"即油门、风门、入气门和烟道挡板，当以天然气为燃料介质时，"三门一板"是指燃料气控制阀门、风门（也有二次风门）和烟道挡板。

1. 风门调节

炉子负压调节，一般将风门开到 1/2，应通过烟道挡板控制对流室入口负压为 -9.62~39.42Pa。达不到这个参数要求时，如果负压大，燃烧不好，说明进风小，应调大风门，增大进风量；如果负压小，烟气氧含量大，说明进风多，应关小风门，减小进风量，始终保持加热炉的运行参数在规定范围之内。

2. 烟道挡板调节

"三门一板"的调节，能够决定燃料燃烧的好坏，供风量是否合适等重要因素。对于烟道挡板一般不做经常性调节，而用和风门配合调节炉膛负压及含氧量，只有当风门达不到理想的状态时，才调节烟道挡板，烟道挡板的调节在 1/3~2/3 之间。

模块二　设备操作与维护

3. 燃油调节

对于燃油压力，矿场上多采用燃油泵供油，压力较稳定，只是在负荷变化时做相应的调整，但这个调整的范围不是很大。蒸汽压力来自锅炉，蒸汽压力的调节靠供蒸汽流量、压力的手轮来实现，一般蒸汽雾化火嘴所需的油压和蒸汽压力不低于 0.4MPa。在调节过程中蒸汽压力要大于油压 0.1MPa，雾化蒸汽量的控制必须得当，汽量过小时，雾化不良，燃料燃烧不完全，火焰尖端发软，呈暗红色；汽量过多时，火焰发白，虽然雾化良好，但易缩火，破坏正常操作，影响加热炉的热效率，经验认为，火焰呈橘黄色为佳。

采用机械雾化燃烧器的加热炉，欲使燃料完全燃烧，它的雾化质量取决于燃料油压的稳定、燃烧器的性能、燃料油的物性，这种火焰在正常运行时，很少调节，只是在负荷变化时，才对燃料量及风门配风做一些调整。

4. 燃气调节

采用气体作燃料的加热炉，在油田矿场上较为普遍，燃料来源较为方便，但供气压力受某些因素的影响，不是十分稳定，特别是到了冬季，供气管线还需排放管内凝结的轻烃和水，给加热炉的正常运行带来很多不便。因此在使用天然气作燃料时，要注意气压的变化和合理的配风。在调节过程中，观察火嘴的燃烧情况，烟囱冒黑烟时，要及时调节气门和风门，使燃料完全燃烧。正常燃烧的情况下火焰颜色呈蓝白色，烟囱排烟呈现浅灰色最好。

（二）加热炉空气过剩系数的调节

实际入炉空气量与理论空气量之比称为空气过剩系数。加热炉在运行中，经常调节的因素就是燃料用量和过剩空气量。欲使燃料完全燃烧，必须在操作中，供给加热炉足够而合适的空气量，这个量的供给，比燃料燃烧时理论空气量的需求要大。如果实际入炉空气量与理论空气量之比称为空气过剩系数，那么这个系数的值就大于1。实际上也确实这样，否则燃料就不能完全燃烧。

人们在生产实践中总结出气体燃料较容易与空气混合均匀时，过剩空气系数较小（1.1~1.2）；液体燃料不易与空气混合时，过剩空气系数较高（1.2~1.3）。所以输油站内加热炉使用液体燃料时，提高燃烧油的雾化效果，是为了燃料能完全燃烧，运行安全，保证燃料与空气充分混合，以降低空气过剩系数。

空气过剩系数是影响加热炉性能、热效率的一项重要指标。

系数太小：空气量供应不足，燃料不能完全燃烧，加热炉效率降低。

系数太大：入炉空气量过多，相对降低了炉膛温度和烟气的辐射能力，影响传热效果。同时也增加了烟气排出量，使烟气从烟囱带出去的热损失增加，炉子的热效率降低。

经测定，过剩空气系数每增加0.1，热效率降低1.5%左右，因此加热炉在运行中，要根据燃料的种类不同，合理控制入炉空气量，保持空气过剩系数在一个合理的范围是非常重要的。

（三）加热炉出口温度调节

（1）若炉出口温度偏高，是因入炉介质流量降低，入炉介质温度升高，或燃料量不平稳增加，并联运行的炉子出现偏流等。调节的方法主要是根据情况控制燃料量，先降低炉膛温度，同时调整好入炉介质流量及温度，使炉出口温度达到工艺要求。

（2）若炉出口温度偏低，是因入炉介质流量增加，入炉介质温度降低或燃料量减少，并联运行的炉子出现偏流等。调节的方法主要是根据情况，增加燃料量，使炉膛温度升高，调整好入炉介质流量及温度，使炉出口温度达到工艺要求。

对于间热式水套炉，要控制好水套炉液位在1/2~2/3处，太高水位得不到循环，原油得不到良好的加热，热效率也会降低；水位太低则运行不安全。水温控制合理，一般以80~85℃为宜。

（3）加热炉常用自动调节方法：加热炉测控水平的高低，不仅影响加热炉热效率，而且也标志着一个装置技术水平的高低，炉出口温度、炉膛温度、炉膛压力、空气用量和进料流量等都是调节对象。加热炉自动调节方法主要有单回路调节和串级调节。单回路调节反应速度慢，滞后大，调节过程长，能引起炉出口温度波动大。为了克服反应慢，滞后过程长的缺点，并且有一定超前调节作用，常采用串级调节系统来控制炉出口温度。串级调节有炉出口温度与燃料流量串级调节、炉出口温度与燃料压力串级调节、炉出口温度与炉膛温度串级调节等。

三、燃烧器的维护与保养

（一）燃烧器的特点

（1）热效率高：能适应压力波动，自行调节一次配风（即燃气压力大，吸入一次风多；燃气压力小，吸入一次风少），燃烧充分，热效率高。

（2）安全性高：燃烧器配备小火。锅炉启动时，先点小火，当小火正常稳定燃烧时，自控系统才打开主燃气阀门，燃料才能进入锅炉正常燃烧，不会产生爆燃现象。

（3）燃料适应性强：燃烧器只需更换少量部件就能适用于天然气、液化石油气、煤气、液化石油混合气以及其他类燃气。

（二）燃烧器的维护与保养意义

燃烧器是加热设备的核心部分，涉及机械结构、燃气控制、电气控制等多方面的知识。燃烧系统的日常检修、故障处理要求操作人员拥有较高的专业技能。燃烧设备的使用寿命与设备的维护保养有直接关联，定期维护保养有以下几个方面的优点：

（1）定期的检修维护，可延长设备使用寿命。

（2）专业的调校服务，提供燃烧效率，降低开机运行成本。

（3）降低设备的突发故障，提高生产效率。

（4）提高燃气设备运行的安全性，防止出现燃气外漏和内漏导致安全爆炸事故的发生。

（三）燃烧器的维护与保养步骤

（1）燃气过滤器清理。燃气中含有许多小颗粒物，长期未清理会导致燃气过滤器堵塞，造成燃气流量供应不上。建议最少每年清理一次。

（2）点火棒积炭清理。点火棒在使用一定时间后会产生积炭，如未及时清理会造成点火成功率不高。建议最少每半年清理一次。

（3）火焰探测棒清理与检查。火焰探测棒在使用一段时间后会产生积炭和变形，需要每半年检查一次。积炭和变形影响火焰探测。

（4）燃气泄漏检测。定期检测燃气管路，防止燃气泄漏，保证生产运行安全及节省燃料，防止爆炸及燃气中毒。

（5）燃气与空气压力检测。使用专用压力检测设备，检测压力表和检测设备的压力误差，校对燃气压力开关，保证燃气开关设定在设定值能正常动作，保护设备运行安全。

（6）电磁阀阀芯检查，防止有杂质进入，导致待机状态关不严，燃气泄漏到炉膛里，防止爆炸事故发生。

（7）风机及风机叶轮检查，积炭清理。风机及叶轮的积灰太多，会减少风机进风量，影响燃烧时的氧气供应。

第三节 储罐的操作与维护

一、储罐的技术要求

（一）储罐安全高度确定的原则

原油受热体积膨胀时，不应从消防泡沫管道溢出、跑油，储罐一旦发生火灾，油面上的空间应保证能容纳一定高度的滞留泡沫层，以利于灭火。

(1) 拱顶储罐的安全高度为泡沫发生器进罐口最低位置以下 300mm。
(2) 浮顶储罐的安全高度为浮船导向装置轨道上限以下 300mm。
(3) 安全高度按下式确定。

储罐的安全上限 $H_{S上}$：

$$H_{S上} = h - (h_1 + h_2 + C) \tag{2-3-20}$$

储罐的安全下限 $H_{S下}$：

$$H_{S下} = h - h_3 + C \tag{2-3-21}$$

式中 h——量油孔顶面距罐底高度；

h_1——量油孔顶面距罐壁顶面高度；

h_2——泡沫箱进罐孔最低位置距罐顶高度；

h_3——量油孔距出油管的顶面高度；

C——考虑进出油速影响的常数，一般 C 为 200~300mm。

（二）罐内原油温度的控制

储罐进油前，应提前 30min 投运采暖管线预热。一般原储罐温度为 50℃，金属罐温度一般不高于 75℃，最低温度不低于原油凝点 3℃。若罐底部用蒸汽管加热，送汽一定要缓慢。先打开蒸汽出口阀，然后逐渐打开进口阀，防止盘管产生水击破裂和原油局部迅速受热。对长期停用有凝油的罐应采取从上向下进行加热的措施,待原油熔化后,再使用蒸汽盘管加热。防止因局部加热膨胀而鼓罐。

(三) 储罐防火防雷电要求

在储罐周围50m以内严禁使用明火、焊接和吸烟等。运行人员及其他人员上罐不得穿带钉的鞋,不能用铁器撞击,以免产生火花引起油气爆燃。在罐上禁止开关不防爆的手电。进入罐区的机动车辆或进入罐区进行动火作业要严格履行动火审批手续,并做好防火的安全措施。

罐体每30m有一个合格的接地点,接地线的接地电阻不大于10Ω。

(四) 储罐维护要求

(1) 保证浮顶正常浮动。对罐顶的积雪、积水和油污要及时清理,定期检查每个浮舱,防止因腐蚀、破裂漏油。

(2) 储罐排水。为保证原油的质量应及时进行罐底排水。对裸露在外部或保温不良的罐底排水阀要妥善保温,以防因冻裂跑油。

(3) 防冻保温。气温低于0℃时,每班均应检查储罐排污口、排水口,以防冻结;每天应检查机械呼吸阀、液压安全阀,使其处于良好状态。

(4) 防止溢罐和抽空。收发油时,要准确地测定罐内油位。

(5) 对储罐的腐蚀情况要经常检查,根据腐蚀情况进行除锈刷漆。

(6) 根据储罐的沉砂和积结杂物情况,每年对储罐进行定期清洗。

(7) 对储罐的梯子和罐顶的腐蚀强度经常进行检查,防止因梯子腐蚀损坏伤人或罐顶腐蚀严重、强度减弱,使人掉进罐里。

(8) 对储罐的放水阀、量油口、进出口阀门要定期检查保养。

(9) 每年春秋两季要测试大罐接地电阻是否合格。

(10) 对储罐的安全附件必须按周期检查,并保证质量,测量孔每月一次;机械呼吸阀每月至少2次;液压安全阀每季一次,阻火器每季一次,泡沫室每月一次。

二、储罐检修要求

(一) 检修内容及周期

(1) 每两个月对油罐至少进行一次专门性的外部检查,在冬季应不少于两次,主要内容包括:

① 各密封点、焊缝及罐体有无渗漏;油罐基础及外形有无异常变形。

② 检查焊缝情况:罐体纵向、横向焊缝;进出油结合管、人孔等附件与罐体的结合焊缝;顶板和包边角钢的结合焊缝;应特别注意下层围板的纵、横焊缝及与底板结合的角焊缝有无渗漏及腐蚀裂纹等。如有渗漏,应用铜刷擦光,涂以10%的硝酸溶液,用8~10倍放大镜观察,如发现裂缝或针眼,应及时修理。

③ 罐壁的凹陷、折皱、鼓泡处一经发现,即应加以检查测量,超过规定标准应做大修理。

④ 无力矩油罐应首先检查罐顶是否起呼吸作用，然后再检查罐体其他情况。

⑤ 检查罐前进出口阀门阀体及连接部位是否完好。当发现罐体缺陷时，应用鲜明的油漆标明，以便处理。

(2) 立式油罐第 3~5 年，应结合清罐进行一次罐内部全面检查。主要内容包括：

① 对底板底圈板逐块检查，发现腐蚀处可用铜质尖头小锤敲去腐蚀层。用深度游标卡尺或超声波测厚仪测量，每块钢板，一般用测厚仪各测 3 个点。

② 检查罐顶桁架的各个构件位置是否正确，有无扭曲和挠度，各交接处的焊缝有无裂纹和咬边。

③ 检查无力矩油罐中心柱的垂直度、柱的位置有无移动、支柱下部有无局部下沉，以及各部件的连接情况。

④ 检查罐底的凹陷和倾斜，可用注水法或使用水平仪测量。用小锤敲击检查局部凹陷的空穴范围。

⑤ 每年雨季前检查一次油罐护坡有无裂缝、破损或严重下沉。

(3) 地上卧罐每 3~5 年进行一次内部腐蚀检查，并放空油品，顶起油罐，检查罐与座之间的腐蚀情况，且应同时除锈防腐。

(4) 埋地油罐每年挖开 3~5 处，检查防腐层是否完好。

(5) 正常情况下，大修理参考周期为 3~5 年（超过折旧年限的为 3 年）。在事故等异常情况下，做到"修理按需"。

（二）大修理技术要求和注意事项

(1) 油罐大修理前应做好：

① 将罐内存油降至最低液位，并按"油罐清洗安全技术规程"（以下简称"清罐规程"）中"排出底油"的办法和要求尽可能排除底油。

② 打开人孔、光孔，并根据"清罐规程""排除油蒸气"的规定，排除油气。

③ 人员进罐或动火前，应严格执行"清罐规程"中有关规定，动火前尚应严格执行相应的动火审批手续。

(2) 罐体更换或补焊时，其钢板材质必须符合原设计要求。材质不清时，应进行必要的机械性能试验和化学分析。

(3) 油罐修理时，应注意防止壁板或底板产生热应力集中等现象。

(4) 内浮顶罐大修理作业应注意：

① 确定维修时，必须将浮盘安置在维修位置上。

② 在正常操作时浮盘上不允许进入，确需从罐顶人孔或带芯人孔进入前，要确认罐内油气浓度在安全范围内，否则必须佩戴有供气式呼吸器并挂有救生索具，并要有人在罐顶监护。

③ 在浮顶油罐浮盘上动火时，应对密封圈处采取泡沫掩盖等防火保护措施，严防密封部位着火。

（三）试运转与验收

(1) 油罐大修理后，至少应不低于石油库设备完好标准的要求。

(2) 所有焊缝在检验和总体试验合格前，严禁涂刷油漆。

（3）全部焊缝应进行外观检验，并符合下列规定：

① 焊缝的表面质量应符合Ⅲ、Ⅳ级焊缝的标准。

② 焊缝表面及热影响区不允许有裂纹。

③ 焊缝表面不允许有气孔、夹渣和熔合性飞溅等缺陷。

④ 对接接头焊缝咬边深度应小于0.5mm，长度不应大于焊缝总长度的10%，且每段咬边连续长度应小于100mm。

⑤ 对接接头焊缝表面加强高度不应大于焊缝宽度的0.2倍再加1mm，且最大为5mm。

⑥ 对接接头焊缝表面凹陷深度壁厚4~6mm时应不大于0.8mm；6mm以上时，应小于1mm，长度不应大于焊缝全长的10%，且每段凹陷连续长度应小于100mm。

⑦ 角焊缝的焊脚尺寸应符合设计规定，外形应平滑过渡，其咬边深度应小于或等于0.5mm。

（4）油罐焊缝探伤应符合要求。

（5）罐壁对接焊缝射线（或超声波）探伤检查数量符合标准。

（6）公称容积等于或大于500m³的储罐壁与弓形边缘板的T形角焊缝，焊完后应对其内侧角焊缝进行磁粉探伤，罐体总体试验后再次探伤。

（7）弓形边缘板对接焊缝在焊完第一层后，应进行渗透探伤，在全部焊完后，应进行磁粉探伤。

（8）上述焊缝的无损探伤位置，应由质量检查员在现场确定。

（9）油罐大修完毕，在罐底严密性试验后，应针对大修理项目的具体内容和实际情况，有选择地进行充水试验，检验如下内容：

① 罐壁的严密性及强度。

② 固定顶的严密性、强度及稳定性。

③ 内浮顶的严密性和升降情况。

（10）充水试验条件：

① 在充水过程中水温不应低于50℃。

② 充水高度为设计最高操作液位。

③ 充水试验必须始终在监视下进行，检查罐体有无变形和有无渗漏。

④ 充水时，应将透光孔打开。

⑤ 在充水过程中，若发现罐底漏水，应立即将水放掉，待泄漏处补焊后，方可继续进行试验。

⑥ 放水管口应远离基础，以防止基础地基浸水。

⑦ 固定顶油罐放水，应将透光孔打开，以免罐内形成真空，抽瘪油罐。

（11）罐底的严密性试验前，应清除一切杂物，除净焊缝上的铁锈，并进行外观检查。

（12）罐底的严密性试验可采用真空试漏法。试漏时，真空箱内真空度不应低于40kPa（300mmHg）。

已发现的缺陷应在铲除后进行补焊，并用原方法进行检查。

（13）充水过程中，应逐节壁板、逐条焊缝进行检查。充水到最高操作液位后，持压48h，如无异常变形和渗漏，罐壁的严密性和强度试验即为合格。

（14）试验中罐壁上若有少量渗漏现象处，修复后可以采用煤油渗透法复查；对于有大量渗漏及显著变形的部位，修复后应重新进行充水试验。修复时应将水位降至300mm以下。

（15）固定顶的严密性和强度试验按如下方法进行：在罐内充水高度大于1m后，将所有开口封闭继续充水，罐内空间压力达到设计规定的正压试验数值后，暂停充水，在罐顶焊缝表面上涂以肥皂水，如没发现气泡且罐顶无异常变形，其严密性和强度试验即为合格。发现缺陷应在补焊后重新进行试验。

（16）罐顶的稳定性试验，应在充水试验合格后放水时进行。此时水位为最高操作液位，并在所有开口封闭情况下放水。当罐内空间压力达到负压设计规定的负压试验值时，再向罐内充水，使罐内空间恢复常压，此时检查罐顶，若无残余变形和其他破坏现象，则认为罐顶的稳定性试验合格。

（17）罐顶试验时，要防止由于气温骤变而造成罐内压力波动。应随时注意控制压力，采取安全措施。

（18）内浮盘板应采用真空法检查，试验负压值不应低于40kPa。边缘侧板与内浮盘板之间的焊缝及边缘侧板的对接焊缝均应采用煤油渗透法检查。

（19）油罐充水、放水时，进行内浮顶的升降试验。内浮顶从最低支撑位置上升到设计要求的最高位置，又下降到最低支撑位置的过程中，应检查升降是否平稳，密封装置、导向装置以及滑动支柱有无卡涩现象，内浮顶附件是否与固定顶及安装在固定顶或罐壁上的附件相碰。在内浮顶的漂浮状态下，检查内浮盘板及边缘侧板的全部焊缝有无渗漏现象。

（20）验收时应提供以下资料：
① 大修前检查记录及设计预算和审批等资料。
② 大修后检查、验收记录。
③ 更换零部件记录及合格证。
④ 焊缝探伤和测厚等记录以及所用金属、电焊条等质量合格证。
⑤ 试压、试水记录以及油罐接地线测试等记录。
验收结束后，上述资料应存入设备档案。

（四）报废条件

凡符合下列条件之一的储罐，均可申请报废：
（1）罐体1/3以上的钢板上，出现严重的点腐蚀，点腐蚀深度超过规定。
（2）大修费用为设备原值的50%以上。
（3）由于事故或自然灾害受到严重损坏无修复价值者。
（4）铆钉罐、螺栓罐发现严重渗漏者。
（5）无力矩罐顶开裂无法恢复其原几何状态或中心柱严重倾斜者。

三、储罐操作与维护管理

本部分参照立式圆筒形钢制焊接原油罐操作与维护保养规程，适用于100000m³及以下油罐，其他介质的同类油罐亦可参照执行。参考标准为：SY/T 5225—2019《石油与天然气钻井、开发、储运防火防爆安全生产管理规定》。

(一) 一般要求及操作注意事项

(1) 新建或大修后油罐在投用前应符合设计图纸或大修方案的要求。
(2) 油罐使用单位至少应具备并妥善保管以下资料：
① 设计（改造）施工图纸及相关的竣工资料。
② 技术档案。
③ 季度、年度检查、维护保养记录。
④ 检修记录。
⑤ 油罐容积表。
(3) 油罐使用单位应建立并严格执行以下管理制度：
① 巡回检查制度。
② 事故预案及事故状态下运行管理制度。
③ 罐区检测管理制度。
(4) 上罐前必须手触盘梯扶手上的铜片，以消除静电；上罐时禁止穿化纤服装和带铁钉的鞋；罐顶禁止开关非防爆的手电筒及电器。
(5) 油罐盘梯同时上（或下）不得超过4人、浮顶油罐的浮梯不应超过3人，且不应集中在一起；上下油罐时应手扶栏杆。固定顶油罐顶工人数同时不应超过5人，且不应集中在一起。
(6) 油罐的其他安全事项应按中国石油相关标准的规定执行。
(7) 油罐操作人员应经常进行液位计与人工检尺的对比，发现问题应及时报告。
(8) 浮顶油罐日常运行过程中不宜将浮顶支柱落至罐底。
(9) 浮顶油罐在运行过程中，中央排水管的放水阀应处于常开状态，中央集水坑应加盖好金属网罩。
(10) 浮顶罐浮顶或罐壁的油蜡及氧化铁等脏物应定期清除。
(11) 浮顶罐在运行过程中应将浮顶支柱与支柱套管及定位销孔间的缝隙用橡胶圈密封，以减少油气挥发。
(12) 油罐在使用过程中发现以下情况时，操作人员应及时上报管理部门：
① 油罐基础信号孔发现渗油、渗水。
② 油罐罐底翘起或基础环梁有裂纹危及安全生产。
③ 罐体发生裂纹、泄漏、鼓包、凹陷等异常情况危及安全生产。
④ 焊缝出现裂纹或阀门、紧固件损坏，难以保证安全生产。

(二) 油罐进出油操作

1. 操作前的检查

(1) 油罐进出油操作前的一般检查包括：
① 检查油罐的加热盘管进出口阀门是否完好，阀门与管线连接处是否不渗不漏，阀门设置状态是否符合运行要求。
② 检查各孔门是否齐全、完好，各连接面是否紧固不渗不漏。
③ 检查仪器仪表是否齐全，指示是否准确。
(2) 相邻两次进出油间隔时间大于2个月以上时，油罐在进出油前，应按(1)的规

定进行检查的同时至少还应检查：

① 固定顶油罐上罐检查呼吸阀和安全阀的技术状况。
② 浮顶油罐上罐检查浮梯、立柱、导向管等附件的技术状况。
③ 检测油罐内原油的温度及进出油管线是否畅通。

2. 进出油操作步骤

（1）油罐进出油操作前，按运行要求认真填写操作票，准确切换好工艺流程。
（2）油罐进油时应缓慢开启进罐阀，并确保在安全罐位内运行。因运行需要在极限罐位运行时，必须征得主管领导同意后，方可进行。
（3）油罐在进出油的过程中，应密切观测液位的变化。
（4）油罐进出油运行期间液位升降速度一般不宜超过表 2-3-1 的规定。

表 2-3-1　油罐进出油运行期间液位升降速度推荐值

容量，m^3		100000	50000	20000	10000
液位升降速度，m/h		0.58	0.78	1.40	1.60
单位流量，m^3/h		2930	2190	1760	1020
进出油速度，m/s	φ720mm	2.0	1.5	1.2	0.7
	φ600mm	2.6	2.0	1.6	0.9
	φ529mm	—	—	2.2	1.30
	φ426mm	—	—	—	2.0

3. 技术要求

（1）新建或修理后的油罐初次进油时，在进油管未浸没前，油流速度应控制在 1m/s。
（2）使用搅拌器的油罐应在出油前 2h 启动搅拌器，并在罐液位降至 4.00m 时停止使用。
（3）油罐在进出油运行期间，按巡检要求上罐检尺，首末站还应计算油罐的进出油量。
（4）油罐人工检尺、取样时，量油、取样孔要轻开轻关，平台及盘梯应保持清洁。

（三）油罐加热操作

（1）使用蒸汽或热水对罐内原油加热时，先开启加热系统出口阀，再缓慢开启进口阀。停止加热时，先关闭进口阀，后关闭出口阀。
（2）浮顶油罐的浮顶加热除蜡装置启用时，先开启出口阀，后开启入口阀。停用时应先关闭入口阀，后关闭出口阀，然后在加热系统的最低位打开放空阀放空积水。

（四）油罐排水操作

1. 浮顶排水

（1）排水前后应检查中央集水坑、单向阀无杂物堵塞；检查排水浮球（单向）阀应灵活无卡阻；检查中央排水管放水阀应处于开启状态。日常应及时清扫单盘残留的积水；易堵塞的杂物和泥砂不得扫入集水坑内。

(2) 浮船上有排污口时，要保持排污装置畅通无阻；当泡沫挡板和罐壁间积有油水时，应及时将油水清扫至排污口中。

2. 罐内排水

(1) 排水操作时应缓慢开启排污阀并随时调节阀门开度。排水期间，操作人员应坚守岗位，当发现油花时立即关闭排污阀。

(2) 排水前后，必须上罐检尺，计算排水量，并做好记录。

（五）油罐检查与维护保养

油罐检查与维护保养分为日检查与保养、季度检查与保养和年度检查与维护保养。
各种检查与维护保养的项目应有记录，并存档。

1. 油罐日常检查与保养

1) 通用检查与保养

(1) 检查排污阀应完好，无渗漏。

(2) 检查原油和加热管路的阀门应完好，各阀门及管路连接处应牢固、密封可靠。

(3) 检查搅拌器应完好，启动灵活。

(4) 检查各人孔、清扫孔、透光孔应密封严密。

(5) 检查油罐上的检测仪器、仪表应齐全完好。

(6) 检查与油罐有关的所有阀门应完好，开关状态符合运行工艺要求。

(7) 维护好盘梯、浮梯、平台、量油孔、取样孔等处的清洁卫生，做到无油污、杂物及鸟巢。

(8) 检查和保养内容应记录在值班日记中。

(9) 其他内容按巡检要求进行日常检查。

2) 浮顶油罐的日常检查与保养

(1) 紧急排水装置的水封槽水位应达到设计要求。

(2) 浮梯轨道上无杂物，浮梯滚轮运转灵活并适当加注润滑脂。

(3) 中央集水坑内无杂物，浮球阀或单向阀应灵活好用，排水管排水畅通。

(4) 清理罐顶挡雨板与罐壁之间的杂物，清理罐壁板与泡沫挡板之间的杂物，确保排污水口畅通。

(5) 抽查浮舱技术状况；浮舱盖应灵活好用，舱内无锈蚀、渗漏现象，发现问题，应逐舱检查，并及时处理、汇报。

(6) 检查并清理浮顶单盘板表面的杂物，做到浮顶单盘板表面不存雨、雪水，无油污。

3) 固定顶油罐的日常检查与保养

(1) 检查液压安全阀油位，并确保油位正常。

(2) 检查呼吸阀进出口有无堵塞，在冬季进出油时，应擦干阀瓣上的水珠。

(3) 检查安全阀、呼吸阀法兰与阻火器法兰连接。

2. 油罐季度检查与维护保养

(1) 完成日常检查与维护保养的内容。

（2）进出罐阀、排水阀、蒸汽阀、消防管线阀等阀体漆面应无脱落，填料函处应无渗漏；并做好阀杆的防腐润滑和防尘。

（3）加热盘管、加热除蜡装置的罐外阀门冬季无冻裂现象，加热盘管和加热除蜡装置停用时应排净管内积水。

（4）搅拌器的检查与维护保养：

① 球面组件压盖填料处应无渗漏现象，机械密封渗漏量为10mL/h以下。

② 检查搅拌器齿轮箱内润滑油液位应在满刻度1/3~2/3之间，运行时无异常声响。

（5）检查罐顶表面和罐底边缘处的腐蚀情况；罐顶及罐壁板的焊缝有无渗漏，发现问题，应及时进行修补。

（6）检查油罐消防系统、防静电设施、防雷接地装置应符合中国石油相关标准的规定。检查罐前防震大拉杆补偿器、金属软管应连接可靠，辅助拉杆调整应符合中国石油相关标准。

（7）呼吸阀、安全阀、阻火器的检查与维护保养：

① 检查安全、呼吸阀的阀盘等部件状况，呼吸阀动作正常，确保安全。

② 更换安全阀的密封油（一般推荐使用变压器油），并保持正常油位。

③ 清理阻火器的杂物，清洗防火网（罩）。

（8）检查消防泡沫发生器装置应完整、无锈蚀、无阻塞。

（9）静电导出、避雷接地系统的检查与维护保养：

① 浮顶与罐体静电导出线应安装牢固，完整齐全，无腐蚀现象。

② 春、秋两季检测接地电阻，电阻值应小于10Ω。

（10）浮顶密封装置与罐壁间接触应严密，密封件无翻卷、波折、漏损现象。

（11）浮顶加热除蜡装置及金属软管应无异常、裂纹，接口处无渗漏。

（12）挡雨板应无变形、损坏现象，挡雨板静电导出装置应完好。

（13）季度检查和维护保养记录应归入油罐技术档案。

3. 油罐年检查与维护保养

（1）完成季度检查与维护保养的全部内容。

（2）油罐基础、边缘板和底圈壁板的检查与维护保养：

① 维护修补罐基础及外缘顶面的散水坡，确保油罐基础不积水。

② 对油罐边缘板与基础间防水密封胶进行修补或更换，确保无裂缝、脱胶现象。

③ 检查油罐边缘板和底圈壁板底部，对有锈蚀的部位，应进行除锈防腐。

（3）对罐壁保温层及波纹板进行全面检查，对可修补部位的保温层破损脱落、波纹板（防水层）渗漏处，应进行修补。对无法修补的部位，应做好详细记录，并上报主管部门。

（4）固定顶油罐罐顶的检查与维护保养：

① 检查罐顶板间焊缝及罐顶附件焊缝，对有细小砂眼或轻微裂纹的焊缝及时修补；对焊缝裂纹较大、脱焊或穿孔，但仍需运行的油罐，必须制定相应的安全措施。

② 检查每块瓜皮板的外观，以确定顶板与筋板的坚固性。

③ 目测检查防腐涂层，对腐蚀严重部位进行测厚，并除锈防腐。

（5）浮顶油罐罐顶的检查与维护保养：

① 检查单盘板、船舱顶板、周边立板和底板、不应有裂纹、开焊和渗漏。

② 逐个目测检查浮舱内表面板的腐蚀及渗漏情况；检查框架结构等焊缝处有无裂纹、开焊；检查各浮舱焊缝是否完好，有无渗漏。对有腐蚀的部位应除锈后防腐。

③ 检查浮舱盖板是否完好、开关灵活，防雨防雪。

④ 目测检查单盘板防腐涂层，对点蚀和低凹处腐蚀较为严重的部位进行测厚，并除锈防腐。

（6）浮顶立柱的检查与维护保养：

① 检查各立柱的开口销是否完好。

② 检查加强套管焊缝无裂纹、腐蚀等现象。

（7）浮梯的检查与维护保养：

① 浮梯滚轮无卡阻和脱轨现象。

② 对浮梯滚轮与轨道行程偏差进行检测，当偏差大于10mm时，应适应调整浮船导向或对浮梯滚轮进行调整，以达到偏差许可值。

（8）自动通气阀的检查与维护保养：

① 阀盖顶杆上下滑动无卡阻。

② 阀盖顶杆与固定橡胶密封垫无硬化开裂现象。

（9）搅拌器的检查与维护保养：

① 润滑油每年更换一次，注油时应全部排出旧的润滑油。

② 润滑脂、润滑油一般牌号如下：

a. 润滑脂，2号锂基润滑脂；

b. 润滑油，18号双曲线齿轮油。

（10）量油管、导向管的检查与维护保养：

① 装置牢固，表面无明显变形和严重的磨损。

② 导向管无卡阻，并对偏差进行测量记录入档。

（11）检查盘梯及防护栏杆应牢固、完整、无腐蚀、安全可靠。

（12）检查与保养内容应归入油罐技术档案。

四、储罐安全附件的维护保养

（一）储罐的安全附件

储罐上必须安装一些专用安全附件，以便于做好油品的收发和储存，保证储罐的安全运行。储罐上的安全附件主要有机械呼吸阀、液压安全阀、阻火器等。

1. 机械呼吸阀

（1）机械呼吸阀的作用是保持储罐气体空间正负压力在一定范围内，以减少蒸发损耗，同时保证储罐的安全运行。

（2）机械呼吸阀由压力阀和真空阀两部分组成，其结构如图2-3-5所示。当储罐大量进油，罐内气体空间的压力超过储罐设计压力时，压力阀被罐内气体顶开，气体从罐内排出罐外，使罐内压力不再上升。当储罐大量发油，罐内气体空间的压力低于设计的允许真空压力时，大气压力顶开真空阀盘，向罐内补入空气，使压力不再下降，以免储罐抽瘪。

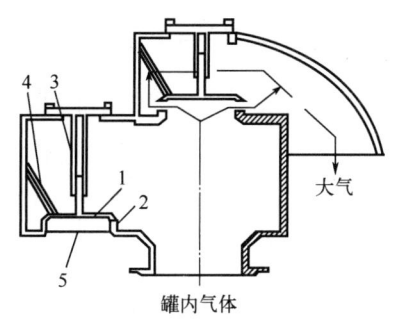

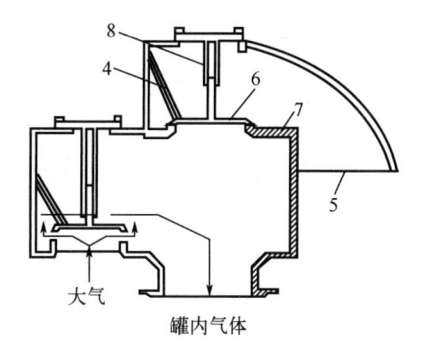

(a) 油罐大量进油时压力阀动作　　　　(b) 油罐大量发油时真空阀动作

图 2-3-5　机械呼吸阀结构示意图

1—真空阀阀盘；2—真空阀阀座；3—真空阀导向管；4—静电引线；5—铁丝网；6—压力阀阀盘；
7—压力阀阀座；8—压力阀导向管

为了保证安全，防止阀盘运动中碰撞而产生火花，机械呼吸阀和阀盘体一般用有色金属（铝）或塑料制造。机械呼吸阀在金属罐及非金属罐上都可使用。它的缺点是冬季阀盘易冻结在阀座上而失去作用。

机械呼吸阀是按储罐顶盖所承受的最大压力和最大真空度来设计的。机械呼吸阀多安装在储罐顶部中央，安装数量及口径应根据储罐最大收发油量来选择，见表 2-3-2。

表 2-3-2　机械呼吸阀选择表

储罐收发油量，m^3/h	呼吸阀个数	呼吸阀口径，mm
<25	1	50
26~100	1	100
101~150	1	150
151~250	1	200
251~300	1	250
>300	2	300

2. 液压安全阀

当机械呼吸阀因锈蚀或冻结而不能动作时，通过液压安全阀的作用，保证储罐的安全。液压安全阀的压力和真空值一般比机械呼吸阀高出 10%。

在正常情况下，液压安全阀是不动作的，只是在机械呼吸阀不起作用时，它才工作。为了保证液压安全阀在各种温度下都能工作，阀内装有沸点高、不易挥发、凝点低的液体作为封液，如变压器油、轻柴油等。如图 2-3-6 所示为液压安全阀的工作原理图。

当罐内压力增高时，罐内的气体通过中心管的内环空间，把油封挤入外环空间；若压力继续升高，内环油面和中间悬式隔板下缘相平时，罐内气体通过隔板下缘逸入大气，使罐内气体压力不再上升，如图 2-3-6(a) 所示。反之，当罐内出现负压时，外环空间的油封将被大气压挤入内环空间，外环油面和中间悬式隔板的下缘相平时，空气进入罐内，使罐内压力不再下降，如图 2-3-6(b) 所示。中间悬式隔板下部做成锯齿形，可使油封流动时均匀稳定。

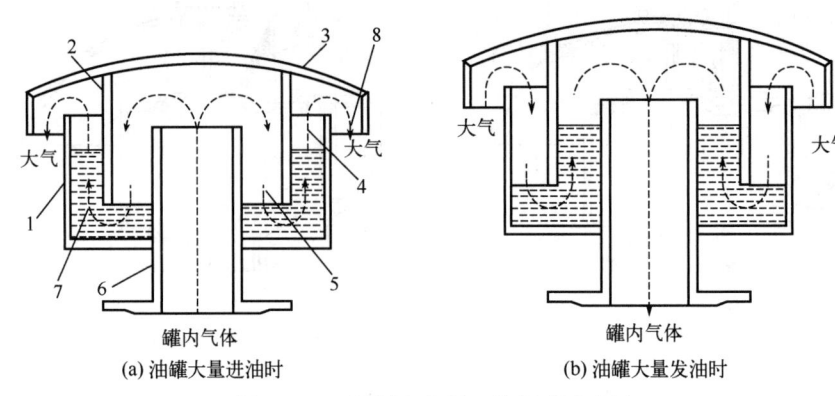

图 2-3-6 液压安全阀工作原理示意图

1—盛液槽；2—悬式隔板；3—防护罩；4—外环空间；5—内环安间；6—连接管；7—封液；8—铁丝网

3. 阻火器

阻火器装在呼吸阀和液压安全阀的下面。阻火器是一个装有铜、铝或其他高热容、导热良好的金属皱纹网箱体，如图 2-3-7 所示。当火焰通过阻火器时，金属皱纹网吸收燃烧气体的热量，温度降到油品燃点以下，使火焰熄灭，从而阻止外界的火焰经呼吸阀进入罐内。目前广泛采用的阻火元件是波纹形阻火元件，是由不锈钢平带和波纹带卷制而成。这种阻火元件的强度高，耐烧、阻火性能好。

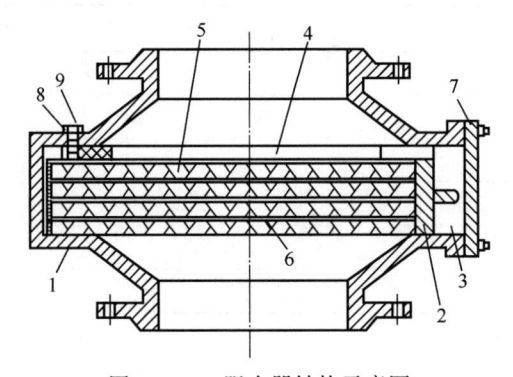

图 2-3-7 阻火器结构示意图

1—壳体；2—铸铝防火匣；3—手柄；4—铸铝夹板；5—铜丝网；6—软垫；7—盖板；8—密封螺帽；9—紧固螺帽

（二）储罐安全附件的维护保养

1. 储罐机械呼吸阀的维护保养

（1）检查并调整机械呼吸阀的法兰应水平。

（2）检查阀盘是否在导杆上移动灵活。

（3）检查阀瓣重量是否符合设计要求。

（4）清除防护网的锈蚀和杂物等。

（5）检查阀盘与阀座接合面是否光洁、严密。

（6）检查密封垫片是否完整、不渗漏、不硬化。

（7）清洗阻火器。

（8）机械呼吸阀静电引出装置必须良好。

2. 储罐液压安全阀的维护保养

（1）检查法兰是否水平。

（2）检查各组件是否完整，表面是否清洁无锈蚀。

（3）检查阀门安装尺寸是否符合设计要求。

（4）检查液封油高度是否符合规定，不足时应加油。

（5）液封油变质时应更换新油（重新更换的液封油质量应符合要求）。

（6）清洗阻火器。

（7）液压呼吸阀各部件如有严重锈蚀应更换新件。

（8）液压呼吸阀的定压值应比机械呼吸阀定压值高 10%。

（9）阀门静电导出装置应完好无损。

模块三 集输系统自动控制

第一章　自动控制系统操作与维护

第一节　自动控制系统概述

一、站库生产自动化的现状和发展趋势

当今每一个企业都面临着市场和能源、清洁生产和环境保护、高效和规范、负责和协调的挑战，面对着节能、环保、安全、高效的课题。自动化技术和这几大目标紧密相连，就当今自动化领域内的最新发展趋势作一简述。

（一）信息技术推动自动化

以信息化推进自动化，自动化再促使节能、环保、安全、高效四大目标的实现，已成为业界的共识。在当今自动化领域内，从工艺现场层到工厂（集团）管理层可经由以太网，基本实现信息的畅通无缝流通。所谓的"现代集成生产工艺"是将信息技术、网络技术和现代新工艺相结合，并应用于企业产品生命周期的各个阶段，通过信息的无缝集成、过程优化和资源优化，实现物流、信息流、价值流的集成，以缩短企业新产品的开发周期（T）、提高质量（Q）、降低成本（C）、改进服务（S）和改善环境（E），从而提升企业的市场的应变能力和竞争能力，与此相适应开发出一系列管理层软件，如ERP（Enterprise Resource Planning，企业资源计划）、MRP（Material Requirement Planning，物资需求计划）、MIS（Management Information System，管理信息系统）等，并越来越显示其巨大的经济效益。

现今计算机技术、网络技术和先进的控制技术相结合，已不再停留在理论和实验阶段。例如模糊控制、多变量控制、自适应和自寻优等先进控制算法已进入实践并用于DCS（Distributed Control System，集散控制系统）、PLC（Programmable Logic Controller，可编程逻辑控制器）等控制器中，而且这种趋势在加快。

互联网技术与自动化结合另一热点是公共数据库、局域网、互联网、无线技术等渗透控制系统使控制系统扁平化，实现了跨平台、跨地区的控制。西门子公司全集成自动化TIA（Totally Integrated Automation，完全集成自动化）的自动化新理念，施耐德公司推出的"协同自动化Collaborate Automation" "透明就绪Transparent Ready" "Unity自动化平台"新概念，以及罗克韦尔公司提出的全集成的EtherNet/IP等，这些自动化新理念使得自动化控制系统更完整，也更完美。

（二）集输站库生产自动化的发展趋势

油田集输站库自动化的建设优势明显，此举旨在实现油田集输系统所有集输站设备的

综合调控优化、参数与监测,达到参数的现场数据采集、自动高效优化运行、节能降耗、远程自动监控之目的;集参数监测、参数优化、参数自动调节、机泵自动匹配、自动切换、报警、记录、报表生成、打印、运行保护及运行设置(高级维护管理)于一体,从而准确、快速、高效、方便地实现集输站的自动化运行管理;创建油田集输系统数字化信息平台,实现远程数据共享及运行参数综合调控优化。

1. 平台数据网的建设

油田集输站库自动化平台数据网包括工作站和可扩展服务器,处理来自前置数据采集机的各个联合站及综合调控系统的数据,便于数据的处理和优化;采集的数据及时准确地传输到服务器,在由服务器完成相应数据和各工作站的互联,并通过服务器链接到油田局域网,实现数据共享,提高现代化管理水平。

2. 前置数据采集网的建设

油田集输站库自动化平台前置数据采集网主要负责收集来自各个集输站的所有监控参数的数据及将信息平台的命令传送至各联合站,采集方式为无线扩频通信数据采集方式。经过前置机对各联合站和其他参数系统的自动收集、判断、优化、处理数据中的伪码、误码、乱码等可能出现的传输错误等问题,自动打成数据传输包,传至信息平台服务器,由服务器传输到各个工作站进行单项数据处理及运行管理。

3. 现场数据采集网的建设

油田集输信息自动化平台数据采集网也就是各个集输站现场测控网的建设,其目的在于让负责联络各测控单元与相应测控点的数据传输;对每个调控对象进行优化运行控制,各调控单元独立运行,但运行模式受信息平台的指挥与设置,从而提高了整体系统可靠性;各站中控室主站通过现场四八五总线对各测控单元进行高级管理和运行监测,并由此采集到全站所有运行数据,监测整体系统运行,同时,通过主控机可实现报表、管理、历史数据查询等高层管理。

油田集输站库自动化的建设对油田集输系统的管理具有划时代的意义,也是新时代油田现代化管理的缩影,标志着油田集输系统管理已步入数智化时代。

二、集散控制系统

(一)集散控制系统的组成和特点

集散控制系统(Distributed Control System,DCS)又称集中分散控制系统,简称集散系统,也称分布式控制系统。它是利用计算机技术、控制技术、通信技术、图形显示技术实现过程控制和过程管理的控制系统,它以多台(数十台,甚至数百台)微处理机分散应用于过程控制,通过通信总线、CRT显示器、键盘、打印机等又能实现高度集中地操作、显示和报警。集散控制系统兼有常规模拟仪表和计算机系统的优点,克服了它们的不足。

1. 集散控制系统的组成

集散控制系统一般由四大部分构成。

1）过程输入/输出接口单元

过程输入/输出接口单元是数据采集站、监视站等，是为生产过程中的非控制变量设置的数据采集装置，它不但能完成数据采集和预处理，还可以对实时数据进一步加工处理，供 CRT 操作站显示和打印，实现开环监视。

2）过程控制单元

过程控制单元是控制器、控制站等，是 DCS 的核心部分，对生产过程进行闭环控制，可控制数个至数十个回路，还可以进行批量（顺序）控制。

3）CRT 操作站

CRT 操作站是 DCS 的人—机接口装置，除监视操作、打印报表外，系统的组态、编程也在操作站上进行。

4）高速数据通路

高速数据通路又称高速通信总线、大道、公路等，是一种具有高速通信能力的信息总线，一般采用双绞线或光纤维构成。有的 DCS 还挂有上位计算机，实现集中管理和最佳控制等功能。

DCS 基本构成如图 3-1-1 所示。

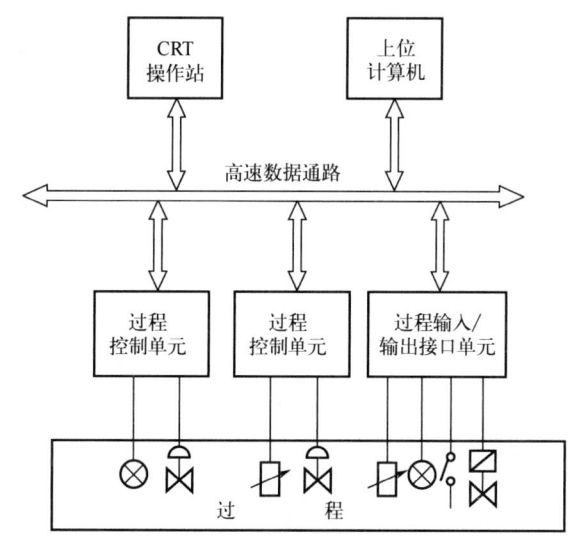

图 3-1-1 DCS 基本构成图

2. 集散控制系统的特点

集散控制系统为了达到集中管理和监控目的，使用了监控计算机，它能够存取系统中所有的数据和控制参数，能按要求打印综合报告，能进行长期的趋势分析以及最优化监控，具有特点如下：

（1）易于实现控制算法，如串级、前馈、解耦、多变量、非线性、最优等控制。

（2）系统易扩展，并且易于改变现有方案，只借助键盘，通过固化软件即可实现，便于进行科学实验和技术革新。

（3）易于实现程序控制。

（4）系统可靠性高。

(5) 多种画面的 CRT 显示和"智能"操作台，方便操作。
(6) 安装投资少，工作量时间缩短，工程期大大减少。

（二）集散控制系统的工作过程

集散控制系统工作时，首先是通过采样器测取被控装置各参数，再经过 A/D 转换器将模拟信号转换成数字信号，接着计算机将测量参数值与设定值进行比较，计算出输出值，输出值再经过 D/A 转换器将数字信号转换成模拟信号，转输到现场控制器，来调节被控装置的各参数，取样、转换、计算、调节形成连续循环的工作过程。

（三）集散控制系统功能

集散控制系统包括数据采集和存储、控制、报警、记录、显示的功能。

1. 数据采集和存储

系统能够检测数字和模拟两种信号，且操作者可随时中断模拟信号的采集，并能以固定量来代替该变量，最后将数据储存在存储器内，数字信号每秒最少采集一次，而模拟信号的采集时间按工艺要求进行设定。应对所测取参数的历史数据建立数据库，例如，数据库对所测取参数每 5s 存储一次读数，1h 保留数个读数，亦可读取每天的每小时平均值和累积值及每月的平均值和累积值。

2. 控制

控制可分为连续控制和顺序控制。

1）连续控制

指系统不间断地对生产过程进行控制。

2）顺序控制

系统根据设备的操作顺序及各项操作之间的关系来对生产过程进行控制。例如，加热炉的启炉和停炉，事故的联锁保护等过程均为顺序控制。

3. 报警

当系统出现下列情况时应有报警功能：

(1) 输入的模拟信号超出信号范围。
(2) 输入的模拟信号超出设定的高、低限值。
(3) 输入的模拟信号变化率超出限定范围。
(4) 输出的模拟信号超出高、低限幅值。
(5) 热电偶断路。
(6) 输入的数字信号为报警状态。
(7) 系统本身故障。

系统可将报警优先级分为：

(1) 紧急报警。
(2) 高限报警。
(3) 低限报警。
(4) 仅作日记。
(5) 没有作用。

4. 记录

系统定时自动存储或用打印机打印下列记录。

1）参数记录

（1）小时记录：每 1h 自动存储或打印一次参数值和累积值。

（2）班记录：每 8h 存储或打印一次参数平均值和累积值。

（3）日记录：每 24h 自动存储或打印一次参数平均值和累积值。

（4）月记录：每月自动存储或打印一次参数平均值和累积值。

2）报警记录

系统中发生任何一项报警时，计算机将自动记录储存，并可自动（或手动）启动打印机打印报警记录。报警记录的内容有：报警发生的设备（或参数）名称、原因、时间和日期。

3）操作者动作记录

操作者动作记录指改变系统控制参数、设备状态或流程的动作记录，内容包括改变控制参数（设备）的名称、原因、时间和日期。

5. 显示

系统中尽量使用汉字显示，并应具有下列显示项。

1）总貌显示

显示全部被测参数及工艺设备的状态。操作者可监视判断整个生产过程是否正常平稳。

2）组显示

组显示也称控制画面。总貌显示画面中的每一组，对应一个组显示画面，每个组显示画面最多显示 8 个 PID 控制回路，操作者可在组画面上根据生产需要对控制回路进行必要的操作。

3）点画面

点画面也称调整画面，组显示画面中每一个工位点，对应一个点显示画面，每幅点显示画面上可显示一个 PID 控制回路的全部信息，如给定值、测量值、输出值、偏差值、PID 参数值、控制模式、报警值、报警状态等。操作员可在点显示画面上对该 PID 控制回路的各种参数进行调整。

4）趋势显示画面

趋势显示画面是通过曲线来描述被测参数的变化。趋势显示画面可分为实时趋势记录和历史趋势记录两种。将实时趋势曲线存盘后，当需要时再调出来显示就成了历史趋势记录。每幅趋势显示画面应在同一坐标上，同时显示最少 4 个变量的变化趋势，可用不同颜色表示每个变量的变化趋势，趋势的回隔时间，根据需要来选择，一般有 1h、8h、24h 等。

5）流程图画面

流程图画面是由各种图形、颜色、文字和数据等组合来显示装置的运行状态和重要变量的实时值。除静止画面以外，还有颜色变化、闪光、图形和文字连续变化的动态画面，给操作员以直观形象的感觉。

6）报警显示画面

报警画面上显示发生报警的回路名称、工位号、报警状态、日期、时间等。在报警画面上，按时间序列显示，最近一次报警显示在首行。报警级别用不同的声响和闪光来提醒操作员。发生的报警在没有确认之前，应保持声响的闪光；报警确认后，声响停止并转为平光。报警点在没有恢复正常前都应同时显示。

7）操作指导画面

为了操作方便、安全，事先将各种操作程序信息储存在计算机内，实际操作时，以操作指导画面的形式显示出来；若操作员误操作，则系统不予确认并显示出错信息，从而保证安全操作。

（四）不同运行状况下对油气分离器的控制

1. 系统正常——运行平稳

操作者只需要监视各分离器液位和压力、温度，按操作规程进行常规操作。因为系统运行平稳，所以不需要操作者过多调节。

2. 系统异常——运行不平稳

操作者可以根据液位和压力变化的情况，调整系统操作。当系统报警图形变为红色并且开始闪烁时，提醒操作者有参数已偏离给定值。由于来液量不稳定，当油量过大过快时，控制回路的呼应时间较慢，操作者需要进行调节。调节前操作者可调用组显示图查看设定值、输出值及测量值（一般测量值与设定值相近），看到测量值已高于设定值，这时可在显示图上改变设定值或改自动为手动调节输出值，但油量平稳后要将设定值恢复原值，手动改为自动。当油量少时，为保证下游设备的平稳生产，可将自动改为手动调节输出值，正常后恢复自动。

3. 系统发生报警的处理

当报警发生时，操作者要迅速辨认和处理，确认报警后，若发生两个以上的报警，根据报警的优先级进行处理。例如，分离器一个高液位报警，一个超压报警，首先应判断出压力高是由何原因引起的，先查看高液位报警的情况进行处理，一般超压报警将会正常。若超压报警不能解除，再根据具体情况进行处理，最后将报警情况在打印机上打印出来。

第二节　自动监测仪表的使用与维护

一、温度监测仪表的使用与维护

温度是表征物体冷热程度的物理量，是集输生产中重要的热工参数之一。

（一）温度监测仪表分类

温度监测仪表按工作原理，可分为膨胀式温度计、压力式温度计、热电偶温度计、热电阻温度计和辐射高温计；按测量方式，可分为接触式和非接触式两大类。接触式的测温元件直接与被测介质接触，这样可以使被测介质与测温元件进行充分的热交换，而达到测温目的；非接触式的测温元件与被测介质不相接触，通过辐射或对流实现热交换来达到测温的目的。

（二）膨胀式温度计

1. 金属膨胀式温度计结构原理

金属膨胀式温度计的工作原理是基于金属线长度受冷热变化的影响会发生变化的原理。

金属膨胀式温度计有杆式、片式、螺旋式。其基本结构是由不同的两种金属组成。例如，双金属片为膨胀系数不同的两种金属片紧密粘合在一起而组成的温度传感元件，其一端固定在绝缘端子上，另一端为自由端，当温度升高时，由于两片金属温度膨胀系数不同，双金属片产生弯曲变形，当温度升高到一定值，双金属片的弯曲形变量增大到使金属片端部与片触点接触，信号灯亮，显示温度已升到设定值。

杆式双金属温度计外套管和管内杆为两种不同金属组成，杆材质的线膨胀系数大于管材质的线膨胀系数，杆的下端在弹簧的推力下与管封口端接触，杆的上端在弹簧的拉力作用下使杠杆与其保持接触，管上端固定在温度计外壳上。当温度上升时，由于管和杆的线膨胀系数不同，杆的伸长量大于管的伸长量，杆的上端向上移动，推动杠杆的一端，杠杆支点上的指针发生偏转，当温度计管内温度与被测温度平衡时，指针处在一稳定位置，指针所指示的刻度数字即被测温度值。

为了提高金属膨胀式温度计的灵敏度，常把双金属片做成直螺旋结构，螺旋金属片线度较长，其膨胀伸长量必然增大，则仪表灵敏度大大提高。

2. 金属膨胀式温度计特点

（1）结构简单，刻度清晰，抗振动性能好，价格便宜。

（2）量程范围较小，精确度不高，适用于对精确度要求不高的场合。

3. 金属膨胀式温度计安装

金属膨胀式温度计安装形式一般为螺纹连接。

温度计的安装位置应选择在被测介质温度变化灵敏、具有代表性和便于观察的地方。为了观察方便，轴向型双金属温度计宜选择在垂直工艺管道上安装；如果工艺管径较小，应采用扩径管；在管道上垂直安装时，温度取源部件轴线应与管道轴线垂直相交。径向型双金属温度计可安装在管道的弯肘处，在工艺管道拐弯处安装时，宜逆着物流流向，取源部件轴线应与工艺管道轴线相重合。

金属膨胀式温度计金属套管的端部应有一定自由空间。安装时，套管端部不可与管壁接触，更不允许对套管端部施加压力。

（三）压力式温度计

压力式温度计统称为温包温度计，是利用封闭于小容器内的气体、液体或饱和蒸气经热交换后，封闭容器内的工作介质的压力因温度的变化而变化，压力变化与温度之间存在一定比例关系。

压力式温度计内工作物质可以是气体（氮气）、液体（甲醇、二甲苯、甘油等）或低沸点液体的饱和蒸气（氯甲烷、氯乙烷、乙醚等），分别称为气体式、液体式、蒸气式温度计。

1. 压力式温度计结构原理

压力式温度计结构主要由温包、毛细管和压力表的弹簧管组成一个封闭系统。该封闭系统内充有工作介质，如气体式工作介质为氮气。温度计显示部分的结构与弹簧压力表相同。

压力式温度计测量物料温度时，其温包必须浸入被测物料之中，当温度发生变化时，温包内工作介质的压力因温度的变化而变化，其压力通过毛细管传至弹簧管，使弹簧管产生形变位移，形变位移量与温包内工作介质的压力（即被测物料的温度）有关，用压力式仪表间接测量被测物料的温度。

温包是传感部件，是与被测物料直接接触的元件，因此，温包的材质应具有较快的导热速度和能耐被测物料的腐蚀。温包材料一般选用热导率较大的材质，通常选用铜质材料，对于腐蚀性物料可选用不锈钢来制作。另外，为了防止化学腐蚀和机械损伤，也可以在温包外加设不锈钢保护套管，并在保护管与温包间隙内填充石墨粉、金属屑或高沸点油，以增大机械强度和保持较快的导热率。

毛细管是压力传导管，是由铜或钢拉制而成，为减小传递滞后和环境温度的影响，管子外径一般很细（为1.2mm），毛细管极易被器物击损或折伤，其外面通常用金属软管或金属丝编织软管加以保护。

2. 压力式温度计特点

（1）压力式温度计既可就地测量，又可在60m之内的其他地方测量。

（2）刻度清晰、价格便宜。

（3）因示值由毛细管传递，滞后时间长。另外毛细管机械强度较低，易损坏。

（4）易加工成各种温度开关（或温度控制器）。

3. 压力式温度计使用

（1）压力式温度计使用时温包应全部插入被测介质中，以减小因导热而引起的误差。

（2）毛细管应远离热源或冷源，千万不能与热源或冷源接触，毛细管不应打折，其最小弯曲半径不应小于50mm。

（3）压力式温度计的指示部分高度位置与温包一致，否则应进行调零修正，周围环境温度应稳定，且应避免强烈振动，以保证仪表指针指示的稳定性。

（四）热电阻温度计

1. 热电阻温度计结构原理

温敏感金属在不同的温度下，电阻会发生变化。如果在回路中通过电流，那么因为不同温度下温敏感金属的电阻不同，通过的电流也会不同，通过不同的电流换算出相应的温度，就可以测出被测点的温度。

热电阻温度计是生产过程中常用的一种温度计，常规检测系统由热电阻感温元件、显示仪表和连接导线组成。金属导体的电阻值随着温度的变化而变化，感温元件是用细金属丝均匀地绕在绝缘材料制成的骨架上。制造热电阻的材料需要大的温度系数，大的电阻率，稳定的化学、物理性质及良好的复现性。常用工业热电阻有：（1）铂电阻。（2）铜电阻。（3）其他热电阻，如铟电阻、锰电阻和碳电阻以及合金电阻等。

2. 热电阻温度计的特点

（1）精确度高、性能稳定。
（2）便于实施远距离测量和温度集中控制。
（3）感温元件存在传感滞后，连接导线线路电阻受环境温度变化影响。

3. 热电阻温度计使用

（1）热电阻和测量仪表的接线有二线制、三线制和四线制之分。在使用二线制的时候，由于热电阻和电测仪表之间有导线电阻，误差较大，因此所用的导线不宜过长，采用三线制或四线制，可以基本消除导线电阻的影响。

（2）热电阻所测量的温度，是它所占空间的平均温度。为了保证热电阻温度测量结果的准确性、可靠性，应将热电阻感温元件放置在被测介质的温度最高处，如果安装在管道上，则应将感温元件总长的1/2放置在最高流速的位置上。

（3）热电阻和测量仪表均应在检定合格后安装使用，并且要检查仪表面板上所标注的分度号是否与热电阻的分度号一致。

4. 热电阻温度计故障及处理

热电阻的常见故障是热电阻的短路和断路。一般断路更常见，这是因为热电阻丝较细所致。断路和短路是很容易判断的，可用万用表的"×1Ω"挡，如测得的阻值小于R_0，则可能有短路的地方；若万用表指示为无穷大，则可断定电阻体已断路。电阻体短路一般较易处理，只要不影响电阻丝的长短和粗细，找到短路进行吹干，加强绝缘即可。电阻体的断路修理必须要改变电阻丝的长短而影响电阻值，为此更换新的电阻体为好，若采用焊接修理，焊后要检验合格后才能使用。使用中常见的故障及处理如下。

1）故障现象
（1）显示仪表指示值比实际值低或示值不稳。
（2）显示仪表指示无穷大。
（3）阻值与温度关系有变化。
（4）显示仪表指示负值。

2）原因
（1）保护管内有金属屑、灰尘，接线柱间脏污及热电阻短路（水滴等）。
（2）热电阻或引出线断路及接线端子松开等。
（3）热电阻丝材料受腐蚀变质。
（4）显示仪表与热电阻接线有错，或热电阻有短路现象。

3）处理方法
（1）除去金属屑，清扫灰尘、水滴等，找到短路点，加强绝缘。
（2）更换电阻体，或焊接及拧紧接线螺栓等。
（3）更换电阻体（热电阻）。
（4）改正接线，或找出短路处，加强绝缘。

（五）热电偶温度计

1. 热电偶温度计原理

热电偶是工业上最常用的温度检测元件之一。其测温原理是将两种不同材料的导体或半导体 A 和 B 焊接起来，构成一个闭合回路，如图 3-1-2 所示。当导体 A 和 B 的两个接点 1 和 2 之间存在温差时，两者之间便产生电动势，因而在回路中形成一定大小的电流，这种现象称为热电效应。热电偶就是利用这一效应来工作的。

图 3-1-2 热电偶工作原理图

热电偶的一端将 A、B 两种导体焊在一起，置于温度为 t 的被测介质中，称为工作端；另一端称为自由端，放在温度为 t_0 的恒定温度下。当工作端的被测介质温度发生变化时，热电势随之发生变化，将热电势送入显示仪表进行指示或记录，或送入微机进行处理，即可获得温度值。

2. 热电偶温度计种类

常用热电偶温度计可分为标准热电偶和非标准热电偶两大类。所谓标准热电偶是指国家标准规定了其热电势与温度的关系、允许误差，并有统一的标准分度表的热电偶，它有与其配套的显示仪表供选用。非标准化热电偶在使用范围或数量上均不及标准化热电偶，一般也没有统一的分度表，主要用于某些特殊场合的测量。

3. 热电偶温度计特点

热电偶温度计具有如下特点：

（1）测量精度高，因热电偶直接与被测对象接触，不受中间介质的影响。

（2）测量范围广，常用的热电偶从 -50～1600℃ 均可连续测量，某些特殊热电偶最低可测到 -269℃（如金铁—镍铬），最高可达 2800℃（如钨—铼）。

（3）构造简单，使用方便。

4. 热电偶温度计结构要求

为了保证热电偶可靠、稳定地工作，对它的结构要求如下：

（1）组成热电偶的两个热电极的焊接必须牢固。

（2）两个热电极彼此之间应很好地绝缘，以防短路。

（3）补偿导线与热电偶自由端的连接要方便可靠。

（4）保护套管应能保证热电极与有害介质充分隔离。

（六）一体化温度变送器

一体化温度变送器是油田最常用的温度测量仪表。两线制一体化结构，可输出与量程范围内的温度呈线性关系的 4～20mA 的电流信号。由于变送器模块安装紧靠感温元件，因此消除了连接导线阻值产生的误差，所以信号传输距离长。变送器模块采用全密封结构，环氧树脂浇注，故耐潮、耐腐、抗震、抗干扰能力强。缺点是变送器模块坏了无法进行维修。

1. 一体化温度变送器工作原理

一体化温度变送器主要由两部分组成：热电阻和变送器模块。变送器模块内低温漂稳压管与低漂移运放构成了高稳定度稳压源,另一运放与量程微调电位器及电阻构成一个恒流源,与高稳定稳压源相配合使得流经热电阻的电流具有高稳定度。该电流经过热电阻产生的毫伏电压由差动运放放大后送入非线性转换器,使得热电阻的温度—电阻非线性曲线得到补偿。非线性转换器的输出信号与热电阻感受的温度值呈非常好的线性关系。该信号被送往运放及三极管构成的 V/I 转换器,变换成了 4~20mA 的直流电流信号。变送器模块上有两个对零点和量程起微调作用的精密微调电位器,用于零点及量程的校正。

2. 一体化温度变送器结构组成

一体化温度变送器在结构上只比热电阻多了一个变送器模块,一般由温度变送器模块、连接导线、架装仪表和显示仪表(或工控机)等组成。

3. 一体化温度变送器故障处理

当一体化温度变送器无输出信号或输出信号显示值不对时,首先检查一下变送器模块 24V 直流电是否送电,如没有,先送电;如有,则断电,检查一下热电阻是否有故障。如热电阻无问题,则检查变送器模块。用一精密电阻箱与变送器模块连上,再送电,检查其是否正常工作。使用中常见故障及处理如下。

1)故障现象

(1)无输出。

(2)输出值大。

(3)输出线性不好或抖动。

2)原因

(1)热电阻丝短路、变送器模块坏、变送器输出回路断线、线路接触不良。

(2)热电阻丝断路、线路连接有锈处、变送器模块故障、连接线路断路。

(3)产生输出线性不好或抖动的原因主要在变送器模块上。

3)处理方法

(1)检查热电阻丝短路、更换变送器模块、检查变送器输出回路并接通、检查线路接触不良的原因并处理。

(2)热电阻丝断路检查原因并处理或更换、处理线路连接锈蚀情况、检查处理变送器模块故障、查找接通连接线路。

(3)原因在变送器模块的,重新检验或更换变送器模块。

二、压力监测仪表的使用与维护

压力是指垂直作用在单位面积上的力,在物理概念上称为压强。测量气体或液体压力的工业自动化仪表为压力监测仪表,又称压力表或压力计。

(一)压力监测仪表的分类

压力监测仪表按测量原理分为液柱式、弹性式、活塞式、复合电气式等;按仪表功能用途分为就地指示、远距离显示、巡回检测、开关、接点等多种类型仪表。

还有许多用于特定介质的压力监测仪表,如氧气压力表、氨压力表、乙炔压力表、耐酸、耐碱压力监测仪表。

常用压力表外形尺寸有 ϕ100mm、ϕ150mm、ϕ200mm，气动仪表管路上常用 ϕ60mm。

(二) 压力监测仪表选择

(1) 根据工艺设备要求，选择压力表外壳直径。

① 为了便于操作和定期检查校验，工艺管网和机泵一般安装外壳直径为 100mm 压力监测仪表。

② 受压容器（加热炉、锅炉、缓冲罐、注水泵进出口管线等）及振动较大的部位，一般安装直径为 100~150mm 的压力监测仪表。

③ 控制仪表系统一般多采用直径为 60mm 压力监测仪表。

(2) 根据所测量的工艺介质压力要求，选择压力监测仪表量程。

正确选择压力表的量程，对压力表安全运行、免遭损坏和延长其使用寿命至关重要，因此压力表的最高测量范围值不得超过满量程的 3/4，按负荷状态的通性来说，压力表的测量范围在满量程的 1/3~2/3 之间时，其稳定性和准确性最高。

(3) 压力监测仪表按使用环境和被测介质性质选择，根据环境的腐蚀性强弱、粉尘状况、机械振动、介质的腐蚀性、黏度和安装场合防爆等级来选择合适的专用仪表。

(4) 对一般介质的测量，压力在 -40~40kPa 时，宜选用膜盒压力监测仪表。压力在 40kPa 以上时，宜选用金属膜片压力监测仪表。

(三) 膜式压力表

膜式压力表分膜片式压力表和膜盒式压力表两种。膜片式压力表用于测腐蚀性介质或非凝固、非结晶的黏性介质的压力，膜盒式压力表常用于测气体的微压和负压。它们的敏感元件分别为膜片和膜盒，其形状如图 3-1-3 所示。

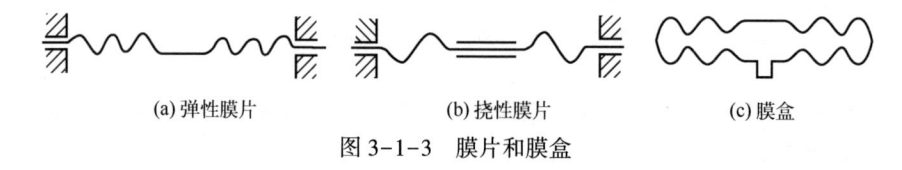

(a) 弹性膜片　　(b) 挠性膜片　　(c) 膜盒

图 3-1-3　膜片和膜盒

膜片是一个圆形薄片，它的圆周被固定起来。通入压力后，膜片将向压力低的一面弯曲，其中心产生一定的位移（即挠度），通过传动机构带动指针转动，指示出被测压力。为了增大中心位移量，提高仪表灵敏度，可以把两片金属膜片的周边焊接在一起，成为膜盒。甚至可以把多个膜盒串接在一起，形成膜盒组。

膜片可分为弹性膜片和挠性膜片两种。弹性膜片一般由金属制成，常用的弹性波纹膜片是一种压有环状同心波纹的圆形薄片，其挠度与压力的关系主要由波纹的形状、数目、深度和膜片厚度、直径决定，而边缘部分的波纹情况基本上决定了膜片的特性，中部波纹影响很小。挠性膜片只起隔离被测介质作用，它本身几乎没有弹性，是由固定在膜片上弹簧的弹力来平衡被测压力的。

膜盒式压力计的传动机构和显示装置在原理上与弹簧压力表基本相同，图 3-1-4 为膜盒式压力计的结构示意图。

膜式压力表的精度一般为 2.5 级。膜片压力表适用于真空或 $(0~6)\times 10^6$Pa 的压力测量，膜盒压力表的测量范围为 $(-4~4)\times 10^4$Pa。

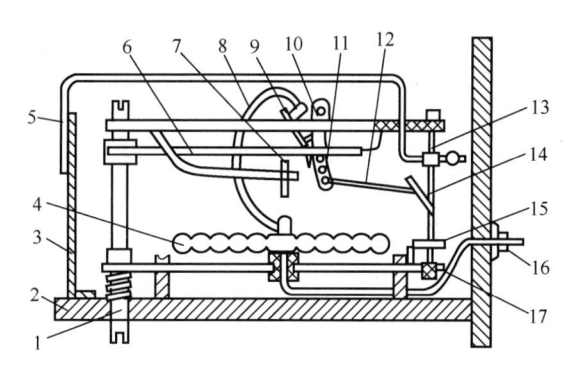

图 3-1-4 膜盒式压力计

1—调零螺杆；2—机座；3—刻度板；4—膜盒；5—指针；6—调零板；7—限位螺栓；8—弧形连杆；9—双金属片；10—轴；11—杠杆架；12—连杆；13—指针轴；14—杠杆；15—游丝；16—管接头；17—导压管

（四）电接点压力表

电接点压力表比一般压力表多了一个电接点装置，能够在设备超过预定压力时自动发出信号。电接点压力表有两个装有绝缘柱的上下限控制指针，分别借助游丝的反力矩与静触点的金属杆接触，静触点可随控制指针移动，转动安在玻璃盖外面的转钮，可以把两个控制指针固定在所选定的压力表刻度上。动触点和静触点各与相应接线柱连通，彼此又互相绝缘。根据压力变化，动触点随压力指针移动，当动、静触点相互接触时，电路连通信号指示器就会报警。

防爆型电接点压力表与一般电接点压力表的区别仅在于外壳不同。在使用中，当其内部的爆炸混合物因受火花和电弧的影响而发生爆炸时，所产生的热量不能顺利向外扩散，而只能沿着外壳上具有足够长的微小缝隙处缓慢地传到壳外，这时传到壳外的瞬时温度已不能点燃外界的爆炸物，从而达到防爆目的。

（五）压力变送器

1. 压力变送器工作原理

压力变送器一方面可以就地显示或指示现场压力值，另一方面可以将压力信号转换成标准的 4~20mA 直流电流值，送入值班室内仪表盘上二次仪表显示或工控机内显示。

被测压力通过隔离膜片和充灌液作用到测量膜片上，随着被测压力的变化，测量膜片产生与被测压力成比例的微小位移，这个位移使得原来与固定电极构成对称的电容量发生变化。电容量的变化通过转换部件的测量电路转变成电压力信号，经运算放大后，输出与被测压力呈线性关系的 4~20mA 的直流电流信号。

2. 压力变送器特点

油田常用的压力变送器主要分为两种，即普通模拟型和智能型。

普通模拟型变送器主要特点：

（1）结构简单，它是基于微位移检测和转换技术的变送器，因此体积小，重量轻。

（2）精度一般，通常为 0.25 级，基本能够满足油田生产的需要。

（3）测量范围比较宽，最大负迁移为最小调校量程的 600%，正迁移为最小调校量程的500%。

(4) 变送器为两线制，安装、调整、使用方便。

(5) 与智能型仪表相比价格便宜。

智能型变送器，就是指变送器内装有微处理器，可以在手持终端（编程器）上进行组态，设定仪表的零点和改变量程，显示仪表的工作状态，能自动诊断故障，并能和相同通信协议的设备进行数字通信。它的主要特点是：

(1) 检测部件采用微机械电子加工技术、超大规模的专用集成电路和表面安装技术，因此体积小、线性好、稳定性高、可靠性强。

(2) 精度高，一般为0.1级。

(3) 测量范围宽，量程比达40、50、100。

(4) 可以在手持通信器上远程设定、修改仪表的零点和量程。

3. 压力变送器故障处理

1) 故障现象

(1) 无输出。

(2) 输出过大。

(3) 输出不稳定。

2) 产生原因

(1) 无输出的原因：导压管的阀门没有打开或导压管堵塞；电源电压过低；仪表输出回路断路；仪表内部接通；插件接触不良、内部电子元器件故障。

(2) 输出过大的原因：导压管内有残余物；输出导线接反或接错、检测膜片有卡阻；仪表量程小；仪表内部接通；插件接触不良、内部电子元器件故障。

(3) 输出不稳定的原因：导压管内有残存的液体或气体；被测介质本身的脉动现象；供电电压不稳；输出回路有接触不良或短路现象；仪表内部接通；插件接触不良、内部电子元器件故障。

3) 处理方法

(1) 无输出的处理：打开阀疏通导压管；将电源电压调整到工作允许范围内；接通输出回路；查找处理仪表内部接通；更换新电路板或根据仪表电路图查找故障。

(2) 输出过大的处理：排出导压管内的残余物；检查处理输出导线和检测膜片；重新调整仪表量程；查找处理仪表内部接通；更换新电路板或根据仪表电路图查找故障。

(3) 输出不稳定的处理：排出导压管内的液体或气体；调整表内阻尼，消除影响；调整供电电压，使其稳定输出；检查处理输出回路和仪表内部；更换新电路板或根据仪表电路图查找故障。

（六）压力开关

压力开关也称为压力控制器，具有结构简单、触点容量大等优点，在管道系统中的使用日趋普遍。

其基本结构如图3-1-5所示。压力开关主要由弹性元件、微动开关和压力设定弹簧三个部分所组成。具体工作过程：当被测压力 p 低于由压力设定弹簧3产生的压力时，波纹管不能产生向上的膨胀位移，这时微动开关5的触点C与触点NO接通；当被测压力 p 高于由压力设定弹簧产生的压力时，被测介质通过压力开关接头 1 进入波纹管 2，波纹管膨胀，其上部端面产生向上位移，并带动顶针 4 使微动开关的触点状态发生转变，即触点 C 和触点 NO 断开，与触点 NC 接通。

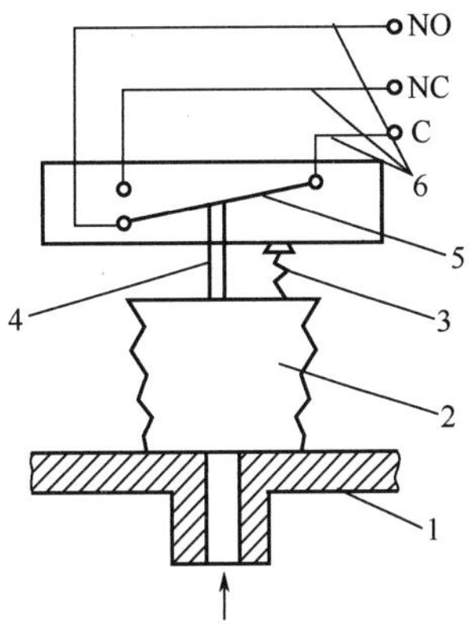

（七）压力监测仪表的校验

校验是指将被校压力监测仪表和标准压力表通以相同的压力，比较它们的指示数值。所选择的标准表其绝对误差一般应小于被校表绝对误差的 1/3，所以它的误差可以忽略，认为标准表的读数就是真实压力的数值。如果被校表对于标准表的读数误差不大于被校仪表的规定误差，则认为被校仪表合格。用标准表比较法校验压力监测仪表时，一般校验零点、满量程和 25%、50%、75% 三点。常用的校验仪器是活塞式压力计。

图 3-1-5 压力开关工作原理示意图
1—压力开关接头；2—波纹管；3—压力设定弹簧；4—顶针；5—微动开关；6—外引电线

（八）压力监测仪表的校正或停用情况

压力监测仪表出现下列情况必须校正或停用：
（1）压力零点或量程飘移必须校正。
（2）表面或本体有损伤的必须停用。
（3）无有效合格证和检定证书的必须停用。
（4）漏气（液）或显示跳动的必须校正或停用。
（5）经检定不合格的必须停用。

三、流量监测仪表的使用与维护

流量是集输过程中的一个重要参数，流量就是单位时间内流经某一截面的流体数量。流量可用体积流量和质量流量来表示，其单位有 m^3/h、L/h 和 kg/h 等。

流量计是测量流体流量的仪表，它能指示和记录某瞬时流体的流量值；计量表（总量表）是指测量流体总量的仪表，它能累计某段时间间隔内流体的总量，即各瞬时流量的累加和，如水表、煤气表等。

（一）流量仪表的分类

工业上常用流量计种类很多，按其被测流体状态分类，有单相流和多相流。按其测量原理分类，大致可分为以下几类。

1. 容积式流量计

容积式流量计是出现最早的一种流量计，它是利用液体本身的动力推动仪表的部件转动，利用仪表中某一标准体积连续地对被测介质进行称量，最后根据标准体积计量的次数，计算出流过流量计的介质的总容积。它主要用于累计流体的体积总量。这类仪表的测量精度很高,一般可以达到±0.5%左右,有的还要高一些,而流体的密度和黏度变化对精度影响不大。但是,由于流体内存在转动部件,要求介质纯净,不含机械杂质,以免使转子磨损或卡住,使测量精度降低或损坏仪表。比较常见的容积式流量计有椭圆齿轮流量计、腰轮流量计、刮板流量计、活塞流量计等。

2. 差压式流量计

差压式流量计即节流流量计,是利用安装在管道中的节流装置(如孔板、喷嘴、文丘里管等),使流体流过时,产生局部收缩,在节流装置的前后形成静压差。该压差的大小与流过的流体的体积流量一一对应,利用压差计测出压差值,即间接地测出流量值。由于这类流量计的结构简单、价格便宜、使用方便,是用来测量气体、液体和蒸汽流量的常用流量仪表。

3. 速度式流量计

速度式流量计是采用直接或间接测量流体平均速度的方法测量流体的流量。速度式流量计有靶式流量计、电磁流量计、涡轮流量计、超声波流量计、漩涡式流量计及垫式流量计等。

4. 质量式流量计

质量式流量计是测量所经过的流体质量。此类流量计有惯性力式质量流量计、推导式质量流量计等。采用这种测定方式,被测流体流量不受流体的温度、压力、密度、黏度等变化的影响。

5. 其他流量计

除上述几类流量计外,还有利用相关技术测量流量的流量计及激光多普勒流量计等。

(二)容积式流量计

容积式流量测量是采用固定的小容积来反复计量通过流量计的流体体积。所以,容积式流量计内部必须具有构成一个标准体积的空间,通常称其为"计量空间"或"计量室"。这个空间由仪表壳的内壁和流量计转动部分一起构成。

流体通过流量计,就会在流量计进出口之间产生一定的压力差。流量计的转动部分在这个压力差作用下将产生旋转,并将流体由入口排向出口。在这个过程中,流体一次次地充满流量计的"计量空间",然后又不断地被送往出口。在给定流量计条件下,该计量空间的体积是确定的,只要测得转子的转动次数,就可以得到通过流量计的流体体积的累积值。

容积式流量计的种类很多,测量液体的有椭圆齿轮式、腰轮式、旋转活塞式、刮板式等;测量气体的有腰轮式、皮囊式、湿式气体计量表等。湿式气体计量表主要用来测量家用煤气或其他不溶于水的气体的体积流量总量。集输常用的有椭圆齿轮流量计、腰轮流量计、刮板流量计等。

1. 椭圆齿轮流量计

椭圆齿轮流量计是一种测量液体总量(容积)的仪表。特别适合于测量黏度较大的纯净(无颗粒)液体的总量。它的主要优点是精度高,可达±(0.3%~0.5%),但加工复杂、成本高,而且齿轮容易磨损。

1) 椭圆齿轮流量计工作原理

椭圆齿轮流量计的测量部分是由两个互相啮合的椭圆形齿轮、轴和壳体（它与椭圆齿轮构成计量室）等组成。它的测量原理如图 3-1-6 所示。当被测流体流过椭圆齿轮流量计时，它将带动椭圆齿轮旋转，椭圆齿轮每旋转一周，就有一定数量的流体流过仪表，只要用传动及累积机构记录下椭圆齿轮的转数，就能知道被测流体流过仪表的总量。

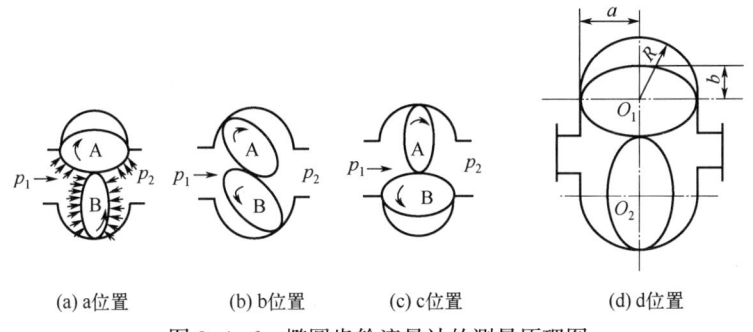

(a) a位置　　(b) b位置　　(c) c位置　　(d) d位置

图 3-1-6　椭圆齿轮流量计的测量原理图

当流体流过齿轮流量计时，因克服仪表阻力必将引起压力损失而形成压力差 $\Delta p = p_1 - p_2$，p_1 为入口压力，p_2 为出口压力。在此 Δp 的作用下，图 3-1-6(a) 中的椭圆齿轮 A 将受到一个合力矩的作用，使它绕轴作顺时针转动，而此时椭圆齿轮 B 所受到的合力矩为零。但因两个椭圆齿轮是紧密啮合的，故椭圆齿轮 A 将带动 B 绕轴作逆时针转动，并将 A 与壳体之间月牙形"计量空间"内的介质排至出口。显然，此时 A 为主动轮，B 为从动轮。当转至图 3-1-6(b) 所示的中间位置时，齿轮 A 与 B 均为主动轮。当再继续转至图 3-1-6(c) 所示位置时，A 轮上的合力矩降为零，而作用在 B 轮上的合力矩增至最大，使它继续向逆时针方向转动，从而也将 B 齿轮与壳体间月牙形"计量空间"内的介质排至出口。显然这时 B 为主动轮，A 为从动轮，这与图 3-1-6(a) 所示的情况刚好相反。齿轮 A 和齿轮 B 就这样反复循环，相互交替地由一个带动另一个转动，将被测介质以月牙形"计量空间"的容积为单位，一次一次地由进口排至出口。图 3-1-6 表示了椭圆齿轮转过 1/4 周的情形，在这段时间内，仪表仅排出了体积量为一个月牙形容积的被测介质。所以，椭圆齿轮每转一周所排出的被测介质量为月牙形"计量空间"容积的 4 倍，因而从齿轮的转数便可以计算出排出介质的数量。由图 3-1-6(d) 可知，通过流量计的体积总量 V 为：

$$V = 4nV_0 = 4n\left(\frac{1}{2}\pi R^2 - \frac{1}{2}\pi ab\right)\delta = 2\pi n(R^2 - ab)\delta \tag{3-1-1}$$

式中　n——椭圆齿轮的旋转次数；

　　　V_0——椭圆齿轮与壳体间形成的月牙形"计量空间"的体积；

　　　R——计量室的半径；

　　　a, b——椭圆齿轮的长半轴和短半轴；

　　　δ——椭圆齿轮的厚度。

椭圆齿轮流量计的精度直接取决于齿轮缘和壳体之间的泄漏量。这就要求间隙不能大，加工精度严格。同样可以理解，黏度越大，泄漏量越小，测量精度也就越高。

2）椭圆齿轮流量计的安装要求

（1）椭圆齿轮流量计安装，应在流量计的上游侧加设过滤器，滤去被测介质中的杂质。

（2）椭圆齿轮流量计宜装在水平管道上，管道应设旁路，并在仪表的上、下游侧和旁路管道上设置切断阀，以便于不停车时对过滤器进行拆卸清洗。

（3）安装仪表前，管道应清洗干净。

（4）仪表安装方向应注意仪表壳体上的箭头方向，箭头方向必须与流体流向一致。

（5）仪表在水平管道上安装，应将仪表指示刻度盘面处于垂直方位并便于观察的方向，仪表在垂直管道上安装时，管道内流体流向应自下而上。

（6）如果被测液体内含有气体时，应在仪表前增设气体分离器。

（7）工艺管道吹扫之前必须拆卸下仪表和过滤器，吹扫合格后重装。

2. 腰轮流量计

腰轮流量计又称罗茨流量计，测量流量的基本原理和椭圆齿轮流量计相同，只是轮子的形状略有不同，如图3-1-7所示。两个轮子不是互相啮合滚动进行接触旋转，轮子表面无牙齿，它是靠套在伸出壳体的两根轴上的齿轮啮合的，图3-1-7展示了轮子的转动情况。

腰轮流量计除了能测量液体流量外，还能测量大流量的气体流量。由于两个腰轮上无齿，所以对流体中的固体杂质没有椭圆齿轮流量计那样敏感。

3. 刮板流量计

刮板流量计也是一种常见的容积式流量计。在这种流量计的转子上装有两对可以径向内外滑动的刮板，转子在流量计进、出口差压作用之下转动，每转一周排出4份"计量空间"流体体积量。因此，只要测出转动次数，就可计算出排出流体的体积。

常见的凸轮式刮板流量计结构如图3-1-8所示。图中壳体内腔是一圆形空筒，转子也是一个空心圆筒形物体，径向有一定宽度，径向在各为90°的位置开4个槽，刮板可以在槽内自由滑动，四块刮板由两根连杆连接，相互垂直，在空间交叉。在每一刮板的一端装有一小滚珠，4个滚珠均在一固定凸轮上滚动使刮板时伸时缩，当相邻两刮板均伸出至壳体内壁时，就形成一"计量空间"的标准体积。刮板在计量区段运动时，只随转子旋转而不滑动，以保证其标准容积恒定。当离开计量区段时，刮板缩入槽内，流体从出口排出。同时，后一刮板又与其相邻的另一个刮板形成第二个"计量空间"，同样动作。转子转动一周，排出4份"计量空间"体积的流体。

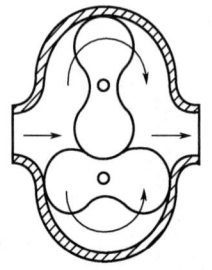

图3-1-7 腰轮式容积流量计　　图3-1-8 凸轮式刮板流量计

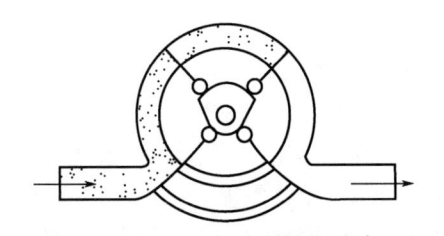

4. 旋转活塞流量计

旋转活塞流量计又称环形活塞或摆动活塞流量计，其结构原理如图3-1-9所示。将一开口的环形旋转活塞7插入外圆筒6的内壁和内圆筒5的外壁所形成的环形区间中。在内外圆筒间有一固定隔板2，隔板左边是流量计进口1，隔板右边是流量计出口3。在未安装旋转活塞前，进口与出口是相通的。安装旋转活塞后，进口与出口就被旋转活塞和隔板隔开。在流量计进出口流体差压的作用下，旋转活塞7的中心轴4只能绕着内圆筒5沿箭头方向旋转，故旋转活塞在环形区间中只能摆动旋转，而不是真正的旋转。

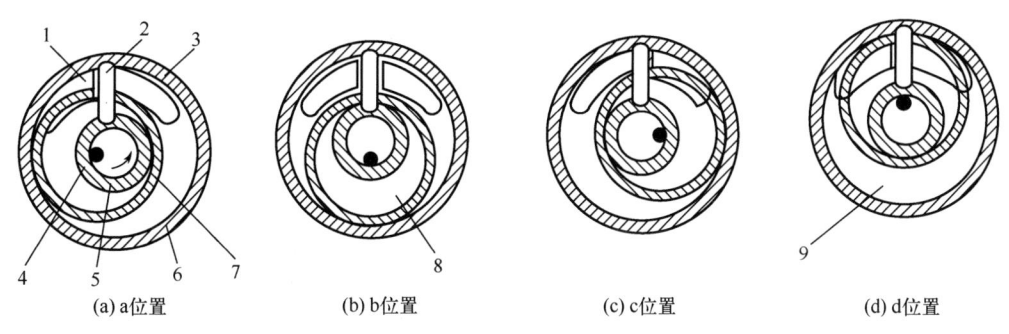

图3-1-9 旋转活塞流量计原理
1—进口；2—固定隔板；3—出口；4—轴；5—内圆筒；6—外圆筒；7—旋转活塞；
8—内侧计量室；9—外侧计量室

如图3-1-9(a)所示状态，由旋转活塞7的外侧、外圆筒6内侧以及7的内侧和内圆筒5外侧构成的空间与流量计进口相通。在进口流体压力作用下，旋转活塞7沿箭头方向旋转。旋转到图3-1-9(b)所示状态时，7的内部空间充满流体，并与流量计进出口都不相通，形成一个密封的"斗"空间，即内侧计量室8。此时旋转活塞7的左右外侧分别与流量计进出口相通，在进出口流体差压作用下，旋转活塞7将沿箭头方向继续旋转。到图3-1-9(c)所示状态时，内侧计量室中的流体已开始排向流量计出口。当继续旋转到图3-1-9(d)所示状态时，7的外部空间充满流体，并与流量计进出口都不相通，形成另一密封"斗"空间，即外侧计量室9。此时，旋转活塞7的左右内侧分别与流量计进出口相通，在进出口流体差压作用下，旋转活塞7将沿箭头方向继续旋转而回到图3-1-9(a)所示状态，并开始将外侧计量室中的流体排出流量计。

当旋转活塞7贴着外圆筒内壁面旋转摆动一周，就有一个内侧计量室和一个外侧计量室的流体体积排向流量计出口，因此，只要将轴4的旋转通过齿轮机构传递到流量计指示机构就可实现流量的计量。

旋转活塞式容积流量计具有流通能力较大的优点，它的不足是工作过程中会有一定的泄漏，所以准确度较低。

5. 容积式流量计的特点及使用要求

容积式流量计的特点是精度高、量程宽（可达10∶1）、可测小流量、受黏度等因素变化影响较小，而且对前面的直管段长度没有严格要求。但对于大流量的检测来说成本高、质量大、维护不方便。

使用容积式流量计应注意以下几点：

（1）选择容积式流量计，虽然没有雷诺数的限制，但应该注意实际使用时的测量范围，必须是在此仪表的量程范围内，不能简单地按连接管尺寸去确定仪表的规格。

（2）为了保证运行部件的顺利转动，器壁与运行部件间应有一定的间隙，流体中如有尘埃颗粒会使仪表卡住，甚至损坏。为此，在流量计前必须要装过滤器（或除尘器）。

（3）由于各种原因，可能使进入流量计的液体中夹杂有少量气体，为此，应该在流量计前设置气体分离器，否则会影响仪表检测精度。

（4）用不锈钢、聚四氟乙烯等耐腐蚀材料制成的椭圆齿轮流量计，可用来测有腐蚀性的介质流量。当被测介质易凝固易结晶时，仪表应加装蒸汽夹套保温。

（三）节流流量计（差压式流量计）

节流流量计由节流装置、信号管路、差压计及显示仪表组成。节流流量计是应用广泛的一种流量仪表，主要是由于它结构简单、安装方便、实验数据可靠性高、不需要单独标定，其准确度可达±1%。与其配套的差压计的压差系列较全，可实现流量的指示记录、积算、远传和调节等，但安装技术要求严格，测量范围窄，压力损失大。

1. 节流流量计工作原理

当充满圆管的单相连续流体流经节流件时，由于节流件的截面比管道截面小，使流体流通面积突然缩小，在压力作用下，流体的流速增大，挤过节流孔形成流束收缩。在挤过节流孔后流速由于流通面积的变大和流束扩大而降低，因此，在节流件前后的管壁处的流体静压力产生压差。流过的流量越大，产生的压差越大，因此，可通过测量压差来度量流体流量的大小。

2. 流量测量用标准节流装置

节流装置包括节流件、取压装置和前后测量管。节流件的形式有十几种，可分为标准节流件和特殊节流件两大类，标准节流件有标准孔板、标准喷嘴和标准文丘里管等。这些标准节流件的试验数据较可靠、较完整，因而应用也最广泛，标准节流件可以根据计算结果制造和使用，不必用实验方法单独标定。特殊节流件用于特殊要求的流量测量中，特殊节流件实验数据不够充分，只能作为估算，要准确测量还应该应用实验方法单独标定，否则会有较大误差。

3. 标准节流装置的适用条件

标准节流装置仅适用于圆管流，并且流体充满管道和连续地流过管道。

流体必须是牛顿流体，即作用在流体上的切向应力与由它引起的速度梯度之间存在线性关系的流体。流体流经节流装置时不应发生相变，并且流体的流量不随时间的变化而变化或变化非常缓慢，因此，不适用于脉动流和临界流的流量测量。

流体流经节流装置前，流束必须与管道轴线平行，不得有旋转流，流体的流动必须形成典型的充分发展的紊流速度分布。

4. 标准节流装置的适用范围

角接取压标准孔板适用于管道内径为50～1000mm，直径比为0.22～0.80，雷诺数 Re 的范围为 $5×10^3 \sim 1×10^7$。

法兰取压标准孔板适用于管道内径为50～750mm，直径比为0.10～0.75，雷诺数 Re

的范围为 $1\times10^4 \sim 1\times10^7$。

标准喷嘴适用于管道内径为 50~500mm，直径比为 0.32~0.80，雷诺数 Re 的范围为 $2\times10^4 \sim 1\times10^7$。

(四) 速度式流量计

1. 涡轮流量计

涡轮流量计由涡轮流量变送器、前置放大器以及流量指示积算仪组成。

1) 涡轮流量计工作原理

涡轮流量计的工作原理分变送器与流量指示积算仪两部分介绍。

(1) 变送器的工作原理：当流体轴向流经变送器时，流体的能量作用在叶轮螺旋形叶片上，驱使叶轮旋转，由磁性材料制成的小叶片通过固定在壳体上的磁电感应转换器中的永久磁铁时，由于磁路中的磁阻发生周期性变化，从而在感应线圈内产生脉动电信号，该信号近似于正弦波的脉冲，在测量范围和一定的黏度范围内时，频率与流体的体积流量成比例。

(2) 流量指示积算仪的工作原理：当被测流体流经变送器时，变送器即有微弱的脉冲信号输出。该信号经前置放大器放大后输出到流量指示积算仪输入回路，输入信号经灵敏度调节电位器调到适当的幅度，送入负反馈放大器进一步加以放大，再次放大后的信号经过整形电路整形成前后沿陡峭的矩形脉冲，然后输送到单位换算单元进行运算计数，累计出流体总量。

2) 涡轮流量计安装、使用及维护

涡轮流量计的变送器必须水平安装，应注意箭头指向和流体流向一致；前后直管段口径应与变送器口径一致。变送器前直管段长度应大于或等于 20 倍的变送器口径，后直管段长度应大于或等于 15 倍的变送器口径。变送器前应安装过滤器，且可安装整流器。凡测易汽化的液体时，应安装消气器，流量调节阀应置于变送器下游处，减少来自上游的流场干扰，以利于流量的稳定调节。压力表可设置在变送器的进口或出口处，温度计设置在变送器的下游处，前后直管段及连接处不准有凸出物伸入管道内，管道与变送器要同心安装。

前置放大器信号传输电缆应采用屏蔽电缆，且不能与动力线接近，也不能平行布线，不能放在一个线管内。

在进行管道清洗时，可使清洗液通过旁路，而不让它进入涡轮流量计，以免损坏轴承。在测量低温液化气时，应除去管道和涡轮流量计内的水分和油分。

在接通电源之前，要检查布线是否正确，检查电源电压是否正常。接上电源后，当流体还未流动时，要保证前置放大器无脉冲信号输出。在启动时，首先把旁路阀全开，接着把涡轮流量计下游的阀慢慢打开，然后慢慢打开下上游阀，全开之后，再慢慢关闭旁路阀。若无旁路阀时，可缓慢打开上游阀，再慢慢打开下游阀，不要使涡轮的旋转速度过大。

涡轮叶片的磁化会对信号产生电压调制，是出现误差的原因之一，必须在组装前对涡轮完全去磁。

2. 电磁流量计

1) 电磁流量计工作原理

电磁流量计的工作原理是基于法拉第电磁感应定律。定律要点是导体在磁场中做切割磁力线方向运动时，导体受磁场感应产生感应电动势 E（即发电机工作原理）。传感器测量通道内的磁场是由安装在测量通道外壳壁上的励磁线圈在励磁电流作用下产生的交变磁场。检测元件为两根电极棒，分别安装在传感器壳体两侧的棒孔部位，且两极棒各有一端在传感器通道内壁处，与通道内流体保持良好的电气接触。

当导电流体流经传感器通道时，导电流体流向垂直于磁力线方向，流体流动时切割磁力线，在导电流体中有感应电动势 E 产生，感应电动势与流体的平均流速成正比关系，所以说电磁流量计属测速式流量计。流体所感应的电动势由两支与液体接触的电极检出，并传送至转换器，由转换器完成信号放大，并转换成标准的输出信号输送至显示器和累计单元。

电磁流量计的特性与被测介质的物性和压力、温度无关，电磁流量计经出厂前校准后，在测量导电性介质的流量时，所测得的体积流量示值无须进行修正。

2）电磁流量计的特点

（1）电磁流量计的传感器结构简单，测量管内没有可动部件，也没有任何阻碍流体流动的节流部件，所以流体通过流量计时无压力损失。

（2）可测量脏污介质、腐蚀性介质及悬浊性液固两相流的流量。这是因为仪表测量管内无阻碍流动的部件，与被测流体接触的只是测量管内衬和电极，其材料可根据被测流体的性质来选择。如用聚三氟乙烯或聚四氟乙烯作内衬，可测各种酸、碱、盐等腐蚀性介质；采用耐磨橡胶作内衬，就特别适合测量带固体颗粒、磨损较大的矿浆、水泥浆等液固两相流以及各种带纤维液体和纸浆等悬浊液体。

（3）电磁流量计是一种体积流量测量仪表，在测量过程中，它不受被测介质温度、黏度、密度的影响。因此，电磁流量计只需经水标定后，就可以用来测量其他导电性液体的流量。

（4）电磁流量计的输出只与被测介质的平均流速成正比，而与对称分布下的流动状态（层流或紊流）无关。所以电磁流量计的量程范围极宽，其测量范围度可达 100∶1。

（5）电磁流量计无机械惯性，反应灵敏，可以测量瞬时脉动流量，也可测量正反两个方向流量。

（6）工业用电磁流量计的口径较宽，从几毫米一直到几米，国内已有口径达 3m 的实验流量检验设备。

电磁流量计也存在一定不足。不能用来测量气体、蒸汽以及含有大量气体的液体；不能用来测量电导率很低的液体介质，如石油制品或有机溶剂等；普通工业用电磁流量计由于受测量管内衬材料和电气绝缘材料限制，不能用于测量高温介质；如未经特殊处理，也不能用于测量低温介质，以防止测量管外结露破坏绝缘；电磁流量计易受外界电磁干扰的影响。

3）电磁流量计安装和使用要求

要保证电磁流量计的测量精度，正确的安装使用是很重要的。一般要注意以下几点：

（1）变送器应安装在室内干燥通风处，避免安装在环境温度过高的地方；不应受强烈振动，尽量避开有强烈磁场的设备，如大电动机和变压器等；避免安装在有腐蚀性气体的场合；安装地点便于检修，这是保证变送器正常运行的环境条件。

（2）为了保证变送器测量管内充满被测介质，变送器最好垂直安装，流向自下而上，尤其对于液固两相流，必须垂直安装。若现场只允许水平安装，则必须保证两电极处在同一水平面。

（3）变送器两端应装阀门和旁路管道。

（4）电磁流量变送器的电极所测出的几毫伏交流电动势，是以变送器内液体电位为基准的。为了使液体电位稳定并使变送器与流体保持等电位，以保证测量信号稳定，变送器外壳与金属管两端应有良好的接地，转换器外壳也应接地。不能与其他电气设备的接地线共用。

（5）为了避免干扰信号，变送器和转换器之间信号必须用屏蔽导线传输，不允许把信号电缆和电源线平行放在同一电缆钢管内。信号电缆长度一般不得超过30m。

（6）转换器安装地点应避免交、直流强磁场的振动，环境温度为-20~60℃，不含有腐蚀气体，相对湿度不大于80%。

（7）为了避免流速分布对测量的影响，流量调节阀应设置在变送器下游。对小口径变送器来说，因为电极中心到流量计进口端的距离相当于好几倍直径 D 的长度，所以对上游直管段可以不做规定。但对大口径流量计，一般上游应有 $5D$ 以上的直管段，下游一般不做直管段要求。

3. 涡街流量计

涡街流量计也称为旋涡流量计或卡门涡街流量计。涡街流量计的特点是：压力损失小，精确度较高，量程范围大，仪表工作特性不受流体压力、温度、黏度、密度的影响，也不受工艺管道口径的限制，适合于洁净气体、蒸汽和液体流量的测量。低流速和黏度高的液体不宜选用涡街流量计。

1）涡街流量计工作原理

涡街流量计工作原理是基于流体振动原理，以流体旋涡发生的频率与流体流速的关系作为流量检测信息。流体产生振动的原因比较多，旋涡振动是流体振动的一种形式。就目前所采用的流量计，主要有两种类型，一种是使流体产生自然振动的涡街流量计，另一种是使流体产生强制振动的旋进式旋涡流量计。

流体在一定的流速下平稳有序地流动，当流体在流动的途径中受到一个非流线型障碍物的阻挡，流体自然分开，从障碍物两侧流过，并产生两行旋涡列，旋涡不断地产生，又不断地随着流径慢慢消失，旋涡的产生与消失有一定的规律性，两列旋涡并非对称性产生，旋涡一会儿在障碍物左侧发生，一会儿在障碍物右侧发生，两行旋涡旋转方向相反，这种现象称为卡门涡列现象。

如图3-1-10所示，流体在旋涡发生体两侧产生自然旋涡，流体流经发生体，产生压力波动，安装于探头上的压电晶体对压力波动变化十分敏感，将感受到交变压力转换成交变电荷，该交变电荷信号很弱，经仪表电子部件检出放大处理后，以频率信号输出。涡街流量计的旋涡发生体和检测元件部分合称为传感器。传感器将频率信号传输给转换器，由转换器将频率信号转换成4~20mA DC 标准信号或脉冲信号，并将该信号传输给显示、记录、累计器等仪表，完成对流体流量的测量和累计。

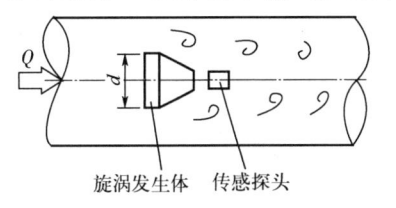

流体在一定的流动状况下，旋涡的发生频率与流体

图3-1-10 涡街流量计工作原理图

平均流速成正比，与流体密度、黏度、压力、温度无关。

2) 涡街流量计的结构

涡街流量计的结构一般有两种形式：一种是一体化结构型，集传感、转换、显示于一体，可实现就地显示和远传；另一种是分体型，涡街流量计分体为传感器、转换器两部分。分体型传感器结构有的是自带测量通道，以法兰短管形式与管道连接，对于较大口径流量计，通常就不带测量通道。

（五）更换安装流量计

(1) 准备校验好的流量计。

(2) 开旁通阀门，关流量计进出口阀门，开放空阀门泄压。

(3) 记录原流量计底数。

(4) 拆卸需更换流量计。

(5) 清理管线法兰端面及水线，涂抹黄油，加密封垫片。

(6) 按介质流动方向安装流量计，对角紧固流量计接口螺栓。

(7) 记录流量计底数。

(8) 关放空阀门，缓开出口阀门试压。

(9) 开大流量计出口阀门及进口阀门，关闭旁通阀门，投入运行。

四、液位监测仪表的使用与维护

在生产过程中，把容器中存放的液体表面位置称为液位；把固体堆放一定高度的表面位置称为料位；两种互不相容、密度又不相同物质的相交处位置称为界位或界面。液位、料位和界面总称为物位。这里主要介绍液位和界位测量仪表。

工业上所采用的液位计种类很多，按其工作原理分为直接式、浮力式、静压式、超声波式和辐射式等多种。

（一）浮力式液位计

浮力式液位计是一种应用较为广泛，种类、型号较多的液位测量仪表。测量方式为接触式，适用于大型储槽、开口或封闭式储槽、储罐和储液池的液位连续测量和位式测量。

1. 恒浮力式液位计工作原理

恒浮力式液位计的浮子（浮球、浮标）始终漂浮在液面上，随着液位的上升或下降，浮子也随之上升、下降，浮子上升或下降的位移量与液位的变化量始终保持一致。浮球与平衡锤之间用柔性缆绳相连，缆绳置于两滑轮之上，在液位标尺处，缆绳上固定有指针，如图 3-1-11 所示，浮球置于导向管内，导向管底部和管壁开孔。

浮球的配重稍重于平衡锤的重量，被测液体对浮球的浮力 F 始终是一恒定值，因此，称之为恒浮力式液位计。

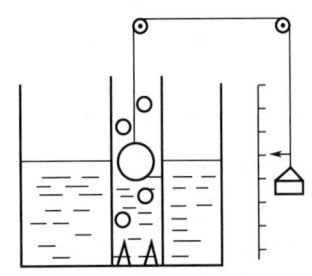

图 3-1-11 恒浮力式液位测量原理示意图

当液位升高时，浮球随液面上浮，平衡锤下降；当液位下降时，浮球在重力作用下随液面下降，平衡锤上升，平衡锤上端指针移动的方向与液位的升降方向相反,因此,液位标识刻度为反向刻度。

2. 浮球液位计

1) 浮球液位计工作原理

如图 3-1-12 所示,浮球 1 是由金属(一般为不锈钢)制成的空心球。它通过连杆 2 与转动轴 3 相连,转动轴 3 的另一端与容器外侧的杠杆 5 相连,并在杠杆上加上平衡重物 4,组成以转动轴 3 为支点的杠杆力矩平衡系统。一般要求浮球的一半浸没于液体之中时,系统满足力矩平衡,可调整平衡重物的位置或质量实现上述要求。当液位升高时,浮球被浸没的体积增加,所受浮力增加,破坏了原有的力矩平衡状态,平衡重物使杠杆 5 做顺时针方向转动,浮球位置抬高,直到浮球的一半浸没在液体中时,重新恢复杠杆的力矩平衡为止,浮球停留在新的平衡位置上。

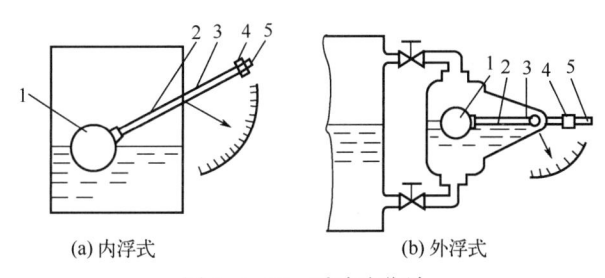

(a) 内浮式　　(b) 外浮式

图 3-1-12　浮球液位计

1—浮球;2—连杆;3—转动轴;4—平衡重物;5—杠杆

如果在转动轴的外侧安装一个指针,便可以由输出的角位移指示液位的高低。还可采用其他方式将此位移转换成标准信号进行远传。

浮球式液位计常用在温度、黏度较高而压力不太高的密闭容器的液位测量。它可以直接将浮球安装在容器内部(内浮式)如图 3-1-12(a) 所示;对于直径较小的容器,也可以在容器外侧另做一个浮球室(外浮式)与容器相通,如图 3-1-12(b) 所示。外浮式便于维修,但不适合黏稠或易结晶、易凝固的液体。内浮式特点则与此相反。浮球液位计采用轴、轴套、密封填料等结构,既要保持密封又要将浮球的位移灵敏地传送出来,因而它的耐压受到结构的限制而不会很高。它的测量范围受到其运行角的限制(最大为 35°)而不能太大,故仅适合于窄范围液位的测量。

2) 更换浮球液位计

(1) 准备相同规格的浮球液位计。

(2) 倒备用罐,降低更换罐液位,关闭更换罐的进出口阀门。

(3) 对角拆卸浮球液位计连接螺栓,取下液位计。

(4) 清理液位计法兰平面,涂抹黄油,加密封垫片。

(5) 对角紧固浮球液位计接口连接螺栓。

(6) 将流程倒回更换罐,停备用罐。

(7) 检查液位计灵活及渗漏情况。

3. 磁浮子式液位计

对于中小容器和设备,常用磁浮子舌簧管液位计,如图 3-1-13 所示,在容器中自上而下插入下端封闭的不锈钢管，管内有条形绝缘板，板上紧密排列着舌簧管和电阻。在不锈钢管外套有可上下滑动的佛珠形浮子，其内部装有环形永磁铁氧体。环形永磁体的两面分别为 N、S 极，磁力线将沿管内的舌簧闭合。因此，处于浮子中央的舌簧管吸合导通，其他呈断开状态，如图 3-1-13(a) 所示。

(a) 结构　　(b) 舌簧管及电阻接线　　(c) 仪表安装

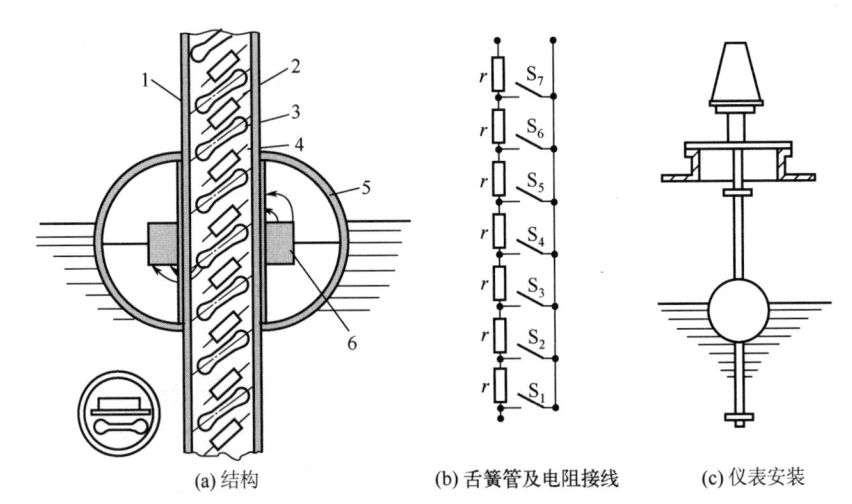

图 3-1-13　磁浮子舌簧管液位计
1—不锈钢管；2—绝缘板；3—舌簧管；4—电阻；5—浮子；6—磁铁

各舌簧管及电阻按图 3-1-13(b) 所示方法接线，随液位的升降，各连接点间的阻值相继变化，再用适当的电路将阻值变为标准电流信号，就成为液位变送器。也可以接恒定电压，可得到与液位对应的电压信号。整个仪表安装方式如图 3-1-13(c) 所示。

不锈钢管 1 和浮子壳体 5 都用非磁性材料制成，除不锈钢外也可用铝、铜和塑料等，但不可用铁。这种液位变送器比较简单，其可靠性主要取决于舌簧管的质量。为了防止个别舌簧管吸合不良引起错误信号，通常设计成同时有两个舌簧管吸合。由于舌簧管尺寸所限，总数和排列密度不能太大，所以液位信号的连续性差。

（二）差压式液位计

1. 差压式液位计的工作原理

差压式液位计是根据流体静力学原理对液位、界位进行检测。无论是开口式容器或者是封闭式容器，容器内同一液层水平面上的压力处处相等。不同液层面上的压力与液体表层（即液面）的垂直距离成正比，离液面的距离越远，其压力就越大，反之，则小。

液体介质密度是较稳定的参数，如图 3-1-14 所示，生产过程中的罐内液面高度 h 和罐内气体压力 $p_气$ 都是变量，为了获取仅与液面位置 h 变化相关的压力 p_A，必须消除气体压力 $p_气$ 的变化对 p_A 的影响，采用差压法即可抵消影响。

2. 差压式液位计的特点

差压式液位计是石油、化工和石化生产过程中应用十分广泛的液位测量仪表，其特点是结构简单、精确度高、线性、便于安装与维护、易于组合成控制系统，用于连续生产或间歇生产过程的塔、罐、槽等容器的液位的连续测量和界位测量。

(a) 压力—高度关系　　　　　　(b) 差压抵消影响

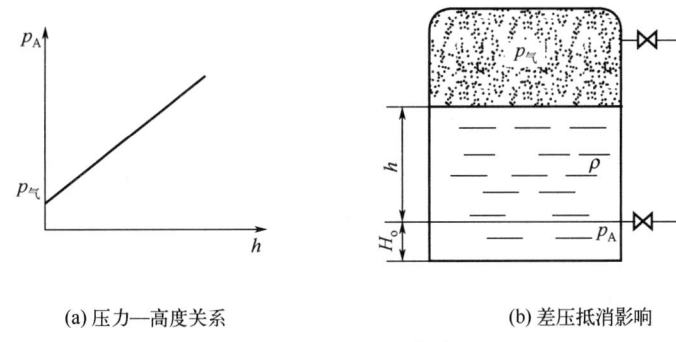

图 3-1-14　差压式液位计测量原理图

3. 差压式液位计的安装

差压式液位计或差压变送器测量液位时，仪表安装高度通常不应高于被测容器液位取压接口的下接口标高。安装位置应易于维护，便于观察，且靠近取压部件的位置。若选用双法兰式差压变送器测量液位，变送器安装位置只受毛细管长度的限制。毛细管的弯曲半径应大于 50mm，且应对毛细管采取保护和绝热措施。差压式液位计应垂直安装，保持"+""-"压室标高一致。差压液位计的"+"压室应与工艺容器的下接口相连，"-"压室与容器的上接口相连。

（三）DE 射频导纳物位仪

DE 射频导纳物位仪主要安装在联合站的游离水分离器、电脱水器及转油放水站的三相分离器上。射频导纳界面仪检测准确，维修量小。

射频导纳中的导纳含义为电学中的阻抗的倒数，它由电阻性成分、电容性成分、电感性成分综合而成；而射频即高频无线电波谱。所以射频导纳可以理解为用高频无线电波测量导纳，利用被测介质液位的变化影响该表的导纳变化这一原理工作的。用于测量油水界面时，主要是基于油与水导电特性的差异，即油（或油包水）是绝缘体或导电性差，水（或水包油）是良导体或导电性好。对于射频导纳界面仪而言，可以准确地测量乳化层中的导电特性发生较大变化的电界面，而不受其他因素的影响。

五、界位监测仪表的使用与维护

在集输现场油气生产中，脱水设备常使用多功能脱水器、电脱水器、三相分离器等设备，因此油水界面的控制就尤为重要。在生产现场，油水界面监测仪表的使用对生产的运行很关键。

集输站库常用的界面监测仪表一般有光栅油水界面仪、雷达油水界面仪、浮子油水界面仪等。

（一）光栅油水界面仪

光栅油水界面仪原理：根据光在油和水里的透光程度不同进行油水界面的测定，通过光栅发射板间隔一定的距离发射一束光源，在对面有光敏元件接收光信号，并进行光电转换以转换的电信号强度来确定油水界面。

通过现场使用效果来看，由于在油的黏度比较大的油品中，光栅发射口常常会被原油糊住，在油水界面以下的很长一段距离也会不透光，被认定为油层，因此界面测定的准确性经常会误差很大，造成界面监测故障而影响生产，所以光栅界面仪在油气生产中使用的越来越少了。

维护要点：注意要定期清洗光栅，防止油污及混合杂质浸染光栅玻璃表面。

（二）雷达油水界面仪

雷达油水界面原理：根据雷达波在油、水等不同的介质中会有不同的阻挡，因此在发射相同强度的雷达波后，在接收装置中收到不同强度及时间反射回的雷达波，来确定油水界面，在集输现场的生产中这种界面仪使用得比较广泛。它的特点是灵敏度很高，但是成本高，维护时技术要求高，专业性很强。

维护要点：变送头部位做好防晒防雨措施，并且要定期清洗发射管内壁，防止油污、杂质以及泥砂沉积，冬季做好保温和除雾工作，以免影响监测的准确性。

（三）浮子油水界面仪

浮子油水界面仪如图3-1-15所示，其原理是把浮子的密度调整到油和水的密度中间，比水小而比油大，这样浮子就会浮在油水界面上，根据这个原理，在浮子上装上磁元件后，放入的浮筒中（或导向磁感应棒上），再装配好相匹配的磁感应装置，来确定磁浮子的漂浮位置，并确定出油水界面。

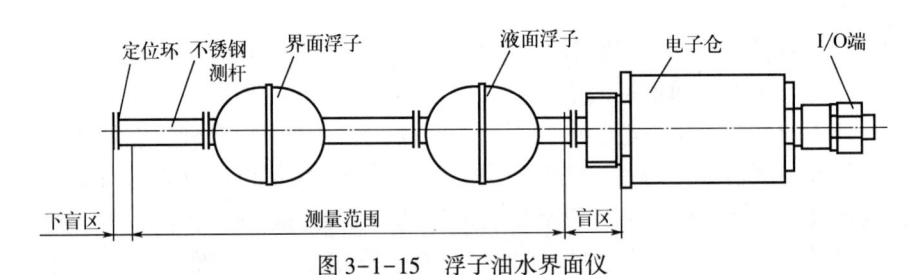

图3-1-15 浮子油水界面仪

维护要点：定时把磁浮子取出清洗，检查完好性及磁性；并且清理表面的污垢、油污等附着物，以防密度发生变化后，浮子不能正常工作。清洗导向棒或导向筒壁，防止卡死。

第三节 执行器及阀门定位器的使用与维护

一、气动调节阀的使用与维护

（一）气动调节阀的选型

(1) 气开阀的选用：在油气生产中出于安全生产考虑，如果在仪表风故障的情况下，调节阀会立即在弹簧的弹力下全关，而在全关的状态下生产不能造成事故或重大生产损失，不会影响下游岗位的安全生产。

（2）气关阀的选用：在油气生产中出于安全生产考虑，如果在仪表风故障的情况下，调节阀会立即在弹簧的弹力下全开，而在全开的状态下生产不能造成事故或重大生产损失，不会影响下游岗位的安全生产。

（3）阀的执行机构要与管路通径匹配的阀相对应，控制力矩一定要适合阀体的要求。

（4）气动调节阀在使用过程中一定要保证仪表风的质量；不能有杂质、不能有水分，干净的压缩空气才是气动调节阀正常运行的保证。

（二）气动调节阀的维护

1. 定期检查仪表风系统

（1）定期清理过滤器；干线过滤器、支线过滤器要定期清理，保证仪表风没有固体杂质进入气动阀内。

（2）定时排净干燥器内的积水，并定期检查更换干燥剂，以保证仪表风干度达到要求，冬季运行时杜绝仪表风管线冻堵故障。

2. 检查维护气动阀

（1）定期检查气动阀的阀座、阀杆、膜片、引压管等附件，保证完好正常。

（2）检查弹簧，无断裂、无疲劳、无变形，安装位置正中无偏压现象。

（3）检查密封完好无泄漏。

3. 检查指挥器及减压阀

（1）定期检查指挥器输入信号正确并且与调节阀开度相匹配。

（2）定期检查电磁仪表风气阀无卡死、无油污、无异物。

（3）与引压管之间连接要牢靠，无泄漏现象。

二、电动调节阀的使用与维护

（一）电动调节阀的选型和使用

（1）电动调节阀的选型原则主要由阀开关力矩与管线介质及压差技术要求决定，一定要匹配。

（2）电动调节阀在使用前一定要进行绝缘检测、漏电保护检测。

（3）电动调节阀在使用前应先进行力矩和行程调试，合格后才能使用。

（4）送电前应先检查阀杆无变形及卡阻现象，以防止卡死烧电动机。

（5）送电前应先把转换开关打到停止状态。以防一送电电动机就运行，出现卡、重负荷运行，烧电动机。

（6）使用前应加注好齿轮油、润滑油、润滑脂。

（7）冬季做好保温，尽量在室内或密闭场所使用，以免风沙灰尘进入密封面磨损阀杆，造成卡死损坏设备。

（二）电动调节阀的维护

（1）定时检查电动调节阀的密封情况，及时保养。
（2）定时检查和加注润滑油或润滑脂。
（3）每季或年进行一次力矩和行程对比，并及时调整。
（4）定期把调节阀打到手动，用手轮全开、全关一次，检查阀杆无弯曲、无卡死现象。

三、自力式调节阀的使用与维护

（一）自力式调节阀的选型

（1）自力式调节阀是用在输送气体介质管路，并且气体相对洁净而且介质压力能够保证自力式调压阀动作力矩的条件下使用的自动控制阀。

（2）气开阀前压力控制式自力式调节阀的选用：在油气生产中出于安全生产及生产控制要求考虑，如果需要控制阀前压力，并且在仪表风故障的情况下，调节阀会立即在弹簧的弹力下全关，而在全关的状态下生产不能造成事故或重大生产损失，不会影响下游岗位的安全生产。

（3）气关阀前压力控制式自力式调节阀的选用：在油气生产中出于安全生产及生产控制要求考虑，如果需要控制阀前压力，并且在仪表风故障的情况下，调节阀会立即在弹簧的弹力下全开，而在全开的状态下生产不能造成事故或重大生产损失，不会影响下游岗位的安全生产。

（4）气开阀后压力控制式自力式调节阀的选用：在油气生产中出于安全生产及生产控制要求考虑，如果需要控制阀后压力，并且在仪表风故障的情况下，调节阀会立即在弹簧的弹力下全关，而在全关的状态下生产不能造成事故或重大生产损失，不会影响下游岗位的安全生产。

（5）气关阀后压力控制式自力式调节阀的选用：在油气生产中出于安全生产及生产控制要求考虑，如果需要控制阀后压力，并且在仪表风故障的情况下，调节阀会立即在弹簧的弹力下全开，而在全开的状态下生产不能造成事故或重大生产损失，不会影响下游岗位的安全生产。

（6）压差式自力式调压阀：根据弹簧补偿压力的方式调整管路气体前后压差的自力式高压阀。

（7）阀的执行机构要与管路通径匹配的阀相对应，控制力矩一定要适合阀体的要求。

（8）自力式调节阀前、后引压管应根据气体介质的情况做好保温、加装过滤器和干燥器，以防因杂质及冻堵情况而堵塞引压管使调压阀不能正常工作。

（二）自力式调节阀的维护

1. 检查维护附件

（1）定期清理引压管。
（2）定期清理过滤器、干燥器。

(3) 定时清理引压管。

2. 检查维护自力式气动阀

(1) 定期检查气动阀的阀座、阀杆、膜片、引压管等附件，保证完好正常。

(2) 检查弹簧无断裂、无疲劳、无变形，安装位置正中，无偏压现象。

(3) 检查密封完好，无泄漏。

四、阀门定位器的使用和维护

（一）阀门定位器的使用

(1) 阀门定位器一般在电动执行器和气动执行器设备当中使用，是固定和限定阀门全关，以及开启最大的固定装置。

(2) 电动执行器和气动执行器在使用之前，必须要调整好阀门定位器零开度和最大开度；并且调整完毕后要锁紧螺母，以防止松动后，零位和最大开位飘移造成执行机构损坏导致不能正常运行。

(3) 调整定位器有很精细的要求，所以一般要求专业技术人员进行操作。

（二）气动阀门定位器的工作原理与维护保养

1. 气动阀门定位器的工作原理

气动阀门定位器是按力平衡原理设计工作的，其工作原理方框如图3-1-16所示。

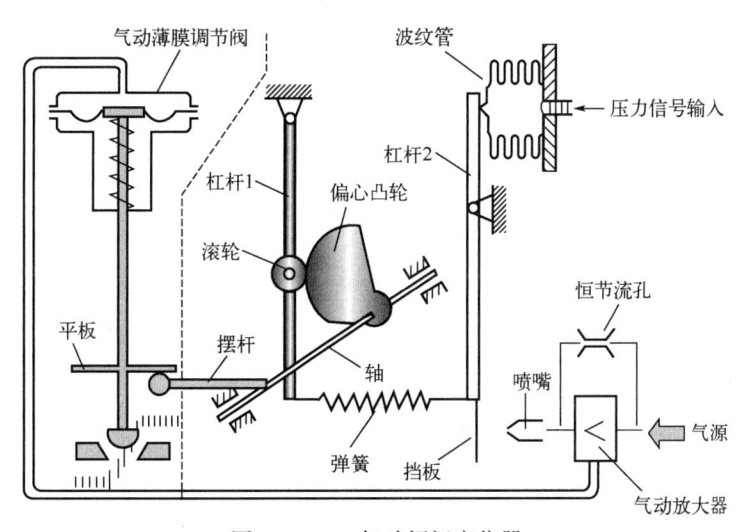

图 3-1-16　气动阀门定位器

当通入波纹管的信号压力增加时，使杠杆2绕支点转动，挡板靠近喷嘴，喷嘴背压经放大器放大后，送入薄膜执行机构气室，使阀杆向下移动，并带动反馈杆（摆杆）绕支点转动，连接在同一轴上的反馈凸轮（偏心凸轮）也跟着做逆时针方向转动，通过滚轮使杠杆1绕支点转动，并将反馈弹簧拉伸，弹簧对杠杆2的拉力与信号压力作用在波纹管上的力达到力矩平衡时，仪表达到平衡状态。此时，一定的信号压力就与一定的阀门位置相对应。以上作用方式为正作用，若要改变作用方式，只要将凸轮翻转，A 向变成 B 向即可。所谓正作用定位器，就是信号压力增加，输出压力亦增加；所谓反作用定位器，就是信号压力增加，输出压力则减少。

一台正作用执行机构只要装上反作用定位器，就能实现反作用执行机构的动作；相反，一台反作用执行机构只要装上反作用定位器，就能实现正作用执行机构的动作。

2. 气动阀门定位器的特点

大口径先导式继动器消除了气路堵塞，使调节阀动作速度很快。改变作用方式不需要更换零件，只需要改变继动器的安装位置。更换凸轮就可以改变调节阀的流量特性，有线性、等百分比和快开三种特性。灵敏可靠，即使工作条件经常变化，调节阀性能仍稳定。设置了旁路组件，调节阀不停车也能够维修定位器。

3. 气动阀门定位器的故障分析

（1）橡胶垫位置变动，堵住信号孔的故障原因：组成继动器信号腔的零件漏气；膜片破损；密封面不平整；密封垫老化。

（2）继动器供气口挡板未打开的故障原因：与中心轴连接的膜片盘与挡板间隙太大；膜片托盘厚度太小；挡板夹弹性太大；执行机构及管线大量漏气；输出压力不降低。

（3）继动器排气口挡板未打开的故障原因：膜片盘螺孔深度浅，使中心轴无法拧紧到预定位置；排气口挡板夹弹性太大；反馈弹簧压缩量太小或刚度太低，基本误差不合格。

（4）凸轮精度低的故障原因：凸轮型面有毛刺或有脏物；凸轮安装孔定位不妥。

（5）反馈弹簧线性精度差的故障原因：簧丝材料不合适；热处理不妥。

（6）继动器输出气路漏气的故障原因：橡胶垫老化失效；中心轴上方的纸垫圈损坏，无法密封；继动器小膜片未压紧。

（7）继动器背压未调好的故障原因：两挡板间距不妥；挡板与喷嘴不能密封；实际供气压力与设计要求差别太大。

（8）反馈弹簧刚度太低的故障原因：材料不妥；未经过热处理。

（9）转轴与轴套径向间隙及轴向间隙大的故障原因：转轴与反馈杠杆孔铆接处松动，应改为焊接；转轴与凸轮固定板点焊处松动；U 形板转动支点处间隙太大；供气压力不稳定；继动器背压不合适；反馈杠杆处的行程销锁紧螺母未紧固；定位器行程的误差太大；凸轮安装位置不符合技术要求。

（三）电动阀门定位器的工作原理与维护保养

1. 电动阀门定位器的工作原理

当控制信号给一个标准零位信号时（4mA），电动调节阀的执行机构应与阀杆带动的阀座位置处于全关位置，并且连接固定牢靠，同时当控制信号给一个标准全开信号时（20mA），电动调节阀的执行机构应与阀杆带动的阀座位置处于阀门全开的位置，并且连接固定的定位螺钉要锁死并牢靠。这样当控制信号在 4~20mA 的标准电流时，电动执行机构就能在阀门的零开度到 100% 开度之间精确调整，来达到对管路的流量、压力及液位等参数的自动控制。

2. 电动阀门定位器的维护保养

（1）定期检查磁电组件无损坏，电气连接紧固。

（2）定期检查零位、全开位的限位位置与对应的控制信号相匹配，且固定螺钉坚固无跑位。

（3）电动执行器的伺服电动机的开关信号与控制信号要对应，每年要进行一次对比和调试。

（4）定期检查控制电路、执行电路完好，电压在标准范围内。

第二章 联合站生产管理与节能技术

第一节 典型联合站 DCS 控制系统工艺流程

DCS（集散控制系统）是一个由过程控制级和过程监控级组成的以通信网络为纽带的多级计算机系统，综合了计算机（Computer）、通信（Communication）、显示（CRT）和控制（Control）等4C技术，通过采样器测取被控装置各参数，经过 A/D 转换器将模拟信号转换成数字信号，计算机计算出输出值，再经过 D/A 转换器将数字信号转换成模拟信号转输到现场控制器，调节被控参数。取样、转换、计算、调节形成连续循环的工作过程。

一、某原油处理站 DCS 控制系统

（一）处理站工艺流程简介

具体流程见图3-2-1，油区采油直接进两台多功能原油处理器（火筒，不带电脱），在原油处理器内完成油气分离、加热及一段脱水，分离出的低含水油（含水在1%左右），通过在线流量计计量后进入净化油罐进行二段脱水，使净化油达到优质标准后（含水0.5%以下）外输；净化油罐底水通过新建回脱泵打回原油处理器，原油处理器脱出的含油污水进入污水处理系统，分出的伴生气进入站内，伴生气系统处理后返输到油田自用，事故状态时进放空火炬放空。卸油台来油卸入2座45m³卸油罐，经卸油泵进500m³卸油缓冲罐，再经提升泵提升进第3台多功能原油处理器（火筒加热，带电脱），脱出的低含水油与油区来油一并进净化油罐进行二段脱水，达标后外输。

（二）流程图操作点监控与管理

(1) 监控点：采油队来油温度35~40℃，不在范围内及时汇报班长与值班干部。

(2) 监控点：采油队来油压力，一般无变化在0.26MPa左右。

(3) 监控点：加热炉仪表盘显示的温度与多功能油出口温度显示一致，目前根据北联站的处理状况规定出油温度在55~60℃，低于55℃及时调节（调节方法）。检查燃烧器工作是否正常，能否在设定的温度下启炉、停炉。

(4) 监控点：多功能工作压力调节，规定0.24~0.26MPa，由于天然气自动调压阀不灵敏常出现一些问题，失去作用，通常在用直通阀门调节多功能气压，一般情况下气压很稳定。

(5) 监控点：多功能油室液位规定在50~120cm。

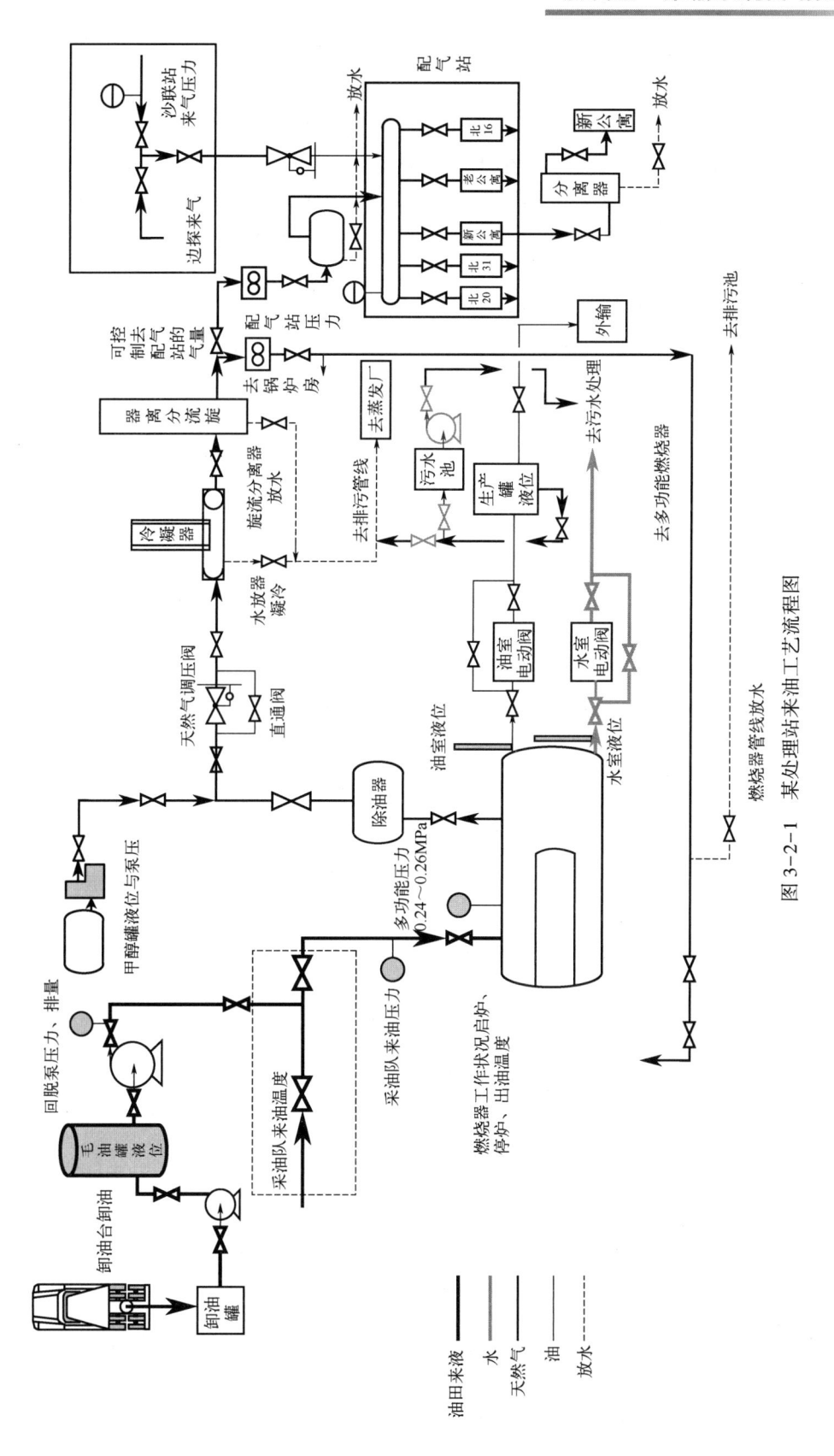

图 3-2-1 某处理站来油工艺流程图

（6）监控点：阀门不能满足需求时用旁路阀门调节液位。

（7）监控点：多功能水室液位同样规定在 50~120cm。

（8）监控点：阀门不能满足需求时用旁路阀门调节液位。

（9）监控点：生产罐液位规定在 0.6~9.5m。

（10）监控点：燃烧器天然气管线，每小时放水一次，防止积水燃烧器不工作。

（11）监控点：冷凝器放水，是冬季运行的一个最为关键的工作，在天然气系统没有加入甲醇时，出现过冻堵事故，气温下降时，要求每半小时对冷凝器放水一次，现在加入甲醇后每 2h 放一次，则不会出现冻堵现象。

（12）监控点：毛油罐液位每天控制在 7.5m 左右，根据回脱泵排量控制。

（13）监控点：回脱泵压力为 0.3MPa，压力低于多功能压力，泵出口管线的油肯定不能进入多功能处理器，就证明泵抽空、过滤器堵塞或泵其他故障，泵压必须略高于多功能处理器压力，才能使油流进入多功能处理器。注意由于目前进入毛油罐的油很少，回脱泵间歇运转，在冬季若回脱泵压力高于 0.4MPa，居高不下，就要考虑泵出口至多功能处理器进油管线冻堵的问题，这是不应出现的工况，冬季规定每 2h 启泵活动管线一次。

（14）监控点：甲醇泵泵压力略高于天然气压力才能注入，甲醇罐液位每 24h 下降 1~1.5cm。

（15）监控点：旋流分离器放水。

（16）监控点：也是工作人员遇到的难点，自动调压阀前段（和多功能处理器）压力达到 0.4MPa 而自动调压阀后段压力 0.08MPa 或更低，说明自动调压阀不通、被气中杂物堵塞，只要打开自动调压阀图示的旁路阀门，问题马上解决，多功能压力即可恢复正常。

（17）监控点：除油器液位，发现进油应及时压空，进油也是不应出现的事故。

（18）监控点：检查天然气调压阀工作是否正常。

（19）监控点：天然气去配气站的阀门。该阀门作用是使多功能处理器中多余的天然气去配气站，和配气站的天然气反输至北联站的集输系统，起到相互补充压力平衡的作用，配气站的气源一部分来自北联站，一部分来自沙联站。

（20）配气站卧式分离器放水，距卸油台很近，冬季小班放水点，10—21 点由卸油台值班人员放水，其余时间由 4 点和夜班人员放水。

（21）配气站立式分离器放水，小班放水点，10—21 点由卸油台值班人员放水，其余时间由 4 点和夜班人员放水。

（22）来气气压，小班巡检点，录取气压，10—21 点由卸油台值班人员操作，其余时间由 4 点和夜班人员操作。

（23）配气站天然气压力，小班巡检点，录取气压，10—21 点由卸油台值班人员操作，其余时间由 4 点和夜班人员操作。

二、某原油脱水站工艺流程

从井中采出的原油一般都含有一定数量的水，而含水原油会造成诸多浪费，增加设备负荷，耗能高；同时，原油中的水多数含有盐类，加速了设备、容器和管线的腐蚀；在石油炼制过程中，水和原油一起被加热时，水会急速汽化膨胀，压力上升，影响炼厂正常操作和产品质量，甚至会发生爆炸。因此外输原油前，需进行脱水处理。

某原油脱水站流程见图3-2-2，该处理站的处理能力为8000m³/d，单井来油为油气混输，原油含水为80%，进站压力为0.25~0.35MPa，温度为35~40℃，到联合站的汇管，气油比为1:59，气液分离器负责完成气液分离的工作，来液中的气液分离后天然气输往压气站。游离水分离器的处理能力为8000m³/d，考虑安全系数1.15，游离水分离器脱后原油含水为10%~30%，脱除掉70%~90%的含水油进入加热炉，液量下降到2100m³/d。加热炉的功率为1.744MW/台，处理量为2100m³/d，将原油加热到45~55℃进入脱水器，脱水器的处理量为2400m³/d，脱后原油含水降低到0.3%以下，进入净化油罐，净化油罐的容积为100m³，然后进入外输泵入口。正常情况下外输泵运一备一，外输需要压力为1.5MPa，单台外输泵排量为90m³/h，扬程为150m，功率为90kW。污水泵排量为275m³/h，扬程为65m，功率为90kW。收油泵排量为25m³/h，扬程为65m，功率为17kW。加药泵为计量泵，功率为2.2kW。

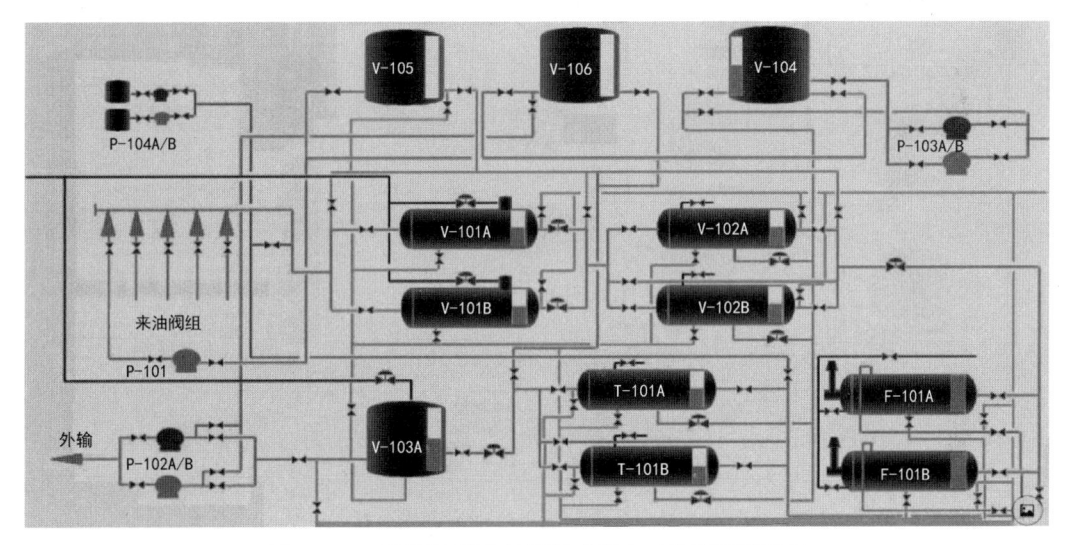

图 3-2-2　某原油脱水站密闭式脱水工艺流程示意图

V-101A—1号气液分离器；V-101B—2号气液分离器；V-102A—1号游离水分离器；V-102B—2号游离水分离器；F-101A—1号加热炉；F-101B—2号加热炉；T-101A—1号脱水器；T-101B—2号脱水器；V-103A—净化油罐；V-104—污水沉降罐；V-105—含水油事故罐；V-106—净化油事故罐；P-101—收油泵；P-102A/B—外输泵；P-103A/B—污水泵；P-104A/B—加药泵

三、某污水处理站工艺流程

某污水处理站流程见图3-2-3，从两段密闭脱水系统输送来的含油污水（含油≤300mg/L、悬浮固体<100mg/L）利用压力进入两座一次污水沉降罐，进罐前加入破乳剂，罐中的油水在重力和化学的作用下，污水中的浮油及部分乳化油分离出来。上浮至罐上部的集油槽中流入污油罐。经除油后的污水进入二次污水沉降罐，二次污水沉降罐为两座混凝污水沉降罐，含油污水进罐之前投加混凝剂，混凝剂和污水一起在混凝沉降罐中心反应筒内进行反应，产生凝聚和絮凝，又将一部分原油和悬浮物去除掉。依靠大罐的液位差，污水进入升压缓冲罐。过滤罐为两级压力过滤罐，由升压泵把升压缓冲罐中的污水加压输

送到压力过滤罐中进行过滤，进一步除掉污油及悬浮物，一级为核桃壳过滤罐、二级为石英砂和磁铁矿双滤料过滤罐。过滤后的污水进入净化水罐内（含油在 8mg/L、悬浮物在 3mg/L），污油及悬浮物被截留在过滤罐中，当聚集到一定程度时，过滤罐出入口压差增大，流量减少。需要进行定期反冲洗，反冲洗时，由反冲洗泵抽净化水罐水对滤罐进行冲洗。净化水罐内的污水经外输泵增压后外输出至注水站经注水泵进行回注；两级沉降罐分离出来的原油进入污油罐，由污油泵输送回原油脱水系统。两级沉降罐内沉积的污泥经排泥泵打至储泥池，定期进行污泥处理。两级压力过滤罐反冲洗后的污水进入回收水池后，由回收水泵升压至一次沉降罐内进行污水的再处理。

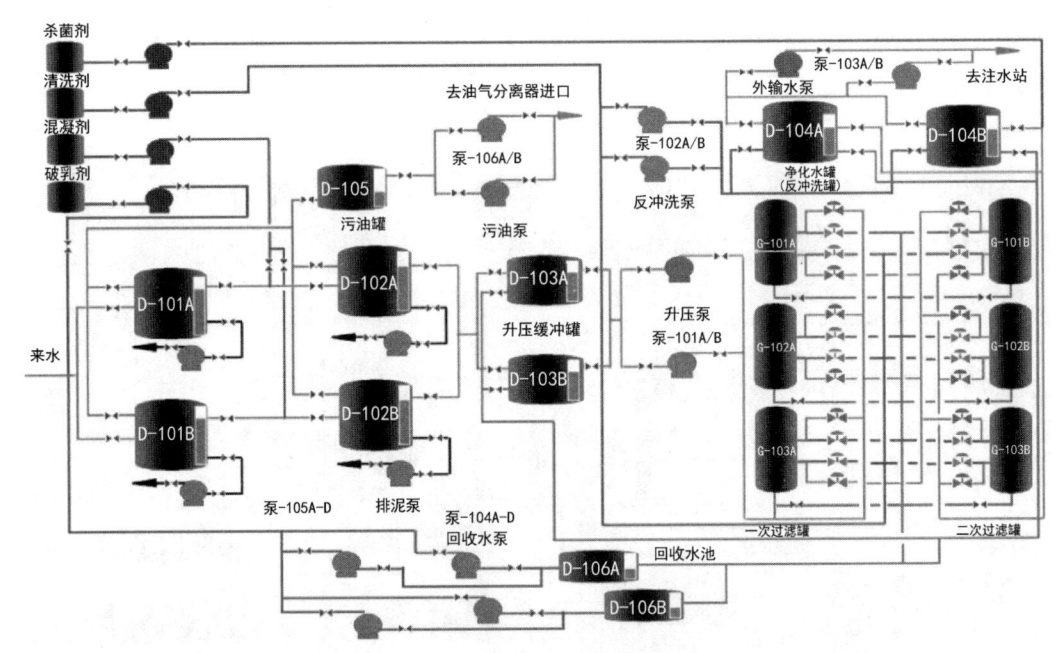

图 3-2-3 某含油污水处理站流程示意图

D-101A—1 号一次污水沉降罐；D-101B—2 号一次污水沉降罐；D-102A—1 号二次污水沉降罐；D-102B—2 号二次污水沉降罐；D-103A—1 号升压缓冲罐；D-103B—2 号升压缓冲罐；D-104A—1 号净化水罐；D-104B—2 号净化水罐；D-105—污油罐；D-106A—回收水池；D-106B—回收水池；G-101A—1 号一次压力过滤罐；G-102A—2 号一次压力过滤罐；G-103A—3 号一次压力过滤罐；G-101B—1 号二次压力过滤罐；G-102B—2 号二次压力过滤罐；G-103B—3 号二次压力过滤罐；泵-101A/B—升压泵；泵-102A/B—反冲洗泵；泵-103A/B—外输泵；泵-104A-D—回收水泵；泵-105A-D—排泥泵；泵-106A/B—污油泵；装-101A/B—破乳剂加药装置；装-102A/B—混凝剂加药装置；装-103A/B—杀菌剂加药装置；装-104A/B—清洁剂加药装置

含油污水站的实际处理能力为 7400m³/d，脱水站来水含油不超过 300mg/L，悬浮物小于 100mg/L，先后进入 3000m³ 的一次沉降罐（除油为主）和 2000m³ 二次混凝沉降罐（除悬浮物为主），利用介质的密度差进行重力沉降分离去除原油和悬浮固体，一次沉降罐的去除率为 70% 以上，一、二次沉降罐各设两座，经过两级沉降后的污水进入 500m³ 升压缓冲罐，经升压泵升压后进入两级压力过滤罐，升压缓冲罐设为两座，污水升压泵排量为 350m³/h，运一备一。一级过滤罐为核桃壳滤罐、二级过滤罐为石英砂和磁铁矿双滤料过滤罐，各设三座，一次滤罐直径均为 3.2m，二次滤罐直径为 4.0m，过滤罐主要是进一步截留污油和悬浮杂质，当进出口压差超过 0.15MPa 或达到反冲洗周期时，要进行反冲洗（自动反冲洗）。滤罐的设计过滤速度一级为16m/h，二级为6m/h，反冲洗强度一级为6~7L/(s·m^2)、二级为13~14L/(s·m^2)。滤后水达标后进入净化水罐经外输泵输送至注水站进行回注。

正常情况下升压泵、外输泵运一备一，升压泵排量350m^3/h，扬程50m，功率130kW；外输泵排量300m^3/h，扬程50m，功率110kW；回收水泵排量60m^3/h，扬程40m，功率18kW；污油泵排量20m^3/h，扬程80m，功率11kW；反冲洗泵排量720m^3/h，扬程80m，功率160kW；加药泵、排泥泵排量100m^3/h，扬程45m，功率30kW。

第二节　节能技术与应用

石油化工行业是国民经济发展的基础行业，主要生产工艺都是通过各种泵、压缩机来完成。目前，这些设备大都采用调速运行，其耗电量随负荷大小而变化，节约大量能源。因此，变频器已经广泛应用于交流电动机的速度控制之中，其最主要的特点是具有高效驱动性能和良好的控制特性，可有效提高自动控制性能和工作质量及经济效益。

一、变频器工作原理和使用

（一）变频器工作原理

变频器工作原理是应用变频技术与微电子技术，通过改变电动机工作电源频率的方式来控制交流电动机的电力控制设备。使用的电源分为交流电源和直流电源，一般的直流电源大多是由交流电源通过变压器变压，整流滤波后得到的。交流电源在人们使用电源中占总使用电源的95%左右。

变频调按工作原理可分为：交—交型变频器和交—直—交型变频器两类。

1. 交—交型变频器

交—交型变频器工作原理如图3-2-4所示，将三相工频电源经过几对电子开关切换，直接产生所需要的变压变频的电源。此变频器结构简单、造价低、体积小，与目前常用的变频器比较具有较大的经济优势，但其控制算法相对复杂一些，所以未被普遍使用。随着计算机技术的发展交—交变频器的应用前景是乐观的。

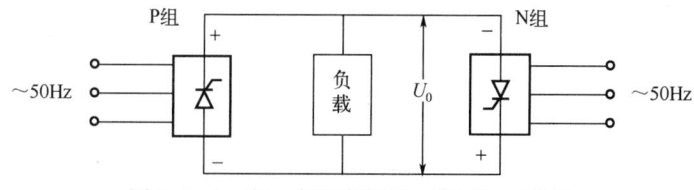

图3-2-4　交—交型变频器工作原理示意图

2. 交—直—交型变频器

交—直—交型变频器是目前变频技术的主流，在集输系统中应用比较广泛，其工作原理如图 3-2-5 所示。

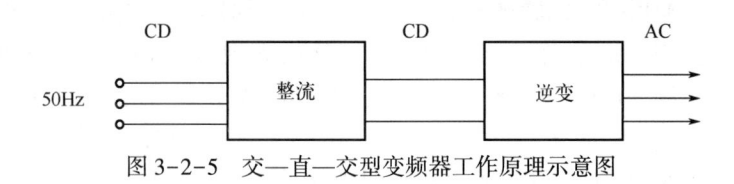

```
CD              CD            AC
50Hz →→→ [整流] →→→ [逆变] →→→
```

图 3-2-5　交—直—交型变频器工作原理示意图

由图 3-2-5 可以看出，交—直—交型变频器实际上是整流电路和逆变电路的组合。整流电路将工频电源通过整流器变成恒定的直流电压，然后通过大功率晶体管组成的逆变器，逆变成可变电压、可变频率的交流电源，由于采用微处理机编程的正弦波 PWM 控制，电流输出波形近似正弦波，故可用于交流电动机的无级调速。变频调速技术是最有发展前途的一种交流调速方式。

（二）变频器检查运行

1. 变频器日常检查

日常检查是应经常进行的内容，在运行中进行，不需要停电和取下外盖。检查方式为外部目检。检查结果应确保运行性能符合标准规范、周围环境符合标准规范、面板键盘显示正常、没有异常的噪声和气味、没有过热或变色等异常情况。

2. 变频器定期检查

定期检查的频率根据变频器工作环境和使用条件而定，定期检查是专项工作，必须由专业的工作人员进行。定期检查时需要停止运行、切断电源、去除变频器外盖。在打开变频器外盖时必须确认变频器的电源指示灯已灭，或者经测量变频器直流母线电压已低于 25V DC 时方可进行。

3. 变频器运行前检查

在设备投入运行前，必须要进行必要的检查和准备工作，以防止因意外而产生故障，需要做以下的检查：

（1）核对接线是否正确。

（2）确认各端子间或各暴露的带电部分没有短路或对地短路情况。

（3）检查变频器各连接板的连接件、接插式连接器、螺钉有无松动。

（4）确认各操作开关均处于断开位置，保证电源投入时变频器不会启动或发生异常动作。

（5）确认电动机未接入。

4. 变频器试运行

变频器试运行步骤基本是从空载到负载逐步进行的，具体操作包括以下四个步骤。

1）静态检查

确认电动机未接入，确认运行前检查无异常，投入变频器电源。确保变频器操作面板显示正常，变频器内装冷却风扇正常运行，变频器及外部电路无异常气味或声响，各外部仪表显示正常。

2）空载运行

将变频器设置为面板操作模式，由面板操作变频器启动/停止及加/减速，确认变频器显示及外部仪表显示正常。

3) 带电动机空载运行

将电动机接入,确认电动机已与机械负载脱开。正确设置影响运行的各保护参数,由操作面板将变频器频率设定为 0Hz。启动变频器,将变频器缓慢加速至电动机缓慢旋转,检查电动机转向。确认转向正确后将变频器在全部频率范围内加/减速,检查变频器及电动机有无异常声响或气味,检查各指示表是否指示正确。更改操作参数,按设定功能由设计操作台操作,检查各操作开关是否功能正常。

4) 带负载运行

将机械负载接入,按要求重新检查各闭合参数及加/减速时间,启动设备。检查电动机及机械负载运行是否平稳,加/减速过程及运转电流是否在设定范围内,加/减速过程是否平稳,有无机械振动或异常声响等。

(三) 变频器应用

1. 在泵类设备中的应用

变频调速技术通过改变电动机定子电源频率来改变电动机转速,相应地改变机泵的转速和工况,使其流量与扬程适应管网介质流量的变化。

由离心泵的特性曲线(图 3-2-6)可知,当用水量达到最大时,水泵全速运转,出口阀门全开,达到了满负荷运行,泵的特性曲线和管路特性曲线汇交于 M 点,则其工况点为 M。若关小出口阀门,管路阻力特性曲线变陡,泵的工况点上移,而管路所需的扬程将减少,这样形成的扬程差值即为全速运行时泵的能量浪费。当泵变速运转时,靠管路取不利点压力恒定来控制,管路压力恒定不变,其扬程与系统阻力相适应,没有形成能量浪费,从而达到了调速节能的目的。

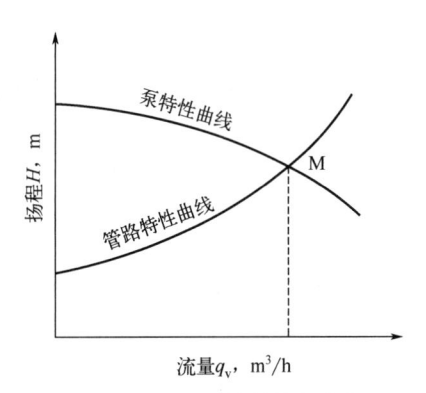

图 3-2-6 离心泵简易特性曲线图

针对变频调速特点,某厂已对装置内负载波动大,调节阀节流严重的机泵安装了 65 台变频器,总容量为 3600kW,其中大部分是闭环控制系统,即现场一次表经变送器将信号通过屏蔽电缆送到 PID 调节器,调节后通过屏蔽电缆将 4~20mA 直流信号送到变频器的设定口,控制变频器的输出;余下部分是开环控制系统,即根据控制目标通过电位器给定来控制变频器输出,以使电动机工作在符合工艺要求的转速上,完全靠变频器输出控制电动机转速来控制流量,使机泵的出口阀达到全开状态,扬程与管路阻力特性曲线相吻合,泵出口扬程大幅度下降,电动机输出有功功率也明显降低,获得最佳的节能效果。变频器的使用,使节电率达到 50%~70%,年节电 810×10^4kW·h;另外,变频器的使用,不但实现了生产过程自动化,而且延长了设备使用寿命,保证了装置安稳长满优运行,取得了较好的经济效益和社会效益。

2. 在石油气压缩机上的应用

某厂有 2 台石油气压缩机,单机额定功率 75kW,一开一备运行方式,而在实际生产中,只需大约 45kW 的输出功率。压缩机在低于额定工况下运转,负载率较低,而且其风压与流量大小要靠手动阀来调节，操作困难，也浪费大量电能。为此，采用变频调速技术进行改造，用 PLC 实现自动调节和各种控制功能。

设定压缩机管网正常出口压力为 p_1，而现场实际测定压力为 p_2，根据 Δp（即 p_2-p_1）值的大小，由 PLC 内的 PID 功能模块进行 PID 运算，控制变频器来改变电动机转速，达到所要求的压力。当 $\Delta p>0$ 时，即现场压力偏高，则提高变频器的输出频率，使电动机转速加快，提高实际风压；当 $\Delta p<0$ 时，即现场压力偏低，则使转速降低，Δp 减小。这样不断调整，使 Δp 趋于 0，现场实际压力在设定的压力附近波动，保证压力稳定。但是，国内的变频器技术相对而言还不是很成熟，而国外的变频器价格较高，并且随着功率增大价格也越高。此外，加上相应的配套工程费用，并非在所有部位采用变频器技术都能取得好的效益。如果在短期内不能回收投资，那么应用变频器技术就不划算。该厂是以三年回收期来确定是否应用，已经应用的回收期基本在 1~2 年。正因为如此，选用大功率机泵、过剩功率大的机泵，回收期就短，而小功率机泵、过剩功率小的机泵就没有意义，针对具体情况要具体分析。

变频调速这一技术正越来越广泛地深入各行各业中。它的节能、省力、易于构成自控系统的显著优势，必将成为电力拖动的中枢设备。应用变频调速技术也是企业改造挖潜、增加企业效益的一条有效途径。尤其是在石油及化工行业中高能耗、低产出的设备较多，采用变频调速装置将使企业获得巨大的经济利益。

二、电容补偿器工作原理和使用

电容补偿器按其功能不同，电力系统的设计安装位置也不同，中转站、联合站的电容补偿器均设置在配电室内，其作用是对站内用电设备进行集中补偿，以提高功率因数。

（一）电容补偿器工作原理

电网向用电设备提供的负载电流由有功电流和无功电流两部分组成，无功电流在电源和负载之间往复交换，极大占用电网，使供电设备的供电能力极大降低，使功率因数降低。就是用装置产生的容性无功电流快速、准确地跟踪抵消电网中的感性无功电流，从而提高功率因数，保证用电质量，提高供电设备的供电能力，并减小电路中的损耗。

电容在交流电路里可将电压维持在较高的平均值（近峰值），可改善增加电路电压的稳定性。

对大电流负载的突发启动给予电流补偿，电力补偿电容组可提供巨大的瞬间电流，可减少对电网的冲击。

电路里大量的感性负载会使电网的相位产生偏差（感性元件会使交流电流相位滞后，电压相位超前 90°），而电容在电路里的特性与电感正好相反，起补偿作用。

（二）电容补偿器使用

电容补偿器使用有自动控制调节、手动控制调节和停止补偿三种方式。

1. 自动控制

（1）合上电容补偿器开关。

（2）将转换开关打入自动位置，由计算机按指令完成程序操作，即可实现自动控制调节。

2. 手动控制

(1) 合上电容补偿器开关。

(2) 将转换开关打入手动位置，观察功率因数表，根据需要，完成一组或多组运行。

3. 停止补偿

(1) 将转换开关打到停的位置，即停止补偿。

(2) 拉下电容器开关。

需要说明的是，使用集中补偿的电力系统，一般情况下都采用自动操作。

(三) 电容补偿器应用

电容补偿器主要应用在高压分散补偿、高压集中补偿、低压分散补偿和低压集中补偿几个方面。

1. 高压分散补偿

高压分散补偿实际就是在单台变压器高压侧，用以改善电源电压质量的无功补偿电容器，其主要用于城市高压配电中。

2. 高压集中补偿

高压集中补偿是指将电容器装于变电站或用户降压变电站 6~10kV 高压母线的补偿方式；电容器也可装设于用户总配电室低压母线适于负荷较集中、离配电母线较近、补偿容量较大的场所，用户本身又有一定的高压负荷时，可减少对电力系统无功的消耗并起到一定的补偿作用。它的优点是易于实行自动投切，可合理提高用户的功率因素，利用率高投资较少，便于维护，调节方便可避免过补，改善电压质量，但这种补偿方式的补偿经济效益较差。

3. 低压分散补偿

低压分散补偿就是根据个别用电设备对无功的需要量，将单台或多台低压电容器组，分散地安装在用电设备附近，以补偿安装部位前边的所有高低压线路和变压器的无功功率。它的优点是用电设备运行时，无功补偿投入，用电设备停运时，补偿设备也退出，可减少配电网和变压器中的无功流动，从而减少有功损耗；可减少线路导线截面及变压器的容量占位小。缺点是利用率低、投资大。对变速运行、正反向运行、点动、堵转、反接制动的电动机则不适应。

4. 低压集中补偿

低压集中补偿是指将低压电容器通过低压开关在配电变压器低压母线侧，以无功补偿投切装置作为控制保护装置，根据低压母线上的无功负荷而直接控制电容器的投切。电容器的投切是整组进行，做不到平滑的调节。低压补偿的优点：接线简单、运行维护工作量小，使无功就地平衡，从而提高配变利用率，降低网损，具有较高的经济性，是目前无功补偿中常用的手段之一。

下面以一个实际案例来讲解电容补偿器在现场的应用。某厂有两台变压器供给：一号变总容量为 400kV·A；二号变总容量为 250kV·A。其中，一号变压器给该厂的 A 车间、B 车间、D 车间、E 车间等区域供电；二号变压器单独给 C 车间供电。无功补偿装置均采用接触器手动补偿，补偿方式均采用集中补偿，电容器容量分别为132kvar和80kvar，功率因数0.76左右，远远不能满足规定功率因数0.9的标准，急需进行无功补偿柜改造，提高功率因数。

方案制定：

（1）补偿方法确定：根据配电室的位置以及现场情况，决定在一号变压器和二号变压器的总配电室采用集中自动补偿的补偿方式，且由于三车间配电室距离总配电室较远，决定在三车间增加一面无功补偿配电柜。

（2）电容器及容量计算：经过完全退出无功补偿装置并观察一周，拟定补偿前按照0.76进行确定电容器的容量经测试，一般将功率补偿设计为0.95，若想将功率因数从0.76补偿到0.96，经计算，一号变和二号变需安装的电容器的容量分别约为224kvar、140kvar左右。电容器此次选择氮气填充的干式电容器，其具有自愈功能，安全性更高，同时并联上纯铜绕组的电抗器，在保护电容器的安全和稳定性的同时消除谐波。

（3）投切开关选型：由于该公司原采用接触器手动补偿，投切时会产生较大的涌流和过电压，切除时易产生电弧，触点易于烧毁、寿命较短，不适用于频繁投切的场合，现考虑选用晶闸管投切开关，进行过零投切，解决接触器合闸涌流的问题。

（4）更换控制器及设备调试：在更换了晶闸管投切控制器后，根据无功补偿自动控制装置说明书进行设置了参数，投入并进行试运行，未发现其他问题，试运行成功。

（5）效果检查：对配电房无功补偿柜改造后，功率因数显示在0.95左右，电压由原来的375V左右提高到了380V左右，电流也有所降低。按每年生产300d即7200h、负荷按额定容量的80%进行计算，一号变每年用电量为230.4×10^4kW·h，二号变为144×10^4kW·h；通过此次电容柜改造项目提高了设备利用率，减少了电能损耗，节省电费产生了经济效应。

5. 电容补偿器使用注意事项

（1）正常情况下全站停电操作时，应先拉开电容补偿器的开关，后拉开各路出线的开关；正常情况下全站恢复送电时，就先合上各路出线的开关，后合上电容补偿器线的开关。

（2）全站事故停电后，应拉开电容补偿器开关。

（3）电容补偿器断路器跳闸不得强送电；熔断丝熔断后，未查明原因之前不得更换熔断丝送电。

（4）不论是高压还是低压电容器，都不允许在其带有残留电荷的情况下合闸。否则，可能产生很大的电流冲击。电容补偿器重新合闸前，至少应放电3min。

（5）为了检查、修理的需要，电容补偿器断开电源后，在维修人员未到之前，不论该电容补偿器是否装有放电装置，都必须用可携带的专门放电负荷接线人工放电。

模块四
工艺设备的故障诊断与处理

第一章　机泵的故障诊断与处理

泵机组在运行过程中常常会因为电动机或泵工作不正常而影响到机组的正常运行，日常巡检中应具备发现问题及时解决的能力，才能保障整个系统的正常运行，机泵的运行工况诊断与处理就显得尤其重要，本章主要学习机泵的故障诊断与处理方法。

第一节　离心泵机组的故障诊断与处理

一、离心泵故障的原因及处理方法

离心泵是给液体增加压能的机械设备。在长期高速运转中会出现部件磨损和性能下降等现象，除按要求定期保养外，还应随时对泵运行中所出现的各种故障予以正确判断和处理，确保安全生产。

离心泵一旦出现故障会影响集输站的安全生产，严重时会导致原油含水超标、污水含油超标等不良影响。能正确、快速判断与处理离心泵的故障是一名合格集输工的基本技能之一。

机泵常见故障一般分为人为故障和非人为故障。人为故障可以杜绝，主要是操作或保养不当而引起的故障。非人为故障是指机泵在运转中，正常磨损后各种间隙发生变化以及各部件的强度、刚度降低，输送介质的成分发生了变化，从而发生的一些故障。非人为故障要靠员工在工作中摸索，以便把故障消除在萌芽状态。

人为故障具体表现在以下几点：

(1) 维修保养不当，如润滑油添加不及时或所加润滑油、润滑脂的型号不符合本机泵要求，以及间隙调整不合适等。

(2) 机泵运转方向错误，如电工误将电源倒相，使电动机反转，进而损坏平衡盘、叶轮、导叶等。

(3) 工艺流程倒错，如进口不开，出口不开、不关或进口没有输入介质以及异物卡住。

大量的故障案例和实践经验说明，及时查找事故的隐患并尽快加以排除，不仅能使泵的运转形成良性循环，还能减轻维修工的劳动强度，提高泵的运转效率，真正做到少投入、多产出。

(一) 离心泵振动并发出较大噪声

1. 故障原因

发生这种现象是由泵汽蚀和机械故障造成的。

(1) 启泵前未放空或泵内空气未放净。

(2) 叶轮、进口管线及滤网堵塞，来液不畅通，供液不足或液位过低。
(3) 泵进口端连接部位或密封圈密封不严、漏气。
(4) 轴瓦严重磨损，间隙过大。
(5) 泵的排量控制得过大或过小，引起汽蚀或憋泵。
(6) 叶轮损坏，或转子不平衡引起振动。
(7) 泵轴弯曲或机泵轴不同心，使转子与定子相摩擦。
(8) 平衡盘严重磨损而失效。
(9) 基础地脚螺栓紧固不牢，或设计安装不合格，电动机振动引起泵振动。
(10) 联轴器连接螺栓松动，及减震胶圈损坏严重，引起不平衡和不吸振。
(11) 进出口管线支座固定不牢，管线悬空而引起振动。

2. 处理方法

首先，调整泵出口阀门开启度，合理控制泵的工作点。如果仍不能消除，必须进行停泵检查处理。

(1) 打开泵出口放空阀，排净泵内空气，重新启泵。
(2) 检查清除叶轮、进口管线及泵前过滤器的堵塞物。
(3) 检修或更换轴瓦，并调整其间隙达到技术要求。
(4) 校直泵轴或机泵重新找同心。
(5) 检修或更换平衡机构。
(6) 重新调整泵轴瓦抬量达到技术要求。
(7) 检查紧固连接螺栓，更换联轴器或减震胶圈。
(8) 检查调整轴瓦托架紧固情况。
(9) 单独运行电动机，消除振动原因。
(10) 检查紧固地脚螺栓，按设计要求重新安装。
(11) 检查加强管线支架。

3. 泵体振动的原因及处理

(1) 机泵轴弯曲。校泵轴，换泵轴。
(2) 轴承磨损。更换轴承。
(3) 轴瓦间隙过大。调整轴瓦间隙。
(4) 联轴器不同心。调整同心度。
(5) 液体流动通道不畅，出口阀门出口开度太小、泵吸入端管道进气或有杂物。清除堵塞物，出口阀门开大。
(6) 离心泵机组固定螺栓松动、泵体固定不好。紧固各部位固定螺栓。
(7) 汽蚀余量不够。调整离心泵的工作参数。

(二) 离心泵抽空

1. 故障现象

(1) 泵体振动，管线剧烈振动，泵和电动机声音异常。
(2) 离心泵抽空严重时压力表无指示，压力表指示值归零。

（3）电流表出现急速下降或归零现象。

2. 故障原因

（1）大罐液位过低，供液量不足。
（2）泵进口管线堵塞，泵进口过滤器堵塞。
（3）流程未倒通，泵进口阀门没开或闸板脱落。
（4）泵首级叶轮堵塞。
（5）泵进口密封填料漏气严重。
（6）油温过低，吸阻过大。
（7）泵内有气未放净。

3. 处理方法

（1）检查大罐液位，提高液位高度。
（2）清理检查泵进口管线和过滤器。
（3）启泵前全面检查流程。
（4）清除泵叶轮进口处堵塞物。
（5）调整密封填料压盖，使密封填料漏失量在规定范围内。
（6）提高来油温度。
（7）启泵前在泵出口处放净泵内气体，在过滤器处放净泵进口气体。

4. 技术要求

（1）严格按操作规程使泵在最佳工况区内运行。
（2）检查大罐液位，控制来液液位高于出口管线上缘或低线液位。
（3）调整密封填料漏失量，使密封填料漏失量在规定范围内。
（4）运行中遇到特殊情况需要紧急停泵时，允许先按停机按钮，然后立即关闭出口阀门。

5. 注意事项

（1）开关阀门时，人应侧身操作，避免丝杠飞出伤人；检查流程，防止倒错流程。
（2）使用活动扳手时，转动活动扳手调节螺母，使固定扳唇和活动扳唇夹紧螺母，防止扳手滑脱伤人。紧固法兰螺母时，活动扳唇在前，固定扳唇在后，使力量大部分承担在固定扳唇上，若反方向用力，扳手应翻转180°。
（3）使用F形扳手时，其两爪从阀门手轮的背面勾住手轮，且手柄近爪与手轮外缘接触，手柄远爪与手轮辐条接触。
（4）操作机泵时长发必须塞进帽子里，防止机泵的转动部分将头发绞入，引起伤人事故。
（5）不能直接或间接接触运行中的泵轴、联轴器等部位，防止机械夹伤或绞伤。

（三）离心泵启泵后压力不足

1. 故障现象

离心泵压力表显示低于正常值达不到规定值，并伴有间歇抽空现象。

2. 故障原因

（1）压力表指示不准确。

(2) 大罐液位过低，供液量不足。
(3) 泵进口管线堵塞，或泵进口过滤器堵塞。
(4) 泵进口阀门没有完全打开。
(5) 泵首级叶轮进口及流道堵塞。
(6) 液体温度过高或产生汽化。
(7) 泵体内各间隙过大，平衡机构磨损严重。
(8) 电动机转速不够。
(9) 出口阀门开得过大或出口管线发生泄压。

3. 处理方法

(1) 校验压力表，更换合格压力表。
(2) 调节大罐液位的高度。
(3) 检查清理泵进口管线和过滤器。
(4) 检查进口阀门，使其完全打开。
(5) 检查清理叶轮流道进口或更换叶轮。
(6) 降低输送介质的来液温度，放净泵内气体。
(7) 检查调节泵各部件间隙，修复平衡机构，调节平衡盘的间隙。
(8) 增大变频器频率或倒工频，汇报维修。
(9) 重新调节出口。

4. 技术要求

(1) 严格按操作规程，使泵在最佳工况区内运行。
(2) 检查大罐液位，控制来液液位高于出口管线上缘或低线液位。
(3) 运行中遇到特殊情况需要紧急停泵时，允许先按停机按钮，然后立即关闭出口阀门。

5. 注意事项

(1) 开关阀门时，人应侧身操作，避免丝杠飞出伤人；检查流程，防止倒错流程。
(2) 使用活动扳手时，转动活动扳手调节螺母，使固定扳唇和活动扳唇夹紧螺母，防止扳手滑脱伤人。紧固法兰螺母时，活动扳唇在前，固定扳唇在后，使力量大部承担在固定扳唇上，若反方向用力，扳手应翻转180°。
(3) 使用F形扳手时，其两爪从阀门手轮的背面勾住手轮，且手柄近爪与手轮外缘接触，手柄远爪与手轮辐条接触。
(4) 操作机泵时长发必须塞进帽子里，防止机泵的转动部分将头发绞入，引起伤人事故。
(5) 不能直接或间接接触运行中的泵轴、联轴器等部位，防止机械夹伤或绞伤。

(四) 离心泵密封填料发热漏失

1. 离心泵填料发热

1) 故障现象

密封填料发热、冒烟；密封填料处漏失量大。

2) 故障原因

(1) 填料硬度过大，没弹性，填料选用或装加方法不当。

（2）填料压盖压偏或压得太紧，轴套偏磨、轴套不光滑，填料数量过多。

（3）水封环安装的位置不对，水封环的开口被填料堵塞，造成压力水不能进入填料函润滑冷却。

（4）填料长度过长，接头重叠起棱、偏磨。

3）处理方法

（1）重新选择适合的填料。

（2）对称、均匀紧固压盖螺栓防止压偏，松紧适度。

（3）找好水封环位置，使冷却水通畅。

（4）检查填料长度、数量，并按规定方法加装，对称、均匀紧固压盖螺栓，边紧边盘泵，直到松紧适度为止。

2. 离心泵填料漏失

1）故障现象

密封填料处漏失量大。

2）故障原因

（1）密封填料压盖松动没压紧。

（2）密封填料密封性能差或磨损，须更换。

（3）密封填料切口在同一方向。

（4）轴套胶圈与轴密封不严或轴套磨损严重，夹不住密封填料。

3）处理方法

（1）适当对称调紧密封填料压盖。

（2）更换密封填料。

（3）密封填料切口要错开 90°~120°。

（4）更换轴套的 O 形密封胶圈或更换轴套。

3. 离心泵密封填料寿命过短

1）故障现象

密封填料发热、冒烟，或漏失量大、刺水。

2）故障原因

（1）填料加得过多、压得过紧，填料老化，规格不对或密封填料安装不当。

（2）密封填料压盖与轴套偏磨。

（3）轴或轴套表面磨损不光滑，增加了轴套与密封填料的摩擦或泵轴弯曲。

（4）润滑不足或缺乏润滑。

（5）填料函内冷却水管路不通、水封管堵塞或水封环未对准出水孔。

（6）外部冷却液有脉冲压力。

3）处理方法

（1）密封填料加入以压盖压入量不小于 5mm，调整密封填料压盖松紧度或正确选择、按规定重新加装填料。

（2）调整密封填料压盖平行度，使之对称，不磨轴套。

（3）用砂纸磨光轴套或校正泵轴、更换新轴套。

（4）添加适当润滑剂。

（5）停泵重新清理使水封管孔通畅，或重新安装填料，使水封环的位置正好对准水封管口。

（6）适当提高冷却压力，保证压力平稳。

4. 技术要求

（1）离心泵填料环的端面、轴中心线的不垂直度允许为填料环外径的1/1000。

（2）密封填料压盖压偏磨轴套，轴套表面不光滑、密封填料加得过多、密封填料压得过紧，水封环位置装得不对，容易造成离心泵密封填料寿命过短。

（3）离心泵密封填料的品种或规格与离心泵运转条件有关。

（4）离心泵轴套径向跳动超过允许值，对密封填料寿命有影响。

（5）用扳手均匀地将填料压盖两侧螺母卸松，使密封填料封泄漏量大些，待密封填料温度降到正常温度时再调整密封填料漏失量10~30滴/min；如果密封填料已经冒烟，应停泵更换密封填料。

5. 注意事项

（1）开关阀门时，人应侧身操作，避免丝杠飞出伤人；检查流程，防止倒错流程。

（2）使用活动扳手时，转动活动扳手调节螺母，使固定扳唇和活动扳唇夹紧螺母，防止扳手滑脱伤人。紧固法兰螺母时，活动扳唇在前，固定扳唇在后，使力量大部分承担在固定扳唇上，若反方向用力，扳手应翻转180°。

（3）使用F形扳手时，其两爪从阀门手轮的背面勾住手轮，且手柄近爪与手轮外缘接触，手柄远爪与手轮辐条接触。

（4）操作机泵时长发必须塞进帽子里，防止机泵的转动部分将头发绞入，引起伤人事故。

（5）不能直接或间接接触运行中的泵轴、联轴器等部位，防止机械夹伤或绞伤。

（五）离心泵汽蚀

离心泵工作时，当泵叶轮进口处压力降低到液体当时温度下的饱和蒸气压时，液体就开始沸腾汽化，在液流中形成气泡，这些气泡随液流一起进入叶轮，由于离心力的作用，液体压力逐渐升高，使气泡破裂而消失。由于气泡破裂非常快，周围液体以极高的速度冲向气泡原来所占的空间，产生强烈的水力冲击，打击叶轮表面，久而久之，对叶轮表面造成严重损伤，同时还伴有很大的响声，使泵体振动，流量减小，效率降低，甚至断流。这种液体汽化，气泡产生和破裂的过程中所引起的一系列现象称为汽蚀现象。所以，离心泵不允许在汽蚀情况下工作。

由上述情况可见，汽蚀主要是由于叶轮进口处的压力低于液体在该温度下的汽化压力引起的。造成叶轮进口处压力过分降低的原因可能是：

（1）吸入高度过高。

（2）所输送的液体温度较高，液体的饱和蒸气压增加。

（3）气压太低（如泵在海拔较高处使用）。

（4）液体的黏度增大，吸入泵内流道设计不完善而引起液流速度过高等。

在离心泵中最容易产生汽蚀现象的地方是在吸入管及叶轮进口处叶片的背面（从旋转方向看）。叶片的前面挤压液体故压力较高，而背面的压力则较低。为了防止汽蚀现象出现，保证正常吸入，在安装离心泵时应进行泵的最大允许吸入高度计算。

1. 故障现象

（1）泵体振动和声音异常。

（2）电流表、压力表波动；压力达不到规定值，电流下降且电流表剧烈变化；泵出口压力下降，且剧烈变化。

（3）离心泵汽蚀到一定程度，会使泵流量、压力、效率下降，严重时断流，吸不上液体。

2. 故障原因

（1）罐液位过低、泵安装高度过高，使泵吸入压力低。

（2）泵进口管线、过滤器、首级叶轮进口有堵塞物，造成吸入液体阻力增大。

（3）泵进口密封填料漏、阀门法兰连接处不严，泵在工作中吸入气体。

（4）输送液体温度过高，液体饱和蒸气压增加，在小流量时容易发生汽化。

（5）泵出口排量控制过小，使泵内液体温度过高，而产生汽化。

3. 处理方法

（1）应及时提高罐液位，降低泵的安装高度。

（2）检查清理泵进口管线、过滤器、叶轮内杂物。

（3）调节或处理泵进口密封填料漏失量，填料漏失量 10~30 滴/min；检查阀门法兰连接处，处理漏气现象。

（4）检查大罐出口温度，要控制炉火降低加热炉温度，以降低液体的饱和蒸气压，尽量减少小流量操作防止汽化。

（5）检查大罐进口阀门，加大进液量、检查大罐出口阀门，加大出水量、放净气体，按操作规程启泵，检查压力、温度、电流变化情况，做好记录。

4. 技术要求

（1）泵发生汽蚀应立即停泵，排放泵内气体。

（2）油罐内油位不能过低，油位低于规定时要及时倒罐。

（3）油品温度控制在凝点以上 5~10℃。

（4）进口各阀门、密封填料、法兰应严密不漏，不应有漏气漏油现象，否则泵工作时易从不严密处吸入空气。

（5）泵出口阀控制应适当，不应过小，避免增加油品在泵内的无用旋转而产生汽蚀。

5. 注意事项

（1）开关阀门时，人应侧身操作，避免丝杠飞出伤人；检查流程，防止倒错流程。

（2）使用活动扳手时，转动活动扳手调节螺母，使固定扳唇和活动扳唇夹紧螺母，防止扳手滑脱伤人。紧固法兰螺母时，活动扳唇在前，固定扳唇在后，使力量大部分承担在固定扳唇上，若反方向用力，扳手应翻转180°。

（3）使用F形扳手时，其两爪从阀门手轮的背面勾住手轮，且手柄近爪与手轮外缘接触，手柄远爪与手轮辐条接触。

（4）操作机泵时长发必须塞进帽子里，防止机泵的转动部分将头发绞入，引起伤人事故。

（5）不能直接或间接接触运行中的泵轴、联轴器等部位，防止机械夹伤或绞伤。

（六）离心泵机组滚动轴承温度过高

1. 大修后首次投运机组滚动轴承温度过高故障的诊断处理

（1）轴承温度大于70℃，轴承运转发出沉闷"嗡嗡"声，转动吃力，说明安装时径向压紧过大，需停机并通知维修人员处理。

（2）轴承温度高，轴承盖接合面处有润滑脂变稀流出，说明检修时轴承内润滑脂加得过多；如果温度不继续升高，且在允许范围内，可继续运行，停机后取出部分润滑油。

（3）轴承温度大于70℃，运行声音正常，机组振动，可能是机组同心度误差超过规定值，应停机通知有关人员处理。

2. 正常运转中滚动轴承发热故障的诊断处理

（1）轴承温度大于70℃，运转发出"唰唰"声，说明轴承隔离架间隙大，应停机通知有关人员处理。

（2）轴承温度大于70℃，运转发出均匀的哨声，说明轴承缺油，应立即补充润滑油，并观察，如温度继续上升，应立即停机并通知有关人员处理。

（3）轴承温度大于70℃，并发出断续的冲击和跑动声，说明轴承滚动体表面出现剥皮，应立即停机，并通知有关人员处理。

（4）轴承温度大于70℃，运转有异响，说明轴承的隔离架断裂或滚动体破碎或轴承套断裂，应立即停机并通知有关人员处理。

二、电动机的故障诊断与处理

电动机是将电能转换为旋转机械能的动力设备，按防护等级可分为防爆电动机和普通电动机两种。防爆电动机适用于易燃、易爆的高危场所。电动机出现故障会严重影响集输站的安全运行。

（一）电动机温升超过允许值

1. 故障现象

电动机过热或冒烟，有异味。

2. 故障原因

（1）电源电压过高，使铁芯磁通密度过饱和，造成电动机温升过高。

（2）电源电压过低，在额定负载下电动机温升过高。

（3）灼线时，铁芯被过灼，使铁耗增大；定、转子铁芯相擦。

（4）绕组表面黏满尘垢或异物，影响电动机散热。

（5）电动机过载或拖动的生产机械阻力过大，使电动机发热；电动机一般短时过载应允许在额定负载的120%以内。

（6）电动机频繁启动或正、反转次数过多。

（7）笼型转子断条或绕线转子绕组接线松脱，电动机在额定负载下转子发热，使电动机温升过高。

（8）绕组匝间短路、相间短路以及绕组接地。

（9）进风温度过高，风扇通风不良，环境温度增高，或电动机通风道堵塞。

（10）电动机两相运转。

（11）重绕后绕组浸渍不良。

（12）绕组接线错误。

3．处理方法

（1）如果电源电压超过标准很多，应与供电部门联系解决。

（2）若因电源线电压压降过大而引起，可更换较粗的电线；如果是电源电压太低，可向供电部门联系，提高电源电压。

（3）做铁芯检查试验，检修铁芯，排除故障；检查故障原因，如是轴承间隙超限，则应更换新轴承，如果转轴弯曲，则需调直处理，铁芯松动或变形时，应处理铁芯。

（4）清扫或清洗电动机，并使电动机通风沟畅通；清洗时，用压缩空气或皮老虎将定子内灰尘吹净。用清洗油或煤油清洗轴承及其他零件的油污。用压缩空气将轴承内油吹净，并用大布或棉纱把所有零件擦干。

（5）排除拖动机械故障，减少阻力；根据电流表指示，如超过额定电流，需减低负载，更换较大容量电动机或采取增容措施。

（6）减少电动机启动及正、反转次数或更换合适的电动机。

（7）查明断条和松脱处，重新补焊或拧紧固定螺钉。

（8）检查冷却水装置是否有故障；检查周围环境温度是否正常；检查电动机风扇是否损坏，扇叶是否变形或未固定好，必要时更换风扇，改善环境温度采取降温措施；隔离电动机附近高温热源；不使电动机在日光下暴晒。

（9）检查熔断丝、开关接触点，排除故障。

（10）要采取二次浸漆工艺，最好采用真空浸漆措施。

（11）Y接电动机误接成△接，或△接电动机误接成Y接，要改正接线。

（12）需专业人员拆机检修。

4．专业拆机检修方法

1）转子的检查

（1）检查电动机转子各部分是否完好，有否撞坏、划伤或磨损。

（2）对大中型异步电动机要检查铁芯内部和通道内是否有残留焊条、焊锡粒、铁屑或其他杂物。

（3）转子的静平衡要满足要求。

2）定子的检查

（1）检查电动机定子绕组是否损坏，检查绕组绝缘层是否有损坏，引线是否有撞伤或绝缘损坏，绕组两端是否有油污，若有需清理干净。

（2）检查定子槽楔是否松动或脱落，端箍与绕组绑扎是否可靠，端部间隙垫块是否松动或脱落。

（3）检查定子铁芯，尤其两侧端部铁芯，有否碰坏、变形或松散。

3）轴承的检查

轴承的好坏对电动机运行性能影响很大，轴承质量不好，会使电动机声音异常、产生振动。轴承检查应注意声音、径向间隙和轴向摆动。

轴承好坏的鉴别方法，新的或旧的滚动轴承，主要从三方面来鉴别其好坏：

（1）径向间隙不超过容许值。

（2）无破裂、诱蚀、珠痕、变色、剥离、麻点等弊病。

（3）转动灵活平衡，声音匀称。

轴承的拆卸要用专用拉力器将轴承卸掉。轴承检查主要内容有：

（1）清洗检查。在清洗时应仔细检查，尤其是轴承的珠架与滚动体之间有无残存油脂污物，内外表面有无锈斑、划痕；珠架是否变形，以及滚动体磨损情况。

（2）间隙检查：电动机轴承的径向间隙检查同"三级保养维修多级泵"中的轴承间隙要求。

（3）测量及调整转子气隙。

① 拆下轴承压盖，取出上轴瓦，并用千斤顶支电动机转子一端，取出相应的下轴瓦，将电动机转子轻落到最低处，此时转子与电动机内定子部位底部接触。

② 用深度尺测量电动机转子轴径最低点距轴承底座处的距离，并记录下来。

③ 用撬杠抬起一端，用深度尺测量此时轴径最低点与底座的距离，并记录下来。两次记录的数值之差，则为电动机转子的总气隙量。测量电动机转子气隙量的目的是保证转子与定子的径向间隙值均匀，以防止转子与定子偏磨，造成事故。

④ 放上两端的下轴瓦，测量轴径最低点距轴承底座处的距离，要求为总气隙量的一半减去 0.15mm。

⑤ 若测量结果达不到标准值，可以通过刮削底瓦的方法或在轴承底座上加减调整垫来调整。

5. 技术要求

（1）严格按操作规程，由专业人员检查或处理电路电源。

（2）电动机一般短时过载应允许在额定负载的 120% 以内。

（3）电动机轴承有问题可采取相应的措施修复，如间隙过大或损坏，一般无法修复，应换上同型号、同规格的轴承。新轴承也应检查合格后方可安装。

6. 注意事项

（1）更换电动机零件拆装时，按先拆后装的顺序，特殊零部件如皮带轮、两轴承外盖及端盖和机座接缝处等拆卸前应先用钢冲做上标记，以免安装时装错。

（2）使用防爆工具，严禁用汽油、轻质油擦拭零部件。

（3）使用F形扳手开关阀门时，其两爪从阀门手轮的背面勾住手轮，且手柄近爪与手轮外缘接触，手柄远爪与手轮辐条接触。

（二）防爆电动机运行时有杂音

1. 故障原因

（1）轴承损坏或润滑脂严重缺少，油脂中有杂质等。

（2）定子、转子铁芯松动定转子相擦。

（3）电动机风扇碰风罩，风罩或转轴上零件（风扇、联轴器等）松动，风罩内有杂物；

(4) 轴承内圈和轴配合太松。
(5) 电动机单相运转。
(6) 绕组有短路或接地。
(7) 绕组有接错。
(8) 并联绕组中有支路断路。
(9) 频繁启动或电动机过载。
(10) 电压过高或不平衡。
(11) 转子笼条和端环断裂。

2. 处理方法

(1) 应清洗检修或更换轴承；添加润滑脂，注油量要适宜，同步转速 1500r/min 以下，加入轴承腔的 2/3，同步转速 1500r/min 及以上的加入轴承腔的 1/2，即使其充满轴承容积的 1/2~2/3。

(2) 检查振动原因，重新压铁芯找出相擦原因予以排除。

(3) 检查修理风扇和风罩，使其几何尺寸正确；清理风道；清除杂物，紧固风罩或其他零件。

(4) 堆焊转轴轴承磨损外，并按规定尺寸车好，使其配合紧密。

(5) 检查线路、绕组断线或接触不良处，予以排除。

(6) 检查短路、接地处，重新修好。

(7) 需专业人员拆机修理，改接过来。

(8) 检查断路点，重新接好。

(9) 减轻负载。

(10) 设法调整电压或等线路电压正常时再使用。

(11) 转子重新铸铝或更换转子。

（三）防爆电动机不能启动

1. 故障现象

电动机必须立即停机。

(1) 电缆接线头或启动装置冒烟、打火。
(2) 电动机出现剧烈振动。
(3) 拖动机械设备出现故障或损坏。
(4) 电动机声音异常。
(5) 电动机电流突然急剧上升。
(6) 转速急剧下降，温度急剧升高。
(7) 电动机着火。
(8) 发生人身伤亡事故，或火灾、水灾等事故。

2. 故障原因

电动机接通电源后，转动不起来，并发出"嗡嗡"声，主要有原因是电源电压过低，启动扭矩小；电源缺相，单相运行；定子绕组或转子绕组短路；定子与转子铁芯相擦；轴承损坏或被卡住。

（1）三相供电线路或定子绕组中有一相或两相断路，开关或启动装置的触点接触不良，导致没有旋转磁场。

（2）电源电压过低，造成启动转矩不足。

（3）负载过大或传动机构故障。

（4）轴承过度磨损，转轴弯曲，定子铁芯松动，甚至定子、转子铁芯相擦，使电动机的气隙不均匀，在转子上产生单边磁拉力。

（5）匝间、相间短路或对地短路，使三相电流失去平衡而导致启动故障。

（6）定子绕组重绕后接线错误。

3. 处理方法

（1）更换熔断器中的溶体；检查开关或启动装置的触点，不能修复则更换；用万用表查找短路处，对故障进行处理。

（2）适当提高电源电压；启动时大电流造成线路压降太大，可换上较粗导线。

（3）适量减轻拖动的负载；检查传动机构，排除故障。

（4）更换轴承，矫正转轴；将定子铁芯复位并固定。

（5）找出短路点，进行绝缘处理或更换绕组。

（6）检查三相绕组的首末端，然后按正确接法接线。

（四）防爆电动机振动

1. 故障原因

（1）电动机基础强度不够，地脚螺栓松动或校正不好，联轴器不同心。

（2）风扇叶片损坏，不平衡造成转子不平衡。

（3）轴弯或有裂纹。

（4）轴承磨损过大，间隙不合格。

（5）传动皮带接触不好。

（6）电动机机壳强度不够。

（7）绕组有短路或接地。

（8）并联绕组有支路断路。

（9）转子笼条或端环断裂。

2. 处理方法

（1）加固基础，紧固更换不合格电动机地脚螺栓或重新校正，找正联轴器同心。

（2）检查更换风扇平衡或设法校正转子平衡度。

（3）更换新轴或校正弯轴。

（4）检查轴承间隙。

（5）重新安装好皮带。

（6）查找线路或绕组的断线和接触不良处，并予以修复。

（7）查找短路或接地处，并予以修复。

（8）查出断线处，并予以修复。

(9) 重新铸铝或另换转子。

3. 技术要求

(1) 测量接地电阻时，引线要与电动机断开。绝缘电阻合格的标准为：每千伏工作电压，绝缘电阻大于 $1M\Omega$，380V 电动机绝缘电阻应大于 $0.5M\Omega$。

(2) 测量三相电流平衡时，被测导线应尽可能远离其他导线，三相电流的差值必须在额定电流的 5% 以内。

(3) 检查带电体温度时，必须用手背轻轻触摸，以防触电。轴承温度不超 75℃，电动机温度不超 80℃。

(4) 切断电源后，应在开关操作把手上挂上"有人工作，禁止合闸"警示牌。

(5) 拆装轴承外端盖和电动机端盖时要事先做好标记。

(6) 装轴承外盖时，先将外盖套在轴上，在螺栓孔中插入一根螺栓，转动转子带着轴承内盖转动，此时外盖应固定不动。找正对准内、外盖的螺栓孔后，再将内、外盖用螺栓拧紧。

(7) 安装电动机端盖和轴承端盖时，螺栓应对称均匀，使端盖受力均匀，但轴承端盖螺栓不能拧得太紧，致使转子转动不灵活。

(8) 安装对轮和风扇时，键与槽的配合松紧要合适，太紧时会伤槽、伤销；太松时会滚键打滑，引起撞击。

(9) 清洗轴承后，若检查轴承良好，则不拆下轴承。若轴承有缺陷不能继续使用时，应更换新轴承。

(10) 在电动机前后端盖都拆下之前，一定要把电动机轴两端架起，防止转子直接落在定子上，擦伤、划破定子绕组。

(11) 通电启动后，要监听轴承与电动机内声音是否正常，有无不正常气味，有无冒烟和打火现象，有无剧烈振动，有无过热现象等。

4. 注意事项

(1) 检查验收应有专职电工随同进行。

(2) 电工作业工具由电工准备。

(3) 解体检查绕组线圈由电气专业人员检查；电动机气隙及各项技术指标，检查应符合出厂技术文件规定。

第二节　其他常用泵的故障诊断与处理

一、螺杆泵的故障诊断与处理

（一）螺杆泵不吸油

1. 故障原因

(1) 吸入管路堵塞或漏气。

(2) 吸入高度超过允许吸入真空高度。
(3) 电动机反转。
(4) 油料黏度过大。

2. 处理方法

(1) 检查吸入管路漏气处，更换法兰垫片、堵塞砂眼。螺杆泵吸入管路由于安装时螺帽未拧紧造成漏气或漏油，若渗漏不严重可在漏气或漏油处涂抹油泥；漏油严重必须重新拆装。
(2) 降低泵的安装高度。
(3) 改变电动机转向，使之与泵转向相同。
(4) 将油料加温，降低黏度。

（二）螺杆泵机械密封大量漏油

1. 故障原因

(1) 装配位置不对。
(2) 密封压盖未压平。
(3) 动环或静环密封面碰伤。
(4) 动环与静环密封圈损坏。

2. 处理方法

(1) 重新按标准要求安装。
(2) 调整密封压盖。
(3) 研磨密封面或更换新件。
(4) 更换密封圈。

（三）螺杆泵流量下降

1. 故障原因

(1) 吸入管路堵塞或漏气。
(2) 螺杆与泵衬套内严重磨损。
(3) 安全阀弹簧太松或阀芯与阀座有杂质等造成密封不严。
(4) 电动机转速不够。

2. 处理方法

(1) 测量和调整机泵同轴度，使之达到标准要求。
(2) 检修调整螺杆与泵套同轴度或更换零件。
(3) 检修吸入管路，排除漏气部位。
(4) 降低安装高度。
(5) 提高转速。

（四）螺杆泵振动过大

1. 故障原因

(1) 泵与电动机不同心。
(2) 螺杆与泵套不同心或间隙大、偏磨。

(3) 吸入管路或泵吸入端漏气，泵内有空气。
(4) 泵安装高度过大造成螺杆泵安装基础不牢。
(5) 泵内产生汽蚀。

2．处理方法

(1) 测量和调整机泵同轴度，使之达到标准要求。
(2) 检修调整螺杆与泵套同轴度或更换零件。
(3) 检修吸入管路，排除漏气部位。
(4) 降低安装高度。
(5) 降低转速。

（五）螺杆泵发热

1．故障原因

(1) 泵内严重摩擦。
(2) 机械密封回油孔堵塞。
(3) 介质温度过高。
(4) 输送介质黏度过大。
(5) 螺杆泵处于干运行或半干运行状态。
(6) 泵出口管路堵塞。

2．处理方法

(1) 检查调整螺杆和泵套间隙。
(2) 疏通回油孔。
(3) 适当降低介质温度。
(4) 升温降低介质黏度。
(5) 给泵内定子加润滑油。
(6) 消除堵塞。

（六）其他常见故障

螺杆泵的其他常见故障见表4-1-1。

表4-1-1　螺杆泵的其他常见故障

序号	故障现象	故障原因	处理方法
1	泵不能启动	新转子、定子配合过紧	手动盘泵3~5圈，转动灵活
		电压太低	检查、调整
		介质黏度过高	稀释料液
2	泵不出液	旋转方向不对	调整方向
		吸入管路有问题	检查泄漏，打开进出口阀门
		介质黏度过高	稀释料液
		转子、定子损坏或传动部件损坏	检查更换
		泵内异物堵塞	排除更换

续表

序号	故障现象	故障原因	处理方法
3	流量达不到额定流量	管路泄漏	检查修理管道
		阀门未全打开或局部堵塞	打开全部阀门、排除堵塞物
		转速太低	调整转速
		转子、定子磨损	更换损坏零部件
4	压力达不到	转子、定子磨损	更换转子、定子
		压力表损坏	检查更换压力表
5	电机过热	电动机故障	检查电动机、电压、电源、频率
		出口压力过高、电动机超载	检查扬程，开足出口阀门，排除堵塞
		定子烧坏或黏在转子上	更换损坏零件
6	流量、压力急剧下降	管道突然堵塞或泄漏	检查排除
		定子磨损恶劣	更换定子
		液体黏度突然改变	找出原因排除
		电压突然下降	找出原因排除
7	轴密封处大量泄漏液体	软填料磨损	压紧或更换填料
		机械密封损坏	修复或更换
8	轴功率急剧增大	排出管路堵塞	停泵清洗管路
		螺杆与泵套严重摩擦	检修或更换有关零件
		介质黏度太大	将介质升温
9	泵振动大	泵与电动机不同心	调整同心度
		螺杆与泵套不同心或间隙大	检修调整
		泵内有气	检修吸入管路，排除漏气部位
		安装高度过大，泵内产生汽蚀	降低安装高度或降低转速
10	泵发热	泵内严重摩擦	检查调整螺杆和泵套
		机械密封回油孔堵塞	疏通回油孔
		油温过高	适当降低油温
11	机械密封大量漏油	装配位置不对	重新按要求安装
		密封压盖未压平	调整密封压盖
		动环或静环密封圈损坏	更换密封圈
12	泵不吸油	吸入管路堵塞或漏气	检修吸入管路
		吸入高度超过允许吸入真空高度	降低吸入高度
		电动机反转	改变电动机转向
		介质黏度过大	将介质加温
13	压力表指针波动大	吸入管路漏气	检修吸入管路
		安全阀没有调好或工作压力过大，使安全阀时开时闭	调整安全阀或降低工作压力

续表

序号	故障现象	故障原因	处理方法
14	流量下降	吸入管路堵塞或漏气	检修吸入管路
		螺杆与泵套磨损	磨损严重时应更换零件
		安全阀弹簧太松或阀瓣与阀座接触不严	调整弹簧、研磨阀瓣与阀座
		电动机转速不够	修理或更换电动机

二、柱塞泵的故障诊断与处理

（一）柱塞泵工作噪声过大

1. 故障原因

（1）油泵内存有空气。这个故障一般是在安装了一台新泵的时候出现，在开启一台新泵时，应先向泵内加入润滑油液，对泵的轴承、柱塞与缸体起到润滑作用。

（2）油箱的油面过低，吸油管堵塞使得泵吸油阻力变大造成泵吸空或进油管段有漏气，泵吸入了空气。

（3）油泵与电动机安装不当。也就是说泵轴与电动机轴同心度不一致，使油泵轴承受径向力产生噪声。

（4）液压油的黏度过大，使得泵的自吸能力降低，容积效率下降。

2. 处理方法

（1）在泵运转时打开油泵加油口，使泵内的空气从加油口排放出去。

（2）按规定加足油液；清洗滤清器，疏通进气管道；检查并紧固进油管段的连接螺栓。

（3）检查调整油泵与电动机安装的同心度。

（4）选用适当黏度的液压油，如果油温过低应开启加热器。

（二）柱塞泵工作时压力表指针不稳定的故障

1. 故障原因

（1）柱塞与缸体之间磨损严重，泄漏过大。

（2）如果是轴向柱塞变量泵，可能是由于变量机构的变量角过小，造成流量过小，内泄漏相对增大。因此，不能连续供油而使压力不稳。

（3）进油管堵塞，吸油阻力变大。

2. 处理方法

（1）检查、修复配油盘与缸体的配合面；单缸研配，更换柱塞；紧固各连接处螺栓，排除漏损。

（2）适当加大变量机构的变量角，并排除内部泄漏。

（3）检查进口管路。

（三）柱塞泵流量不足的原因及排除方法

1. 故障原因

（1）来液液位过低，油管、过滤器堵塞或阻力过大及漏气。

（2）泵内有空气。

（3）中心弹簧折断，使柱塞不能回程，缸体和配油盘密封不良。

（4）油泵连接不当，导致缸体和配油盘产生间隙。

（5）如果是变量轴向柱塞泵，可能是变量角太小。

（6）液压油不清洁，缸体与配油盘或缸体与柱塞磨损，使漏油过多。

2. 处理方法

（1）提高来液液位高度。疏通、清洗管道、过滤器。检查并紧固各连接处的螺栓，排除漏气。

（2）排净泵内空气。

（3）更换中心弹簧。

（4）改变连接方法，消除轴向力。

（5）适当调大。

（6）视情况进行修配，更换柱塞。

（四）柱塞泵油液漏损严重

1. 故障原因

（1）各结合处密封不良，如密封圈损坏。

（2）配油盘与缸体或柱塞与缸体之间磨损过大。

2. 处理方法

（1）检查油泵各结合处的密封，更换密封圈。

（2）修磨配油盘和缸体的接触面；研配缸体与更换柱塞。

三、隔膜泵的故障诊断与处理

（一）隔膜泵没有动作或运作很慢

1. 故障原因

（1）空气入口端的滤网或空气过滤装置有杂质。

（2）空气阀卡住。

（3）空气阀磨损。

（4）中心体的密封零件严重磨损。

（5）空气阀中的活塞活动不正常。

（6）添加的润滑油黏度高。

2. 处理方法

（1）清除空气入口端的滤网或空气过滤装置杂质。

(2) 检查空气阀是否卡住，用清洁液清洗空气阀。

(3) 检查空气阀是否磨损，必要时更换新的零件。

(4) 检查中心体的密封零件状况，如果严重磨损，则无法达到密封效果，而且空气会从空气出口端排掉。

(5) 检查空气阀中的活塞活动是否正常。

(6) 检查润滑油的种类，添加的润滑油如果高于建议用油的黏度，则活塞可能卡住或运作不正常。

（二）隔膜泵压力不足或升高

1. 故障原因

(1) 气动隔膜泵压力调节阀调节不当。

(2) 压力调节阀失灵。

(3) 压力表失灵。

2. 处理方法

(1) 调节压力阀至所需压力。

(2) 检修压力调节阀。

(3) 检修或更换压力表。

（三）隔膜泵压力下降故障

1. 故障原因

(1) 补油阀补油不足。

(2) 进料不足或进料阀泄漏。

(3) 柱塞密封漏油。

(4) 储油箱油面太低。

(5) 泵体泄漏或膜片损坏。

2. 处理方法

(1) 修补油阀。

(2) 检修进料情况及进料阀。

(3) 检修密封部分。

(4) 加注新油。

(5) 检查更换密封垫或膜片。

（四）隔膜泵流量不足或完全没有液体流出

1. 故障原因

(1) 进排料阀泄漏。

(2) 膜片损坏。

(3) 转速太慢、调节失灵。

(4) 泵气穴。

(5) 阀球卡住。

(6) 泵入口的接头完全锁紧不漏。

2. 处理方法

(1) 检查进排料阀泄漏。

(2) 膜片损坏更换膜片。

(3) 调节转速,使其达到规定值。

(4) 检查泵的气穴现象,降低泵的速度让液体进入液室。

(5) 检查阀球是否卡住,如果操作液体与泵的弹性体不相容,弹性体会有膨胀的现象发生,更换适当材质的弹性体。

(6) 检查泵入口的接头是否完全锁紧不漏,尤其是入口端阀球附近的卡箍需锁紧。

(五) 隔膜泵漏油故障

1. 故障原因

密封垫、密封圈损坏或过松。

2. 处理方法

调整或更换密封垫、密封圈。

(六) 泵的空气阀结冰

1. 故障原因

压缩空气含水量过高。

2. 处理方法

检查压缩空气含水量是否过高,安装空气干燥设备。

(七) 泵的出口有气泡产生

1. 故障原因

(1) 膜片破裂。

(2) 卡箍锁紧,尤其是入口管卡箍。

2. 处理方法

(1) 检查膜片是否破裂,如果破裂更换膜片。

(2) 检查卡箍是否锁紧,尤其是入口管卡箍,解除锁紧。

(八) 空气从空气排放口流出

1. 故障原因

膜片破裂,膜片及内外夹板未夹紧。

2. 处理方法

更换膜片,在轴上夹紧膜片及内外夹板。

(九) 阀发出嘎嘎声

1. 故障原因

出口或入口扬程过低。

2. 处理方法

增加出口或入口扬程。

四、旋转活塞泵的故障诊断与处理

（一）常见故障原因及处理

（1）吸入颗粒较大或较硬物体，造成转子损坏而产生内漏，这样的故障往往发生在卸油台岗位，在使用旋转活塞泵输油流程中，过滤器已经损坏或过滤器芯子抽出停用时，转子损坏不能使用。应及时更换转子。

（2）该泵常处于低液位或负压进泵状态，因长期吸液不足造成 O 形密封圈损坏而产生泄漏。更换 O 形密封圈。

（3）输送液体长期含水大于 30%，造成转子与壳体自密封功能降低，内漏增加，泵效大幅降低（严重时为零）。需要时应及时更换泵型，长期使用会损坏泵。

（4）所输送液体含砂量较大，造成转子与壳体的摩擦，间隙过大，导致零排量。应降低进泵液体含砂量。

（5）输送液体温度过高，当输液温度大于 90℃ 时，泵的橡胶密封件很快会失去密封功效。发现温高应及时降低输液温度。

（6）操作不当，启泵前工艺未导通（往往是指出口未导通），造成超压憋泵。启泵应仔细检查流程，防止憋压。

（7）检修后装配质量未达标，转子前后间隙过大造成效率低下。应提高检修质量。

（8）减速器未按要求按时保养，造成转动部件磨损，震动、噪声超标。应按时保养机器设备。

（9）各仪表显示错误（如压力表等），造成判断错误。发现仪表损坏，及时更换。

（二）流量不足

1. 故障原因

（1）吸入口管线泄漏。

（2）转向错误。

2. 处理方法

（1）处理泄漏。

（2）电动机接线换向。

（三）轴封泄漏

1. 故障原因

（1）机械密封安装不良。

（2）机械密封零件损坏。

（3）轴径磨损。

（4）流动介质在静态时发生沉淀或固化。

2. 处理方法

(1) 重新装配。

(2) 更换损坏零件。

(3) 修复。

(4) 停泵用溶剂清洗。

(四) 运转不平稳有噪声

1. 故障原因

(1) 未对中。

(2) 轴承磨损或损坏。

(3) 泵体内有杂物。

(4) 同步齿轮磨损。

(5) 空气进入吸入管线。

(6) 地脚螺栓松动。

2. 处理方法

(1) 重新对中。

(2) 更换轴承。

(3) 清除杂物。

(4) 修理或更换。

(5) 排净空气。

(6) 紧固地脚螺栓。

(五) 电动机过载故障

1. 故障原因

(1) 泵壳内进入杂物。

(2) 出口压力过高。

(3) 物料固化或粘结。

(4) 电动机故障。

2. 处理方法

(1) 清除杂物。

(2) 检查出口管线。

(3) 清除更换物料。

(4) 检查、修理、更换电动机。

五、齿轮泵的故障诊断与处理

(一) 齿轮泵振动与噪声

1. 吸入空气

1) 故障原因

(1) CB-B 型齿轮泵的泵体与两侧端盖为直接接触的硬密封，若接触面的平面度达不到规定要求，则泵在工作时容易吸入空气；同样，泵的端盖与压盖之间也为直接接触，空气也容易侵入；若压盖为塑料制品，由于其损坏或因温度变化而变形，也会使密封不严而进入空气。

（2）对泵轴一般采用骨架式油封进行密封。若卡紧唇部的弹簧脱落，或将油封装反，或其唇部被拉伤、老化，都将使油封后端经常处于负压状态而吸入空气。

（3）油箱内油量不够，或吸油管口未插到油面以下，泵便会吸入空气。

（4）泵的安装位置距油面太高，特别是在泵转速降低时，因不能保证泵吸油腔有必要的真空度造成吸油不足而吸入空气。

（5）吸油滤油器被污物堵塞或其容量过小，导致吸油阻力增加而吸入空气；另外，进、出油口的口径较大也有可能带入空气。

2）处理方法

（1）当泵体或泵盖的平面度达不到规定的要求时，可以在平板上用金钢砂按"8"字形路线来回研磨，也可以在平面磨床上磨削，使其平面度不超过 5μm，并需要保证其平面与孔的垂直度要求；对于泵盖与压盖处的泄漏，可采用涂敷环氧树脂等胶黏剂进行密封。

（2）一般可更换新油封予以解决。

（3）此时应往油箱内补充油液至油标线；若回油管口露出油面，有时也会因系统内瞬间负压而使空气反灌进入系统，所以回油管口一般也应插至油面以下。

（4）此时应调整泵与油面的相对高度，使其满足规定的要求。

（5）此时，可清洗滤油器，或选取较大容量、且进出口径适当的滤油器。如此，不但能防止吸入空气，还能防止产生噪声。

2. 机械原因

1）故障原因

（1）泵与联轴器的连接因不符合规定要求而产生振动及噪声。

（2）因油中污物进入泵内导致齿轮等部件磨损拉伤而产生噪声。

（3）泵内零件损坏或磨损严重将产生振动与噪声：如齿形误差或周节误差大，两齿轮接触不良，齿面粗糙度高，公法线长度超差，齿侧隙过小，两啮合齿轮的接触区不在分度圆位置等。同时，轴承的滚针保持架破损、长短轴轴颈及滚针磨损等，均可导致轴承旋转不畅而产生机械噪声。

（4）齿轮轴向装配间隙过小；齿轮端面与前后端盖之间的滑动接合面因齿轮在装配前毛刺未能仔细清除，从而运转时拉伤接合面，使内泄漏大，导致输出流量减少；污物进入泵内并楔入齿轮端面与前后端盖之间的间隙内拉伤配合面，导致高低压腔因出现径向拉伤的沟槽而连通，使输出流量减小。

2）处理方法

（1）应按技术要求调整联轴器。

（2）因油中污物进入泵内导致齿轮等部件磨损拉伤而产生噪声，应更换油液，加强过滤，拆开泵清洗；对磨损严重的齿轮，须修理或更换。

（3）如齿形误差或周节误差大，两齿轮接触不良，可更换齿轮或将齿轮对研。如轴承的滚针保持架破损、长短轴轴颈及滚针磨损等，需拆修齿轮泵，更换滚针轴承。

（4）拆解齿轮泵，适当地加大轴向间隙即研磨齿轮的端面；用平面磨床磨平前后盖端面和齿轮端面，并清除轮齿上的毛刺（不能倒角）；经平面磨削后的前后端盖其端面上卸荷槽的深度尺寸会有变化，应适当增加宽度。

3．其他原因

1）故障原因

油液的黏度高也会产生噪声。

2）处理方法

必须选用黏度合适的油液。

（二）输出流量不足

1．故障原因

（1）油温高将使其黏度下降、内泄漏增加，使泵输出流量减小。

（2）选用油的黏度过高或过低，均会造成泵的输出流量减少。

（3）CB-B型齿轮泵一般不可以反转，如泵体装反，将造成压油腔与吸油腔局部短接，使其流量减少甚至吸不上油来。

（4）发动机转速不够，造成流量减小。

2．处理方法

（1）应查明原因采取措施；对于中高压齿轮泵，须检查密封圈是否破损。

（2）应使用黏度合格的油品。

（3）应查泵的转向。

（4）应查明发动机转速不够的原因并加以排除。

（三）旋转不畅

1．故障原因

（1）轴向间隙或径向间隙太小。

（2）泵内有污物。

（3）装配有误。

（4）泵与发动机联轴器的同轴度差。

（5）泵内零件未退磁。

（6）滚针套质量不合格或滚针断裂。

（7）工作油输出口被堵塞。

2．处理方法

（1）重新加以调整修配间隙。

（2）解体以清除异物。

（3）齿轮泵两销孔的加工基准面并非装配基准面，如先将销子打入，再拧紧螺栓，泵会转不动。正确的方法是，边转动齿轮泵边拧紧螺栓，最后配钻销孔并打入销子。

（4）同轴度应保证在0.1mm以内。

（5）装配前所有零件均须退磁。

(6) 修理或更换滚针套。

(7) 工作油输出口清除异物。

(四) 发热

1. 故障原因

(1) 造成齿轮泵旋转不畅的各项原因均能导致齿轮泵发热。

(2) 油液黏度过高或过低。

(3) 侧板、轴套与齿轮端面严重摩擦。

(4) 环境温度高，油箱容积小，散热不良，都会使泵发热。

2. 处理方法

(1) 参照执行造成齿轮泵旋转不畅的各项排除方法。

(2) 重新选油。

(3) 侧板、轴套与齿轮端面修复或更换。

(4) 分别处理环境温度高，油箱容积小，散热不良。

(五) 齿轮泵流量不足

1. 故障原因

(1) 齿轮泵泵体吸入管、轴封机构漏气。

(2) 回流阀未关严。

(3) 泵转速不够。

(4) 齿轮径向间隙偏大。

(5) 吸入管线堵塞，进口过滤器网面积太小。

2. 处理方法

(1) 检修管路，更换垫片，紧固螺栓，修复泵体及进口管路、轴封，消除泄漏。

(2) 关严回流阀。

(3) 提高转速与泵设计转速匹配。

(4) 调整间隙达到标准要求。

(5) 清理堵塞，增加过滤网面积。

(六) 齿轮泵不吸油

1. 故障原因

(1) 泵内未灌满油。

(2) 吸入管堵塞。

(3) 吸入管或轴封机构填料筒处漏气。

(4) 安全阀卡住。

(5) 泵反转。

(6) 泵体间隙过大。

(7) 油温过低，输送液体黏度太大。

2. 处理方法

(1) 启动前必须灌油。
(2) 清除吸入管杂物。
(3) 检修吸入管或填料筒渗漏并处理。
(4) 检修安全阀。
(5) 调换电动机的电源接头，改变电动机的旋转方向，使之与泵转向一致。
(6) 调整间隙达到标准要求。
(7) 加热提高温度，降低黏度。

(七) 齿轮泵不排液

1. 故障原因

(1) 吸入管堵塞或漏气，轴封机构漏气。
(2) 泵反转。
(3) 安全阀卡住。
(4) 间隙过大。
(5) 介质温度过低；输送液体黏度过大。
(6) 启动前未灌泵。
(7) 排出管堵塞或排出阀未开启。
(8) 密封填料压得过紧。
(9) 泵轴与电动机轴同心超标引起轴功率过大。

2. 处理方法

(1) 清除吸入管内杂物，检修漏气部位。
(2) 调换电动机的电源接头。
(3) 检修安全阀。
(4) 调整间隙。
(5) 加热输送介质。
(6) 启泵前灌泵。
(7) 检查清理排出管路。
(8) 调整填料。
(9) 校正同心。

(八) 齿轮泵运转中有异常响声

1. 故障原因

(1) 油中有空气。
(2) 泵转速太高。
(3) 泵内间隙太小。
(4) 轴承磨损、间隙太大。
(5) 齿面已磨损或咬毛。
(6) 主动轴或被动轴不同心，轴已弯曲。

（7）滚珠轴承已损坏。

2．处理方法

（1）排除空气。

（2）降低转速。

（3）调整间隙。

（4）更换轴承。

（5）检修或更换齿轮。

（6）检修或更换主动轴或被动轴。

（7）更换新轴承。

第二章 分离设备的故障诊断与处理

第一节 两相分离器的故障诊断与处理

一、两相分离器常见故障诊断与处理

（一）油气分离器液位过高

1. 故障原因

(1) 出油管线阻塞（流量计卡阻、过滤器堵塞、出油阀闸板卡死、脱落等）。
(2) 液位控制系统失灵。
(3) 分离器液位设定值偏高。
(4) 分离器设定压力值过低。
(5) 液位计呈现假液位。
(6) 报警系统失灵。

2. 处理方法

(1) 检查油出口管线上的截止阀。
(2) 打开仪表旁通阀并关闭仪表的上下游截止阀，由旁通阀手动调节油位，并对油位控制系统进行检修。
(3) 应重新调整油位设定值。
(4) 应重新设定气压值，适当地调高分离器的压力。
(5) 若是因为假液位造成的液位过低，则应冲洗液位计，保证液位计的畅通，若系统显示液位与现场液位不吻合，应检查变送器和液位计的工作状况。
(6) 应立即检修报警系统。

（二）油气分离器压力过高

1. 故障原因

(1) 压力控制系统失灵。
(2) 压力设定值偏高。
(3) 外围来气量突然增大。
(4) 分离器出口调节阀后管线压力上升。
(5) 报警系统失灵。

2. 处理方法

(1) 打开天然气调压阀的旁通阀,关闭调压阀的上下游截止阀,由旁通阀手动调节分离器的压力,并对压力控制系统进行检修。
(2) 应重新调整压力设定值。
(3) 若是天然气流量计瞬时流量大幅上升,向生产运行科汇报,调节外围高产气井的开关时间。
(4) 通知下道工艺,降低气系统压力。
(5) 立即检修报警系统。

(三) 油气分离器液位过低

1. 故障原因

(1) 压力控制系统失灵。
(2) 天然气出口阀或放空阀开得过大。
(3) 压力设定值偏低。
(4) 气管线泄漏。
(5) 报警系统失灵。

2. 处理方法

(1) 若是由于压力控制系统失灵引起的,则打开天然气调压阀的旁通阀,关闭调压阀的上下游截止阀,由旁通阀手动调节分离器的压力,并对压力控制系统进行检修。
(2) 若是天然气出口阀或放空阀开得过大,需要关小阀门开度。
(3) 若是压力设定值偏低,应重新调整压力设定值,适当地调高分离器的压力。
(4) 管线或容器泄漏,要认真检查,找出原因,及时处理,以防事故扩大。
(5) 若是报警系统失灵,则应立即检修报警系统。

(四) 油气分离器天然气管线进油

1. 故障原因

(1) 油气分离器液位自动控制系统失灵。
(2) 油气分离器压力过低。
(3) 油气分离器出油线堵塞(流量计卡阻、过滤器堵塞、出油阀闸板脱落等)。

2. 处理方法

(1) 及时检修分离器液位自动控制系统。
(2) 及时检修调节阀或重新调整压力设定值,若管线或容器泄漏,需要认真检查。
(3) 查找出油线堵塞原因,检修疏通出油线。

(五) 油气分离器出油管线窜气

1. 故障原因

1) 油气分离器内液面过低的故障原因
(1) 油气分离器出液调节阀失灵,开度过大。

（2）油气分离器液位自动控制系统失灵。
2）油气分离器工作压力过高的故障原因
（1）天然气调压阀控制失灵或调压阀设定值偏高。
（2）出气调节阀门开度过小或采油作业区的来气量突然增大。
（3）天然气管线堵塞（出气阀闸板脱落）。
（4）下游工艺发生变化。

2. 处理方法

1）油气分离器内液面过低的处理方法
（1）适当地控制出液阀门的开度，提升分离器的液位。
（2）及时检修油气分离器液位控制系统。
2）油气分离器工作压力过高的处理方法
（1）及时检修调压阀或重新设定压力值。
（2）调节出气阀门的开度降低气压，提高分离器的液位。
（3）及时检查并疏通天然气管线，保证工艺畅通。
（4）当来气量增加较快时，可打开旁通管汇，并向生产运行科汇报。
（5）调节外围高产气井的开关时间。
（6）若是分离器出口调节阀后管线压力上升，应通知下道工艺，降低气系统压力。

二、分离器安全附件的常见故障诊断与处理

（一）安全阀的故障处理

1. 排放后阀瓣不回坐

1）故障原因
弹簧弯曲，阀杆、阀瓣安装位置不正或被卡住造成。
2）处理方法
应重新装配相关配件。

2. 安全阀泄漏

在设备正常工作压力下，阀瓣与阀座密封面之间发生超过允许程度的渗漏即认为安全阀泄漏。
1）故障原因
（1）阀瓣与阀座密封面之间有脏物。
（2）密封面损伤。
（3）阀杆弯曲、倾斜或杠杆与支点偏斜，使阀芯与阀瓣错位。
（4）弹簧弹性降低或失去弹性。
2）处理方法
（1）可使用提升扳手将阀开启几次，把脏物冲去。
（2）应根据损伤程度，采用研磨或车削后研磨的方法加以修复。
（3）应重新装配或更换。

(4) 应采取更换弹簧、重新调整开启压力等措施。

3. 安全阀到规定压力时不开启

1) 故障原因

(1) 定压不准。

(2) 阀瓣与阀座粘住。

(3) 杠杆式安全阀的杠杆被卡住或重锤被移动。

2) 处理方法

(1) 应重新调整弹簧的压缩量或重锤的位置。

(2) 应定期对安全阀作手动放气或放水试验。

(3) 应重新调整重锤位置并使杠杆运动自如。

4. 安全阀排气后压力继续上升

1) 故障原因

(1) 选用的安全阀排量小于设备的安全泄放量。

(2) 阀杆中线不正或弹簧生锈，使阀瓣不能开到应有的高度。

(3) 排气管截面不够。

2) 处理方法

(1) 应重新选用合适的安全阀。

(2) 应重新装配阀杆或更换弹簧。

(3) 应采取符合安全排放面积的排气管。

5. 安全阀阀瓣频跳或振动

1) 故障原因

(1) 弹簧刚度太大。

(2) 调节圈调整不当，使回坐压力过高。

(3) 排放管道阻力过大，造成过大的排放背压。

2) 处理方法

(1) 应改用刚度适当的弹簧。

(2) 应重新调整调节圈位置。

(3) 应减小排放管道阻力。

6. 密封不严

1) 故障原因

(1) 弹簧松弛或断裂，使密封比压降低，造成密封面接触不良。

(2) 阀瓣和阀底座密封面被磨损，密封面上夹有杂质，使密封面不能密合。

(3) 安全阀开启压力和设备工作压力太接近，使密封比压太低，造成密封面接触不良。

(4) 阀门制造质量低，装配不当。

2) 处理方法

(1) 更换弹簧。

(2) 修复或更换阀瓣和阀座密封面。

(3) 调整安全阀的开启压力，使其大于设备工作压力。
(4) 选择质量较好的阀门。

7. 提前开启

有时在介质压力还没有达到规定值时，安全阀就开启了，影响了设备的正常工作，即为安全阀提前开启。

1) 故障原因
(1) 开启压力没有调整准确，低于规定压力。
(2) 弹簧松弛或被腐蚀，导致开启压力下降。
(3) 随着温度的升高，弹簧的弹力将降低，而导致阀门提前开启。

2) 处理方法
(1) 重新调整开启压力，使其等于规定压力。
(2) 更换弹簧。
(3) 若介质温度较高，应换成带散热片的安全阀。

8. 阀门不动作

当介质压力超过了规定值，而阀门仍不动作，导致管件被损坏。

1) 故障原因
(1) 开启压力没有调整，其高于规定压力。
(2) 阀瓣被脏物粘住或阀门通道被堵塞。
(3) 阀门运动部件被卡死。
(4) 因气温太低，安全阀被冻结。
(5) 背压增大，使介质压力达到规定值时阀门不能起跳。

2) 处理方法
(1) 重新调整开启压力。
(2) 清除阀瓣和阀座上的脏物。
(3) 对阀门采取保温和伴热措施。
(4) 检查阀门，排除卡阻现象。
(5) 防止背压增大。

（二）磁翻板液位计的故障处理

磁翻板液位计在工作中出现故障的频率较高，其中尤以浮子的故障最为常见，下面对一些浮子的常见故障简析如下。

1. 浮子损坏导致显示板指示错误

导致磁翻板液位计里的浮子损坏，通常是以下几个原因造成的：
(1) 浮子内的永久磁钢松动，导致浮子无法正常工作。
(2) 浮子使用时间过长或者长期在高温环境下使用，出现退磁现象，导致无法使用。
(3) 浮子由于强度设计不对，导致受到过压力时向里凹陷、变瘪。
(4) 焊接处没焊透或漏焊，导致浮子受到压力时焊缝裂开，浮子进水。

2. 浮子被卡导致显示板指示错误

磁翻板液位计里的浮子被卡住，常见的原因有以下几种：
(1) 环境温度过低，导致介质结冰，浮子不能上升或下降。
(2) 浮子被自身磁性吸附的铁属或其他污物卡住。
(3) 使用一段时间后，浮子可能会被存在的杂质卡住，无法移动。
(4) 浮筒的安装角度小于87°，倾斜的浮筒影响浮子的上下移动。

为避免以上故障出现，在生产磁翻板液位计浮筒时应选用优质的304或316L不锈钢材料，精准匹配浮筒内径与浮子外径尺寸，并根据现场介质的密度和压力情况，准确计算浮子的尺寸大小，从选材、设计和生产等各个方面严格控制产品质量，使得浮子故障大大降低，从而保证磁翻板液位开关的稳定运行和正常工作。

第二节 三相分离器的故障诊断与处理

一、三相分离器常见故障诊断与处理

（一）三相分离器天然气线窜油

1. 故障原因
(1) 控制仪表失灵，指示信号失真，致使气动调节阀不能有效调节液位。
(2) 天然气调节阀失调，三相分离器压力过低导致窜油。
(3) 三相分离器油水出口阀门闸板或调节阀阀芯脱落形成窜油。
(4) 三相分离器水出口管路回压过高，造成液位升高窜油。
(5) 旋流增压泵故障或突然停电，没及时发现造成窜油。

2. 征兆或现象
(1) 三相分离器玻璃管液位持续上升。
(2) 仪表系统出现高液位或低气压报警信号。
(3) 天然气出口管线有明显的液体流动声音，用手摸气管线温度较高。
(4) 打开气体放空阀观察，没有气体现象，而是液体原油。

3. 处理方法
(1) 正确检查判断是哪一台三相分离器液位升高，立即关闭其天然气出口阀门，并向班长或队干部汇报。
(2) 及时开启油、水出口复线（旁通）降低油水室液位。
(3) 通知仪表岗值班人员检查旋流系统是否有停泵或污水管路回压高等现象。
(4) 认真检查判断各油水出口闸板、阀芯有无脱落现象。
(5) 仪修人员对仪表监控系统认真检查、调试、效对是否有异常现象。

(6) 用热水冲扫天然气管线内的原油进除油器。

(7) 查清原因后要对症处理，待油水界面、压力正常后，打开天然气出口阀门，并加密检查。

4. 注意事项

(1) 开油水复线阀门刻度要适当，不能开得太大，造成油水室空液位现象。

(2) 复线阀门开启后，要加密观察压力、液位的变化情况，及时进行调整。

(3) 若旋流系统停泵或其他原因造成管路回压高，要立即打开去 3000m³ 沉降罐的旁通阀门，以免造成系统憋压。

(4) 冲扫天然气管线时要注意除油气的压力和液位变化，及时把除油器内的水放掉，把原油压进原油缓冲罐。

(5) 若除油器已满，将原油带到生产和生活用气系统，要及时通知供热岗值班人员，立即关闭加热炉燃气阀门、生活用气和对外供气的所有阀门，并加强所有天然气管线的防空排油及安全防护工作。

（二）三相分离器出油管线窜气

处理方法：三相分离器出油管线窜气应立即关闭三相分离器油出口阀，三相分离器液位上升到 1/2 后，缓慢打开油出口阀控制液位。

（三）三相分离器出水管线见油

处理方法：三相分离器出水管线见油应立即关闭水出口阀，三相分离器水位上升到中水位后，缓慢打开水出口阀控制水位，并组织收油工作。

（四）三相分离器水位过低

1. 故障原因

容器或管线渗漏、水出口管线阻塞、水位控制系统失灵、报警系统失灵、排放阀打开和水位设定值偏高。

2. 处理方法

通过液位计检查分离器水位：

(1) 若水位低于设定值，则是由于容器或管线渗漏引起的，可通过关闭系统进行检修。

(2) 若是水位控制系统失灵，则通过打开旁通阀并关闭上下游截止阀，由旁通阀调节水位，对水位控制系统进行检修。

(3) 若是由于打开排放阀引起的，则关闭排放阀。

(4) 若是由于水位设定值偏高，则调整设定值。

(5) 如果分离器水位正常，则是由于报警系统失灵，则应检修报警系统。

（五）油中含水/水中含油超标

1. 故障原因

(1) 油水界面调整不合适。

(2) 药品型号、加药浓度和方式不合适。
(3) 脱水温度较低。
(4) 来液量不稳定。

2. 处理方法

(1) 油中含水超标，可适当降低油水界面高度。
(2) 选择合适型号的药品和添加浓度。
(3) 升高三相分离器进口原油温度。
(4) 调整上游输油方式和排量，使来液相对平稳。

（六）油水混层

1. 故障原因

(1) 药品型号、加药浓度和方式不合适。
(2) 罐内积砂杂物较多。
(3) 来液量不稳定。

2. 处理方法

(1) 选择合适型号的药品和添加浓度。
(2) 排污或清罐。
(3) 调整上游输油方式和排量，使来液相对平稳。

（七）压力过低

1. 故障原因

(1) 来液原油伴生气量较小。
(2) 流程存在泄漏点。
(3) 自动式压力调节阀关闭不严。
(4) 浮球阀关闭不严。

2. 处理方法

(1) 升高原油温度或调高自力式压力调节阀的开启压力。
(2) 检查泄漏点并做密闭处理。
(3) 维修或更换自力式压力调节阀。
(4) 维修或更换浮球阀。

（八）分离器压力过高

1. 故障原因

(1) 来液量过大。
(2) 站内天然气系统压力。
(3) 三相分离器出口工艺不畅通。
(4) 自力式压力调节阀打不开。

2. 处理方法

(1) 调整液量。

(2) 系统协调降压。

(3) 工艺检查并处理。

(4) 维修或更换自力式压力调节阀。

（九）油水室液位过低

1. 故障原因

(1) 分离器系统工作压力过高。

(2) 浮球阀关闭不严。

(3) 电动（气动）调节阀工作不正常（采用自动控制）。

2. 处理方法

(1) 检查自力式压力调节阀是否工作正常，调低气系统工作压力，使其在正常范围内。

(2) 维修或更换浮球阀。

(3) 检查或更换电动（气动）调节阀。

（十）水室进油

1. 故障原因

(1) 沉降室油水混层。

(2) 油水界面调节不合理。

2. 处理方法

(1) 关闭水室出口阀门，调整上游输油方式和排量。

(2) 调高油水界面，观测出口水化验指标，直到水质达标。

（十一）磁翻柱液位计液位显示不正常

1. 故障原因

(1) 液位计介质凝固。

(2) 液位计浮子卡住，不动作。

2. 处理方法

(1) 检查液位计是否已安装伴热带，检查伴热带是否工作正常；排空液位计内液体重新进液。

(2) 关闭液位计上下小阀门，放空内部液位，打开液位计取出浮子进行检修或更换。

（十二）磁翻柱液位计和液位传感器读数显示不一致

1. 故障原因

(1) 磁翻柱液位计显示不正常。

(2) 液位传感器工作不正常。

2. 处理方法

(1) 检查或更换液位计。

（2）检修或更换液位传感器。

（十三）三相分离器积砂

1. 故障原因

来液未有效除砂。

2. 处理方法

定期排污除砂。

二、三相分离器故障处理案例

（一）案例 1

现象：某处理站三相分离器出油含水在 30% 以上频繁大范围波动，同时，分离器出油量、出水量、分离器运行压力出现频繁大范围波动，而分离器处理总液量和气量平稳，未出现异常。

在排除采油队来液问题后，进行清理洗滤器、质量流量计，并调节出油、出水、分离器液位，调整破乳剂的投加量，均未解决问题，最终处理站停运该分离器。经过相关技术人员现场排除故障后得知，导致三相分离器无法正常运行，分为以下三种原因。

1. 水室液位调节筒与虹吸管脱离

三相分离器按相关规定清运、通风后，进入该分离器沉降段和水室检查，得知水室液位调节筒和调节筒的一根支撑变形，与虹吸管脱离，故通过水室液位调节阀无法进行液位调整，由此得出分离器运行不正常的原因是水室液位调节筒变形，与虹吸管脱离。处理站立立即对此项故障进行修复。

2. 液位自动调节机构问题

在分离器正常运行过程中，油、水室液位一般可以实现自动调节，但此三相分离器目前由于液位自动调节机构存在以下几大问题，对分离器运行产生影响。

1）浮子连杆机构强度不够

三相分离器均是自投产之日长时间连续运行，浮子连杆机构易出现弯曲，从而造成油腔、水腔出现假液位或分离器阀卡死的现象。

2）浮子腐蚀穿孔或脱落

长期在油、水中浸泡，浮漂易腐蚀穿孔导致浮子浮不起来，甚至出现脱落现象，从而使出油、出水丧失液位调节功能，检查不及时会使三相分离器运行异常。

出油、出水阀芯活动不灵活或阀芯、阀座腐蚀、结垢杂物堵塞等，易造成气管线进液或油、水中带气等事故。

3）油水界面的控制问题

油水界面的调节主要依靠手动调节水室液位调节筒。合理的油水界面通过现场调试，找出出油含水、出水含油指标随调节筒高度的变化规律，进而确定油水指标最佳的调节筒高度，最佳的油水界面位置随即确定。当油井来液物性发生较大变化时，需重新测试调节界面位置。

3. 分离器底部积砂问题

三相分离器运行过程中，容器底部沿液流方向会有不同程度的积砂，尤其是沉降段积砂更为严重。大量积砂造成分离容积变小，缩小了沉降时间，甚至阻碍液体的正常流动，最终导致三相分离器无法正常运行。

（二）案例2

某联合站三相分离器在运行中，出现含水或含油超标、进液不平衡、气相压力低、液位异常等故障，对这些故障原因进行分析，并提出解决办法。

1. 三相分离器出油含水超标或出水含油超标

出油含水超标会影响原油脱水效果，进而影响原油外输质量，出水含油超标会影响计量准确性，增加下游污水处理系统负担。

1）原因分析

（1）油水界面过低或过高。

油水界面过低，利于油中含水降低，但不利于水中油粒聚结，会造成水中含油增高；相反油水界面过高，会造成油中含水升高。

（2）破乳剂加药量不够或加药浓度小。

（3）目前使用的破乳剂在55℃时效果最好，因此三相操作温度设定为（55±5）℃，沉降段温度低于50℃时影响破乳效果，进而影响油水分离效果。

（4）来液量波动大，沉降时间不足，油水界面不清。

2）解决办法

（1）持续跟踪来液含水情况，根据含水率及时调整油水界面高度。

（2）调整三相分离器导热油开度，提高沉降段温度。

（3）降低输液量或降低回掺量，确保单台三相处理量不超过40m³/h，沉降时间在设计范围内。

2. 三相分离器进液不均衡

两座或三座三相分离器同时运行时，常出现三相油水出口分布不均，来液量大时负荷较大的三相处理效果容易变差，影响整体处理效果。

1）原因分析

此联合站三座三相分离器采用并联布置，共用一条进液汇管，汇管水平铺设。汇管中的油气水混合物属于多相流，相态和流态随压力和管道形态不同发生变化。在这种配管方式下，油气水无法均衡地进入每台容器、常进来液端的容器进入天然气多些，油和水相对较少，中间的容器进入的原油相对较多，末端的容器进入的含油污水则较多。

2）解决方法

由于三座三相分离气出口未安装独立的气体流量计，同时运行时无法监控单台三相的气液相比例，因此在现有工艺条件下，现场采用观察油水出口气动调节阀开度，手动调整分离器进液阀的方式使分离器负荷大致均衡。

建议：将三相分离器汇管的非对称配管方式改造为对称配管方式，以改善并联分离器的工作，避免发生分离器负荷不均现象。

3. 三相分离器气相压力低

此联合站三相分离器压力操作压力为 0.17~0.22MPa，压力低于 0.17MPa，即为三相分离器压力过低。从目前运行情况来看，三相分离器压力低主要出现在冬季，夏季处理量大时偶尔会出现压力低的情况。分离出的油，水流速降低，无法自然进入后续流程，导致油水室液位迅速升高，容易造成油中含水升高，严重时可造成气管线窜油，影响系统运行。

1）原因分析

（1）采油区块来液量小，含油气少。

（2）热媒炉负荷高，用气量大。

（3）生活点等站外用户用气量大。

（4）气管线漏气。

2）解决方法

（1）通过生产科协调工区多开井，增加来液量或打开补气阀补气，保持三相分离器压力。

（2）输液或回掺时，减少输液量或停回掺；冬季运行时，降低螺旋板换热器及蒸汽发生器温度，降低热媒炉负荷。

（3）通过生产科协调站外用户减少用气量保证正常生产。

（4）查找漏点并及时处理。

4. 三相分离器液位异常

1）原因分析

（1）油室出口或水室出口气动调节阀失灵，造成油水室液位大幅波动。

（2）三相压力过高或过低，造成油水室液位快速降低或升高。

（3）液位计引压管冻堵或 DCS 模块故障，出现假液位。

2）解决方法

（1）暂时停用阀门故障的分离器或将其改为手动控制，待气动调节阀修复后恢复自动控制模式。

（2）打开三相气出口放空阀降低三相压力或通过单井补气使压力升高，保持压力在设定范围内以保持油水室液位平稳正常。

（3）液位计引压管解冻，更换 DCS 模块，消除假液位。

5. 三相分离器的积砂问题

三相分离器在运行过程中，容器底部沿流向会有不同程度的积砂，尤其是沉降段积砂更为严重。

1）积砂的危害

（1）造成容器容积变小，沉降时间缩短。

（2）附着在加热盘管上，影响沉降段加热效果。

（3）堵塞波纹板，影响聚结整流效果。

2）原因分析

三相分离器入口汇管未安装过滤器，造成泥砂等机械杂质进入三相分离器，部分被净化油和污水带走，其余的则沉积在分离器底部。

3）解决办法

由于联合站的三相分离器未设置专用的除砂管道和除砂泵，只能通过定期排污的方式来除砂。

第三节 沉降罐故障诊断与处理

一、影响沉降罐正常脱水的主要因素

热力、重力沉降脱水的主要设备是沉降罐，目前各油田所用的沉降罐，大多在水出口安装水封装置，自动调节和控制罐内油水界面高度，保持沉降脱水的平衡和稳定。

为了提高油、水分离效果，含水原油应在油水界面以下一定深度沿进液管进入沉降罐，相对降低了水滴的沉降高度，又因水的黏度比原油的黏度小，故油水分离速度加快。在一定的条件下，游离水滴在到达油层底部之前就分离出来。

油水混合物由入口经中心汇管和辐射状布液管进入沉降罐水洗层内，当油水混合物向上通过水层时，由于水的表面张力比较大，使油中破乳后的粒径较大的水滴、盐类和亲水的固体杂质都进入了水层，这一过程就是水洗过程。水洗过程一直持续到沉降罐油水界面处终止。

在水洗过程中，一部分含油污水排出，使原油含水量下降，原油向上流动速度减慢，又为小粒径水滴的沉降创造了有利条件，当原油上升到沉降罐上部时，原油含水已大为减少，经过破乳沉降的原油由集油槽原油排出管排出罐外，污水由水出口排出。

（一）温度的影响

（1）温度过低是影响原油脱水的重要因素。使原油乳化液稳定的天然乳化剂就是胶质、沥青质等物质，它们在低温下会使界面膜更加牢固不好破乳。另外，温度低还会增大外相原油的黏度，降低油水相对密度差，使水滴的沉降速度下降，所以温度过低不利于破乳脱水。

（2）温度过高会造成原油中的水珠汽化，上升的水蒸气泡减缓了水滴的沉降速度，进到油层后又变成细小的水滴产生新的乳化液，更不易破乳脱水。

（3）适当提高原油温度有利于破乳脱水。

（二）沉降时间的影响

沉降时间就是油和水在沉降罐内的停留时间，它与脱出水量成正比。沉降时间越长，原油的含水率越低。

（三）流量的影响

流量过大缩短了油水混合物沉降分离的时间，不利于原油脱水。

（四）化学破乳效果的影响

（1）破乳剂加入过早：破乳后游离出的水不能及时排出，在管道中会形成新的乳化液更不易破乳。

（2）破乳剂加入过晚：在脱水过程中，破乳剂不能充分发挥作用，造成药剂浪费。

（3）选择合适的加入点：采用端点加药就是在转油站或来液线上加入破乳剂，使破乳剂与原油在管道中充分混合，达到提前破乳的效果，进到沉降罐后即可减少沉降时间。

（五）布液管的影响

沉降罐在工作中会发生结垢、杂质、絮凝物等堵塞布液管的现象，造成沉降罐布液不均匀，液体通过布液管时，流速增大，降低油水沉降分离效果，此时需清罐，必要时酸洗或更换布液管。

（六）来液成分发生变化

当来液成分发生变化（老化油、酸洗液、压裂液、高分子聚合物等）时，造成原油脱水困难，破乳剂作用发挥不好，影响脱水效果。应及时分析来液成分，采取提高油温、增加沉降时间、增大破乳剂用量、优选破乳剂或采取单独处理等措施。

（七）油层厚度（油水界面）的影响

1. 来液量大小对油层厚度的影响

1）原因

由于外围输油站的输液量不均衡，使原油温度变化造成油水混合液密度发生改变，当温度降低时，油层变厚，当温度较高时，油层变薄；造成混合液含水增高，密度增大，油层变厚。

2）处理办法

要求外围输油站均衡输油；原油温度控制在合理范围内（加热炉、换热器、掺热装置、采油伴热或掺热控制）。

2. 工艺设施影响

1）原因

内部管线结垢、积砂（布液管、出水管、水位调节器）、出水管线堵塞，会造成出水不畅，油水界面增高，油层变薄，使出油含水增加；出水阀闸板脱落，冬季外置式出水管冻堵时，会造成油水界面上升，油层变薄甚至油水混合液直接进入下段工艺（缓冲罐或净化沉降罐）；平衡水箱、进、出水管腐蚀穿孔后会造成油层变化；出油管线堵塞或阀门闸板脱落会造成油层厚度急剧增加，导致溢罐。

2）处理办法

及时清罐检查，根据实际情况，采取酸洗除垢、疏通管线、补焊或更换破裂管线、维修或更换阀门等措施。

二、沉降罐常见故障诊断与处理

（一）机械呼吸阀、液压安全阀不动作

1. 原因

由于机械呼吸阀和液压安全阀卡阻、锈蚀或冻结而产生的。

2. 处理方法

检修和校验机械呼吸阀的阀盘，清除锈蚀，检查液压安全阀内有无结冰，并检查液压安全阀的油位是否正常。

（二）沉降罐量油孔盖打不开

1. 原因

产生这种现象往往是由于凝油或石蜡粘连、水蒸气冻凝等。

2. 处理方法

利用热水进行加热处理。

（三）沉降罐量油孔量油尺下不去

1. 原因

产生这种现象往往是由于油品黏度过大或油温过低使原油凝固。

2. 处理方法

通过提高油温来降低油品黏度。

（四）沉降罐轻微振动并有声响

1. 原因

产生这种现象往往是由于原油中伴有气体、流量过大、加热盘管发生水击或加热盘管损坏等。

2. 处理方法

需根据具体情况采取相应的处理措施。可分别采取原油脱气、控制流量，检修加热盘管等。

（五）沉降罐接地电阻不符合要求（$R_{地}$>10Ω）

1. 原因

由于土壤干燥或连接线腐蚀以及土壤电阻太大所引起的。

2. 处理方法

加深埋地电阻的深度，更换合格的连接线等。

（六）沉降罐放水（排污）阀放不出水

1. 原因

放水（排污）阀堵塞或冻结所致。

2. 处理方法

修理这些阀门，清除放水（排污）阀堵塞物或处理冻结。

（七）沉降罐连接部位渗漏

1. 原因

由于连接部位螺栓松动，密封填料、密封法兰垫片等老化而引起的。

2. 处理方法

根据实际情况紧固连接部位螺栓或更换密封填料、更换密封垫片等。

(八) 沉降罐加热盘管不能加热

1. 原因

由于沉降罐加热盘管冻结或蒸汽压过低、流程未倒通、阀门损坏等所致。

2. 处理方法

采取具体措施给予处理，检查流程并倒通、检修阀门、调整蒸汽压力等进行处理。

(九) 沉降罐跑油

1. 原因

(1) 罐体上的阀门或管线冻裂。
(2) 密封垫片损坏。
(3) 排污阀开得过大，无人看守。

2. 处理方法

(1) 立即进行倒罐操作，把相应故障罐腾出来。
(2) 加快罐外输量，输空并停用罐后，更换罐密封垫片。
(3) 迅速关闭排污阀，平时排污阀开的不宜过大，并有人看守。

(十) 沉降罐抽瘪

1. 原因

(1) 机械呼吸阀和液压安全阀冻凝或锈死。
(2) 阻火器堵死。

2. 处理方法

(1) 停止罐的外输油作业。
(2) 检修机械呼吸阀、液压安全阀和阻火器。

(十一) 储罐鼓包

1. 原因

(1) 机械呼吸阀和液压安全阀冻凝或锈死。
(2) 阻火器堵死。
(3) 罐内上部存油冻凝下部加热。

2. 处理办法

(1) 停止向该罐的进油。
(2) 从上向下加热凝油。
(3) 检修机械呼吸阀和液压安全阀。

(十二) 沉降罐油厚变薄

1. 原因

(1) 沉降罐进口进液量太大。

(2) 来液原油物性发生变化（如原油密度变小）。

(3) 来液温度太高。

(4) 沉降罐出水管线不通或不畅。

(5) 出水管线阀门开启度太小。

2. 处理办法

(1) 调整前端，均匀进液。

(2) 调整高出水。

(3) 降低来液温度。

(4) 疏通出水管线。

(5) 增大出水阀门开启度。

（十三）沉降罐出油含水高

1. 原因

(1) 油层厚度太薄。

(2) 破乳剂效果差或加入量不够。

(3) 来液温度太低。

(4) 出水管线不通或不畅。

(5) 出水管线阀门开启度太小。

(6) 出油管线在罐内破损。

2. 处理办法

(1) 调整前端，均匀进液。

(2) 重新优选破乳剂，或调整加药量。

(3) 提升来液温度。

(4) 疏通出水管线。

(5) 增大出水阀门开启度。

(6) 维修出油管线。

（十四）沉降罐出水含油高

1. 原因

(1) 沉降罐内油层厚度太厚，水层太薄。

(2) 破乳剂效果差或加入量不够。

(3) 沉降罐来液温度太低。

(4) 沉降罐底砂层太厚。

(5) 出油管线不畅，出油管线阀门开启度太小（罐内液位高于翻油槽液位）。

(6) 沉降罐内置式高出水箱的出水管线在罐内破损。

(7) 进液管线来液量太大（使来液没有足够的沉降时间）。

2. 处理办法

(1) 使沉降罐保持合适的油层厚度。

（2）通过重新优选破乳剂，或调整进液管线加药量。

（3）提升进罐前来液温度。

（4）及时对沉降罐进行清砂。

（5）疏通沉降罐出油管线，增大出油阀门开启度，来增加出油量。

（6）修补沉降罐高出水箱出水管线。

（7）调整沉降罐进油管线液量，均匀进液。

三、压力卧式沉降罐常见故障诊断与处理

（一）出口原油含水过高

1. 原因

（1）偏流和来液量增大，乳化液在容器内没有足够的时间沉降。

（2）脱水器内的波纹板塞层被泥砂堵塞影响脱水效果。

（3）水位调节器调节不当影响出水量。

（4）火管积砂、结垢影响导热性能。

（5）加药量的影响使原油含水过高。

（6）出水室假液位，或气动阀结垢，影响气动阀开启排水，使水进入油室造成原油含水过高。

（7）多功能处理器前舱或中舱出水管线堵塞出水不畅。

2. 处理办法

（1）调整来液量，控制好偏流，必要时投用备用处理器。

（2）清洗处理器的波纹板和火管泥砂及出水管线。

（3）根据放水高度重新调整水位调节器。

（4）根据来液量重新调整加药量。

（5）定期清洗液位计和气动阀。

（二）水出口含油超标

1. 原因

（1）前舱或中舱水位调节器调整的过高使油窜入水室，造成水出口含油超标。

（2）出油室假液位，或气动阀结垢，影响气动阀开启排油，使油进入水室造成出水含油过高。

（3）偏流和来液量增大，乳化液在容器内没有足够的时间沉降。

（4）前舱进油线或中舱布液管堵塞结垢，造成出油不畅。

（5）脱水器内的波纹板塞层被泥砂堵塞影响脱水效果。

2. 处理办法

（1）根据放水高度重新调整水位调节器。

（2）清洗处理器的波纹板和火管泥砂及出水管线。

（3）调整来液量，控制好偏流，必要时投用备用处理器。

（三）调压阀失灵

1. 原因

（1）调压阀的额定压力调整不当。

（2）调整螺栓旋得太紧或排气孔被异物堵住或选用产品不当；新式调压阀（配干燥器）和老式调压阀（不配干燥器）不能通用（有些误认为新老式调压阀样子一样，把两个回气孔堵住，所以等到气压达到10个大气压也不排气）。

（3）单向阀损坏，阀座间有异物或上盖通气小孔被脏物堵住或壳体排气小孔被堵住。

（4）密封件损坏密封不严，或阀门口与阀门有异物，空压机进、排气阀门密封不严或烧坏。

2. 处理办法

（1）对调压阀的调整栓进行调整（将螺栓向下旋进，工作压力调高，反之工作压力调低）。

（2）检查螺栓是否调得太紧，疏通阀体上排气孔。

（3）修复单向阀，清除异物，疏通上盖排气小孔，壳体排气小孔。

（4）更换排气阀门密封件。

（5）拆检更换进、排气阀阀片。

第四节　电脱水器的故障诊断与处理

一、电脱水器的控制要点

电脱水器主要是将原油中难以分离的乳化水脱除，其主要控制要点：

（1）脱水器必须送电运行，才能保证脱除乳化水。

（2）脱水器的进液量必须均衡，调节脱水器的进口开度来平衡。

（3）脱水器出口压力控制在0.2~0.3MPa，始终保证出口压力高于回掺水压力。

（4）检查调节阀气源，如遇突然停气，应立即关闭调节阀上流阀，打开旁通阀进行手动控制放水，严禁将容器内的原油放至沉降罐内。

二、电脱水器常见故障诊断及处理

（一）电脱水器电场波动

1. 现象

电脱水器电压、电流表指针突然上下摆动，从电脱水器内连续发出放电声。

2. 原因

正常运行时，电脱水器极间从上到下已经建立了一个比较稳定的电场梯度，在电场空间的原油含水率从下至上逐渐降低，维持了各层电极之间电压平衡。当高含水原油或严重乳化的原油突然进入电脱水器电场时，已经建立的电场秩序被打乱，由于高含水原油和乳化原油的导电性强，在电场中形成水链，引起极间放电，脱水电流突然上升，电压下降。另外，操作不稳，电脱水器水位过高、放水不及时，电脱水油温过低等，也会产生同样的现象。

3. 判断

检查电脱水器水位控制是否过高，油温是否过低，化验进电脱水器的原油含水是否有异常变化，是否有老化油或回收落地油进站等。

4. 处理

若是电脱水器水位过高，应立即加强放水降低水位；若是原油含水突然升高，应控制电脱水器处理量，查找含水变化原因并处理；若是进电脱水器油温过低，要立即升温或降低处理量提高温度；若是严重乳化的原油进入电脱水器，要加大破乳剂浓度或用量。

5. 预防

操作要做到勤检查、勤分析、勤调整，严格控制电脱水器水位；对沉降罐要定时进行巡回检查，严防把沉降罐底水打入电脱水器内；处理长期存放的乳化或落地油时，要各岗位密切配合，加大破乳剂用量，并提高加热炉温度，根据电场的工作情况适当控制电脱水器处理量；经常检查加热炉火嘴的燃烧情况，如不正常要及时拆卸检查，防止喷嘴出现堵塞。

(二) 电脱水器电场破坏

1. 现象

电脱水器电流急剧上升，电压大幅度下降，关闭电脱水器出口阀门，静止通电时，电压也迟迟不能恢复。

2. 原因

在电脱水器内悬挂的水平电极，极间距离从下到上逐渐减少；在施加固定的高压电以后，上层电极间的电场强度高，下层电极间的电场强度低，含水原油从底层进入电场，在高压电作用下水滴相继沉降脱出，从下到上含水逐渐减少，导电率逐渐降低，正好维持各电极间电压平衡。如果电场空间某局部区域原油性质突然发生变化，例如含水升高，原油乳化严重等，这时电场的平衡状态就会遇到破坏，电流不断上升，电压大幅度下降，电脱水器失去正常的脱水电场。

3. 判断

检查操作过程的脱水温度，流量是否变化太快，水位控制是否过高，进入电脱水器内的原油含水是否较高，了解是否有老化油或落地油打入电脱水器内。

4. 处理

提高脱水温度，加大破乳剂浓度和用量，帮助恢复电场；减小或关闭电脱水器出油阀门，保持正常工作压力，进行静止通电恢复电场；或从电脱水器出油管线压入净化油，替换电脱水器电场空间中的含水油，使电流下降，电压上升，电场恢复；若上述方法都不能使电场恢复，则需将电脱水器内的油水混合物全部排出，用净化油按投产方法重新进行投产。

5. 预防

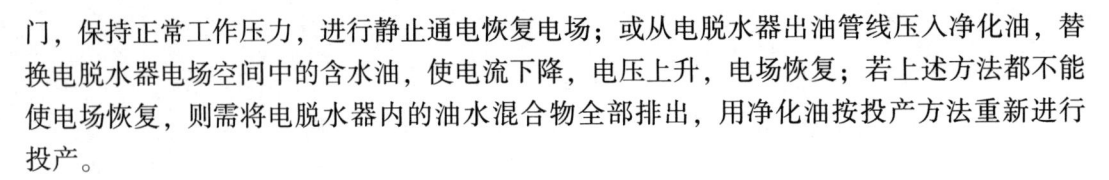

保证平稳操作，控制脱水流量、压力、温度变化要缓慢，水位不能过高，一般保持中水位；沉降罐（或游离水脱除器）要注意放水，使水位尽可能保持稳定，防止进电脱水器的原油含水突然增加；处理存放时间长的乳化油或落地油时，要事先做好准备，加大破乳剂使用量；在操作中发现电场波动时，要及时进行处理。

（三）电脱水器绝缘棒击穿

1. 现象

电流突然上升，电压下降到接近零，严重时电脱水器根本送不上电。

2. 原因

绝缘棒击穿有两种可能：一是安装时在绝缘棒台阶处产生裂痕，被高压电击穿；二是当绝缘棒外表面附着水分或其他绝缘性能差的泥砂时，高压电通过绝缘棒表面与壳体接地导通，形成高压短路将绝缘棒表面击穿烧坏，出现树枝状裂纹，严重时可将绝缘棒全部烧透剥开。

3. 判断

可先用摇表检查导电杆是否接地，需要时再拆出绝缘棒检查。

4. 处理

更换绝缘棒。其操作步骤是：关闭电脱水器进出口阀门，拉下送电闸刀，拔下电脱水器主电路的熔断器和控制线路上的熔断管，并挂上"禁止送电"安全牌；从放水阀泄压，使出口压力表指示为零；待电脱水器顶部变压器接地放电后，打开绝缘棒法兰处的放空阀，检查电脱水器内是否带压，油面是否降到法兰短节以下；拆卸绝缘棒外部高压引线，卸下绝缘法兰盘，取出绝缘棒；将绝缘棒与电极引线连接的螺丝卸下，并将引线固定在法兰上，防止脱落掉进电脱水器内；更换绝缘棒后，按上述相反次序进行安装。

5. 预防

平稳操作，防止水位过高等可能引起绝缘棒击穿的原因发生；选用机械强度高、表面光滑、憎水的绝缘材料做绝缘棒；改进绝缘棒的外部形状，减少水滴或其他导电物的附着等。

（四）电脱水器电极损坏

1. 现象

电脱水器电流突然升高，电压降至零；送不上电，检查绝缘棒与外界电路均无损坏。

2. 原因

在电脱水器内，由于高压电场作用，乳化原油中的水滴不断碰撞、合并、沉降，当水滴在电极间形成水链时，局部高压短路，引起电极放电，在电脱水器外可以听到放电声，电脱水器放电的一瞬间不仅电流突然升高，而且对电极有一定的锤击作用。当电极丝已经发生局部腐蚀的时候，由于放电作用，电极很容易被打断，打断的极丝脱落到下层电极上，形成高压短路，电流很高，电脱水器送不上电。

采用高压直流电脱水时，因为电流在电极间定向移动，阳极的电极丝更容易腐蚀损坏，电极丝由于材质不均匀，表面不光滑，在原油中所含硫化物、盐类的作用下，往往在较短时间里就会发生局部腐蚀。

3. 判断

电脱水器送不上电，首先检查绝缘棒与外部电路，如无损坏可拆掉绝缘棒高压引线，用摇表测量两相电极是否短路；如果电脱水器在送不上电以前放电声很大，突然送不上电，可能是电极烧坏；电脱水器抽空扫线后，打开入口进行空载送电，在送电时如果发现电极间有弧光放电，证明电极丝已经脱落在另一相电极上；在空气潮湿的季节里，有时电极无损坏，空载送电时也会产生极间放电现象，这时的放电并不是电极短路，而是由于电脱水器内空气击穿造成的，只要降低电压则无此现象。

4. 处理

电脱水器停产扫线，按操作要求进行电脱水器内补焊检修电极，如果电极丝普遍腐蚀，应全部更换。

5. 预防

平稳操作，避免因流量过大，水位过高，温度过低等引起严重放电现象发生；电极安装要保证水平，电极间距误差一般不超过 10mm；选择耐腐蚀、强度高、导电好的金属材料做电极丝；将电极绕成网状结构，这样即使电极丝腐蚀烧断，也不会脱落造成高压短路。

（五）电脱水器沉砂与放水管线结垢

1. 现象

电脱水器水位经常升高，将放水阀全部打开仍不能降低水位，必须降低处理量才能维持正常生产。

2. 原因

在高黏度原油的采集过程中，一部分油层含砂往往同油气一起被携带到地面。在低温下因为原油黏度较大，不易从原油中沉降出来。当加热进入脱水器以后，黏度小，流速减缓，泥砂同水一道沉降，泥砂易于和盐一起形成垢物，堵塞放水管线，使污水无法正常排出。

3. 判断

敲打放水管线，如无污垢则发出清脆的回音；如声音发闷，证明管线已经严重结垢；一般稍有结垢时，放水阀门关闭不严，由此可以判断已有结垢产生。电脱水器沉砂，一般是周期性的，沉砂严重时水位经常波动，污水带油较多。

4. 处理

电脱水器沉砂严重时，需要停产扫线，进行清砂；清砂后，可用 50% 的稀盐酸清洗电脱水器和管线；若管线结垢严重，应更换管线。

5. 预防

掌握电脱水器沉砂周期，定期进行清理；采用大罐沉降放水的方法，在沉降油罐内处理沉砂；更换较大直径管线作为放水管线，缩短结垢处理周期；在原油含水不高时，可用降低破乳剂溶液浓度，增大加入量的方法，冲淡含盐浓度。

（六）电脱水器爆炸

电脱水器抽空扫线后，内部存在着大量的油气，它们和空气混合到一定比例，就成为危险的可爆气体。为了避免空载送电时，电极间产生的火花引起爆炸，电脱水器人孔应该打开，而且操作人员要离开人孔位置，确信不会发生爆炸以后方可靠近人孔观察。

电脱水器每次投产时，都要把容器内的气体放净，直到电脱水器顶部最高位置放空阀见油后才允许送电。电脱水器在正常运行时，压力要控制在 $0.15 \sim 0.25$ MPa，压力低于 0.1 MPa 不得送电。

（七）电脱水器跑油

电脱水器跑油主要是由于操作疏忽造成的。电脱水器进油时，顶部放气阀不应离人，特别是在油面上升接近到电脱水器顶部时，要随时掌握油的上升速度和位置，并对放气阀进行控制，避免从放气阀溢油。

在正常运行时，操作人员要经常检查水位的变化，防止因放水过大，水位过低引起污油从排水管放出。

第三章　加热设备的故障诊断与处理

第一节　火筒炉的故障诊断与处理

火筒炉常见故障诊断与处理

（一）加热炉爆炸回火

加热炉在点火时或运行过程中，有时火焰或高温烟气从炉膛内向外喷出并伴有轰隆隆的爆炸声，这种现象称为加热炉的爆炸回火。

1. 加热炉爆炸回火的原因

（1）炉膛内存有一定量的燃料气，点火前未吹扫干净，点火时发生爆炸回火。

（2）燃油炉燃烧器雾化不好或操作不当，使过量的燃料油喷入炉膛，燃烧后产生过量的可燃气体，不能正常燃烧，也排不出去，发生爆炸回火。

（3）加热炉超负荷运行，进入炉膛里的燃料过多，产生过量的烟气排不出去，变为正压操作，发生爆炸回火。

2. 加热炉爆炸回火的处理

（1）点火前应认真检查燃料阀是否渗漏，吹扫炉膛内的燃料气。

（2）应定期清理燃烧器，处理喷孔堵塞或结焦，防止过量的燃料气或燃料油喷入炉膛。

（3）应减小燃料用量，避免加热炉超负荷运行。

（二）加热炉发生二次燃烧

1. 加热炉发生二次燃烧原因

炉膛内没有燃烧完全的燃料（燃油、燃气）在炉膛后面的某个部位产生再次燃烧。

2. 加热炉发生二次燃烧的处理

（1）一般较小的二次燃烧可适当降低加热炉的负荷，开大烟道挡板，加大风量，直到二次燃烧消失再恢复正常运行。

（2）严重的二次燃烧应紧急停炉，关闭燃油（或燃气）阀门；关闭烟道挡板，停止送风，使炉内火焰熄灭或采用其他方法灭火；火灭后，及时清除可燃物。

（3）在炉膛着火情况下要判断准确，不可以因为炉管烧穿而采取错误的措施，使事故扩大。

（三）加热炉凝管事故

（1）如果是初凝，可用压力顶挤。顶挤方法是：全开出口阀门，逐步开大进口阀门。

（2）点燃火嘴，小火烘炉。烘炉方法是：全开出口阀门，进口阀适当关小。用小火点火烘炉。同时，必须密切注意进出口温度和压力的变化，如果进出口温度和压力急剧上升，说明炉外管线严重凝管，应停炉。对炉外管线采取暖管措施。

（3）在小火烘炉的同时用压力顶挤。顶挤时其顶挤压力不得超过炉管的最大工作压力。

（四）加热炉火嘴结焦

1. 原因

燃料气中含有液体，在使用过程中液体在喷射时会有部分停留在喷口处，由于火焰辐射的原因，会出现结焦。

2. 处理

（1）按操作规程停运加热炉。

（2）切断电源，拆下相关的仪表控制线，并做好标记。

（3）拆卸加热炉火嘴及各部位连接螺栓。

（4）抽出火嘴清堵。

（5）用专用工具对加热炉火嘴进行除焦解堵。

（6）清理法兰端面，垫片两侧涂黄油。

（7）安装火嘴，正确安装法兰垫片，对称紧固各部连接螺栓，正确连接仪表线。

（8）按操作规程点加热炉。

第二节　真空相变炉的故障诊断与处理

真空相变加热炉常见故障诊断与处理

（一）真空相变炉燃烧器故障诊断与处理

燃烧器故障多为自身的监测系统报警所致。燃烧器的具体故障专业人员可以在燃烧器左侧的黑色的程序控制器透明窗中读出。出现此故障时，可以看到透明窗内的灯会亮，只需轻轻按一下程序控制器上透明的玻璃，此时窗内的灯会熄灭。该按钮为燃烧器的复位按钮。当按下以后，燃烧器会重新自检，重新走一遍程序。检漏—吹扫—点小火—转大火等步骤。

1. 燃烧器通电没有启动故障

燃烧器利用程控盒透明窗口闭锁指示符号来判断：通电没有启动。

1) 故障原因
(1) 游离电极搭铁或火焰监测故障。
(2) 控制端子 12 与 4 间没有闭合。
(3) 控制端子 4 与 5 之间没有闭合。
(4) 控制端子 8 无输入。
(5) 安全阀、燃气阀组插头未插上。
(6) 查漏器自检未通过。
(7) 程控盒锁定、或保险管损坏。
(8) 燃气压力低于压力开关设定下限或上限值。
(9) 热继电器脱扣。
2) 故障处理
(1) 用表测量,重新安装燃烧器或更换火焰监测器。
(2) 检查风压开关。
(3) 用万用表检查回路。
(4) 检查连线。
(5) 插上插头。
(6) 清理安全阀、燃气阀。
(7) 查原因,更换保险管、程控盒,按复位。
(8) 调整压力或短接连线。
(9) 按电动机功率重新设定电流值,复位。

2. 燃气燃烧器不好点火

1) 故障原因
(1) 各参数值设定不当。
(2) 天然气内有空气或流量不够。
(3) 操作间内温度低。
(4) 加热炉燃烧室内温度低,负压大。
2) 故障处理
(1) 按参数给定内容,重新设定各值。
(2) 天然气放空,将管道内空气排除干净;将手动燃气阀门全开。
(3) 对操作间实行保温,提高伴热温度。
(4) 将防爆门撬开一个缝(垫一个砖头)减小阻力,待着火后,再将防爆门关闭。

3. 燃烧器只能小火工作不能大火工作

1) 故障原因
(1) 小火、大火开关未扳到位或插头脱落,接触不实。
(2) 大火信号未输入。
2) 故障处理
(1) 将开关扳到位,将插头插牢。
(2) 检查线路。

4. 燃烧器只能大火工作不能小火工作

1) 故障原因

(1) 小火、大火信号并在一起。

(2) 在小火与大火信号之间并入其他设备。

2) 故障处理

(1) 按图纸恢复正常。

(2) 按图查找线路，排除。

5. 点火电极不打火

1) 故障原因

(1) 高压线未接。

(2) 点火电极间距不正确或接地。

(3) 点火变压器无电流输入或损坏。

2) 故障处理

(1) 插紧电压线。

(2) 修理调整。

(3) 检查或更换。

6. 火焰紊乱不规则或脱火

1) 故障原因

(1) 燃气火焰盘阻塞。

(2) 空气/燃气配比不当。

(3) 炉口不合适。

2) 故障处理

(1) 清理火焰盘。

(2) 调好配比。

(3) 重新修炉口。

7. 燃烧器在运行中发生喘振

1) 故障原因

(1) 燃气、空气量调节过大而与机械发生共振。

(2) 燃气/空气配比不当。

(3) 调压器上没有用的导压管内的垫片丢失。

2) 故障处理

(1) 调小燃气/空气量。

(2) 重新调试燃气/空气配比。

(3) 重做垫片。

8. 天然气浓度超高报警

1) 故障原因

操作间内的天然气浓度已达到爆炸极限的40%。

2）故障处理

需要到操作间检查漏点。重新拧紧或重新安装后，再用肥皂水进行试漏。

（二）真空相变加热炉炉体故障诊断与处理

1. 换热效果差

1）故障原因

(1) 炉内有空气。

(2) 负荷太大。

(3) 加热盘管内结垢。

(4) 燃烧器配风量小，燃料流量小，出力不足。

(5) 烟管内有大量烟灰。

2）故障处理

(1) 检查各密封点，重新启动、排气、投产。

(2) 查对加热介质流量与标牌流量，应降至小于等于标牌流量。

(3) 清洗或更换新盘管。

(4) 更换电动机、扇叶，加大燃料流量，更换燃烧器。

(5) 停炉清理，畅通烟管。

2. 排烟温度高

1）故障原因

(1) 烟管内有大量灰（如燃烧不充分）。

(2) 燃烧器运行时最大燃油或燃气已超出额定指标。

(3) 燃料/空气配比不当。

2）故障处理

(1) 停炉、清理烟管。

(2) 检查燃料流量，使其小于等于标牌流量。

(3) 调好燃料/空气配比。

3. 液位计失灵

1）故障原因

(1) 加热炉内水太脏。

(2) 液位计内部太脏。

2）故障处理

(1) 停炉，排净加热炉内的水，重新加入水及化学药剂煮炉，然后排净，重新往加热炉内加水。

(2) 拆开液位计内部，用水冲洗干净，定期维护保养。

4. 炉体烟箱门或前面板过热

1）故障原因

(1) 烟箱门或前面板的耐火层可能脱落。

(2) 烟管内积炭过多，造成换热不充分。

2）故障处理

（1）打开烟箱门或前面板重新做耐火层。

（2）打开烟箱门检查烟管内部是否有积炭现象。

5. 液位计在没加水的情况下升高

1）故障原因

盘管有漏点，使炉体内液体增加。

2）故障处理

将盘管抽出，重新做水压试验，找出漏点。

6. 负压保持不住，经常在正压下工作

1）故障原因

（1）炉体本身或连接处有漏点。

（2）盘管内介质流量达不到设计要求。

（3）设计压力为微正压。

（4）真空阀不密封。

2）故障处理

（1）查找漏点。

（2）提高介质的流量，重新观察。

（3）与厂家核实一下加热炉的设计工作压力。

（4）维修或更换真空阀。

7. 触摸屏与实际温度有偏差

1）故障原因

（1）表模块损坏。

（2）仪表没有校准。

（3）模拟量输入模块通道损坏。

2）故障处理

（1）更换模拟量输入模块。

（2）重新对仪表进行校准。

（3）如有多余通道，更换一组通道，程序内部更改通道地址。

第三节 燃烧器的故障诊断与处理

一、燃气燃烧器故障诊断与处理

（一）检查的基本要求

失效状态下要首先检查正确运行的基本要求：

(1) 检查电路供应。
(2) 检漏器是否运行（黄指示灯亮或红灯亮）。
(3) 检查所有调节及控制设备是否正确调节。
(4) 燃烧器是否有燃料，燃料管阀是否打开。燃气管路是否有气味。燃气压力是否适中。

如果失效并非上述原因所致，则需检查燃烧器的单个功能。如果控制器处于锁定位置（信号灯亮），则需重新设定。当程控器转至启动位置时，燃烧器启动。观察燃烧器的功能，指示器显示的信号表明可能的失效种类，可使用测量仪器找出失效原因。

（二）检查和排除步骤

若排除以上原因，则按以下步骤进行检查和排除。

1. 电动机不能启动

1）故障原因
(1) 控制系统中断。
(2) 控制系统失效。
(3) 电动机失效。

2）故障处理
(1) 找出原因并纠正。
(2) 更换控制系统。
(3) 更换电动机。

2. 空气压力不足

燃烧器电动机开始工作，但预吹扫阶段或之后锁定现象。

1）故障原因
(1) 空气压力开关设定值不对。
(2) 空气压力开关风嘴脏。
(3) 空气压力开关故障。
(4) 风叶轮不清洁。

2）故障处理
(1) 检查安装空气压力开关，必要时进行调节。
(2) 清洗风嘴。
(3) 更换空气压力开关。
(4) 清洗风叶轮。

3. 电动机

燃烧器电动机启动，从控制系统至点火器控制电压打开，无点火，过一小段时间锁定发生。

燃烧器电动机启动，控制系统至点火器的控制电压关闭，无点火，过一小段时间锁定发生。

1）故障原因
(1) 伺服电动机失效或设定不正确。

（2）点火电极脏或磨损，绝缘开裂。
（3）点火电极太远。
（4）点火电缆损坏。
（5）点火变压器失效。
2) 故障处理
（1）按照说明更换或调节伺服电动机。
（2）清洁或更换点火电极。
（3）根据说明调整点火电极。
（4）更换点火电缆。
（5）更换点火变压器。

4．无火焰形成

燃烧器电动机开始工作，点火器火花形成，短时间后，出现锁定。

1) 故障原因
（1）气阀不能打开。
（2）执行机构故障。
（3）电缆损坏。
（4）控制回路故障。
（5）风挡挡板伺服电动机的凸轮开关设定不正确。
（6）风门挡板伺服电动机失效燃气量不正确。

2) 故障处理
（1）更换失效部件。
（2）更换执行机构。
（3）更换电缆。
（4）重新设定控制回路。
（5）调节风挡挡板伺服电动机的凸轮开关。
（6）调整风门挡板伺服电动机失效燃气量。

5．火焰形成后锁定

火焰形成，然后停止运行（气压开关，下限）并重新启动。

1) 故障原因
（1）气压太低。
（2）压力调节器失效。
（3）过滤器堵塞。
（4）气压开关设定不正确（下限）。

2) 故障处理
（1）检查原因。
（2）修理或更换调压器。
（3）清洗过滤器。
（4）调节气压开关设定。

6. 火焰检测失效（锁定）

1）故障现象

(1) 预吹扫锁定。

(2) 风机电动机启动，火焰形成，然后发生锁定。

(3) 停止运行期锁定。

2）故障原因

(1) 火焰探测器（离子探针）失效。

(2) 控制系统失效。

(3) 火焰探测（离子探针）位置不对。

(4) 火焰探测器（离子探针）脏。

(5) 火焰（强度）太弱。

(6) 火焰探测（离子探针）失效。

3）故障处理

(1) 更换火焰探测器（离子探针）。

(2) 更换控制系统。

(3) 调整火焰探测（离子探针）位置。

(4) 清洁火焰探测器（离子探针）。

(5) 检查燃烧器调节装置。

(6) 更换火焰探测器（离子探针）。

7. 燃烧头

稳焰盘烧坏。

1）故障原因

(1) 1段火负荷太低。

(2) 燃烧空气设定不正确。

(3) 稳焰盘到混合室（火焰盘）的距离不正确。

(4) 锅炉房通风不充足。

(5) 燃烧空气速率太低。

2）故障处理

(1) 调节1段火负荷。

(2) 调节燃烧空气设定。

(3) 调节稳焰盘到混合室（火焰盘）的距离。

(4) 调整锅炉房通风。

(5) 增加空气供应。

(6) 调节燃烧空气速率。

8. 阀检漏器失效

燃烧器不能启动，红指示灯亮。

1）故障原因

检漏器失效。

2）故障处理

更换检漏器。

9. 点火故障

正常条件下，连续启动三次燃烧器，没有点燃燃烧应判断为点火故障，需要进行相应检查来排除故障（点火时风机运行正常，程序正确）。

（1）气源故障。检查天然气的压力是否正常保持在3~5kPa，过高或过低均会出现点不着火现象。处理方法：调节天然气调压阀，进行压力设定。

（2）风门故障。检查风门大小，风门在偏大时容易出现多次点火不着的现象。处理方法：将风门适当调小，但不可以完全关闭。

（3）点火电极或点火变压器故障。点火变压器不打火，或点火电极太脏位置不对时，均会出现点火故障。处理方法：测试点火变压器是否点火，清理点火电极，调整点火间隙保持2~3mm。

（4）燃气阀组故障。正常点火时阀组会及时地开启，并能听到开启的声音，打不开时不会建立火焰。处理方法：检查阀组线圈，调节阀的开启度。

（5）点火控制器故障。所有点火程序由控制器发出，控制器损坏，不能正常点火。处理方法：更换控制器。

10. 熄火故障

燃烧器正常运行燃烧时，突然灭火，为熄火故障。

（1）气源不稳造成火焰波动后，灭火。处理方法：调整压力，重新启动。

（2）火焰检测器故障。运行时火焰检测探针接地，或太脏时测不到正常的火焰，出现熄火。处理方法：调整探针位置，清理探针表面；重新启动。

（3）电路故障。电源不稳或缺相，造成过程中熄火。处理方法：联系电工检查电源及接线。

11. 燃烧器不启动故障

按下启动按钮长时间燃烧器不启动。

（1）外界联锁故障。外接温度或压力控制没有到达启动下限；检查温度或压力设定值。

（2）燃烧器内部联锁没通过。气压过高或过低时，风压开关常闭没有闭合时，风门机构没到位时，均会出现，逐步进行检查。

（3）程控器故障没有进行复位，重新进行复位。

（4）风机电动机过热保护，对热继电器进行复位。

（5）检查控制柜启动按钮，是否正常。

（6）电路故障。电路检查测启动信号是否正常，电压保险是否正常。

二、燃油燃烧器故障判断与处理

（一）故障状态及处理步骤

燃油燃烧器燃烧机故障状态及处理步骤包括：

（1）电源是否供电。

（2）油阀是否打开，油箱是否有油。

（3）燃烧器油压是否正常。

（二）检查和排除步骤

若排除以上原因，则按以下步骤进行检查和排除。

1. 电动机不转

1）故障原因

（1）电动机接线松动、脱落。

（2）电动机烧坏。

（3）电容击穿或失效。

（4）有异物卡住风机叶轮。

（5）油泵压力过高，负荷太大。

（6）控制器失灵。

2）故障处理

（1）检查插头及接线端子。

（2）更换电动机。

（3）更换电容。

（4）分解检查，排除异物。

（5）拧开油泵轴头检查，调低油压或更换油泵。

（6）换控制器。

2. 油泵不供油，回油管无回油

1）故障原因

（1）油泵不转，联轴器损坏。

（2）进油管漏气。

（3）油泵内有空气。

（4）滤油器堵塞。

（5）油泵磨损。

2）故障处理

（1）更换联轴器。

（2）拧紧密封螺母、换油管。

（3）拧开排气螺钉进行排气。

（4）清洁滤油器。

（5）换油泵。

3. 点火电极不点火

1）故障原因

（1）连接线松动、脱落。

（2）控制器有问题。

(3) 点火电极与外壳短路。

(4) 高压线击穿短路。

(5) 点火变压器烧坏。

2) 故障处理

(1) 检查插头及接线端子。

(2) 更换控制器。

(3) 分解检查、调正位置。

(4) 更换高压线。

(5) 更换点火变压器。

4. 喷油嘴不喷油

1) 故障原因

(1) 油箱内油已用完。

(2) 进油管损坏。

(3) 滤油器或喷油嘴堵塞。

(4) 电磁阀阀芯堵塞或油泵堵塞。

(5) 电磁阀电源线松动、脱落。

(6) 电磁阀线圈烧坏。

(7) 控制器无电压输出。

(8) 油泵进空气。

2) 故障处理

(1) 加油。

(2) 更换油管。

(3) 清洁或更换。

(4) 分解电磁阀或油泵清洗。

(5) 检查插头及接线端子。

(6) 更换电磁阀线圈。

(7) 更换控制器。

(8) 进行排空气处理。

5. 能喷油、点火但不能形成火焰

1) 故障原因

(1) 最小点火风门位置太大,吹灭火焰。

(2) 油泵压力不够,雾化不良。

(3) 油含水分。

(4) 喷油嘴磨损,雾化角不对。

2) 故障处理

(1) 调小风门。

(2) 调高油压。

(3) 更换燃油。

（4）更换喷油嘴。

6. 喷火燃烧后十几秒后又自动熄灭

1）故障原因

（1）光电眼感光侧有油污或损坏。

（2）光电眼引线接触不良。

（3）风量过大。

（4）燃油内有水，油质不好。

（5）控制器失灵。

2）故障处理

（1）清洁或更换光电眼。

（2）检查插头及接线端子。

（3）调小风门。

（4）更换燃油。

（5）换控制器。

7. 燃烧时冒黑烟

1）故障原因

（1）炉头内有杂物。

（2）风量过小。

（3）喷油嘴漏油。

（4）油泵磨损，油压过低。

（5）电源电压过低，电动机转速慢。

（6）风机叶轮上污垢太多。

2）故障处理

（1）清洁炉头、炉膛。

（2）调风门，增加进风量。

（3）拧紧或更换。

（4）调高油压或更换油泵。

（5）提高电源质量。

（6）分解清洁污垢。

8. 燃烧时有振动、声响大

1）故障原因

（1）炉头或炉膛有积炭。

（2）排烟管小。

2）故障处理

（1）清洁炉头或炉膛，并调整火焰到最佳状态。

（2）加大排烟管或调低油泵油压。

第四章 自动控制仪表故障诊断与处理

第一节 监测仪表故障诊断与处理

一、温度监测仪表故障诊断与处理

温度自动监测仪表主要有热电偶、热电阻、组合式温度变送器等。油气生产现场的温度变送器常出现的故障有无输出、输出值大、输出线性不好或输出不稳定。

（一）热电阻常见故障及处理

1. 故障现象

(1) 显示仪表指示值比实际值低或指示值不稳。
(2) 显示仪表指示无穷大。
(3) 阻值与温度关系有变化。
(4) 显示仪表指示负值。

2. 故障原因

(1) 保护管内有金属屑、灰尘。
(2) 接线柱间脏污及热电阻短路（水滴等）。
(3) 热电阻或引出线断路及接线端子松开等。
(4) 热电阻丝材料受腐蚀变质。
(5) 显示仪表与热电阻接线有错，或热电阻有短路现象。

3. 处理方法

(1) 除去金属屑，清扫灰尘、水滴等。
(2) 找到短路点，加强绝缘。
(3) 更换电阻体，或焊接及拧紧接线螺钉等。
(4) 更换电阻体（热电阻）。
(5) 改正接线，或找出短路处，加强绝缘。

（二）热电偶常见故障及处理

生产过程中常见的热电偶故障包括热电偶显示值高或低、指示值波动等。

1. 显示值低（热电偶热电势小于实际值）

1）故障原因

(1) 热电极短路。

(2) 热电偶接线柱或保护管表面积灰，造成短路。

(3) 补偿线间短路。

2）处理方法

(1) 如果是湿的，需要干燥；如果绝缘子损坏，需要更换。

(2) 清理积灰。

(3) 找出短路点，加强绝缘或更换补偿线。

2. 显示值高（热电偶热电势大于实际值）

1）故障原因

(1) 热电偶与显示器不匹配。

(2) 补偿导线与热电偶不匹配。

(3) 直流干扰信号进入。

2）处理方法

(1) 更换热电偶或显示器使之匹配。

(2) 更换补偿导线使之相匹配。

(3) 消除直流干扰信号。

3. 显示值波动（热电偶热电输出不稳定）

1）故障原因

(1) 热电偶接线柱与热电极接触不良，热电偶测量线绝缘损坏，导致间歇性短路或接地。

(2) 热电偶安装不牢固或外部振动。

(3) 热电极断开。

(4) 有外部干扰（交流泄漏、电磁场感应等）。

2）处理方法

(1) 修复绝缘或更换热电偶。

(2) 紧固热电偶，消除振动或采取减振措施。

(3) 修理电极或更换热电偶。

(4) 找出干扰源并采取屏蔽措施。

（三）温度变送器常见故障及处理

生产过程中常见的温度变送器故障包括无输出或输出不稳定、测量误差、温度漂移等。

1. 无输出或输出不稳定

1）故障原因

(1) 供电不足。

(2) 线路连接错误。

（3）传感器损坏。

2）处理方法

（1）确保设备的供电稳定。

（2）重新连接线路。

（3）及时更换变送器。

2. 测量误差较大

1）故障原因

（1）传感器老化。

（2）定期对设备进行校准。

（3）温度漂移。

2）处理方法

（1）及时更换变送器。

（2）重新连接线路。

（3）安装温度补偿装置，或在控制软件中设置温度补偿算法来抵消环境温度的影响。

二、压力监测仪表故障诊断与处理

压力变送器常见故障及处理

压力变送器的故障主要有无压力输出、压力输出过大、压力输出不稳定等情况，具体判断及处理包括以下步骤。

1. 无输出

1）故障原因

（1）导压管的阀门没有打开或堵塞。

（2）电源电压过低。

（3）仪表输出回路断路或接触不良。

（4）仪表内部接、插件接触不良。

（5）内部电子元件故障或损坏。

2）处理方法

（1）打开或输通导压管的阀门。

（2）将电源电压调整到工作允许范围内。

（3）接通或接好输出回路的线路。

（4）重新插好内部接、插件。

（5）更换新电路板或根据仪表电路图查找故障并且排除。

2. 输出过大

1）故障原因

（1）导压管内有残余物。

（2）输出线接反或接错。

（3）检测膜片有卡阻现象。

(4) 仪表量程过小，不符合测量要求。

(5) 仪表内部接、插件接触不良。

(6) 内部电子元件故障或损坏。

2）处理方法

(1) 疏通导压管的残余物质，也可放压转换。

(2) 检查接线不正确的根据电路图重新接线，确保接线正确。

(3) 检查处理膜片卡阻情况。

(4) 更换适合现场的监测仪表。

(5) 检查并重新插好内部接、插件。

(6) 更换新电路板或根据仪表电路图查找故障并且排除。

3．输出不稳定

1）故障原因

(1) 导压管内有残存液体或气体。

(2) 受被测介质的脉动影响。

(3) 供电电压不稳。

(4) 输出回路中有接触不良或短路。

(5) 仪表内部接、插件接触不良。

(6) 内部电子元件故障或损坏。

2）处理方法

(1) 排除导压管的残余物质和气体。

(2) 调整表内阻尼，消除影响。

(3) 调整供电电压，使其稳定输出。

(4) 检查线路或重新接线，保证线路连接完好。

(5) 检查并重新插好内部接、插件。

(6) 更换新电路板或根据仪表电路图查找故障。

三、液位监测仪表故障诊断与处理

（一）差压式液位变送器的故障及处理

1．无输出

1）故障原因

(1) 压感膜片破损。

(2) 导压管的阀门没有打开。

(3) 导压管路堵塞。

(4) 电源电压过低。

(5) 仪表输出回路断路。

(6) 仪表内部插、接件接触不良。

(7) 内部电子元件故障。

2）处理方法

(1) 更换感压头。

(2) 打开导压管阀门或疏通导压管。

(3) 将电源电压调整到工作允许范围内。

(4) 重新检查输出回路，发现有断路线及时恢复。

(5) 检查内部插、接件，如有接触不良的，尽快进行处理和重新插接。

(6) 更换新电路板，或根据仪表电路图查找故障，并更换损坏的电子元件。

2. 输出过大

1）故障原因

(1) 导压管内有残余物。

(2) 输出导线接反或接错。

(3) 检测膜片有卡阻。

(4) 仪表量程小。

(5) 仪表内部接线、插件接触不良。

(6) 内部电子器件故障。

2）处理方法

(1) 排出导压管内的残余物。

(2) 检查处理输出导线。

(3) 处理检测膜片卡阻。

(4) 重新调整仪表量程。

(5) 查找处理接线和插件。

(6) 更换新电路板或根据仪表电路图查找故障。

3. 输出不稳定

1）故障原因

导压管内有残存液体或气体。

2）处理方法

排出导压管内的液体或气体。

（二）磁感应式液位变送器故障及处理

磁感应式液位变送器的常见故障有无输出、输出过大或过小、输出不稳定。

1. 无输出

1）故障原因

(1) 磁浮球退磁或漏液。

(2) 导液管的阀没打开。

(3) 导液管路堵塞。

(4) 电源电压过低。

(5) 磁感应棒断路。

(6) 仪表输出回路断线。

(7) 仪表内部接线、插件接触不良。
(8) 内部电子器件故障。
2) 处理方法
(1) 更换磁浮球。
(2) 检查并打开导液管的阀。
(3) 疏通导液管。
(4) 将电源电压调整到工作允许范围内。
(5) 更换磁感应棒。
(6) 检查出有断线的地方及时接通线路。
(7) 及时查找出没插好的接线端。
(8) 更换新电路板或根据仪表电路图查找故障。

2. 输出过大或过小

1) 故障原因
(1) 导液管内有残余物阻挡或影响磁浮球的飘浮位置。
(2) 输出导线接反或接错。
(3) 仪表量程小。
(4) 检测磁浮球有卡阻仪表量程小。
(5) 仪表内部接、插件接触不良。
(6) 内部电子器件故障。
2) 处理方法
(1) 清洗导液浮筒内的残余物。
(2) 检查输出导线接线问题，重新接好有问题的线路。
(3) 更换合适量程的仪表。
(4) 重新调整仪表量程。
(5) 查找处理。
(6) 更换新电路板或根据仪表电路图查找故障。

第二节　执行器故障诊断与处理

在油气现场生产中，为实现自动控制，常用的自动控制设备有电动调节阀，气动调节阀。这是根据执行器采用的动力的不同来分的。自动控制设备的执行机的故障诊断与处理，是油气生产自动控制的重点，是保证生产自动、平衡的前提。

一、电动执行机构的故障诊断与处理

电动执行机构的故障诊断与处理参照以下步骤。

（1）执行器阀杆无输出。

① 检查手动是否可以操作。手自动离合器卡死在手动位置，则电动机只会空转。

② 检查电动机是否转动。

③ 手动、电动均不能操作，可以考虑是阀门卡死。

④ 解开阀门连接部分，如果阀门没有卡死，检查轴套是否已经卡死、滑丝或松脱。

（2）在阀门全开/全关时不能停留在设定的行程位置，阀杆与阀体发生顶撞。"关/开阀限位 LC/LO"参数已丢失，应重新设定，或将参数"力矩开/关"更改为"限位开/关"。

（3）显示阀位与实际阀位不一致，重新设定后，动作几次，又发生漂移，应更换计数器板。

（4）执行器工作，但没有阀位指示，检查计数器，可能圆形磁钢坏了或计数器板坏了。如果控制接线端子（22/23）没有 4~20mA 电流信号输出，可以考虑更换返板。

（5）远控调节状态下，上下摆动不能定位，可以增大"死区调整参数"。

（6）远控/就地均不动作，或电动机单向旋转，不能限位。检查手自动离合器有没有卡死，电动机有没有烧毁；检查电动机电源接线是否正确或三相电源是否不平衡。

（7）远控/就地均不动作，测量电动机绕组，若发现过热保护、电磁反馈开路，电动机已烧毁，更换电动机。

（8）远控/就地均不动作，用设定器检查，故障显示："H1 力矩开关跳断"、"H6 没有电磁反馈"。测试（固态）继电器没有输出，更换继电器控制板或电源板组件。

（9）三相电源一送电就跳闸，继电器控制板有问题或电动机线圈已烧毁。

（10）因电源电压高（400V 以上），熔断丝熔断，检查电源板硅整流块正常，电压变压器初级电阻过低，可更换电源板组件或电源变压器。

（11）背景灯不亮，检查三相电源正常，可能是执行器的熔断丝已熔断或主板电源线松动未插好。

（12）不带负荷时一切正常，带负荷时，开阀正常，关到40%左右就停转，"关力矩值"已设为99，用手轮可以关到位，刚安装时可以关到位，用一段时间就不行了，建议换用大一挡的执行器。

（13）手动正常，手自动离合器卡簧在手动方向卡死，可拆卸手轮，释放卡簧，重新装配好。

（14）执行器远控/就地均不能动作，开/关到位指示灯闪烁，检查电池电压过低。执行器在主电源掉电时，已丢失设定的参数。更换电池，重新设置。

（15）执行器动作正常，但无阀位反馈，把反馈回路断开，反馈信号正常，属外接电缆故障，更换电缆。

（16）执行器动作过程中力矩保护跳断，增大开/关力矩的值设定，故障依旧。检查执行器润滑油是否已干，阀门是否卡死。

（17）阀门关不死，重新设定行程限位，若重新设定后故障依旧，则阀门坏了。

（18）执行器设定及动作正常，就是不能超越某一行程位置，阀门卡涩或减速箱机械限位设定反了，可用手动检查并重新设定。

（19）动作过程中，电动机振动，时走时停，转速变慢，手自动离合器没有故障，应更换（固态）继电器，再做检查。

（20）执行器手/自动时，显示阀位不变化，反馈也不变化，"限位开/关即 LO/LC"参数不能被设定，主板已坏，更换主板。

（21）执行器电源板已坏，更换新的电源板。通电后发现新电源板上的硅整流块很快发热，发现主板有个别元件已烧坏，更换主板。

（22）执行器远控/就地均不能动作，不接受设定信号，手动时能显示阀位，更换主板、继电器控制板；也可能是开关坏了，开关内的磁钢破碎或丢失。

（23）执行器远控正常，一就地控制就"执行器报警"，更换就地控制板。

（24）执行器远控不动作，就地可动作，但显示阀位不变，线路插头松动；重新插好后，其他情况正常，还是不能远控，更换侍放（+位返）板。

（25）就地操作正常，远控不能关，开方向远控时，不论信号大小，执行器一直到全开，重新限位，不起作用，更换侍放（+位返）板。

（26）屏幕上显示"阀门报警"符号，手动报警符号可消除，就地正/反转，继电器立即动作跳闸，拆开电动机，更换力矩传感器。

（27）背景灯不亮或显示杂乱的符号或三个状态指示灯同时亮，更换主板。运行指示灯和开/关到位指示灯，两个指示灯同时亮，限位与阀门旋转方向设置矛盾，重新设定。

（28）一些报警接点不能切换，不能检测远控/就地状态，更换主板或输入输出处理板。

（29）还有一些故障，主要由安置、设定、操作不当等原因造成的，有时是几种故障掺杂在一起，需要结合"报警显示"和"H帮助显示"逐一分析检查。

二、气动执行机构的故障诊断与处理

（一）执行器阀杆无输出

（1）指挥器没有输入信号；处理：检查自动控制模块故障并恢复，检查输出信号线路连接状况并维修恢复。

（2）仪表风引压管冻、堵；处理：疏通仪表风管路，保证畅通。

（3）气动膜破损；处理：更换新膜片。

（4）磁控制仪表风气阀阀片卡死；处理：维修或更换。

（二）执行器不能全开全关

（1）阀杆卡死，阀座有异物；处理：维修或清理异物。

（2）限位器调整与指挥器 LC、/LO 不对应；处理：重新调整。

（3）弹簧卡死；处理：维修或更换弹簧。

（4）气动膜片漏气；处理：更换膜片。

（5）仪表风压力低；处理：检查排除仪表风故障。提高仪表风压力到正常值。

三、燃气调压阀的故障诊断与处理

调压阀自身原因引起的故障包括混入异物、元件内部的故障、性能上的问题等。外部原因产生的故障绝大多数是由气源处理得不好所导致的。

(一) 压力波动不稳定

1. 故障原因

(1) 油液中混入空气。

(2) 阻尼孔有时堵塞。

(3) 滑阀与阀体内控圆度超过规定,使阀卡住。

(4) 弹簧变形或在滑阀中卡住,使滑阀移动困难或弹簧太软。

(5) 钢球不圆,钢球与阀座配合不好或锥阀安装不正确。

2. 处理措施

(1) 排除油中空气。

(2) 清理阻尼阀。

(3) 修研阀孔及滑阀。

(4) 更换弹簧。

(5) 更换钢球或拆开锥阀调整。

(二) 二次压力不稳定

1. 故障原因

(1) 外泄漏。

(2) 锥阀与阀座接触不良。

2. 处理措施

(1) 调压弹簧断裂,应更换。

(2) 膜片破裂,应更换。

(3) 膜片有效受压面积与调压弹簧设计不合理。

(三) 无压力

1. 故障原因

(1) 泄油口不通,泄油口与回油口相连,并有回油压力。

(2) 主阀芯在全开位置时卡。

2. 处理措施

(1) 卸油管必须与回油管道分开,单独回入油箱。

(2) 修理、更换零件,检查油质。

(四) 调压时压力升高缓慢

1. 故障原因

(1) 过滤网堵塞。

(2) 下部密封圈阻力大。

2. 处理措施

(1) 拆下过滤网并清洗。

(2)更换密封圈或检查有关部分。

(五)出口压力发生激烈波动或不均匀变化

1. 故障原因

(1)阀杆或进气阀芯上的 O 形圈表面损伤。

(2)进气阀芯上与阀座底之间导向接触不好。

2. 处理措施

(1)更换 O 形圈。

(2)整修或换阀芯。

第五章　联合站动态分析

联合站集输工艺动态流程分析处理（简称联合站动态分析），是指通过大量的第一手资料来掌握联合站的运行规律，从而制定出合适的运行方案，解决生产中遇到的各种实际问题。联合站动态分析要求集输工有较强的综合分析能力、事故处置能力以及总结汇报能力，需要熟悉联合站工艺流程及综合报表，进行分析、判断和计算，熟练运用文字处理软件进行文字录入、图表绘制及幻灯片制作，最终形成简单的技术论文并汇报。

由于各油田的生产工艺流程不尽相同，本章以某联合站动态分析案例为例，整理出简单可行的思路供参考。

【例 4-5-1】　给出两套工艺流程，任选其一作答。

工艺流程一是一段三相分离器+二段热化学脱水工艺。工艺流程图见图 4-5-1。

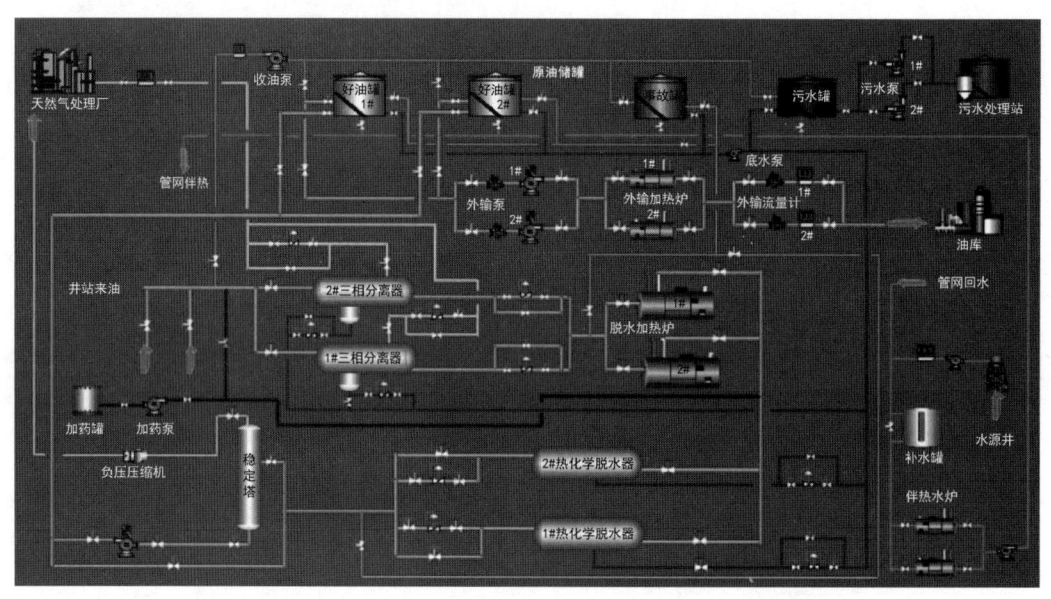

图 4-5-1　一段三相分离器+二段热化学脱水工艺示意图

工艺概况：此工艺设计原油处理能力为 $35×10^4$t/a。目前井组来油为油气混进，原油含水为 70%，相对密度 0.85，气油比 80Nm^3/t，凝点 20℃。

站内采用一段三相分离器+二段热化学脱水工艺，在井组来油汇管及脱前加入破乳剂（加药总浓度为：≤30mg/L）。井组来油（进站压力为 0.35~0.40MPa，进站温度为 30~45℃）进站汇合后，加入破乳剂进入三相分离器（安全阀设置压力 0.5MPa）进行油、气、水三相分离，其压力由气相出口调节阀控制；液位由油相出口调节阀控制在 2.4m，油水界面由水相出口调节阀控制在 1.8m；脱后原油含水率低于 20%。然后进加热炉（0.25~0.30MPa）加热至 50~60℃，再次加破乳剂后进入热化学脱水器（0.20~0.25MPa，安全阀设置压力 0.5MPa）进行二次脱水；热化学脱水器压力由油相出口调节阀控制，定压为0.2MPa；脱水器油水界面由水相出口调节阀控制，设定为0.6m，脱后的原油含水率降至0.5%以下，进入稳定塔。稳定塔塔顶压力由塔顶压缩机控制，脱除的轻组分进入天然气处理装置，稳定后原油由塔底泵打入好油罐；经外输泵（DYK70-50×8）增压，外输泵通过调频（改变转数）调节流量，外输加热炉升温（65~75℃），外输阀组计量后输往油库。工艺中分离出的污水汇合进入污水罐，污水罐油水界面设定为4.5m，计量后由污水泵（IS100-80-250，流量120m³/h，扬程60m；污水外输泵根据污水罐油水界面仪检测实现自动调频），计量后输至污水处理站（污水罐出口水含油指标小于100mg/L）。

本工艺所有运行机泵均为运一备一，原油储罐、污水罐、三相分离器、热化学脱水器均安装有油水界面仪；储罐设有两个正常运行油罐和1个事故罐，三个原油储罐均设有底水线，并由底水泵与污水罐（容积700m³）入口相连；污水罐收油口高度5m。

该工艺燃料气由气处理站供给，采用自力式调节阀控制压力；工艺内自动化仪表由空压机提供动力空气源。分离器的气相出口调节阀采用气关阀，工艺中其余调节阀均为气开阀。分离器设有紧急放空进火炬装置。

原油外输泵及污水外输泵采用变频技术。工艺内加热炉均为真空相变加热炉，采用自动化程度高的天然气燃烧器，燃烧器按设定参数自动调控。该工艺还承担着向站内管网、设备及生活供应伴热循环水的功能。

工艺流程二是一段化学沉降+二段电化学脱水工艺。工艺流程图见图4-5-2。

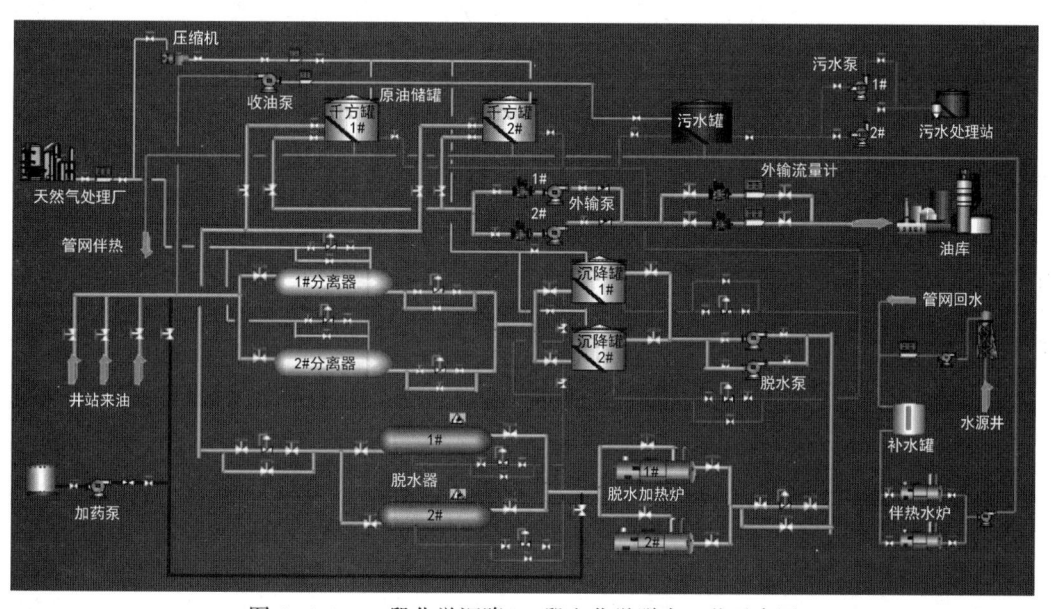

图4-5-2 一段化学沉降+二段电化学脱水工艺示意图

工艺概况：此工艺设计原油处理能力为$35×10^4$t/a。目前井组来油为油气混进，原油含水为70%，相对密度0.85，油气比80Nm³/t，凝点20℃。

进站压力为0.35~0.40MPa，进站温度为30~45℃；在井组来油汇管及脱前加入破乳剂（加药总浓度为：≤30mg/L），经油气分离器（安全阀设置压力0.5MPa，液面正常设定值1.8m）进入沉降罐（容积1000m³）分离后脱水。脱出的水进入污水罐，原油由脱水泵（型号：DY80-35×2）升压至 0.20~0.28MPa，经加热炉升温至 50~60℃后进入电脱水器（安全阀设置压力 0.40MPa，脱水器油水界面设定为 0.6m，加热炉前端调节阀及电脱水器后端调节阀起对本工段稳压作用，定压均为 0.2MPa）进行二次脱水。电脱放水进入沉降罐，脱后原油含水降低到 0.5%以下进入原油储罐。原油经外输泵（DYK70-50×8）增压、计量后外输至油库，外输温度 40~55℃（原油外输含水指标≤0.5%）。工艺中分离出的污水进污水罐（容积 700m^3），污水罐油水界面设定为 4.5m，污水罐收油口高度 5m。计量后，经污水泵（IS100-80-250，流量：120m^3/h，扬程：60m；污水外输泵根据污水罐油水界面仪检测实现自动调频）压入污水处理站（污水罐出口水含油指标小于 100mg/L）。

本工艺所有运行机泵均为运一备一，原油储罐、原油沉降罐、污水罐、电脱水器均安装有油水界面仪；原油储罐设有底水排放口及进输油管道。原油储罐及原油沉降罐设有大罐抽气工艺，配置的天然气压缩机通过进口压力自动启停（启动压力 0.7kPa，停机压力 0.2kPa），抽出的罐顶气与油气分离气汇合进入气处理站。原油储罐中的油品由于大罐抽气工艺实现原油密闭。

原油储罐、污水罐及站内管网设有伴热循环系统；该工艺燃料气由气处理站供给，采用自力式调节阀控制压力；自动化仪表由空压机提供动力空气源。

分离器的气出口调节阀采用气关阀，工艺中其余设备调节阀均为气开阀。脱水泵、原油外输泵通过调频（改变转数）调节流量。原油沉降罐正常运行液位：6.5~8.5m，进口高度为 1m，油出口高度为 5m，油水界面 2m。污水罐正常生产液位为 4.5m，收油口高度为 5m。加热炉采用真空相变炉，燃烧器按设定参数自动调控。分离器设有紧急放空进火炬装置。

根据以上工艺流程及综合报表，编写联合站工艺简介，制作"工艺流程一（或二）联合站动态分析小结"汇报材料，说明站内工况变化情况，并对导致工况变化的原因进行判断，提出相应处理措施。

第一节　根据工况提出处理措施

例题共设置了两套处理工艺：一段三相分离器+二段热化学脱水工艺（工艺流程一）和一段化学沉降+二段电化学脱水工艺（工艺流程二），与相应的联合站综合日报表。可以结合工作经验和对两套流程的掌握程度，选择一套工艺流程进行答题分析。

两套流程相对而言，一段三相分离器+二段热化学脱水工艺应用到的流程和设备相对于一段化学沉降+二段电化学脱水工艺更加复杂，从实际操作的角度，流程的参数控制难度更高，在日常工作中接触的处理工艺中应该是以气液分离器为主，可以选择一段化学沉降+二段电化学脱水工艺；当然，有的员工在工作中对三相分离器接触更多，也可以选择一段三相分离器+二段热化学脱水工艺。

从报表角度分析，一段化学沉降+二段电化学脱水工艺的报表内容基本按照处理的先后顺序进行排列，数据读取和分析起来更加直观；一段三相分离器+二段热化学脱水工艺报表涉及的参数多，而且没有按照处理工艺的先后顺序设置参数位置，在查找和分析数据的时候，要求对流程的掌握程度更高。

一、工况分析

根据工艺流程和结合报表数据查找异常工况，判断故障原因，作出准确结论。要求员工能够根据报表数据的变化，结合处理工艺的参数控制指标，排除干扰因素，判断出是工艺处理的问题还是设备自身的故障问题，体现出选手对工艺流程的掌握的熟练程度，对各处理参数控制掌握熟练程度，对各处理环节设备设施的工作原理、结构特征的理解程度，并且能够将各方面知识进行相互结合，进行逻辑分析和判断。

（一）工艺流程的理解和掌握

对于熟练员工，两套流程应该早已熟悉，在头脑中有全面的流程图框架，与之匹配的详细流程介绍和参数数据已经牢记于心，每个处理环节都能在头脑中快速调取与之相关的工艺走向和参数配置要求。

在处理过程中污水罐液位异常，在一段化学沉降+二段电化学脱水工艺中就要从油水沉降罐、电脱水器出水、原油储罐、污水泵等处理环节查找问题；在一段三相分离器+二段热化学脱水工艺中就要从三相分离器、热化学脱水器、原油储罐、事故罐、污水泵等处理环节查找问题。

（二）快速看懂报表

先在流程图的基础上结合生产实际自行设计报表，与给定的报表肯定存在偏差。流程涉及的处理参数是齐全的，但是报表参数位置设置不同并有一些细节上的差别，有可能比日常训练的报表简单或者复杂。首先要熟悉给定报表（图4-5-3和图4-5-4），根据工艺流程，查找各工艺参数在报表中所在位置，建立数据间的逻辑关系，方便下一步查找数据变化，做出正确判断。

（三）查找分析异常数据

1. 正常数据变化

按照报表设置的处理单元，逐一进行数据筛查，找出数值出现异常的数据，并做好记号。对于一些轻微变化的数据，若其前后处理环节的数据未发生变化，可以忽略，为正常数据波动。例如，在报表二中，来液压力的波动并未影响到下游分离器的压力和液位变化，来液温度的变化对下游分离器、沉降罐、脱水系统、外输油含水未造成影响；在报表一中，各流量计数据比较多，且都有轻微变化，但是对上下游数据无影响。这些数据都可以认定为正常数据，也更贴近于生产实际。

在某一时间段内数据无异常变化，可以判定为该时间段生产正常，无异常工况。

2. 重点区域的筛查

在筛查的过程中，报表区域中出现某一时间内无数据或者出现新数据，可进行重点关注，根据工艺流程查找上下游相关数据，根据参数控制要求分析数据是否正常，比较容易发现问题。

时间	来液阀组					三相分离器						进站计量							热化学脱水器							空气储罐	加药罐	稳定塔		塔底泵							
	1#		2#			1#			2#			天然气计量		油水计量					1#			2#								1#				2#			
	来液压力	来液温度	来液压力	来液温度	进站综合含水	压力	液位	油水界面液位	压力	液位	油水界面液位	井站来气流量计读数	井站来气量	原油流量计读数	进站油量	污水流量计读数	进站水量	一段脱后含水	温度	压力	油水界面	温度	压力	油水界面	二段脱后含水	压力	加药量	塔顶压力	液位	电压	电流	进口压力	出口压力	电压	电流	进口压力	出口压力
	MPa	℃	MPa	℃	%	MPa	m	m	MPa	m	m	Nm³	Nm³	m³	m³	m³	m³	%	℃	MPa	m	℃	MPa	m	%	MPa	kg	MPa	m	V	A	MPa	MPa	V	A	MPa	MPa
8:00	0.35	30	0.35	28	70	0.35	2.37	1.77	0.35	2.37	1.77	4326	5792	67845	88	57883	167	20	50	0.30	0.85				0.20	0.6	9.0	0.07	15	379	20	0.1	0.28				
10:00	0.35	29	0.35	28	70	0.35	2.39	1.79	0.35	2.39	1.79	10118	5791	67933	92	58050	166	20	51	0.30	0.87				0.18	0.5	9.0	0.07	14	376	22	0.1	0.31				
12:00	0.36	30	0.36	29	69	0.36	2.38	1.81	0.36	2.38	1.81	15909	5779	68025	88	58216	158	20	50	0.29	0.86				0.20	0.4	9.0	0.06	14	378	22	0.1	0.29				
14:00	0.37	30	0.37	29	71	0.36	2.40	1.80	0.36	2.40	1.80	21688	5784	68113	89	58374	151	25	42	0.30	0.85				0.50	0.6	9.0	0.06	15	377	20	0.1	0.28				
16:00	0.37	30	0.37	27	71	0.36	2.40	1.80	0.36	2.40	1.80	27472	5792	68202	90	58525	168	25	42	0.30	0.86				0.50	0.4	9.0	0.07	14	378	22	0.1	0.28				

时间	加热炉																																				
	1#脱水加热炉							2#脱水加热炉						1#外输加热炉						2#外输加热炉						1#热水炉						2#热水炉					
	燃气压力	进口温度	出口温度	进口压力	出口压力	燃料气流量计读数	用量	进口温度	出口温度	进口压力	出口压力	燃料气流量计读数	用量	进口温度	出口温度	进口压力	出口压力	燃料气流量计读数	用量	进口温度	出口温度	进口压力	出口压力	燃料气流量计读数	用量	进口温度	出口温度	进口压力	出口压力	燃料气流量计读数	用量	进口温度	出口温度	进口压力	出口压力	燃料气流量计读数	用量
	MPa	℃	℃	MPa	MPa	Nm³	Nm³	℃	℃	MPa	MPa	Nm³	Nm³	℃	℃	MPa	MPa	Nm³	Nm³	℃	℃	MPa	MPa	Nm³	Nm³	℃	℃	MPa	MPa	Nm³	Nm³	℃	℃	MPa	MPa	Nm³	Nm³
8:00	0.19	29	53	0.35	0.33	34556	172							44	69	1.65	1.62	23331	275							33	60	0.16	0.34	77	40						
10:00	0.19	29	54	0.35	0.33	34728	171							45	69	1.66	1.63	23606	278							32	61	0.16	0.33	117	40						
12:00	0.19	29	53	0.34	0.32	34899	172							44	70	1.65	1.62	23884	277							33	59	0.17	0.34	157	40						
14:00	0.19	29	48	0.35	0.33	35071	171							42	66	1.65	1.62	24161	279							34	59	0.16	0.33	197	39						
16:00	0.19	29	48	0.34	0.31	35242	172							42	66	1.65	1.62	24440	278							32	59	0.17	0.33	236	38						

时间	原油外输泵								污水外输泵								原油回收			油水储罐														
	1#				2#				1#				2#				收油泵	收油计量		1#好油罐			2#好油罐			事故罐			底水泵		污水罐			
	电压	电流	进口压力	出口压力	电压	电流	进口压力	出口压力	电压	电流	进口压力	出口压力	电压	电流	进口压力	出口压力	泵压	流量计读数	收油量	进口温度	液位	油水界面	进口温度	液位	油水界面	进口温度	液位	油水界面	1#泵压	2#泵压	液位	油水界面	外输水流量计读数	水量
	V	A	MPa	MPa	V	A	MPa	MPa	V	A	MPa	MPa	V	A	MPa	MPa	MPa	m³	m³	℃	m	m	℃	m	m	℃	m	m	MPa	MPa	m	m	m³	m³
8:00	380	254	0.06	1.65					375	66	0.06	0.7						860		47	5.0	0.2									5.0	4.5	442	122
10:00	376	254	0.06	1.66					382	64	0.06	0.7						860		47	4.9	0.2									5.0	4.5	564	122
12:00	379	253	0.06	1.65					383	65	0.06	0.7						860		47	5.0	0.2									5.0	4.5	686	118
14:00	379	253	0.06	1.65					381	45	0.06	0.5					0.4	860	19	42	5.2	0.2									5.3	4.9	804	90
16:00	379	253	0.06	1.65					380	45	0.06	0.5					0.4	879	21	42	5.4	0.2									5.1	4.9	894	90

时间	化验						原油外输计量									
							1#					2#				
	外输水含油	试验温度	视密度	标准密度	体积修正系数	商品油含水	外输温度	进口压力	出口压力	流量计读数	外输油量	外输温度	进口压力	出口压力	流量计读数	外输油量
	mg/L	℃	kg/m³	kg/m³		%	℃	MPa	MPa	m³	m³	℃	MPa	MPa	m³	m³
8:00	91	50	883.5	884.7	0.9805	0.18	68	1.62	1.62	8900	76					
10:00	91					0.17	68	1.63	1.63	8976	78					
12:00	90					0.18	69	1.62	1.62	9054	77					
14:00	92					0.40	63	1.62	1.62	9131	77					
16:00	92					0.45	63	1.62	1.62	9208	76					

图 4-5-3　一段三相分离器+二段热化学脱水工艺综合日报表

时间	来油阀组 1#		2#		3#		两相分离器 1#			2#			原油沉降罐 1#			2#			脱水炉 1#						2#						端点（来油汇管）加药泵	1#	2#		脱前加药泵	3#	4#	
	来液压力MPa	来液温度℃	来液压力MPa	来液温度℃	来液压力MPa	来液温度℃	温度℃	压力MPa	液位m	温度℃	压力MPa	液位m	温度℃	液位m	油水界面m	温度℃	液位m	油水界面m	进口温度℃	进口压力MPa	出口温度℃	出口压力MPa	燃气压力KPa	燃气用量m³	进口温度℃	进口压力MPa	出口温度℃	出口压力MPa	燃气压力MPa	燃气用量m³	药罐液位m	压力MPa	压力MPa	加药量Kg	药罐液位m	压力MPa	压力MPa	加药量Kg
8:00	0.36	30	0.36	30	0.36	30	29	0.3	1.8	29	0.3	1.8	28	7.5	2	28	7.5	2	27	0.25	54	0.23	60	238							0.80	0.40		4	0.65		0.25	4
10:00	0.37	31	0.37	31	0.37	31	30	0.3	1.8	30	0.3	1.8	29	7.5	2	29	7.5	2	28	0.26	55	0.24	60	239							0.78	0.40		4	0.63		0.25	4
12:00	0.36	30	0.36	30	0.36	30	29	0.3	1.8	29	0.3	1.8	28	7.5	2	28	7.5	2	27	0.25	54	0.23	60	238							0.76	0.40		4	0.61		0.25	4
14:00	0.35	29	0.35	29	0.35	29	29	0.3	1.8	29	0.3	1.8	28	7.5	2	28	7.5	2	27	0.24	54	0.22	60	238							0.74	0.40		4	0.59		0.25	4
16:00	0.36	30	0.36	30	0.36	30	30	0.3	1.8	30	0.3	1.8	29	7.5	2	29	7.5	2	28	0.25	55	0.23	60	239							0.72	0.40		4	0.57		0.25	4

时间	电脱水器 1#									2#										好油罐 1#			2#		污水罐			天然气外输		原油外输				污水外输			
	电压V	电流A	温度℃	压力MPa	油水界面m	脱后油量t	放水量m	放水含油mg/L	脱后含水(%)	电压V	电流A	温度℃	压力MPa	油水界面m	脱后油量t	放水量m	放水含油mg/L	脱后含水(%)	脱前含水(%)	温度℃	液位m	油水界面m	温度℃	液位m	油水界面m	液位m	油水界面m	输气量m³	外输管压MPa	外输油量t	外输管压MPa	外输温度℃	外输油含水%	外输量m³	管压Mpa	外输水含油mg/L	
8:00	380	40	53	0.22	0.6	76.2	29.8	245	0.45										25	52	8.01	0.3	51	5	0.2	4.7	4.5	7200	0.12	74	1.9	51	0.3	192	0.35	80	
10:00	380	40	54	0.23	0.6	76.1	29.7	245	0.44										25	52	8.01	0.3	51	5	0.2	4.7	4.5	7200	0.12	74	1.9	51	0.3	192	0.35	80	
12:00	380	40	53	0.22	0.6	76.2	29.8	244	0.45										25	52	8.01	0.3	51	5	0.2	4.7	4.5	7200	0.12	74	1.9	51	0.3	192	0.35	80	
14:00	380	40	53	0.21	0.6	76.2	29.8	245	0.45										25	50	7.6	0.3	51	5	0.2	4.7	4.5	7200	0.12	90	1.5	51	0.3	192	0.35	80	
16:00	380	40	54	0.22	0.6	76.1	29.7	245	0.44										25	51	7.8	0.3	51	5	0.2	4.7	4.5	7200	0.12					192	0.35	80	

时间	原油外输泵 1#				2#				脱水泵 1#				2#				污水外输泵 1#				2#				收油泵 1#	2#		1#伴热水炉					2#伴热水炉					
	电压V	电流A	进口压力MPa	泵压MPa	电压V	电流A	进口压力MPa	泵压MPa	电压V	电流A	进口压力MPa	泵压MPa	电压V	电流A	进口压力MPa	泵压MPa	电压V	电流A	进口压力MPa	泵压MPa	电压V	电流A	进口压力MPa	泵压MPa	泵压MPa	泵压MPa	收油量m³	进口温度℃	出口温度℃	进口压力MPa	出口压力MPa	燃气压力KPa	进口温度℃	出口温度℃	进口压力MPa	出口压力MPa	燃气压力KPa	
8:00	380	62	0.08	2.1					380	10	0.07	0.28					380	38	0.04	0.4								28	65	0.03	0.02	60	28	65	0.03	0.02	60	
10:00	380	62	0.08	2.1					380	10	0.07	0.28					380	38	0.04	0.4								28	65	0.03	0.02	60	28	65	0.03	0.02	60	
12:00	380	62	0.08	2.1					380	10	0.07	0.28					380	38	0.04	0.4								28	65	0.03	0.02	60	28	65	0.03	0.02	60	
14:00	380	62	0.07	1.6					380	10	0.07	0.28					380	38	0.04	0.4								28	65	0.03	0.02	60	28	65	0.03	0.02	60	
16:00									380	15	0.07	0.28					380	38	0.04	0.4								28	65	0.03	0.02	60	28	65	0.03	0.02	60	

时间	空压机 1#	2#	压缩机 1#							2#							大罐抽气	伴热水泵 1#	2#	补水罐	水源井计量
	压力MPa	压力MPa	进气压力KPa	进气温度℃	一级排气压力Mpa	一级排气温度℃	二级进气温度℃	二级排气压力Mpa	二级排气温度℃	进气压力KPa	进气温度℃	一级排气压力MPa	一级排气温度℃	二级进气温度℃	二级排气压力Mpa	二级排气温度℃	抽气量m³	泵压MPa	泵压MPa	液位m	用量m³
8:00	0.7		0.7	20	0.15	46	32	0.3	58								110	0.3		3.5	0
10:00	0.7		0.7	20	0.15	46	32	0.3	58								110	0.3		3.5	0
12:00	0.7		0.7	20	0.15	46	32	0.3	58								110	0.3		3.5	0
14:00	0.7		0.7	20	0.15	46	32	0.3	58								110	0.3		3.5	0

图 4-5-4　一段化学沉降+二段电化学脱水工艺综合日报表

报表一中，8：00以后化验数据中，试验温度、视密度、标准密度、体积修正数据没有再出现，可以判断为每天一次正常的化验依据，跟工况变化无关。

报表一中，14：00—16：00，收油泵泵压和收油量出现数据，首先想到在该时间内出现收油作业，根据工艺流程和相关数据变化，确定为污水沉降罐收油，联想到收油可能造成的直接影响是脱水效果和外输含水变化，通过分析二段脱水化验数据和外输油含水的数据变化，如果一段、二段含水变化不大，外输含水没有影响，均正常变化，说明正常收油，工况正常；报表中，一段脱水后含水率上升至25%；二段脱水后含水率达到外输要求临界值0.5%；外输含水由0.18%增长到0.45%，接近外输含水控制指标，如果不及时处理，将造成外输油含水超标的事故。因此，可以做出判断，14：00时开始回收污水罐中老化油导致脱水后含水率上升。

报表二中，16：00时，原油外输数据和1#外输泵数据出现空白，可以判断为外输系统停泵，由工艺流程可知，外输系统停泵的原因有三种：上游好油罐或更上游处理环节出现问题，下游输送管道出现问题和外输泵出现故障。经过数据排查，首先排除上游好油罐出现问题，上游各系统工况正常；然后通过外输泵数据（电流、电压、进口压力、出口压力、管压、排量）判断机泵故障和下游管线故障；最后，通过泵压、管压、排量的变化特点，判断为输油管线发生泄漏。这里也要求对机泵相关参数（电流、电压、进口压力、出口压力、管压、排量）的变化规律熟练掌握，根据数据变化准确判断机泵类故障。

各类设备的重要参数变化都能反映出设备工作状态，进行设备故障分析必须熟练掌握其参数变化规律。

3. 重点数据参数的筛查

在报表数据中，各种设备设施的重要参数变化能够明确的反映出设备本身或者上下游处理工艺中存在的问题，掌握了其变化规律，就可以快速地进行问题的判断，因此，此类数据在筛查过程中应重点关注。

例如报表二中，如果16：00的数据全部没有，当筛查到14：00的原油外输和外输泵数据，发现1#外输泵泵压、管压、外输量出现异常，通过分析数据也可以比较容易地分析出外输管线泄漏故障。

最后，进行工况分析是还应注意两个要点：

（1）必须对每台设备的结构原理都充分掌握，对流程说明中每句话、每个参数都熟记于心。

（2）报表数据筛查时，可以先查找主要流程数据，再筛查辅助流程报表数据。

二、处理措施

通过报表数据找到异常工况，并分析出故障原因，然后进行相关的处理。分析出故障原因后，一般都能提出几点措施，但是要提出全面的、有技术含量的处理措施，有一定难度。要求员工有一定的理论基础，对处理工艺真正灵活运用，更重要的是还要具有一定的现场工作经验，能够将理论与现场实际结合起来，要求有一定的现场组织协调能力，这样才能将问题考虑全面，制定出一套切合实际的处理方案。

以下针对两套工艺流程分别给出一种可行的处理措施，仅作参考。

工艺流程一的处理措施：

（1）站内进行收油作业，应提前做好准备工作。按回收油量提前制定好升温、增加破乳剂量或增加匹配性高的破乳剂类型等措施。

（2）增加破乳剂用量，增加燃气用量以提高脱水温度。

（3）加密对好油罐出口处原油含水的化验，若超标需立即停运原油外输泵，停止向油库交油，将含水超标原油倒入事故罐。

（4）收油结束后，重新设置好污水罐油水界面，提高污水泵排量，使污水罐液位运行在正常范围。逐步降低破乳剂用量及燃料气用量至正常。

工艺流程二的处理措施：

（1）发现泄漏后立即汇报调度及相关人员。

（2）停外输泵，站内原油进好油罐。

（3）密切观察进油罐液位及站内其他各重要参数变化，保证正常生产要求，及时调整储罐参数。

（4）查找泄漏点位置，采取相应补漏措施，根据泄漏大小做好周边安全防护及防火防爆措施。

（5）做好查漏补漏配合工作及恢复外输的准备工作。

第二节 绘制工况曲线及数据计算

一、绘制工况曲线

（一）读清题目

根据给定的数据或者自行录取报表中给定的数据，注意单位的统一。

例如考试题目：根据报表二数据，在 Excel 文档中绘制 8：00—16：00 "脱水炉吨油耗气"曲线，耗气量取 1#脱水炉燃气用量，油量取 1#电脱水器脱后油量。这就要求绘制记录时间、燃气量、脱油量、吨油单耗等四个数据的表格。

如果题目没有提示数据来源，只是要求绘制加热炉吨油耗气曲线，根据对流程和参数的理解，也应该知道只有脱水炉用气量和脱水器出油量数据符合题目要求。

（二）绘制表格

填写相关数据，根据填写数据计算未知数据。

例如考试题目要求绘制"吨油耗气"曲线，吨油耗气为加热 1t 油所需要消耗的燃气量，需要用同一时间内的耗气量除以对应的加热炉加热量（脱水器出油量）。根据电子表格的计算功能进行公式计算。绘制出的表格如表 4-5-1 所示。

表 4-5-1　脱水炉吨油耗气

时间	燃气用量，m³	脱后油量，t	吨油耗气，m³/t
8：00	238	76.2	3.12
10：00	239	76.1	3.14
12：00	238	76.2	3.12
14：00	238	76.2	3.12
16：00	239	76.1	3.14

（三）绘制曲线

例如考试题目要求绘制 8：00—16：00 "脱水炉吨油耗气"曲线，提取时间和吨油耗气两组数据，逐步完成：

（1）选取数据点折线图；
（2）命名标题为"脱水炉吨油耗气曲线"；
（3）数据生成，横坐标为时间，纵坐标为吨油耗气（m³/t）；
（4）图例靠右显示；
（5）在曲线折点上进行设置，显示相应数值。

绘制出的曲线图如图 4-5-5 所示。

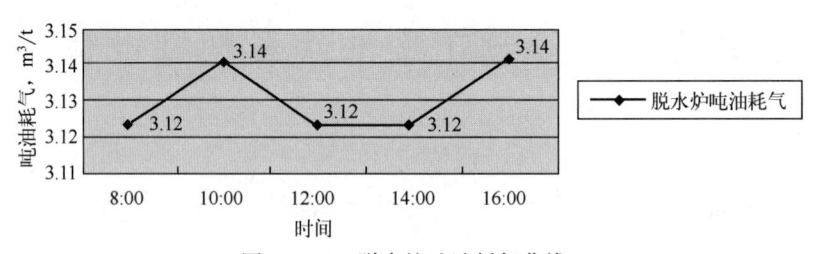

图 4-5-5　脱水炉吨油耗气曲线

（四）注意事项

单曲线的绘制相对较为简单，此外还有双曲线和三曲线的绘制，需要使用的数据更多，合理设计横纵坐标，调整曲线位置，利用辅助坐标，根据要求设置坐标参数。

二、数据计算

（一）命题规则的解读

（1）命题一般根据叙述内容和给定数据，选择相应公式计算结果；也可能要从报表中自己选择数据进行相应计算，需要读清题目再进行操作。

（2）主要计算内容包括：

① 校核类：计算时间、流速、容积等参数，校核是否满足工艺和生产需要。

② 能耗类：加热炉热效率、泵效等数据计算，判断能耗。

(3) 根据给定的数据，选取相应公式。要求牢记各项基础公式、引申后的公式、各变量的推导公式。

(4) 单位的换算，根据公式标准单位要求和特殊要求，将给定数据进行单位换算。要求清楚各单位之间的换算关系。

(5) 根据公式进行分步计算，逻辑判断清楚。将计算过程分层次、分步骤，条理清晰，便于及时发现和改正错误，也有利于分步进行得分，提高得分率。

（二）解题思路

这里以校核类和能耗类为例，分别给出解题思路。

1. 校核类计算

例如某联合站来液量（含水油）为2000t/d，质量含水率为70%，原油密度为850kg/m³，水密度为1000kg/m³。一段游离水脱除器总容积为70m³，游离水脱除器有效处理容积占其总容积的44.8%，脱水时间要求20min。请核算1台游离水脱除器能否满足原油一段脱水的需要。

核算脱水器能否满足生产需要。校核的依据可以是20min内的理论处理量与实际处理量的对比；也可以是实际处理时间和理论处理时间的对比；还可以是实际处理容积和理论容积的对比。根据每个人的选择依据不同，根据基本公式得出相应结论。以单位时间内容积校核为例：

20min内的理论处理量=有效容积=总容积×有效容积率

1h油水处理量(m³/h)=［原油全天处理量(m³/h)+水全天处理量水总量(m³/h)］÷24h

注意：给定的处理量如果是质量单位（t），需要将质量单位（t）换算成体积单位（m³），根据公式：体积=质量÷密度。

20min的实际处理量=1h油水处理量÷60min×20min

实际处理量与理论处理量对比，低于理论处理量，说明脱水器能够满足生产需要。

游离水脱除器有效处理容积：0.448×70=31.36（m³）

联合站来液量： 2000×0.7÷1+2000×0.3÷0.85=2105.88(m³/d)(87.75h)

要求脱水能力：   2105.88÷24÷60×20=29.25(m³)

游离水脱除器有效处理容积大于要求脱水能力，1台游离水脱除器可以满足原油一段脱水的需要。

2. 能耗类计算

例如某联合站来液量（含水油）为3000t/d，质量含水率为70%。原油经一段脱水后质量含水率降为20%，进入脱水加热炉。脱水加热炉进口温度为29℃，出口温度为53℃，燃料气用量2100Nm³/d，请计算脱水加热炉效率。原油密度为850kg/m³，原油的比热容为2.1kJ/(kg·℃)，水的比热容为4.2kJ/(kg·℃)，天然气热值36000kJ/Nm³。

计算加热炉热效率。计算公式分为正平衡法和反平衡法两套公式，根据给定数据特点，可以判断为正平衡法进行计算。

基本数据：加热炉热负荷，根据 $Q_炉 = Gc(T_2 - T_1)$，分别计算油水的热负荷，得出总量；燃气发热值给定或者用燃气用量乘以单位体积燃气发热值。

热效率=加热炉热负荷÷燃气发热量×100%

在计算过程中注意单位的换算。处理量由 t/d 换算为 kg/h，热量单位可以由 kJ/d 换算为 kJ/h。

效率的单位肯定低于 100%，但是不会太低，根据这两点可以确定计算结果的准确性。

进站纯油量：　　　　　3000×0.3=900(t/d)(37.5h)

一段脱水后水量：　　　900÷(1-0.2)×0.2=225(t/d)(9.375h)

脱水加热炉输出热量：　900×1000×2.1×(53-29)+225×1000×4.2×(53-29)
　　　　　　　　　　　=68040000(kJ/d)

脱水炉供给热量：　　　36000×2100=75600000(kJ/d)

脱水炉热效率：　　　　68040000÷75600000=90%

模块五 安全知识

第一章 危害因素辨识与风险防控

第一节 站库危害因素辨识

一、站库集输系统危险性分析

（一）集输系统物料危险性分析

油气集输是原油和天然气采集、处理和运输的全部生产工艺过程，其物料的危险性反映出油气集输系统易燃、易爆、有毒等主要危险特征。

油气集输系统物料主要是指油气生产过程中的原料、中间产品、产品及工作介质，但由于油气生产本身属采掘业，其原料、中间产品和产品并没有明显的区别和界定。因此，油气集输系统物料可概括地划分为两部分：油气产品和工作介质。

油气产品是指油（气）井采出物以及经过油气集输系统处理加工而得到的石油产品，主要包括原油、天然气、硫化氢、液化石油气、轻油等。

油气集输系统工作介质是指油气采集、处理、加工及设备运行过程中所使用的各种工作介质、驱动介质、热媒以及化学药剂等。主要包括氨、丙烷、甲醇、氮气、二氧化碳、导热油、高压过热蒸汽等。另外，还有降黏剂、缓蚀剂、除垢剂、聚合物等化学药剂。

1. 原油的危险特性

原油属易燃液体，其危险性主要表现在以下几个方面：

（1）易燃、易爆性。

原油的闪点低，挥发性强，在空气中只要有很小的点燃能量就会闪燃。原油蒸气和空气混合后，可形成爆炸性混合气体，达到爆炸极限时遇到点火源即可发生爆炸。原油蒸气的爆炸范围较宽，爆炸下限较低，危险性较大。

原油易蒸发。原油蒸发主要有静止蒸发和流动蒸发两种。蒸发的油蒸气密度较大，不易扩散，往往在储存处或作业场地空间地面弥漫飘荡，在低洼处积聚并扩散到相当远的地方，大大增加了火灾危险程度。原油在着火燃烧的过程中，空气内气体空间的油气浓度，随着燃烧状况而不断变化，因此，原油的燃烧和爆炸也往往是相互转化、交替进行。原油燃烧时，释放出大量的热，使火场周围温度升高，易造成火灾的蔓延和扩大。

（2）静电危害。

原油在管道运输、储运过程中，原油与管壁摩擦，与罐壁冲击或泵送时都会产生静电。静电放电所产生电火花，其能量可达到或大于原油的最小点火能量，当原油的蒸气浓度处在爆炸极限范围内时，可立即引起燃烧、爆炸。但另一方面，由于原油的电阻率较小，一般为 $10^9 \sim 10^{10} \Omega \cdot m$，因此，只要有良好的静电消除措施，其静电积聚的可能性较小。

(3) 毒性。

截至目前，未见原油引起急慢性中毒的报道。但原油在分馏、裂解和深加工过程中的产品和中间产品可表现出不同的毒性，长期接触能引起皮肤损害。

(4) 扩散、流淌性。

原油有一定黏度，但受热后其黏度会变小，泄漏后可流淌扩散。原油蒸气密度比空气大，泄漏后的原油及挥发的蒸气易在地表、地沟、下水道及凹坑等低洼处滞留，并贴地面流动，往往在预想不到的地方遇火源而引起火灾。国内外均发生过泄漏原油沿排水沟扩散遇明火燃烧爆炸的恶性事故。

(5) 热膨胀性。

原油本身热膨胀系数不大，但受到火焰辐射时，由于原油中低沸点组分会汽化膨胀，其体积会有较大的增长，可导致固定容积的容器破裂或溢出容器，进而参与燃烧甚至爆炸，酿成更大事故。

(6) 沸溢性。

原油在含水量达到 0.3%~4.0%时具有沸溢性，此时的原油若发生着火燃烧，就可能产生沸腾突溢，在辐射热及水蒸气等的作用下，有时会引起燃烧的原油大量外溢，甚至从罐内猛烈喷出，形成高达几十米、喷射距离上百米的巨大火柱，不仅造成人员伤亡，而且能引起邻近罐燃烧，扩大灾情。

(7) 低温凝结性。

大部分原油凝点较高，在低温下易凝固，可造成堵管，使管道无法输送；且一旦发生冻堵可造成管线难以再启动，影响整个系统的正常生产。

2. 天然气的危险特性

天然气属易燃气体，其危险性主要表现在以下几个方面：

(1) 易燃、易爆性。

天然气的闪点很低，在空气中只要很小的点火能量就会引燃，且燃烧速率很快，是火灾危险性很大的物质。天然气的爆炸极限较宽，爆炸下限较低，遇明火、高热极易发生爆炸。

(2) 易扩散性。

一般来讲，天然气（干气）的密度比空气小，泄漏后易扩散，不易造成可燃气体聚集。但重组分比例较高的天然气（湿气）泄漏后，其中的重组分很可能在低洼处积聚，形成爆炸性混合气体。另外，当大量的天然气泄漏时，若遇适合的天气（如无风或雾天），也可造成天然气聚集，有形成爆炸蒸气云的危险。

(3) 易中毒与窒息性。

天然气为烃类混合物，长期接触可出现神经衰弱综合征。天然气的毒性因其组成不同而异，若天然气的主要成分是甲烷，仅起窒息作用，当空气中的甲烷含量达到 25%~30%时，将使人出现缺氧症状，可以引起头痛、头晕、乏力、注意力不集中、呼吸和心跳加快等。若不及时脱离现场，可窒息死亡。如含有硫化氢等气体时，则毒性依其含量不同而异，所引起的中毒表现也有所不同。

（4）热膨胀性。

天然气的体积会随着温度的升高而膨胀，当设备、管道遭受曝晒或靠近高温热源时，天然气受热膨胀可导致设备、管道内压增大，造成容器破裂损坏进而导致天然气泄漏。

3. 液化石油气的危险特性

液化石油气是石油加工过程中得到的一种无色挥发性液体，不溶于水，主要组分为丙烷、丙烯、丁烯，并含有少量戊烷、戊烯和微量硫化氢等杂质。液体相对密度0.5~0.6，气体相对密度1.5~2.0，蒸气压≤1380kPa（37.8℃），爆炸浓度1.0%~15%，自燃温度426~537℃。

液化石油气属易燃气体，其危险性主要表现在以下几个方面：

（1）易燃、易爆。

液化石油气为易燃、易爆危险品，属于甲A类火灾危险性物质，属火灾危险性最高级别。液化石油气的引燃能量小，爆炸下限低，一旦泄漏与空气混合，遇到火种或火花就会发生燃烧、爆炸。

（2）毒性。

液化石油气的主要成分是丙烷、丁烷、丙烯、丁烯，都具有亲脂性。泄漏出的液化石油气首先侵犯中枢神经系统，引起中枢神经兴奋并渐渐演变到抑制过程。其中毒反应为：

① 急性中毒：有头晕、头痛、兴奋或嗜睡、恶心、呕吐、脉缓等症状；重症者可突然倒下，尿失禁，意识丧失，甚至呼吸停止。

② 慢性影响：长期接触低浓度液化石油气者，可出现头痛、头晕、睡眠不佳、易疲劳、情绪不稳以及植物神经功能紊乱等。

（3）体积膨胀系数大。

液化石油气的体积膨胀系数比水大得多，为水的10~16倍，且随温度升高而增大。当液体石油气液体全部充满整个容器时，温度每升高1℃，压力（表压）上升2~3MPa，温度升高3~5℃，其内压就会超出容器设计压力而导致容器爆裂。因此，无论是槽车、储罐还是钢瓶，液化石油气的储存充装必须注意温度的变化，充装时绝对不能充满，而应留有足够的气相空间，最大充装质量一般控制在0.425kg/L，体积充装系数一般为85%。

（4）扩散、流淌性。

气态液化石油气比空气重，为空气的1.5~2.0倍，且液化石油气从容器或管道大量泄漏后，不会立即挥发和扩散，而是保持液体状态流动和沉积，并随后气化沿地面蔓延，极易达到爆炸浓度，遇明火、火花发生燃烧或爆炸。

（5）气化潜热大。

液化石油气由液态变为气态时，其体积增大250~300倍，并吸收大量的热，易造成冻伤、冻害。

（6）静电危害性。

液化石油气的电阻率为$10^{11} \sim 10^{14} \Omega \cdot cm$，流动时易产生静电，且不易消散。由于电阻率很高，静电电荷不易释放，很容易形成静电积聚、放电。

（7）含硫易腐蚀。

液化石油气大都含有不同程度的微量硫。硫对容器设备内壁有腐蚀作用，含量越高，腐蚀性越强。同时，容器内壁因受硫的腐蚀作用会生成硫化亚铁粉末，附着在容器壁上或沉积于容器底部，随残液或泄漏的液化石油气进入大气环境，遇空气可引起自燃并引发火灾、爆炸。

4. 轻油的危险特性

轻油多指沸点高于汽油而低于煤油之馏分，也常称为石脑油。其主要组分是碳五左右的烷烃或环烷烃，常压下易挥发。石脑油属无色或浅黄色液体，有特殊气味，不溶于水，但溶于多数有机溶剂。根据其用途不同，轻油终馏点的切割温度各不相同，一般高于220℃，密度 0.63~0.76g/cm³，爆炸极限 1.2%~6.0%，自燃温度 255~390℃。

石脑油属易燃液体，属于甲 B 类火灾危险性物质，其危险性与原油类似，但在以下两个方面较原油更为明显。

（1）毒性。

较高浓度的蒸气可刺激眼睛及抑制中枢神经，引起眼及上呼吸道刺激症状，如浓度过高，几分钟即可引起呼吸困难、紫绀等缺氧症状。

（2）静电危害。

轻油电阻率一般在 $10^{11}\Omega \cdot m$ 以上，属静电非导体，电荷的消散需要一个相当长的时间。因此，石脑油更容易引起静电积聚，其静电危害性更大。

5. 硫化氢的危险特性

一般来讲，油气集输系统中的硫化氢并不是独立的油气产品，而是作为一种有毒物质存在于原油、天然气之中。由于硫化氢具有易燃易爆、有毒和腐蚀性等特点，给油气生产安全运行带来极为不利的影响。

硫化氢属易燃、有毒气体，其危险性主要表现在以下几个方面：

（1）燃烧与爆炸性。

硫化氢易燃，与空气混合形成爆炸性混合气体，且在空气中的爆炸下限较低，爆炸极限较宽，遇明火、火花极易发生爆炸。硫化氢比空气重，能在低洼处扩散到相当远的地方，不易消散。

（2）毒性。

硫化氢属窒息性气体，是一种强烈的神经性毒物。硫化氢进入人体后与细胞内线粒体中的细胞色素氧化酶结合，使其失去传递电子的能力，造成细胞缺氧。硫化氢接触湿润黏膜，与液体中的钠离子反应生成硫化钠，对眼和呼吸道产生刺激和腐蚀作用。

（3）腐蚀性。

硫化氢不仅对人的安全和健康有很大危害性，而且它对钢材也具有强烈腐蚀性，对石油、石化装备安全运行存在很大的潜在危险。硫化氢遇水反应生成氢硫酸，对油井套管、集输管线以及工艺设备造成腐蚀，缩短管线和设备的使用寿命，甚至穿孔引发油气泄漏。硫化氢还可造成设备、管道应力腐蚀破裂，甚至导致爆裂事故。另外，氢硫酸与铁反应生成可在空气中自燃的硫化亚铁，给管道、设备检修及填料更换造成危险。

6. 氨的危险特性

氨是最常用的制冷剂，主要用于天然气净化装置中的低温冷源。氨属有毒气体，其危险性主要表现在以下几个方面：

(1) 毒性。

氨有毒性，对眼和呼吸道黏膜有强烈的刺激和腐蚀作用，高浓度的氨可造成人体组织溶解性坏死，引起化学性肺炎及灼伤，并可通过三叉神经末梢的反射作用引起心脏停搏和呼吸停止。

(2) 易燃烧与爆炸性。

氨是可燃气体，与空气混合形成爆炸性混合物，遇明火、高热会引起燃烧、爆炸。但由于氨的爆炸下限高于10%，且爆炸上限与下线的差值小于20%，因此氨不属于易燃气体，其爆炸危险性较小。

(3) 易冻伤和灼伤性。

氨的沸点-33.5℃，在常温下会急剧汽化，并吸收大量的热，具有良好的热力学性质，是理想的制冷工质。当氨泄漏时，会伴随急剧降温，易造成人体冻伤。同时，氨遇水呈碱性，人与液氨或高浓度氨直接接触可致眼或皮肤灼伤。

7. 丙烷的危险特性

丙烷在油气集输系统中主要作为天然气净化装置的制冷剂，也有可能是天然气净化装置的最终产品。丙烷属易燃气体，其危险性主要表现在以下几个方面：

(1) 易燃烧与爆炸性。

丙烷易燃。丙烷属于甲B类火灾危险性物质，与空气混合能形成爆炸性混合物，遇热源和明火有燃烧、爆炸的危险。与氧化剂接触会发生猛烈反应。丙烷气体比空气重，可在低洼处积聚并扩散到相当远的地方，遇火源燃烧、爆炸。

(2) 毒性。

丙烷有单纯性窒息及麻醉作用。人短暂接触1%丙烷，不引起症状；10%以下的浓度，只引起轻度头晕；接触高浓度时可出现麻醉状态、意识丧失；极高浓度时可致窒息。

(3) 易冻伤性。

丙烷是良好的制冷剂，液体丙烷常压下迅速蒸发，并吸收大量的热。当人的皮肤接触液体丙烷时，可引起冻伤。

另外，丙烷在低温下容易与水生成固态水化物，引起管道堵塞。当丙烷作为制冷剂时，易引发机械故障；当作为天然气净化装置的产品时，可使管道堵塞，进而引发其他事故。

8. 甲醇的危险特性

甲醇是一种无色、透明、高度挥发、易燃液体，略有酒精气味，能与水、乙醇、乙醚、苯、酮、卤代烃和许多其他有机溶剂相混溶。甲醇属易燃液体，其危险性主要表现在以下几个方面：

(1) 易燃烧与爆炸性。

甲醇易燃。甲醇属甲B类火灾危险性物质。其蒸气与空气混合可形成爆炸性混合物。遇明火、高热能引起燃烧、爆炸。与氧化剂接触可发生化学反应或引起燃烧。甲醇蒸气的爆炸下限较低，爆炸极限范围较宽，且点火能较小，其爆炸危险性较大。

(2) 毒性。

甲醇易经胃肠道、呼吸道和皮肤吸收。甲醇经肝脏的醇脱氢酶氧化为甲醛，再经过醛脱氢酶作用氧化为甲酸。甲醇本身具有麻醉作用，损害视神经。短期内吸入高浓度甲醇蒸气或经皮肤吸收大量的甲醇可引起急性或亚急性中毒。

（3）易扩散性。

甲醇蒸气比空气重，能在较低处扩散到相当远的地方。因此，甲醇泄漏危害范围较大。

9. 氮气的危险特性

在油气集输系统，氮气主要用于以下三个方面：

（1）油气集输装置和天然气管道投产，以及设备检修、动火作业前的气体置换与气封。

（2）天然气集输装置、加热炉等关键设备灭火。

（3）氮气泡沫调剖；注氮采油；气举作业；煤层气开采等。

氮气是一种无色无味气体，微溶于水和乙醇，在空气中所占的比例约为78%（体积分数），并以蛋白质、氨气等氮化合物的形式在自然界中广泛存在。常温下无化学活性，不会与其他物质化合。氮气属不燃气体，其主要危险表现在以下几个方面：

（1）易窒息性。

氮气本身不能使人窒息，但在空气中有排挤氧的作用，如果氮气过多而隔绝氧气，操作者会引起窒息。当氮气浓度大于84%时，可出现头晕、头痛、眼花、恶心、呕吐、呼吸加快、血压升高，甚至失去知觉，如不及时脱离危险环境，可致死亡。

（2）易低温冻伤性。

液氮的沸点为-195.8℃，液氮气化时每千克可吸热48kcal。液氮的渗透性很弱，但当人体皮肤接触液氮时会受到严重冻伤。

（3）易压缩性。

氮属压缩性气体，由于具有不燃特性，可作为液压蓄能器的高压源。液氮遇热温度升高，体积将迅速膨胀。储装液氮的容器若遇高热，容器内压增大，有爆裂的危险。

（4）易应力腐蚀性。

氮与钢材接触，可造成钢材渗氮，降低钢材韧性。氮还可以造成设备、管道发生应力腐蚀破裂。

10. 热媒物质的危险特性

1）水蒸气

水蒸气是最常见的热载体，主要用于系统供热、稠油注蒸汽热力采油以及油气管道、设备的吹扫清洗。高压过热蒸汽具有高温高压特点。高压可以造成蒸汽管道、锅炉、蒸汽发生器以及换热设备发生爆裂，高压蒸汽泄漏喷射可导致高压伤害；高温蒸汽泄漏、放空时可导致人员灼伤等。

2）热水

热水主要用于系统供热或设备、管道热洗（冲洗）。热水一旦泄漏有可能造成人员灼烫伤害，特别是高压热水，其温度更高，危害也更大。

3）导热油

导热油主要作为有机热载体炉传热媒介，具有高温、可燃等特点。高温导热油一旦泄漏，有可能造成人员烫伤，遇明火可引发火灾。导热油炉长期运行，炉管结焦，有可能造成炉管局部过热破坏；炉管破裂，可造成导热油炉着火。

11. 化学药剂的危险特性

1) 防蜡剂和清蜡剂

二者均属易燃物质，具有一定的火灾危险性。常规防蜡剂主要成分为乙烯—醋酸乙烯酯共聚物及酯化物等，属低毒化学品。清蜡剂通常投加到油井套管中，可有效地溶解油井井筒和油管壁上的石蜡。

2) 破乳剂

破乳剂在油水分离过程中起到表面活性、润湿吸附和聚结作用，一般在各转油站和脱水站来油阀组入口处连续投加。破乳剂为液态，产品种类繁多，但大多数破乳剂的主要化学成分是嵌段高分子聚醚。破乳剂自身毒性较小，但配用一定浓度的有机溶剂则具有低毒性。

3) 杀菌剂

杀菌剂的主要作用是杀死污水中的菌类（铁细菌、腐生菌、硫酸还原菌等），主要以季铵盐、异噻唑啉酮和戊二醛为代表，可保障油田注入水水质。该类药剂对设备有一定的腐蚀性，同时对人体有一定的毒性。

4) 聚合物

聚合物作为驱油剂主要用于三次采油。聚合物是由许多相同的简单的结构单元通过共价键重复连接起来的高分子化合物。常用作驱油剂的聚合物是聚丙烯酰胺，为白色粉末或胶粒状，易溶于水。聚丙烯酰胺本身无毒，但注聚过程可能会使用有毒有害添加剂，使用时要避免人体直接接触，若不慎接触须用大量清水冲洗干净，不可随意排放，以免污染环境。聚丙烯酰胺颗粒遇水后变滑，易造成人员滑倒摔伤。聚丙烯酰胺易燃，但火灾危险不大，注聚作业场所应禁止使用明火。

另外，在油气开采过程中，还广泛使用降黏剂、缓蚀剂、阻垢剂、堵水剂等化学药剂，这些化学药剂产品种类繁多，个别种类的药剂还具有一定的毒性。因此，使用时应仔细阅读其产品标准和使用说明书，在使用有毒性的化学药剂时应做好个体防护。

（二）集输关键生产设施危险性分析

油气集输生产设施是指为实现油气集输工艺过程，直接用于原油和天然气采集、处理、储存和运输的地面生产设施。总体上可以分为油气集输站场生产设施和站外生产设施两部分，其中站场生产设施种类繁多，影响因素复杂，危险性也较为突出。

油气集输站场生产设施大体上可分为以下四个方面：

（1）工艺设备，是指静设备、动设备。

（2）工艺管道，是指易燃易爆介质管道、低温管道、高温管道、高压管道。

（3）电气及自动化，是指电气、仪表设施及自动控制系统。

（4）建（构）筑物，主要是指爆炸火灾环境中的建（构）筑物。

油气集输站场生产设施危险性分析一般按以下步骤进行：

（1）将待分析的设备、设施看作具有独立使用功能的完整系统，然后按照系统内部功能、构成元素逐级进行系统功能分解，将系统分解成若干个具有独立使用功能的子系统

（元部件）。

（2）理清系统、子系统（元部件）之间的关系，结合系统物料的危险特性，分析子系统（元部件）对整个系统的影响。

（3）将各子系统（元部件）作为系统潜在事故的起因物，分析系统中的潜在事故危害、事故后果及危险特征。

（4）分析、查找可以引发事故的各种原因。这些事故原因将有可能成为系统中的危险、危害因素。

1. 静设备危险性分析

静设备也称静止设备，是指工作时其本身零部件之间没有或很少有相对运动的设备。这类设备是依靠自身特定的机械结构及工艺条件，让物料通过设备时自动完成工作任务。油气集输站场静设备潜在事故见表5-1-1。

表5-1-1 油气集输站场静设备潜在事故表

设备类别	潜在事故
常压容器	火灾、爆炸；泄漏（冒罐、跑油）；中毒和窒息；倾覆、抽瘪、胀裂损坏；淹溺；浮船沉没；摔伤、高处坠落；触电
压力容器	爆裂；泄漏；火灾、爆炸；中毒和窒息；倾覆；摔伤或高处坠落；物体打击；触电（电脱水器）
低温设备	泄漏；冻堵；冻伤；爆裂；火灾、爆炸；倾覆
热交换器	爆裂；泄漏；火灾、爆炸；中毒；灼烫
塔设备	爆裂；泄漏；火灾、爆炸；中毒；灼烫；冻伤；倾覆、倒塌；摔伤或高处坠落
热能设备	爆裂；火灾、爆炸；中毒；烧伤；灼烫；倾覆、倒塌；摔伤或高处坠落

2. 动设备危险性分析

动设备，通常是指由外部动力驱动，通过设备的传动部件来转换能量，以实现输送、提升或混合搅拌之目的的设备。例如各种类型的机床、泵、压缩机、搅拌机、卷扬机等。因此，习惯上也称动设备为机械设备。油气集输站场动设备潜在事故见表5-1-2。

表5-1-2 油气集输站场动设备潜在事故表

设备类别	潜在事故
离心泵	机械伤害；机械破坏；火灾、爆炸；噪声；触电；灼烫；泄漏；高压伤害
往复泵	机械伤害；机械破坏；火灾、爆炸；噪声；触电；灼烫；泄漏；高压伤害
往复式压缩机	机械伤害；机械破坏；火灾、爆炸；中毒；噪声；触电；灼烫；泄漏；高压伤害、爆裂
螺杆压缩机	机械伤害；机械破坏；火灾、爆炸；中毒；噪声；触电；冻伤；泄漏；爆裂

3. 工艺管道危险性分析

工艺管道是用来把单个设备或单元、工段、车间乃至全厂连接成完整的生产工艺系统的管道。确切地说，工艺管道系指油气集输站内直接为产品生产输送各种物料和工作介质的管道，因而，也可称为物料管道。由于油气集输系统站内工艺管道具有种类繁多、结构复杂、系统物料和工作介质危险性大等特点，其安全风险较为突出。油气集输站场工艺管道潜在事故见表5-1-3。

表 5-1-3　油气集输站场工艺管道潜在事故表

设备类别	潜在事故
油气管道	爆裂；泄漏；物体打击；火灾、爆炸；中毒和窒息；灼烫；冻伤
高温管道	爆裂；泄漏；物体打击；火灾、爆炸；中毒和窒息；灼烫；
低温管道	爆裂；泄漏；物体打击；火灾、爆炸；中毒和窒息；灼烫；冻伤及冻害
高压压力管道	爆裂；泄漏；物体打击；火灾、爆炸；中毒和窒息；冻伤及高压伤害
真空管道	抽瘪；爆炸
注水管道	爆裂；泄漏；物体打击；高压伤害

二、常用危害因素辨识方法

危害因素辨识就是利用适当的科学技术手段与方法以及人的知识、技能、经验等，系统地找出生产作业中显在或潜在的与健康、安全与环境风险相关的危害因素。危害因素常分为人的因素、物的因素、环境因素和管理因素四类。危害因素辨识的方法很多，常用的辨识方法包括现场观察法、安全检查表法、预先危险性分析法等，不同的辨识方法适用不同的辨识对象。下面就集输站库常用的风险辨识方法进行介绍。

（一）现场观察法

现场观察法是一种通过检视生产作业区域所处地理环境、周边自然条件、场内功能区划分、设施布局、作业环境等来辨识存在危害因素的方法。开展现场观察的人员应具有较全面的安全技术知识和职业安全卫生法规标准知识，对现场观察出的问题要做好记录，规范整理后填写相应的危害因素辨识清单。

（二）安全检查表法

安全检查表法是为检查某一系统、设备以及操作管理和组织措施中的不安全因素，事先对检查对象加以剖析和分解，并根据理论知识、实践经验、有关标准规范和事故信息等确定检查的项目和要点，以提问的方式将检查项目和要点按系统编制成表，在检查时按规定项目进行检查和评价以辨识危害因素。安全检查表主要有综合安全检查表、基层队（车间）安全检查表、岗位安全检查表、专业性安全检查表四种。与基层岗位员工直接相关的、使用最多的是岗位安全检查表（或称岗位 HSE 巡回检查表）。油气集输站库按照员工岗位职责和属地范围编制了检查表，岗位员工当班作业前，应按照岗位检查表进行岗位巡回检查，及时整改并汇报发现的问题。岗位安全检查每班不应少于一次。

安全检查表优点是简便、易行，应用范围广，针对性强，避免了检查的盲目性和随意性。缺点是容易受到检查人员的经验、知识和占有资料局限等方面的限制。

（三）预先危险性分析法

预先危险性分析法（PHA）是指在进行某项工程活动（包括设计、施工、生产、维修等）之前，对系统存在的各种危险因素、出现条件以及事故可能造成的后果，进行宏观概略分析的系统安全分析方法。对于现役的系统或设备也可进行预先危险性分析，考察其安全性，主要目的是识别危险、评价危险并提出防控措施。

第二节 站库风险防控要求

一、集输站库系统风险控制技术

安全风险评价与控制是 HSE 管理体系的基本要素，也是 HSE 管理体系运行实施的核心和主线，它来源于风险管理的思想。它是通过超前的风险预测和分析，确定生产活动中可能发生的危险和后果，并在此基础上优化组合各种风险管理技术，对风险实施有效的控制，妥善处理风险所致后果，期望以最少的成本获得最大安全保障。

（一）安全风险控制原则

危害辨识、风险评价和风险控制应按优先顺序进行排列，根据风险大小决定哪些需要继续维持，哪些需要采取改善控制措施，并列出风险控制措施计划清单。

选择控制措施时应考虑下列因素：

（1）完全消除危害或消灭风险来源，如用安全物质取代危险物质。
（2）如果不可能消除，则应努力降低风险，如使用低压电器。
（3）按照人机工程原理，尽可能使工作适合于人的操作，如考虑人的心理和生理接受能力。
（4）采用先进技术，改进控制措施。
（5）有效实施技术控制与程序控制的有机结合。
（6）设置安全防护装置。
（7）当其他所有可选择的控制措施均被考虑之后，应考虑配备个人防护用品。
（8）建立应急和疏散计划，提供与系统危害有关的应急设备。

（二）安全风险控制技术

风险控制技术也称安全对策，是企业通过采取有效的技术和管理措施消除、预防和减弱危险与危害，保障整个生产过程的安全。

风险控制主要是指事故预防和事故控制。前者是指通过采用技术和管理手段避免事故发生，后者则是在事故发生后避免造成严重后果或使后果尽可能减轻。风险控制措施应包括技术和管理两个方面。一般来讲，在选择安全对策时应该首先考虑工程技术措施，然后是教育和训练。另外，即使采取了工程技术措施，有效减少和控制了不安全因素，仍然需要通过教育和训练以及强制手段来规范人的行为，避免不安全行为的发生。因此，事故预防与事故控制应按照以下优先次序考虑：最小风险设计、应用安全装置、提供报警装置和制定专用规程与进行培训。其中前三条属于安全技术手段，最后一条则属于安全管理范畴。

1. 风险控制的基本方法和手段

防止事故发生的安全技术对策的基本内容是采取措施约束、限制能量或危险物质的意外释放。一般按下列优先次序进行选择：

（1）根除危害因素。

（2）限制或减少危害因素。

（3）隔离、屏蔽和联锁。

（4）故障安全保护措施。系统一旦出现故障，将自动启动各种安全保护措施，部分或全部中断生产或使其进入低能的安全状态。主要有以下三种方案：

① 故障消极方案——故障发生后，使设备、系统停止运转。

② 故障积极方案——故障发生后，在没有采取措施之前，使设备、系统在安全能量状态下运行。

③ 故障正常方案——故障发生后，系统能够实现在线更换故障部分，使设备、系统能够正常发挥效能。

（5）减少故障及失误。

主要有以下几种方法：

① 选取合理的安全系数。

② 提高可靠性。

③ 安全监控系统。

（6）安全规程。

（7）矫正行动。

2. 防止能量逆流于人体的措施

按照能量释放转移理论，预防事故的发生应从控制能量大小、接触能量时间长短和频率以及力的集中程度来考虑。重点采取以下措施：

（1）限制能量。

（2）用较安全的能源代替危险性大的能源。

（3）防止能量积聚。

（4）控制能量释放。

（5）延缓能量释放。

（6）开辟能量释放渠道。

（7）在能源上设置屏障。

（8）在人、物与能源之间设置屏障。

（9）在人与物之间设置屏障。

（10）提高防护标准。

（11）改善工作条件和环境。

（12）修复和恢复。

3. 防止人的不安全行为

在造成各类事故的因素中，人的因素占有特别重要的位置，几乎所有的事故都与人的不安全行为有关。因此，控制人的失误，对预防和减少事故发生起着至关重要的作用。

人的失误是指人的行为结果偏离了规定的目标或超出了可接受的界限，并产生了不良的后果。人的失误表现有多种形式，如操作失误、指挥错误、不正确的判断或缺乏判断、粗心大意、厌烦、懒散、嬉笑、打闹、酗酒、吸毒、疲劳、紧张、疾病或生理缺陷以及错误使用防护用品和防护装置等。

（1）防止人的失误可以从以下三个阶段采取技术措施：

① 控制、减少可能引起人的失误的各种因素，防止出现人的失误。

② 在一旦发生人的失误的场合，使人的失误无害化，避免引起事故。

③ 在人的失误引起事故的情况下，限制事故的发展，减少事故的损失。

（2）防止人的失误可以采取的技术措施包括以下内容：

① 用机器代替人。机器的故障率远远小于人的失误率。因此，在人容易失误的地方用机器代替人操作，可以有效地防止人的失误。

② 冗余系统。冗余系统是把若干元素附加于系统基本元素上来提高系统可靠性的方法，附加上去的元素称为冗余元素，含有冗余元素的系统称为冗余系统。例如两人操作、人机并行、关键操作复述确认等。

③ 耐失误设计。通过精心设计使人不能发生失误或者发生了失误也不会引发事故。最常用的方法是采用严重后果设计，如利用联锁装置防止人的失误或使人的失误无害化、采用紧急停车装置、采取强制措施使人员不能发生操作失误等。

④ 警告。警告包括视觉警告（亮度、颜色、信号灯、标志等）、听觉警告、气味警告、触觉警告等。

⑤ 人、机、环境匹配。人、机、环境匹配主要包括人机功能的合理匹配、机器的人机学设计以及生产作业环境的人机学要求等。例如显示器的人机学设计、操纵器的人机学设计等。

4. 减少事故损失的安全技术对策

采取减少事故损失的安全技术对策的目的是在事故发生后，迅速控制局面，防止事故扩大，避免引发二次事故，从而减少事故损失。一般按下列优先次序进行。

1）隔离

隔离是避免或减少事故损失的措施，其作用在于把被保护的人或物与意外释放的能量或危险物质隔开，其具体措施包括远离、封闭、缓冲。

（1）远离是在位置上处于意外释放的能量或危险物质不能到达的地方。

（2）封闭是在空间上与意外释放的能量或危险物质割断联系。

（3）缓冲是通过采取措施使意外释放的能量被吸收或减轻能量的伤害。

2）设置薄弱环节

利用事先设计好的薄弱环节使能量或危险物质按照人的意图释放，防止能量或危险物质作用于被保护的人或物。一般情况下，即使设备的薄弱环节被破坏，也可以较小的代价避免大的损失。因此，这项技术又称为"接受小的损失"。

3）个体防护

使用对个人身体起保护作用的装备从本质上来说也是一种隔离措施。它把人体与危险能量或危险物质隔开。个体防护是保护人体免遭伤害的最后屏障。

4）避难和救生设备

当判明事态已经发展到不可控制的地步时，应迅速避难，利用救生装备使人员迅速撤离危险区域。

5）援救

当事故发生时，事故发生地人员应首先实施自救，争取主动等待外部救援，从而免遭伤害或赢得救援时间，以减少人员伤亡和财产损失。援救分为事故发生地内部人员的自我援救和来自外部的公共援救两种情况。尽管自我援救通常是简单的、暂时的，但是由于自我援救行动是在事故发生的第一时刻和第一现场，因而也是最有效的。

5. 事故预防与控制管理对策

事故预防与控制管理对策包括安全教育、安全管理、应急管理。

1）安全教育

（1）安全思想。

（2）安全生产方针政策。

（3）安全技术。

（4）劳动卫生与职业病防治技术。

（5）典型案例。

2）安全管理

（1）安全管理对策基本内容。

（2）安全管理规章制度建设。

（3）安全操作规程。

3）应急管理

（1）应急管理工作主要内容包括：

① 预防、监测。预防、监测的目的是防止事故发生。

② 预备、预警。

③ 响应、救援。

④ 恢复、重建。

应急管理工作四项内容相互关联，构成了应急管理工作的循环过程。

（2）事故应急救援的基本任务，包括以下几个方面：

① 抢救受害人员。

② 控制危险源。

③ 指导群众防护，组织群众撤离。

④ 做好现场清洁，消除危害后果。

⑤ 查清事故原因，估算危害程度。

（3）按照针对情况的不同，应急预案可分为以下三种：

① 综合应急预案。应包括本单位的应急组织机构及其职责、预案体系及响应程序、事故预防及应急保障、应急培训及预案演练等主要内容。

② 专项应急预案。应包括危险性分析、可能发生的事故特征、应急组织机构与职责、预防措施、应急处置程序和应急保障等内容。

③ 现场处置方案。应包括危险性分析、可能发生的事故特征、应急处置程序、应急处置要点和注意事项等内容。

二、集输站库安全风险防控要求

（一）防火、防爆

1. 集输站库防火、防爆要求

为了确保集输储运的安全，集输站库应建立严格的防火防爆制度。其主要内容如下：

（1）新建和改建时，必须严格按照有关技术安全规程办事，各建筑物和设备的安全距离和安全防火等级必须符合安全技术部门的各项规定。

（2）在管理上必须严格按照岗位责任制各项规定办事，室内外做到"三清、四无、五不漏"。

（3）站库内严禁吸烟和玩火，在允许使用明火和焊接工作的车间，应采取防范措施。

（4）站库内禁止使用明火的地方动火时，需要用火单位提出申请，采取有效措施并经过有关安全技术部门检查批准后，方可用火。

（5）站库内的输电线路不能跨越油罐；有可燃气体的房间上空不准使用裸露导线；所有照明必须采用防爆式；探照灯焦距应适当调整，不得对准可燃易燃物及储罐气孔；非电工人员禁止乱接乱修电气设备。

（6）站内避雷及电器设备的接地装置必须定期检查，其接地电阻不得大于 10Ω。

（7）有严格的门卫制度，凡需进站车辆，事先须经有关部门批准和检查。

（8）禁止穿带钉子的鞋进入集输站库。检修清洁油罐时，应避免猛烈敲打和碰击。使用过的油布应集中存放和及时处理。

（9）泵房和机室的防爆墙应严密封闭，若电动机是防爆的，可以不用密封。

（10）油罐区周围必须有高 1.2m、顶宽 0.6m 的防火堤，并保持坚固完整。

（11）油罐上的液压机械呼吸阀泡沫室以及分离器的安全阀、放空阀等装置，必须定期检查、维护，保持灵活好用。

（12）站内消防公路必须畅通，站内除固定的消火装置外，必须配备适量灭火工具、器材，定期检查并保持完好状态。

（13）站库员工特别是新工人要加强安全防火防爆知识教育，熟知岗位工艺流程。

2. 站库防火堤的要求

防火堤是为了防止油品流散蔓延扩大而建的大堤。防火堤要求高 1.2m、顶宽 0.6m。防火堤具体要求如下：

（1）防火堤内纯空间应容纳全组油罐容积，防火堤上缘须比上述油罐溢出液体的液面高出 0.2m。

（2）为方便灭火工作，油罐的罐壁与防火堤底部的距离不得小于最近一个油罐直径的一半。

（3）为了进入罐区工作方便，防火堤应根据情况修建踏步梯。

（4）一级油站，油库容量在 $4\times10^4 m^3$ 以下的油罐组可设一道防火堤，堤内可设分割堤。

（5）防火堤内排水沟，正常时阀门应关闭，不得在分割堤之间相互贯通，以防万一油溢出流散扩大。

3. 集输站库防火防爆的措施

1) 防火措施

最好的防火措施是避免出现导致起火的条件。燃烧的基本条件是可燃物、助燃物和着火源，也就是说，控制其中之一，就可以控制燃烧。其中控制可燃物、消除着火源是实际生产中两个比较重要的预防措施。隔绝氧化剂和空气可以防止构成燃烧助燃条件。清除着火源，可防止引起燃烧的激发能源。在集输站库生产中，要控制可燃物，关键的一条是控制装置的泄漏率。要真正达到防火的目的，必须杜绝装置的跑、冒、滴、漏现象，保证装置无泄漏。

2) 防爆措施

爆炸事故不但会影响生产，而且还会造成不可估量的损失，有时还会危及人身安全。但只要了解发生爆炸的原因，通过各种技术措施改变爆炸极限条件，就可以防止爆炸。

4. 火灾的扑救方法

在燃烧初起阶段，必须正确运用灭火方法，合理使用灭火器材和灭火剂；在燃烧发展阶段，必须投入相当的力量采取正确的措施来控制火势的发展，才能有效地扑灭火灾，减少火灾危害。灭火的基本措施是控制可燃物、隔绝空气、消除火源、阻止火势蔓延。灭火的四种方法有冷却法、隔离法、窒息法、抑制法。

(二) 防中毒

在油气集输生产工作中防止有害气体中毒主要采取以下措施：

(1) 对生产密闭流程严格管理，杜绝随意排放。

(2) 在易燃易爆作业场所，严禁工艺流程及设备"跑、冒、渗、漏"。

(3) 站库天然气的放空严加控制，不准随意排放。

(4) 站库是油气聚集的场所，泵房油气泄漏、聚集是引起泵房中毒窒息事故的主要原因，因此要采取自然通风或强制通风等办法，来降低或避免油气聚集的机会。

(5) 应定期检查工作场地空气中油蒸气的含量，使其最大允许浓度不超过 0.3mg/L；泵房内应注意通风，以使重于空气的油蒸气消散。为防止油气在室内作业场所扩散，应优先采取的处理措施是局部排风。

(6) 对集输过程中经常使用或接触的带有毒性的药品，要严格按规定使用操作，提高自我保护能力。

(三) 防机械伤害

机械伤害的防护措施有：

(1) 操作管理机械设备的岗位工人必须懂设备的性能、用途，会操作，会检查，会排除故障；必须持有上岗操作证。

(2) 必须严格按操作规程使用工具，避免伤害自己或他人。

(3) 机械设备的操作人员按规定穿戴、使用劳动保护用品。操作转动的机器设备时，不应佩戴手套、戒指、手表。

(4) 活动机械设备现场作业时，要有专人指挥，要选择合适的环境和场地停放，避免碰、撞、挤压等事故发生。

（5）对机械外露的运动部分，按设计要求必须加装防护罩，作业前检查运转部位护罩是否完好，以免引发绞碾伤害事故。

（6）为防止机械伤害事故，机械的各部分强度应满足要求，安全系数要符合有关规定。

（7）所有机器的危险部分，应安装安全防护装置来确保工作安全。

（四）防触电

触电防护措施主要是指为了防止直接电击或间接电击而采取的通用基本安全措施。触电的防护措施有绝缘防护、屏障防护、安全间距防护、接地接零保护、漏电保护和安全电压。

1. 绝缘防护

电气设备和线路都是由导电部分和绝缘部分组成的，良好的绝缘能保证设备正常运行和人不会接触带电部分。加强绝缘的作用是防止间接接触电击。

2. 屏障防护

采用遮拦、栅栏、护罩、护盖和箱匣等，把电气装置的带电体同外界隔开，确保无绝缘或绝缘水平低的电气装置运行安全。安装在室外的遮拦或栅栏高度不低于1.7m，下边离地不超过0.1m，室内高度不低于1.2m。

3. 安全间距防护

安全间距是避免因碰到或靠近带电体而造成事故所需要的距离，因此要求带电体与地面间，带电体与其他设备之间有一定的距离。

4. 接地接零保护

接地接零保护是把电气设备某一部分，通过接地装置，同大地紧密联系在一起。安全接地是指触电保护接地、防雷接地、防静电接地和防屏蔽接地。

5. 漏电保护

漏电保护用于防止漏电而引起的触电事故，防止单相触电事故，防止漏电引起火灾事故，监视或切除一相接地故障。

6. 安全电压

安全电压是为了防止触电事故而采用的特殊电源供电的电压，是以人体允许电流与人体电阻的乘积为依据而确定的。我国规定安全电压额定值的等级为42V、36V、24V、12V、6V，当电气设备采用了超过24V的安全电压等级时，必须具有防止直接接触带电体的保护措施。我国一般采用的安全电压为36V和12V。

（五）防静电

防静电的安全措施，就是消除静电引起爆炸、火灾的四个条件。

（1）防止静电的产生，具体包括以下措施。

① 控制流速。

② 控制加油方式，防止喷溅装油。

③ 防止不同油品相混或油品含水和空气。
④ 经过过滤以后，油品要有足够的漏电时间。
(2) 加速静电消除，防止静电积聚。
① 接地和跨接泄漏：如果是带电导体，接地后其电荷会迅速导入地壳。
② 设置静电消除器：在卸油台、油罐车、储油罐前设置静电消除器，减少带电体的电荷。
(3) 消除火花放电。
(4) 防止存在爆炸性气体。

（六）防雷电

防雷电的基本措施主要是安装避雷针。

1. 避雷针的构成

避雷针是一种最常用的防雷保护装置，它由受雷器、引下线和接地装置三部分组成。

(1) 受雷器：又称接闪器，即避雷针的针尖部分。采用直径 10~12mm，长为 1~2m 的铁棒或打扁并焊接封口的直径 20~25mm 的镀锌钢管制成。

(2) 引下线：常用直径不小于 6mm 圆钢或截面积小于 30~35mm 的扁铁制成。引下线应短而直，避免转弯和穿越铁管等闭合结构。

(3) 接地装置：是为了把雷电电流引入地壳的一些金属接地体。它的尺寸和埋深需由计算决定。

2. 避雷针的作用原理

因避雷针比其周围建筑物高而尖，其感应电荷的场强比周围建筑物感应电荷的场强大得多，使避雷针附近的空气较容易击穿。若雷击对大地发生放电，因为避雷针针尖附近的空气已击穿，通过避雷针放电是最有利的路径，即避雷针吸引了雷击，使雷电电流经避雷针入地，避免雷电电流经其附近的构筑物入地。

3. 避雷针的保护范围

受到避雷针某种程度保护的空间称为避雷针的保护范围。避雷针的保护范围与避雷针的高度、数目、相对位置、雷的高度以及雷电对避雷针的位置等因素有关。

（七）防电气设备火灾

1. 电气着火的预防

(1) 油开关防火。

用油开关切断电源时要产生电弧，电弧通过油开关的灭弧装置而熄灭。如果油开关不能迅速有效地灭弧，电弧将产生 300~400℃ 的高温，使油分解成含氢的可燃气体，可能引起燃烧或爆炸。

(2) 电开关防火。

安装电开关应与房内的防火要求相适应。在有爆炸危险的场所，应采用防爆型或防爆重油型的开关，否则开关应安装在室外；闸刀开关应安装在非燃烧材料制成的闸板上或闸盒内；开关的额定电流和额定电压均应和实际使用情况相适应；线路和设备应连接牢固，避免产生过大的接触电阻；单极开关必须接在火线上，否则开关虽断，电气设备仍然带电，一旦火线接地或搭接金属物体，仍然有自发接地短路引起火灾的危险。

（3）熔断器防火。

因为一定粗细的电线和一定容量的电气设备允许长时间通过的额定电流是有一定数值的，用来保护电线和设备的熔断丝，一定要选择适当，才能起到保险作用。如果用铁丝来代替熔断丝，当电路中的电流超过额定电流时，铁丝不会及时熔断，将起不到保险的作用。

2. 电气照明的防火要求

（1）照明电线上应安装保险丝或自动开关装置，以保证发生事故时，立即切断电源。

（2）车间的照明，功率大的电灯泡应用灯罩进行防护。

（3）在有大量水蒸气的厂房内，采用防水灯罩。

（4）在有爆炸危险性的厂房内，采用防爆灯。

第二章　作业许可管理

第一节　站库作业许可规定

本文所指的作业，指在油气田企业生产或施工作业区域内，从事工作程序（规程）未涵盖的非常规作业（指临时性的、缺乏程序规定的作业活动），也包括有专门程序规定的高风险作业（如进入受限空间、挖掘、高处作业、吊装、管线打开、临时用电、动火等）。规定适用于勘探与生产分公司所属的油气田企业（以下简称油气田企业）以及为其服务的承包商。

一、作业许可范围

在所辖区域内或已交付的在建装置区域内，应实行作业许可管理、办理"作业许可证"的工作包括但不限于：
(1) 非计划性维修工作（未列入日常维护计划或无规程指导的维修工作）；
(2) 非常规承包商作业；
(3) 偏离安全标准、规则、程序要求的工作；
(4) 交叉作业；
(5) 油气处理储存设备、管线带压作业；
(6) 缺乏操作规程的工作；
(7) 屏蔽报警、中断连锁和停用安全应急设备；
(8) 对不能确定是否需要办理许可证的其他高风险作业。
如果工作中包含以下工作，还应同时办理专项作业许可证：
(1) 进入受限空间；
(2) 挖掘作业；
(3) 高处作业；
(4) 移动式吊装作业；
(5) 管线与设备打开；
(6) 临时用电；
(7) 动火作业。
油气田企业应按照规定的要求，结合企业作业活动特点、风险性质，明确需要实行作业许可管理的范围、作业类型，并建立作业许可工作范围清单。可根据作业风险大小实施分类分级管理，明确各级审批的流程和权限，指导现场作业许可规范实施，确保对所有高风险的、非常规的作业实行作业许可管理。

二、作业许可流程

作业许可管理流程主要包括作业申请、作业审批、作业实施和作业关闭等四个环节。作业申请由作业单位负责人提出，作业单位参加属地单位组织的风险分析，根据提出的风险管控要求制定并落实安全措施。作业审批分为方案审批和现场审批。方案审批由方案批准人组织有关部门和人员对技术方案及采取的措施进行审查，确认风险可控后，批准技术方案。现场审批由现场作业批准人到作业现场核查安全措施落实情况后，确认具备作业条件，批准现场作业实施。作业实施由作业人员按照作业许可证的要求，实施作业，监护人员按规定实施现场监护。

（一）作业申请

作业前申请人应提出申请，填写作业许可证并准备好相关资料，包括但不限于：

（1）作业许可证（应有编号）；

（2）作业内容及程序说明；

（3）相关附图，如作业环境示意图、工艺流程示意图、平面布置示意图等；

（4）危害识别和风险评估结果（工作前安全分析表）；

（5）安全措施或安全工作方案；

（6）能量隔离方案；

（7）相关人员的资格证书。

作业申请人应是实施作业单位负责人，如项目经理、现场作业负责人或区域负责人。作业申请人负责填写作业许可证并向批准人提出申请。作业申请人应实地参与作业许可证所涵盖的工作，实地考察作业环境、参与作业危害识别和风险评估、制定风险削减措施，否则作业许可不能得到批准。不同的作业单位应分别办理作业许可。

（二）作业审批

在收到申请人的作业许可申请后，方案批准人应组织作业单位和作业涉及相关方人员，对许可证作业的技术方案和安全措施进行书面审查。审查内容包括：

（1）确认作业的详细内容。

（2）确认所有的相关支持文件，包括危害识别和风险评估、安全工作方案、能量隔离方案、作业区域相关示意图、相关人员资格等。

（3）确认对作业所涉及的其他相关专项作业规定的遵循情况，如动火作业安全管理规定、进入受限空间作业安全管理规定、管线打开安全管理规定等。

（4）确认作业前、作业过程中、作业后应采取的所有安全措施、能量隔离措施、应急措施等。

（5）分析、评估周围环境或相邻工作区域间的相互影响，并确认安全措施。

（6）确认许可证期限及延期次数。

（7）其他。

方案批准人应按照直线责任和属地管理的原则确定，并具有提供、调配、协调风险控制资源的权限。方案批准人由属地单位专业管理部门中取得相应资格的管理人员或技术人员担任。

方案审查通过后,现场作业批准人应组织作业申请人、属地监督、相关方人员到许可证上所涉及的工作区域进行现场核查,确认各项安全措施的落实情况。

现场核查内容包括但不限于:

(1) 与作业有关的设备、工具、材料等;
(2) 现场作业人员资格及能力情况;
(3) 系统隔离、置换、吹扫、检测情况;
(4) 能量隔离方式、隔离点和上锁挂牌情况;
(5) 个人防护用品的配备情况;
(6) 安全、消防设施的配备,应急措施的落实情况;
(7) 作业人员的培训、沟通情况;
(8) 与相关单位(包括相关方)的沟通情况;
(9) 安全工作方案中提出的其他安全措施落实情况。

现场作业批准人应按照直线责任和属地管理的原则确定,并具有提供、调配、协调风险控制资源的权限。现场作业批准人由属地单位取得相应资格的人员担任,必须亲自到现场逐项核查该项作业是否按照技术方案落实了安全措施。

方案审查和现场核查通过后,方案批准人、现场作业批准人、申请方、作业监护人、属地监督和受影响的相关各方均应在作业许可证上签字。对于方案审查或现场核查未通过的,应对查出的问题记录在案;整改完成后,作业申请人重新申请。

当作业风险、控制措施发生变化,作业人员、监护人员等现场关键人员变更时,应重新经过现场作业批准人的审批;如现场作业批准人不能确认风险可控,应立即中止作业,重新执行审批程序。

作业许可证是现场作业的依据,仅限于指定的作业区域和时间范围内使用,不得代签。作业批准人可书面委托授权人,授权人不得再次委托。

作业许可申请人、批准人、监护人、属地监督、作业人员,需经培训并考试合格。

(三) 作业实施

作业实施前应进行安全交底,由作业单位负责人和现场作业批准人一起对作业人员、监护人员、属地监督、气体检测人员等所有人员进行施工方案和安全交底,作业人员应按照作业许可证的要求进行作业。监护人员为作业方指派人员,在作业过程中对作业人员实施全程安全监护。当从事风险等级高的作业时,监护人员应为专职监护,不得开展与监护无关的其他工作。属地监督为属地单位指派的现场监督人员。对于风险等级高的作业,必须专职全过程监督。气体检测人员一般为属地单位人员,承担现场实施作业许可证规定的气体检测与监测工作。

在作业实施过程中,属地单位和作业单位应按照安全工作方案中的要求落实安全措施,如按照检测要求进行气体、粉尘浓度检测,填写检测记录,注明检测的时间和检测结果。

凡是涉及有毒有害、易燃易爆作业场所的作业,作业单位均应按照相应要求配备个人防护装备，并监督相关人员佩戴齐全，执行相关个人防护装备管理的要求。

交叉作业开始前，需确保相关方了解发生交叉状态的工序、相对位置、风险情况、安全措施等内容，并确认记录。

作业许可证应当编号，并分发到下列场所和人员：

（1）放置在作业现场；使现场所有有关人员了解正在进行的作业位置和内容；

（2）送交相关方，以示沟通。

在工作实施期间，申请方应时刻持有有效的作业许可证的第一联，并将作业许可证第一联、附带的其他专项作业许可证第一联和安全工作方案、能量隔离方案、应急预案等放置于工作现场的醒目处。

当同一工作有多个作业单位参与时，每个作业单位都应有一份作业许可证（或复印件）。当工作需要中断（正常工作期间在现场的休息除外）时，许可证第一联应交回批准方保留。

企业项目主管部门、安全监管部门及属地单位，在作业期间应到现场进行监督检查，对出现违反相关要求时，有权停止作业，直到整改符合规定要求为止，并保留相关记录。

（四）作业延期、取消和关闭

许可证的有效期限一般不超过一个班次。在审查作业方案时，应根据作业性质、作业风险、作业时间，经方案批准人、现场作业批准人、作业申请人等相关各方协商一致，确定作业许可证有效期限和延期次数。对于动火、进入受限空间、管线与设备打开等高风险作业，延期次数原则上不超过 2 次，原许可作业时限、延期后时限累计不超过 24h。

在许可证审批的有效期内（包括延期）没有完成作业，申请人可申请现场作业延期。所有延期作业前，申请人、现场作业批准人及相关方应重新核查作业区域，确认所有安全措施仍然有效，作业条件未发生变化。若有新的安全要求（如夜间工作的照明）也应在申请上注明。在新的安全要求都落实以后，申请人和现场作业批准人方可在作业许可证上签字延期。许可证未经现场作业批准人和申请人签字，不得延期。

当发生下列任何一种情况时，属地单位和作业单位任何人员都有责任告知现场作业批准人，现场作业批准人有权立即中止作业，取消相关许可证，取消作业应由提出人和现场作业批准人在许可证第一联上签字：

（1）作业环境和条件发生变化；

（2）作业内容发生改变；

（3）实际作业与作业计划的要求发生重大偏离；

（4）发现有可能发生立即危及生命的违章行为；

（5）现场作业人员发现重大安全隐患；

（6）其他作业发生事故影响本作业时。

当正在进行的作业出现紧急情况或已发出紧急撤离信号时，所有的许可证立即作废。许可证一旦取消或作废，如再开始作业，需要重新申请作业许可证。

作业结束后，作业人员应清理作业现场，解除相关隔离设施，经现场作业批准人、属地监督、作业负责人共同确认无隐患后，并确认其涵盖的相关专项作业许可证均已关闭，方可在作业许可证上签字，关闭作业许可。

第二节　站库作业许可管理要求

一、动火作业

动火作业是指在具有火灾爆炸危险性的生产或施工作业区域内能直接或间接产生明火的各种临时作业活动。

动火作业包括但不限于以下方式：

(1) 气焊、电焊、铅焊、锡焊、塑料焊等各种焊接作业及气割、等离子切割机、砂轮机、磨光机等各种金属切割作业；

(2) 使用喷灯、液化气炉、火炉、电炉等明火作业；

(3) 烧、烤、煨管线、熬沥青、炒砂子、铁锤击（产生火花）物件、喷砂和产生火花的其他作业；

(4) 生产装置、成品油库装卸作业区和罐区连接临时电源并使用非防爆电气设备和电动工具；

(5) 使用雷管、炸药等进行爆破作业。

（一）作业分级和许可审批

1. 动火作业分级原则

根据动火场所、部位的危险程度，结合动火作业风险发生的可能性、后果严重程度以及组织管理层级等情况，将动火作业等级划分三级，实行分级管理。

1) 特级动火

(1) 油气集输站库内罐区、（防火堤内）、油气处理（设施）间、装置区动火，与油气设施相连的附属设施动火；

(2) 储存和处理危险、有毒物质的容器及附件动火；

(3) 直径大于 273mm 油气集输和长输管线的动火；

(4) 采气井口本体及采油井口无控状态下的动火；

(5) 装、卸油台储罐、容器、转输设备及管道上的动火；

(6) 运输、储存和处理易燃易爆介质、有毒物质等移动容器本体及附件动火；

(7) 天然气调压站（装置）、天然气压缩机房、石油液化气储备站设备、管线及液化气充装间、气瓶库、残液回收库等的动火；

(8) 县级及以上人民政府确定的消防安全重点单位中火灾危险性较大的场所和部位的动火。

2) 一级动火

(1) 采油计量站（计量间）、注水（聚）站、配水间、燃气和燃油供热站油气集输、处理、储存设施、设备、工艺装置的动火；

（2）直径为100~273mm油气集输和长输管线的动火；

（3）油（水）井井口及所属设施的动火；

（4）试油作业射孔后、修井作业过程中，距井口30m（稠油15m）以内的动火；

（5）污水站、转油站处理设施的动火。

3）二级动火

（1）采油井井口明火解冻、解堵；

（2）在裸眼井段进行钻井作业过程中未打开油气层前距井口10m以内的井场动火；

（3）在裸眼井段钻穿油气层时没有发生井涌、气侵条件下，距井口30m（稠油15m）以内的动火；

（4）试油作业未射孔前，距井口10m以内的井场动火；

（5）焊割盛装过油、气及其他易燃易爆介质的桶、箱、槽、瓶的动火；

（6）制作和防腐作业中，使用有挥发性易燃介质为稀释剂的容器、槽、罐等处的动火。

2. 动火作业许可审批

1）特级动火

作业单位提出申请，属地单位负责审核，所属单位业务主管部门审查，专职消防队消防监督人员现场检查确认动火消防条件合格，厂级安全监督进行现场监督，所属单位业务主管领导或其授权人签发"特级动火作业许可证"。

2）一级动火

由作业单位提出申请，基层站队级安全监督属地单位消防监督人员现场检查确认动火消防条件合格，所属单位业务部门负责人（或其授权人）签发"一级动火作业许可证"，属地单位负责现场监督。

3）二级动火

作业单位提出申请，属地单位指派专人现场检查确认动火消防条件，属地单位负责人或其授权人签发"二级动火作业许可证"。

（二）作业安全管理要求

1. 基本要求

各单位根据动火分级要求，建立本单位动火作业级别清单，并由单位业务主管领导批准。消防条件未确认或确认不合格，禁止动火。动火作业许可证只限在同类介质、同一设备（管线）指定的措施和时间范围内使用，不得代签。

动火作业区域应当设置灭火器材。特级动火现场，油气站库生产装置停工过程、开工过程或紧急检修过程中的爆炸危险区域的动火作业现场，必须配备至少1辆泡沫消防车，全过程执行消防监护任务。必要时，作业现场应当配备医疗救护设备和设施。处于运行状态的生产作业区域和罐区内，能拆移的动火部件必须拆移到安全场所动火。

2. 系统隔离

动火作业区域应当设置警戒，严禁与动火作业无关人员或车辆进入作业区域；与动火点相连的管线应进行隔离、封堵或拆除处理，动火前应首先切断物料来源并加盲板或断开，经吹扫、清洗、置换后，打开人孔，通风换气；与动火点直接相连的阀门应上锁（捆绑），并挂牌；动火作业区域内的设备、设施须由属地单位操作；储存氧气的容器、管道、设备应与动火点隔绝（加盲板），动火前应置换，保证系统氧含量19.5%～23.5%（体积分数）；动火作业前应当清除距动火点周围5m之内的可燃物质或用阻燃物品隔离，距离动火点10m范围内及动火点下方，不应当同时进行可燃溶剂清洗或者喷漆等作业；距动火点15m内所有的漏斗、排水口、各类井口、排气管、管道、地沟等应封严盖实。距动火点30m内不允许排放可燃气体，不允许有液态烃或者低闪点油品泄漏。

3. 气体检测

应当对作业区域或动火点可燃气体浓度进行检测，合格后方可动火。动火时间距气体检测时间不应超过30min。超过30min仍未开始动火作业的，应当重新进行检测。安全措施或安全工作方案中应规定动火过程中气体检测位置和频次。使用便携式可燃气体检测仪或其他类似手段进行分析时，被测的可燃气体或可燃液体蒸气浓度应小于其与空气混合爆炸下限的10%，且应使用两台设备进行对比检测。使用色谱分析等分析手段时，被测的可燃气体或可燃液体蒸气有如下要求：

（1）当爆炸下限≥4%，可燃物浓度<0.5%（体积分数）。
（2）当爆炸下限<4%，可燃物浓度<0.2%（体积分数）。
（3）同时还应考虑作业的设备是否带有易燃易爆气体（如氢气）或挥发性气体。

需要动火的塔、罐、容器、槽车等设备和管线，清洗、置换和通风后，要检测可燃气体、有毒有害气体、氧气浓度，合格后才能进行动火作业。气体检测设备必须在校验有效期内，并处于正常工作状态。

4. 作业实施

作业人员在动火点上风口作业，避开油气流可能喷射和封堵物射出的方位。特殊情况应采取围隔作业并控制火花飞溅。用气焊（割）动火作业时，氧气瓶与乙炔气瓶（严禁卧放）的间隔不小于5m，二者与动火作业地点距离不得小于10m，高温天气不得暴晒。在受限空间内实施焊割作业时，气瓶应当放置在受限空间外面；使用电焊时，电焊工具应当完好，电焊机外壳须接地。根据规定的气体检测位置和频次进行检测，间隔不应超过2h，填写检测记录，注明检测结果，结果不合格时应立即停止作业。在有毒有害气体场所的动火作业，应当进行连续气体监测。

5. 特殊情况作业

1）高处动火作业

（1）使用的安全带、救生索等防护装备应采用防火阻燃材料，必要时使用自动锁定连接。
（2）应采取防止火花溅落措施，并在火花可能溅落部位安排监护人。
（3）遇有五级（含五级）以上风不应进行室外高处动火作业。

2）进入受限空间动火作业

（1）进入受限空间的动火作业应当将内部物料除净，易燃易爆、有毒有害物料必须进行吹扫和置换，打开通风口或人孔，并采取空气对流或采用机械强制通风换气；作业前应当检测氧含量、易燃易爆气体和有毒有害气体浓度，合格后方可进行动火作业。

(2) 气体检测应包括可燃气体浓度、有毒有害气体浓度、氧气浓度等。

3) 挖掘作业中动火作业

(1) 采取安全措施，确保动火作业人员安全和方便逃生。

(2) 在埋地管线操作坑内进行动火作业，使用的安全绳应为阻燃或不燃材料。

4) 其他特殊动火作业

(1) 带压不置换动火作业按特级动火处理，应严格控制。严禁在生产不稳定以及设备、管道等腐蚀情况下进行带压不置换动火；严禁在含硫原料气管道等可能发生中毒危险的环境下进行带压不置换动火。确需动火时，应采取可靠的安全措施，制定应急预案。

(2) 带压不置换动火作业中，由管道内泄漏出的可燃气体遇明火后形成的火焰，如无特殊危险，不宜将其扑灭。

紧急情况下的应急抢险所涉及的动火作业，遵循应急管理程序，确保风险控制措施落实到位。

二、受限空间作业

受限空间，指符合以下所有物理条件外还至少存在以下危险特征之一的空间。

(1) 物理条件：

① 有足够的空间，让员工可以进入并进行指定的工作；

② 进入和撤离受到限制，不能自由进出；

③ 并非设计用来给员工常规作业的空间。

(2) 危险特征：

① 存在或可能产生缺氧、富氧、易燃易爆、有毒有害气体、粉尘或机械、电气等危害；

② 存在或可能产生掩埋作业人员的物料；

③ 内部结构可能将作业人员困在其中（如内有固定设备或四壁向内倾斜收拢）。

受限空间可为各单位属地内的炉、塔、釜、罐、仓、槽车、管道、烟道、隧道、下水道、沟、坑、井、池、涵洞等封闭或半封闭的空间或场所。

（一）作业许可审批

进入受限空间 10 人（含 10 人）以上，为一级进入受限空间作业，3~9 人为二级，1~2 人为三级。进入与生产系统断开、隔离的新建或大修单体设施、装置的受限空间作业，可降低一个审批级别。

1. 一级进入受限空间作业许可证审批

作业单位提出申请并编制安全工作方案（含应急预案内容），属地单位（作业区、大队、车间、项目经理部等）负责审核，所属单位业务主管部门审查，业务主管领导或其授权人现场检查后批准，安全管理监督部门进行现场安全监督。

2. 二级进入受限空间作业许可证审批

作业单位提出申请并制定应急预案，属地单位负责审核，所属单位业务主管部门负责人或其授权人现场批准并指定人员现场监督。

3. 三级进入受限空间作业许可证审批

作业单位提出申请，属地单位负责人或其授权人现场批准并指定人员现场监督。

（二）作业安全管理要求

1. 基本要求

只有在没有其他切实可行的方法能完成工作任务时，才考虑进入受限空间作业。

2. 受限空间建档

（1）各单位应对属地内受限空间进行建档，确定受限空间数量、位置，建立受限空间清单并根据作业环境、工艺设备变更等情况不断更新。

（2）对于用钥匙、工具打开的或有实物障碍的受限空间，打开时应在进入点附近设置警示标识。无须工具、钥匙即可进入或无实物障碍阻挡进入的受限空间，应设固定警示标识。所有警示标识应包括提醒有危险存在和须经授权才能进入的词语。

3. 作业申请和准备

进入受限空间前应事先编制隔离核查清单，隔离相关能源和物料的外部来源，与其相连的附属管道应断开或盲板隔离，相关设备应在机械上和电气上被隔离并挂牌。同时按清单内容逐项核查隔离措施并作为许可证的附件。在有放射源的受限空间内作业，作业前应对放射源进行屏蔽处理。

进入受限空间前，应进行清理、清洗。清理、清洗受限空间的方式包括但不限于：清空、清扫（如冲洗、蒸煮、洗涤和漂洗）、中和危害物、置换。

4. 作业实施

进入受限空间作业须指定专人监护，严禁无监护作业，作业监护人员不得离开现场或做与监护无关的事情。监护人员和作业人员应明确联络方式并始终保持有效的沟通。进入特别狭小空间作业，作业人员应系安全可靠的保护绳，监护人可通过系在作业人员身上的保护绳进行沟通联络。

受限空间内的温度应控制在不对人员产生危害的安全范围内。

为保证受限空间内空气流通和人员呼吸需要，可自然通风，并尽可能抽取远离工作区域的新鲜空气。必要时应采取强制通风，严禁向受限空间通纯氧。进入期间的通风不能代替进入之前的吹扫工作。

特殊情况下，作业人员应佩戴正压式空气呼吸器或长管呼吸器。佩戴长管呼吸器时，应仔细检查气密性并防止通气长管被挤压；吸气口应置于新鲜空气的上风口并有专人监护。

照明及电气要求：

（1）进入受限空间作业应有足够的照明。照明灯具应符合防爆要求。使用手持电动工具应有漏电保护装置。

（2）进入受限空间作业照明，应使用安全电压不大于24V的安全行灯。在有特别触电危险的场所，其安全行灯电压应为12V且绝缘性能良好。

（3）当受限空间原来盛装爆炸性液体、气体等介质的，应使用防爆电筒或电压不大于

12V 的防爆安全行灯，行灯变压器不应放在容器内或容器上。作业人员应穿戴防静电服装，使用防爆工具、机具。

受限空间内可能会出现坠落或滑跌时，应特别注意受限空间的工作面（包括残留物、工作物料或设备）和到达工作面的路径，并制定预防坠落或滑跌的安全措施。

根据作业中存在的风险种类和程度，依据相关防护标准，配备个人防护装备并确保正确穿戴。

为防止静电危害，应对受限空间内或其周围的设备接地并进行检测。

携入受限空间作业的工具、材料要登记，作业结束后应清点，以防遗留在受限空间内。

5. 特殊情况作业

下列未明确定义为"受限"的空间，应采用进入受限空间作业许可证等措施，以控制此类作业风险。

（1）有些区域或地点不符合受限空间的定义，但可能会遇到类似于进入受限空间时发生的潜在危害（如把头伸入管道、洞口、氮气吹扫过的罐内）。

（2）符合下列条件之一的围堤：

① 高于 1.2m 的垂直墙壁围堤，且围堤内外没有到顶部的台阶；

② 在围堤区域内，作业者身体暴露于物理或化学危害之中；

③ 围堤内可能存在比空气重的有毒有害气体。

（3）符合下列条件之一的动土或开渠：

① 动土或开渠深度大于 1.2m 或作业时人员头部在地面以下的；

② 在动土或开渠区域内，身体处于物理或化学危害之中；

③ 在动土或开渠区域内，可能存在比空气重的有毒有害气体；

④ 在动土或开渠区域内，没有撤离通道的。

（4）用惰性气体吹扫空间，可能在空间开口处附近产生气体危害，此处可视为受限空间。在进入准备和进入期间，应进行气体检测，确定开口周围危害区域的大小，设置路障和警示标志，防止误入。

三、高处作业

高处作业是指距坠落高度基准面 2m 及以上有可能坠落的高处进行的作业。坠落高度基准面是指可能坠落范围内最低处的水平面。

（一）作业分级和许可审批

1. 作业分级

高处作业分为四级：高度在 2~5m（含 2m），称为一级高处作业；高度在 5~15m（含 5m），称为二级高处作业；高度在 15~30m（含 15m），称为三级高处作业；高度在 30m（含 30m）以上，称为特级高处作业。

2. 高处作业审批权限

1）一级高处作业

作业单位提出申请，属地单位（作业区、大队、车间、项目经理部等）负责人或其授权人审批并指定人员现场监督。

2) 二、三级高处作业

作业单位提出申请，属地单位审核，所属单位业务主管部门负责人或其授权人审批并指定人员现场监督。

3) 特级高处作业

作业单位提出申请，属地单位审核，所属单位业务主管部门审查，所属单位业务主管领导或其授权人审批，安全管理监督部门现场监督。

(二) 作业安全管理要求

1. 基本要求

坠落防护应通过采取消除坠落危害、坠落预防和坠落控制等措施来实现。坠落防护措施的优先选择顺序如下：

（1）尽量选择在地面作业，避免高处作业；
（2）设置固定的楼梯、护栏、屏障和限制系统；
（3）使用工作平台，如脚手架或带升降的工作平台等；
（4）使用区域限制安全带，以避免作业人员的身体靠近高处作业的边缘；
（5）使用坠落保护装备，如配备缓冲装置的全身式安全带和安全绳等。

若以上防护措施均无法实施，不得进行高处作业。

高处作业申请人、作业批准人、作业人员、作业监护人、属地监督须经培训并考试合格。患有高血压、心脏病、贫血、癫痫、严重关节炎、手脚残疾、饮酒或服用嗜睡、兴奋等药物的人员及其他禁忌高处作业的人员，不得从事高处作业。

2. 作业申请与准备

二级、三级、特级高处作业及以下特殊高处作业时，应编制安全工作方案：

（1）在室外完全采用人工照明进行的夜间高处作业；
（2）在无立足点或无牢靠立足点的条件下进行的悬空高处作业；
（3）在接近或接触带电体条件下进行的带电高处作业；
（4）在易燃、易爆、易中毒、易灼烧的区域或转动设备附近进行的高处作业；
（5）在无平台、无护栏的塔、炉、罐等化工容器、设备及架空管道上进行的高处作业；
（6）在塔、炉、罐等化工容器设备内进行高处作业；
（7）在排放有毒、有害气体、粉尘的排放口附近进行的高处作业；
（8）在40℃及以上高温、-20℃及以下寒冷环境下进行的高处作业；
（9）其他特殊高处作业。

高处作业中使用的安全标志、工具、仪表、电气设施和各种设备，应在作业前进行检查，确认完好后方可投入使用。

高处作业应根据实际需要搭设或配备符合安全要求的吊架、梯子、脚手架和防护棚等。作业前应仔细检查作业平台，确保坚固、牢靠。

供高处作业人员上下用的通道板、电梯、吊笼、梯子等要符合安全要求，并清扫干净。

雨天和雪天进行高处作业时，应采取可靠的防滑、防寒和防冻措施，水、冰、霜、雪均应及时清除。

3. 作业实施

高处作业实施前作业现场负责人必须对作业人员进行安全交底，明确风险和作业要求，作业人员应按照高处作业许可证的要求进行作业。

高处作业涉及其他作业许可时，须办理其他作业手续。

作业安全要求：

（1）作业人员应系好安全带，戴好安全帽，衣着灵便，禁止穿带钉易滑的鞋子；

（2）作业点下方应设安全警戒区，应有明显警戒标志，并设专人监护；

（3）高处作业禁止投掷工具、材料和杂物等，工具应采取防坠落措施，作业人员上下时手中不得持物；所用材料应堆放平稳，不妨碍通行和装卸；

（4）禁止在吊架上架设梯子，禁止踏在梯子顶端工作；

（5）禁止在不牢固的结构物上进行作业，作业人员禁止在平台、孔洞边缘、通道或安全网内等高处作业处休息；

（6）高处作业与其他作业交叉进行时，应按指定的路线上下，不得上下垂直作业；如果需要垂直作业时，应采取可靠的隔离措施；

（7）夜间高处作业应有充足的照明；高处作业人员应与地面保持联系，根据现场需要配备必要的联络工具，并指定专人负责联系。

高处作业过程中，申请人、批准人、作业人员、监护人员和工作任务发生变更时，应重新办理作业许可证。

4. 特殊情况作业

紧急情况下的应急抢险所涉及的高处作业，遵循应急管理程序，确保风险控制措施落实到位。

严禁在六级以上大风和雷电、暴雨、大雾等气象条件下从事高处作业。在 30~40℃ 高温环境下高处作业，应轮换作业。

四、挖掘作业

挖掘作业，指在公司所属生产、作业区域使用人工或推土机、挖掘机等施工机械，通过移除泥土形成沟、槽、坑或凹地的挖土、打桩、地锚入土作业；建筑物拆除以及在墙壁开槽打眼，并因此造成某些部分失去支撑的作业。

作业安全管理要求

1. 基本要求

作业单位应按照"一台挖掘设备或一个作业队伍在许可期限完成工作量的原则"，向属地单位申请办理挖掘作业许可证。

挖掘作业开始前，作业单位应进行安全分析，根据分析结果确定应采取的相关措施，必要时制定挖掘方案。挖掘方案应考虑以下内容：

（1）交通状况；

(2) 附近的振动源;
(3) 隐蔽电气、管网等设施的分布情况;
(4) 邻近的建筑结构及其状况;
(5) 土质类型;
(6) 地表水和地下水;
(7) 对土壤和水的污染;
(8) 架空的公用设施;
(9) 挖出物及施工材料的存放;
(10) 有害气体易燃气体、液体排放(泄漏);
(11) 使用的工、器具;
(12) 气候;
(13) 其他。

2. 作业准备和申请

挖掘许可证批准前,属地单位应与作业单位交接挖掘内容、范围和地点,对地下隐蔽工程进行辨识并标记。同时,应将场所内主要危险告知作业单位,作业单位现场负责人应对作业人员、监护人员进行安全教育并制定相应安全措施。

3. 作业实施

挖掘临近地下隐蔽工程时,应采用人工方式进行,严禁使用机械作业;地下情况不明时,严禁使用机械进行挖掘作业;对于作业过程中暴露出线缆、管线及其他不能辨识的物品时,应立即停止作业并报告属地单位,待现场确认并采取安全措施后方可重新作业。夜间作业应照明充足。

作业监护人应当对挖掘作业实施全过程现场监护,严禁无监护人作业。若作业单位无监护人,属地单位必须指派属地监督进行现场全过程监督。

作业过程中,申请人、批准人、作业人员、监护人员和工作任务发生变更时,应重新办理作业许可证。

五、移动式起重机吊装作业

移动式起重机包括汽车起重机、随车起重机、履带起重机、轮胎起重机,不包括桥式、门式、塔式、门坐式、桅杆式和缆索式起重机。

(一)作业分级和许可审批

1. 移动式起重机吊装作业分级

移动式起重机吊装作业分为:一般吊装作业和关键性吊装作业。
符合下列条件之一的,应视为关键性吊装作业:
(1) 货物载荷达到额定起重能力的75%;
(2) 货物需要1台以上起重机联合起吊的;
(3) 吊臂和货物与输电线路的距离小于规定的安全距离;
(4) 吊臂越过障碍物起吊,操作员无法目视且仅靠指挥信号操作;

（5）单件吊物质量大于 30t 或垂直起吊离地高度 30m 以上；

（6）起吊偏离制造厂家的要求，如吊臂的组成与说明书中吊臂的组合不同；使用的吊臂长度超过说明书中的规定等。

2. 移动式起重机吊装作业审批权限

1）一般吊装作业

由作业单位审批和实施，吊装前作业批准人应告知属地单位，得到许可后方能吊装。由作业批准人视现场风险情况决定是否需要指派作业监护人，由属地单位（作业区、大队、车间、项目经理部等）负责人视现场风险情况决定是否需要指派属地监督。

2）关键性吊装、站场内的吊装作业

由作业单位现场负责人提出申请，指定作业监护人；属地单位负责人或其授权人签发"吊装作业许可证"，并指派属地监督。

收到作业许可申请后，作业批准人应审查确认以下内容：

（1）确认作业的详细内容；

（2）审查确认作业许可证的检查内容；

（3）分析、评估现场环境、风险或相邻工作区域间的相互影响，审查确认安全措施；

（4）确认作业许可证期限及延期次数；

（5）审查"关键性吊装作业计划"的适宜性。

（二）作业安全管理要求

1. 基本要求

（1）进入作业区域前，作业申请人应对基础地面及地下土层承载力、作业环境等进行评估。

（2）使用前对起重机各项性能进行检查并合格。吊装作业应满足起重机载荷表的要求，严禁超载，禁止超过额定力矩。

（3）起重司机必须巡视工作场所，确认支腿按要求垫放枕木，支腿下陷的防范措施到位，发现问题及时整改。

（4）存在无关人员误入的风险时，应在起重机吊臂回转范围内采取警示或隔离措施。

（5）在电力架空线路附近吊装时，起重机的任何部位或被吊物边缘在最大偏斜时与架空线路边线的最小安全距离应符合要求；当达不到要求时，必须编制外电线路防护方案，采取绝缘隔离防护措施，并应悬挂醒目的警告标志牌。

2. 作业准备和申请

一般吊装作业，作业申请人可以是起重机司机、司索人员、指挥人员或监护人，作业批准人是作业单位现场负责人，作业批准人可以兼指挥人员、司索人员或监护人，指挥人员、司索人员可以是同一个人；作业单位现场至少有 2 人。对关键性吊装、站场内的吊装作业，作业申请人是作业单位现场负责人，作业申请人可以兼指挥人员、司索人员或监护人，指挥人员、司索人员可以是同一个人，作业单位现场至少有 3 人。

3. 作业实施

吊装作业过程中，作业申请人、作业批准人、指挥人员、司索人员、起重机司机、作业监护人和工作任务发生变更时，应重新办理作业许可证。

吊装作业人员应严格履行安全职责，认真落实"关键性吊装作业计划"及作业许可证要求。

吊装作业安全要求：
（1）作业前，应落实作业许可证各项安全措施。
（2）夜间作业应照明充足。
（3）操作中起重机应处于水平状态，支腿须完全伸展并使车轮离地，牢固支撑在垫板上。随车配备使用的水平仪应完好并在校验期内。
（4）正式起吊前应试吊，确认一切正常方可正式指挥吊装。
（5）必要时可通过牵引绳、牵引钩来控制货物的摆动，禁止将引绳缠绕在身体的任何部位。
（6）起重作业指挥人应佩戴袖标，并与起重机司机保持可靠的沟通，指挥信号应明确并符合规定。当联络中断时，起重机司机应停止所有操作，直到重新恢复联系。
（7）在大雪、暴雨、大雾等恶劣天气及风力达到 6 级及以上时应停止起吊作业，并及时卸下货物，收回吊臂。
（8）汽车起重机和随车起重机严禁带载行走。
（9）任何人员不得在吊物和吊臂下工作、站立、行走，不得随同货物或起重机械升降。
（10）下列情况下，司机不得离开操作室：
① 货物处于悬吊状态；
② 操作手柄未复位；
③ 手刹未处于制动状态；
④ 起重机未熄火关闭；
⑤ 门锁未锁好。

六、管线打开作业

管线打开作业是指在生产、作业区域内对任何可能存在介质的封闭管线进行的作业活动。管线打开作业主要包括：对管线进行管理、维护和操作的人员采取的下列方式（包括但不限于）改变封闭管线或设备及其附件的完整性的作业：
（1）解开法兰；
（2）从法兰上去掉一个或多个螺栓；
（3）打开阀盖或拆除阀门；
（4）调换 8 字盲板；
（5）打开管线与设备连接件；
（6）拆装盲板、盲法兰、堵头和管帽；
（7）断开仪表、润滑、控制系统管线，如引压管、润滑油管等；
（8）断开加料和卸料临时管线（包括任何连接方式的软管）；
（9）用机械方法或其他方法穿透管线与设备；
（10）开启检查孔；

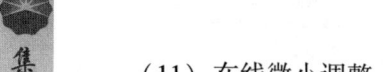

（11）在线微小调整（如更换阀门填料）；

（12）其他。

对管线打开作业实行审批管理制度。凡进行以下管线打开的非常规作业，应办理管线打开作业许可证。

（1）天然气管道；

（2）轻烃、液化气管道；

（3）原油长输管道；

（4）含高毒、剧毒介质的管道；

（5）工业蒸汽管道；

（6）含有毒、有害、高温或可燃介质的容器；

（7）以上管道、容器的设施及附件。

（一）许可审批

由作业单位提出申请，属地单位（作业区、大队、车间、项目经理部等）负责人或其授权人签发"管线打开作业许可证"，视现场风险情况决定是否需要指派属地监督。

如果作业单位、属地单位为同一单位，作业监护人、属地监督可以是同一个人。

（二）作业安全管理要求

1. 作业准备和申请

相同管线（设备）上相同介质、相同工况、相同隔离点，进行多处管线打开作业时，若通过危害因素辨识具有相同风险及防控措施，可申请办理一张管线打开作业许可证，但在执行过程中要求逐一进行管线打开作业，禁止同时进行打开作业。

2. 作业实施

1）清理

需要打开的管线或设备必须与系统隔离，其中的物料应采用排净、冲洗、置换、吹扫等方法除净，并应符合以下要求：

（1）系统温度介于 $-10 \sim 60℃$ 之间；

（2）已达到大气压力；

（3）与气体、蒸汽、雾沫、粉尘的毒性、腐蚀性、易燃性有关的风险已降低到可接受的水平。

管线打开前若不能完全确认已无危险，应在管线打开前做好以下准备：

（1）确认管线（设备）清理合格。采用凝固（固化）工艺介质的方法进行隔离时应充分考虑介质可能重新流动。

（2）若不能确保管线（设备）清理合格（如残存压力或介质在死角截留、未隔离所有压力或介质的来源、未在低点排凝和高点排空等），应停止工作，重新制定工作计划，明确控制措施，消除或控制风险。

2）隔离

隔离应满足以下要求：

（1）提供显示阀门开关状态、盲板、盲法兰位置的图表，如上锁点清单、盲板图、现场示意图、工艺流程图和仪表控制图等。

（2）所有盲板、盲法兰应挂牌。

（3）隔离系统内的所有阀门必须保持开启并对管线进行清理，防止在管线（设备）内留存介质。

（4）对于存在第二能源的管线（设备），隔离时应考虑隔离次序和步骤。对于采用凝固（固化）工艺进行隔离以及存在加热后介质可能蒸发的情况，应重点考虑隔离。

作业人员应严格按照管线打开作业许可证、安全工作方案进行作业，作业监护人进行全程监护，严禁无监护作业。

管线打开作业过程中，申请人、批准人、作业人、监护人和工作任务发生变更时，应重新办理作业许可证。

3. 特殊情况作业

管线打开作业涉及高处作业、动火作业、进入受限空间等，应同时办理相关作业许可证。

带压管线打开作业是特殊危险管线打开作业，应严格控制，确需打开时，其具体步骤和方法应采取可靠的安全措施，并制定应急预案。

七、临时用电安全

临时用电作业是指承包商在油气田生产作业、建设施工、维护检修等过程中临时性使用 380V 或 380V 以下低压电力系统作业。

各单位生产运行管理部门是临时用电作业主管部门，安全管理部门是临时用电作业安全监督部门。

临时用电作业必须办理临时用电许可证。

临时用电作业超过 6 个月的，须按设计规范标准配置线路。

在易燃易爆危险场所进行临时用电作业且涉及动火的，须优先办理动火作业许可证。

（一）临时用电管理基本要求

临时用电应执行国家和行业电气安全管理、设计、安装、验收等标准规范。

临时用电设备及线路安装、维修及拆除作业，须由相应资质专业人员操作。

临时用电单位不得随意变更用电地点和内容，禁止任意增加用电负荷。发生此类情况的，电力资产所属单位或供电单位有权停止供电。

严禁将各类移动电源及外部自备电源接入电网；临时用电设施应分路设置动力和照明线路。

临时用电设备总容量在 50kW 及以上的，应执行编制、审核、核准程序，即用电单位电气专业人员负责编制施工方案，用电单位相关部门审核，电力资产单位生产运行管理部门核准。内容包括：

（1）临时用电作业工作任务；

（2）确定电源进线、变电所或配电室、配电装置、用电设备位置及线路走向；

（3）用电负荷计算说明；

(4) 临时用电负荷所在变压器编号及容量；
(5) 临时用电安全防护措施和电器设备防火措施；
(6) 临时用电设备安装及拆除设计要求。

(二) 临时用电许可证

临时用电作业前，用电单位作业申请人应提出申请，经电力资产单位生产运行管理部门核准同意，建设方技术人员对施工方案、安全措施和用电设备检查合格后签发临时用电许可证。

临时用电许可证有效期限最长15日。逾期作业的，需重新办理临时用电许可证。同一施工项目施工地点临时用电，首次由生产运行管理部门核准同意，续办用电许可证由建设方技术人员签发。

油田调剖与增注作业可按一个井次一次性办理临时用电许可证。

井下作业临时用电可不办理临时用电许可证，但须由施工方与电力资产方签订安全用电协议，明确相应安全责任，并制定用电安全措施。

临时用电结束后，用电单位应及时通知电力资产单位，按照临时用电施工方案中的设计要求，监督拆除临时用电线路，经建设方技术人员检查验收后签字确认，临时用电许可证关闭。

第三章　救援设备的使用

第一节　正压式呼吸器的使用

一、正压式呼吸器的规格和结构

（一）规格

正压式呼吸器系列按照气瓶公称容积划分为：2L、3L、4.7L、6.8L、9L、12L、2×4.7L 和 2×6.8L 等。正压式呼吸器由气瓶总成、减压器总成、供气阀总成、面罩总成和背架总成五部分组成。

常用碳纤维缠绕气瓶具有质量轻（约为钢质气瓶的三分之一）、不会发生脆性爆炸等特点。

（二）基本结构

以巴固 C900 为例，正压式呼吸器的结构如图 5-3-1 所示。

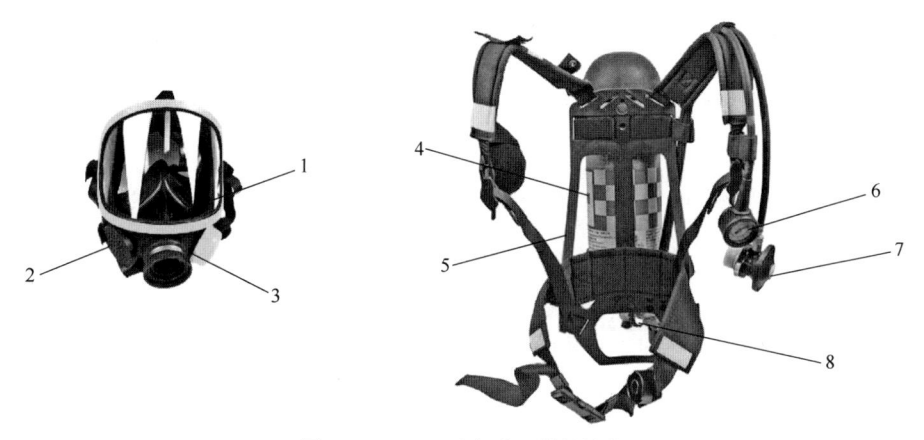

图 5-3-1　正压式呼吸器的结构
1—全面罩；2—传音膜；3—呼气阀；4—碳纤维气瓶；5—背架；6—压力表；7—供气阀；8—减压器

二、正压式呼吸器的检查和使用

（一）安全检查

（1）保持全面罩的镜面干净清洁。除了不能有灰尘之外，呼吸器的全面罩也不能被相关有害物质污染，这其中包括酸度、碱度、以及油度比较大的物质，需要随时保持镜面的干净和清洁。

（2）确保关键阀门的灵活。正压式空气呼吸器有两个关键的阀门，也就是吸气阀和呼气阀，必须要保证整个的阀门的动作开关灵活。尤其是需要注意到阀门和导管之间的链接稳固情况，这都是非常关键的方面。

（3）正压式空气呼吸器的气密度检测。正压式空气呼吸器的气密度应该是处于正常的情况，简单的检测方法是打开瓶头阀，随着管路、减压系统中压力的上升，会听到气源余压报警器发出的短促声音；瓶头阀完全打开后，检查气瓶内的压力应在 28～30MPa 范围内。

（二）使用方法

（1）佩戴时，先把肩带和腰带卡扣松开，调整好松紧，然后将背架托在人体背部（空气瓶开关在下方），根据身材调节好肩带、腰带并系紧，以合身、牢靠、舒适为宜。

（2）把全面罩上的长系带套在脖子上，佩戴面罩并检查面罩的气密性，把下巴放入面罩，由下向上拉紧头带，最后一个拉紧的是额头上的头带，使全面罩密封环紧贴面部，收紧程度以既要保证气密又感觉舒适、无明显的压痛为宜。

（3）全开气瓶阀，连接供气阀，轻轻按下供气阀按钮检查有无气流通过，将供气阀连接在面罩上的接口处，连接好后试呼吸。

（4）戴好全面罩进行 2～3 次深呼吸，应感觉舒畅。屏气或呼气时，供气阀应停止供气，无"咝咝"的响声。

（5）进入现场进行抢险，在使用期间，注意经常观察压力表，报警笛开始鸣叫，此时人员尽快撤离危险区域。

（6）使用后将供气阀与面罩分离，将全面罩的系带解开，摘下全面罩，关上气瓶阀，按下供气阀按钮排空整个系统内的空气。

（7）松开背带及肩带，取下呼吸器，关闭气瓶开关。

（8）将气瓶与背架分离，清洁面罩，将气瓶与背架放入呼吸器盒中。

第二节　除颤仪的使用

一、除颤仪的结构

以 AED-2151 为例，除颤仪主要由监护部分、电复律机、电极板、电池等部分构成，如图 5-3-2 所示。电复律机也称除颤器，是实施电复律术的主体设备。配有电极板，大多有大小两对，大的适用于成人，小的适用儿童。

心脏除颤复律时作用于心脏的是一次瞬时高能脉冲，能消除某些心律失常，可使心律恢复正常，从而使上述心脏疾病患者得到抢救和治疗。

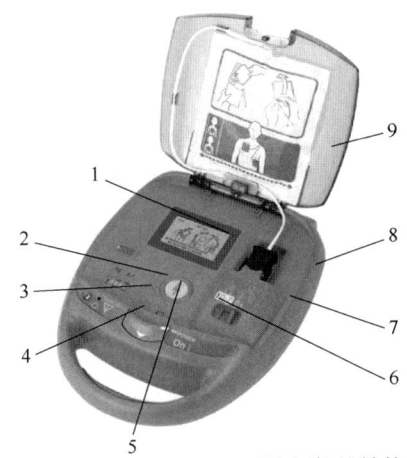

图 5-3-2　AED-2151 型除颤仪的结构

1—电子显示屏；2—电极片指示灯；3—电量显示；4—设备自检指示灯；5—故障指示灯；
6—除颤键；7—成人/儿童模式；8—电极片接口；9—电极片

二、除颤仪的使用方法

（一）使用步骤

（1）开启 AED，打开 AED 的盖子，依据视觉和声音的提示操作（有些型号需要先按下电源）。

（2）给患者贴电极，在患者胸部适当的位置上，紧密地贴上电极。

（3）将电极板插头插入 AED 主机插孔。

（4）开始分析心律，在必要时除颤。

（5）一次除颤后未恢复有效灌注心律，进行 5 个周期 CPR，然后再次分析心律，除颤，CPR，反复直至急救人员到来。

（二）电极要求

两块电极板之间的距离不应小于 10cm。电极板应该紧贴病人皮肤并稍为加压，不能留有空隙，边缘不能翘起。绝对禁用酒精擦拭皮肤，否则可引起皮肤灼伤。两个电极板之间要保持干燥，避免造成短路。

（三）已安置永久起搏器患者进行心律转复或除颤

应当注意不要将电极靠近起搏发生器，因为除颤会引起起搏器功能失常。安置永久起搏器患者经除颤或转复，在电击后应检查起搏阈值。

（四）设备检查和保养

使用前检查除颤器各项功能是否完好，电源有无故障，充电是否充足，各种导线有无断裂和接触不良，除颤器作为抢救设备，应始终保持良好性能，蓄电池充电充足，方能在紧急状态下随时能实施紧急电击除颤。AED 瞬间可以达到 200J 的能量，在给病人施救过程中，在按下除颤键后立刻远离患者，并告诫身边任何人不得接触靠近患者。患者在水中

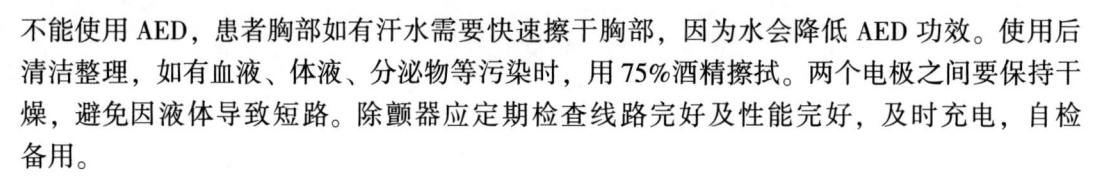

不能使用 AED，患者胸部如有汗水需要快速擦干胸部，因为水会降低 AED 功效。使用后清洁整理，如有血液、体液、分泌物等污染时，用 75%酒精擦拭。两个电极之间要保持干燥，避免因液体导致短路。除颤器应定期检查线路完好及性能完好，及时充电，自检备用。

（五）注意事项

（1）如病人出现室颤，应尽早进行电除颤，应争取在 2min 内进行。

（2）电除颤后应立即进行 CRP，不判断心率有无恢复，连续做 5 组 CPR 后再判断心率，连续除颤不超过三次。

参 考 文 献

[1] 中国石油天然气集团有限公司人事部. 集输工：上册. 北京：石油工业出版社，2019.
[2] 中国石油天然气集团有限公司人事部. 集输工：下册. 北京：石油工业出版社，2019.
[3] 冯叔初，郭揆常，等. 油气集输与矿场加工. 青岛：中国石油大学出版社，2006.
[4] 汪楠，陈桂珍. 工程流体力学. 北京：石油工业出版社，2008.
[5] 禹克智. 油田常用泵使用与维护. 北京：石油工业出版社，2010.
[6] 邓寿禄，王贵生. 油田加热炉. 北京：中国石化出版社，2011.
[7] 赵林源. 机械密封故障分析100例. 北京：石油工业出版社，2011.